H. Martin

Polymere und Patente

Heinz Martin

Polymere und Patente

Karl Ziegler, das Team, 1953–1998

Zur wirtschaftlichen Verwertung
akademischer Forschung

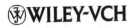WILEY-VCH

Dr. Heinz Martin
Katzenbruch 34
45478 Mülheim an der Ruhr

■ Das vorliegende Buch wurde sorgfältig erarbeitet.
Dennoch übernehmen Autor und Verlag für die
Richtigkeit von Angaben, Hinweisen und Ratschlägen
sowie für eventuelle Druckfehler keine Haftung.

Die Deutsche Bibliothek – CIP-Einheitsaufnahme
Ein Titeldatensatz für diese Publikation ist bei
Der Deutschen Bibliothek erhältlich.

© Wiley-VCH Verlag GmbH, Weinheim, 2002

Gedruckt auf säurefreiem Papier.

Satz   Kühn & Weyh, Freiburg

ISBN: 978-3-527-30498-1

75 Jahre

Studien- und Verwertungs-GmbH (1925–1955)
Studiengesellschaft Kohle mbH (ab 1955)

Treuhandgesellschaft für das Max-Planck-Institut für Kohlenforschung

Inhaltsverzeichnis

Vorwort

Immer neue Erfolgsmeldungen über Patent- und Lizenzaktivitäten US-amerikanischer Universitäten, die z. B. 1997 etwa 6.000 Patentanmeldungen eingereicht, über 2.400 Patente erteilt bekommen und aus etwa 7.000 Lizenzverträgen 611 Millionen US $ eingenommen haben, rücken neuerdings auch in Deutschland die nicht industrielle, insbesondere universitäre Forschung als potenzielle Innovationsquelle in den Mittelpunkt der Forschungspolitik und des öffentlichen Interesses. Die Deutsche Forschungsgemeinschaft (DFG), die Hochschulrektorenkonferenz und das Bundesministerium für Bildung und Forschung (BMBF) haben sich in Fragen der Patentierung von Ergebnissen der öffentlich geförderten Forschung neu positioniert. Die früher eher zurückhaltende Beurteilung von Patenten als Mittel des Wissens- und Technologietransfers ist der Einsicht gewichen, dass zur Überführung von Forschungsergebnissen in wirtschaftliche Nutzung in aller Regel unerlässlich ist, dass die Forschungsergebnisse durch ein Patent oder Gebrauchsmuster gesichert sind.

Um die Hochschulen in die Lage zu versetzen, eine Patentinfrastruktur aufzubauen und die Verwertung von Forschungsergebnissen gezielt zu betreiben, soll das sog. Hochschullehrerprivileg des § 42 Arbeitnehmererfindungsgesetz wegfallen und durch eine Regelung ersetzt werden, welche den Hochschulen den Zugriff zu Diensterfindungen von Hochschullehrern gewährleisten wird. Gleichzeitig soll auch sichergestellt werden, dass das Hochschulpersonal mit 30 Prozent an der Verwertung seiner Forschungsergebnisse partizipieren wird. Sollten diese Pläne verwirklicht werden, so werden die Technologietransferstellen der Universitäten an die Seite der Patentstelle für die deutsche Forschung der Fraunhofer Gesellschaft, der Garching Innovation GmbH der Max-Planck-Gesellschaft zur Förderung der Wissenschaften e.V. und der Studiengesellschaft Kohle GmbH treten, die sich seit langem um den Schutz und die Verwertung von Forschungsergebnissen erfolgreich kümmern.

Mit welchen Wechselbädern die künftigen Verwerter von Universitätserfindungen rechnen müssen, führt ihnen das Buch von Dr. Heinz Martin in anschaulicher Weise vor. Dr. Martin, zusammen mit Professor Karl Ziegler, Dr. H. Breil und Dr. E. Holzkamp, Miterfinder der 1953/1954 erfundenen und 1963 mit dem Nobelpreis gekrönten Ziegler-Polyolefin-Katalysatoren und seit 1970 Co-Direktor der bereits 1925 gegründeten Studien- und Verwertungs GmbH (seit 1955 Studiengesellschaft Kohle GmbH), beschreibt in seinem Buch eine gleich in vielfacher Hinsicht einmalige Geschichte:

- Einmalig insofern als die von Professor Ziegler in den 50er-Jahren begründete Technologie die weltweite Produktion von Polypropylen und Polyethylen, der Basisstoffe der gesamten Plastikwirtschaft, über 40 Jahre lang beherrschte;
- einmalig, weil es Professor Ziegler gelang, die Basiserfindungen seiner Forschungsgruppe trotz schwieriger Ausgangsposition weltweit patentmäßig abzusichern;
- einmalig, weil es Professor Ziegler wegen der Bedeutung seiner Erfindungen und durch außerordentliches Verhandlungsgeschick gelang, in einem sehr frühen Stadium, praktisch innerhalb von 20 Monaten, d. h. sogar noch bevor ihm in Deutschland, Japan, den USA und vielen anderen Ländern, für seine Erfindungen Patente erteilt wurden, Options- und Lizenzverträge mit solchen Industrieriesen wie Farbwerke Hoechst, Hercules Powder, Gulf Oil, Dow Chemical, Union Carbide oder etwa ESSO, Du Pont, Mitsui Chemical und anderen abzuschließen, welche ihm und dem Max-Planck-Institut für Kohlenforschung 1954 fast 19 Millionen DM einbrachten (bei einem Jahresetat des Instituts von damals 1,2 Millionen DM) und so die finanzielle Grundlage für seine späteren Aktivitäten zur Sicherung und Verteidigung seiner Rechte bildeten;
- einmalig, weil so gut wie alle Vertragspartner, und eine große Schar anderer, später nichts unversucht gelassen haben, die Erteilung der Schutzrechte zu verhindern oder deren Reichweite zu begrenzen bzw. deren Rechtsbeständigkeit infrage zu stellen, und Professor Ziegler, sicher stets mit tatkräftiger Unterstützung von Dr. Martin, nie gezögert hatte, mit all diesen Riesen gerichtliche Auseinandersetzungen einzugehen und durchzustehen;
- einmalig auch, weil die Studiengesellschaft Kohle und Dr. Martin, nach dem Tode von Professor Ziegler, mit ihren US-amerikanischen und deutschen Anwälten bis zuletzt, d. h. bis in das Jahr 1999, mit anderen Worten 45 Jahre lang, als die letzte Einigung mit Formosa Plastics Corp., Texas, über eine Zahlung von 1,65 Millionen US $ zustande kam, es verstanden haben, mit außerordentlicher Beharr-

lichkeit die Besonderheiten des US-amerikanischen Patentrechts aus-
zuschöpfen. U. a. gelang es, japanische Automobilhersteller für die
Zeit von 1988 bis 1995 (!) zu Zahlungen von Lizenzgebühren zu ver-
pflichten, weil in ihren in die USA importierten Automobilen mit
Ziegler-Katalysatoren in Japan hergestelltes Polypropylen eingebaut
war.

- Einmalig aber auch deshalb, weil die jüngsten Änderungen des US-
  Patentgesetzes nunmehr eine Laufzeit von Patenten auf 20 Jahre ab
  Patentanmeldung und nicht wie früher auf 17 Jahre ab endgültiger
  Patenterteilung festschreiben und somit eine Wiederholung der
  Geschichte der Ziegler-Katalysatoren vergleichsweise unmöglich
  gemacht haben.

Auch wenn Dr. Martin dem Leser eine Gesamtbilanz des Erfolges letztlich vorenthält, beschreibt er wohl die weltweit erfolgreichste Verwertung
von Erfindungen aus nicht industrieller Forschung aller Zeiten. Immerhin,
er verrät, dass sich das Max-Planck-Institut für Kohlenforschung in Mülheim über 40 Jahre lang aus Einnahmen der Verwertung der Schutzrechte
von 1953/1954 selbst finanzieren konnte. Rechenkünstler können sich aus
dieser Angabe eine ziemlich konkrete Vorstellung über die Gesamtlizenz-
einnahmen machen.

Mit der vorliegenden Arbeit befriedigt der Autor ein sicher seit Jahrzehn-
ten empfundenes Bedürfnis, auf eine ganz besondere Weise zur Klärung
der Frage der nicht unumstrittenen und zumindest zum Teil im Dunkeln
gelassenen wissenschaftlichen Priorität der Errungenschaften von Professor Karl Ziegler und seines Mülheimer Teams beizutragen. Insbesondere
die Klärung des Verhältnisses zu dem zugleich mit Professor Ziegler mit
dem Nobelpreis bedachten Professor Giulio Natta und seinem Team in Italien, deren wissenschaftliche Leistungen Dr. Martin in keinster Weise
infrage stellt, deren Wurzeln er aber in Forschungsergebnissen sieht, zu
denen Professor Natta in Mülheim an der Ruhr Zugang bekommen hatte,
lag dem Autor am Herzen. Da nach Beobachtungen des Autors der Kampf
um die Anerkennung von Prioritäten meist nicht auf hohem moralischem
und ethischem Niveau stattfindet und die wissenschaftliche Welt aus unterschiedlichen Gründen im Falle der Ziegler-Katalysatoren Präzisierungen
ignoriert habe (S. 36), dienen Dr. Martin die unzähligen Entscheidungen
insbesondere US-amerikanischer Gerichte, in welchen die patentrechtliche,
zugleich aber auch die wissenschaftliche Priorität und folglich auch Domi-
nanz der Mülheimer Forschung auf diesem Gebiet festgestellt und anerkannt wurde, letztlich als Mittel der wissenschaftlichen Wahrheitsfindung.

Die Arbeit liest sich spannend, teilweise fast wie ein Kriminalroman und
gewährt Einblicke nicht nur in die Entwicklungen des komplexen Gebietes

der Polymer-Chemie und das nicht weniger komplexe, teilweise durch beachtliche Anomalien gekennzeichnete Patentrecht insbesondere der USA, sondern auch und insbesondere in das geradezu phänomenale Verhandlungsgeschick von Professor Ziegler oder auch Dr. Martin selbst, obwohl der Autor seine Person stets diskret nur im Hintergrund wirken lässt. Die Wiedergabe einer einzigen Textstelle möge dies verdeutlichen: „Im Mai 1967 – also 10 Jahre nach Beginn der Auseinandersetzung mit Du Pont – wurde schließlich ein „Vergleichsvertrag zwischen Du Pont und Ziegler" ausgehandelt, wonach Du Pont eine Abfindungssumme für die Polyethylen-Lizenz in den USA in Höhe von 2 Millionen \$ entrichtete. Außerdem wurden die inzwischen erteilten Patente von Du Pont aus diversen Interference-Verfahren, u. a. für die Herstellung von Isoprenylaluminium und seine Nutzung in der Polymerisation von Ethylen, weltweit auf Ziegler übertragen. Damit hatte Ziegler die Kosten für die Konzessionen im Vergleich mit Du Pont zum „Lachar-Pease Polyethylenstoffschutz" ausgeglichen. Ein stattlicher Gewinn wurde aber dadurch möglich, dass Du Pont vergessen hatte, Kanada mit einzuschließen, die wesentliche Produktion von Polyethylen aber mittlerweile dort installiert war. Ziegler vereinnahmte noch einmal die gleiche Summe als Abfindung für Kanada ...

Die Übertragung der Du Pont-Schutzrechte zum Thema Isoprenylaluminium sollte sich nach gar nicht langer Zeit als segensreiche Entscheidung für das Max-Planck-Institut für Kohlenforschung auswirken. Die Farbwerke Hoechst in Frankfurt hatten beschlossen, dieses Produkt für die Katalysatorenherstellung zur Polymerisation von Ethylen einzusetzen, ohne allerdings zu wissen, dass das Institut nunmehr neuer Eigentümer dieser Schutzrechte auch in Deutschland war ..." (S. 142). Das Ergebnis dieser Rechtsübertragung von Du Pont an die Studiengesellschaft war, wie Martin an anderer Stelle vermerkt, „dass eine Lizenzabgabepflicht seitens Hoechst für die länger laufenden, von Ziegler übernommenen Du Pont-Schutzrechte in Deutschland erstritten werden konnte" (S. 180) und Hoechst an die Studiengesellschaft/MPI Anfang der 80er-Jahre Beträge in wohl zweistelliger Millionenhöhe leisten musste. Also, eine deutsche Forschungseinrichtung erfolgreich gegen Hoechst mit Schutzrechten, die sie von Du Pont übernommen hatte! Gewiss auch eine einmalige Leistung!

Die Arbeit von Dr. Martin sollte zur Pflichtlektüre für jeden werden, der sich mit dem Schutz und Verwertung von Ergebnissen der öffentlich geförderten Forschung beschäftigt und eigentlich auch für jeden, der erfahren will, was Durchsetzung und Verwertung von Patenten in der Praxis bedeutet, oder jedenfalls bedeuten kann. So viel Anschauungsmaterial wie hier wird wohl nirgends geboten. Die Arbeit gibt beredtes Zeugnis davon, wie schwierig und kostspielig es ist, selbst nobelpreisgekrönte Forschungsergebnisse erfolgreich wirtschaftlich zu verwerten. Wäre es Professor Ziegler nicht gelungen, innerhalb kürzester Frist Millionensummen aus Options- und Lizenzverträgen auf noch nicht einmal erteilte Schutzrechte zu vereinnahmen, die ihm später eine solide Basis für die Verteidigung und Durchsetzung seiner Rechte sicherten, sprich für die Finanzierung der erstklassigen Patent- und Rechtsanwälte, könnte es durchaus geschehen, dass das Max-Planck-Institut gar keine oder nur bescheidene Einnahmen aus diesen Epoche machenden Erfindungen hätten erzielen können.

Dr. Martin war nicht nur ein Miterfinder, sondern hat durch seinen über Jahrzehnte währenden Kampf gegen jeden potenziellen Patentverletzer zu dem wirtschaftlichen Erfolg der Verwertung der Ziegler-Katalysatoren maßgeblich beigetragen. Mit seinem historischen Exkurs ruft der Autor das bisher in Deutschland kaum wahrgenommene Geschehen um die Entstehung und Verwertung dieser die 2. Hälfte des 20. Jahrhunderts mit prägenden Technologie in Erinnerung und bietet gleichzeitig Anschauungsunterricht von kaum zu überschätzendem Wert. Nicht zuletzt die Universitäten, andere außerindustrielle Forschungseinrichtungen und die Forschungs- und Kultusministerien sollten daraus lernen, dass zur erfolgreichen wirtschaftlichen Verwertung von Forschungsergebnissen nicht nur Spitzenleistungen von Forschern gehören, sondern auch Spitzenleistungen von denjenigen, die für deren Schutz und Verwertung zuständig sind. Selbst sie sind allerdings machtlos, wenn ihnen das zur Durchsetzung und Verteidigung der erworbenen Schutzrechte notwendige „Kleingeld" fehlt. Wird diesen Umständen nicht gebührend Rechnung getragen, könnten sich die in die geplante Abschaffung des Hochschullehrerprivilegs gesetzten Hoffnungen als eine Illusion oder sogar als Bumerang erweisen. Ausnahmeerscheinungen des Schlages von Professor Karl Ziegler und Dr. Heinz Martin, welche über die Fähigkeit verfügen, nicht nur Spitzenforschung zu betreiben, sondern deren Ergebnisse auch äußerst erfolgreich zu vermarkten, besitzen selbst heute Seltenheitswert. Sie verdienen Lob, Anerkennung und Bewunderung.

Der Gesetzgeber, die Universitäten und andere nicht industrielle Forschungseinrichtungen dürfen in ihren Überlegungen zur künftigen Ausgestaltung sowohl des Rechts als auch der institutionellen Infrastruktur und deren finanzieller Ausstattung nicht davon ausgehen, dass sie oft auf solche Ausnahmeerscheinungen aufbauen können.

München, Juni 2001   Joseph Straus

Einführung

Die letzten achtzig Jahre wurden im Bezug auf die industrielle Entwicklung in unserer Gesellschaft u. a. als das Kunststoffzeitalter bezeichnet. Es gab in dieser Zeit wesentliche Beiträge hierzu aus der Industrie, aber auch von einzelnen Forschungskreisen bzw. Forschern selbst. Kunststoffe sind, wie der Name impliziert, Produkte, die meist aus chemischen Rohstoffen durch Veredlung entstehen und Eigenschaften besitzen, mithilfe derer natürliche Werkstoffe ersetzt oder ergänzt werden.

In den dreißiger Jahren entstanden Produktionsanlagen für z. B. Polyvinylchlorid (Platten, Stäbe, Rohre, Hartfolien), Polyvinylether (z. B. Klebstoffe), Acryl- und Metacrylsäurepolymerisate (Plexiglas), Polystyrol (Styropor), Polyvinylacetat (z. B. Kaugummi), um nur einige der wichtigsten damals auf den Märkten vertriebene Polymerprodukte zu nennen. Die Kautschukindustrie entwickelte „Buna", ein Polybutadien, und „Buna S", ein Mischpolymerisat Butadien/Styrol, sowie Butylkautschuk aus Polyisobutylen. Auch Polyamide, wie Nylon und Perlon oder Polyester, wie Celluloid oder Trevirafasern, waren bekannt.

Aus dem Gas Ethylen konnte man in der Mitte der dreißiger Jahre erstmals ein Polyethylen durch das Aneinanderknüpfen von Ethylenmolekülen aufbauen (Hochdruckverfahren: 200 °C und bis 1500 at, Katalysator: Spuren Sauerstoff). Dabei entstanden je nach Kettenlänge flüssige, wachsartige oder feste, thermoplastische, d. h. bei erhöhter Temperatur verformbare Produkte. Die Eigenschaftsmerkmale des festen Polyethylens waren neu und unterschieden sich von denen der oben genannten Kunststoffe in vielfacher Hinsicht. So ist die Verformbarkeit bei gleichzeitig chemischer Widerstandsfähigkeit, Dehnung, elektrische Isolationswerte in weiten Temperaturbereichen wesentlich verbessert und damit den genannten Stoffen überlegen. Folien aus diesem Material beherrschten in steigendem Maße die Verpackungsindustrie. Zwanzig Jahre entwickelte sich diese Technologie konkurrenzlos.

1953/54 wurde im Max-Planck-Institut für Kohlenforschung in Mülheim an der Ruhr durch Karl Ziegler und Mitarbeiter ein wesentlich verbessertes Verfahren zur Herstellung von Polyethylen mit jetzt hohem kristallinen Anteil – lineare Struktur, praktisch keine Verzweigungen in der Kette und daher mit einer vergleichsweise breiteren Anwendungspalette als Hochdruckpolyethylen – gefunden. Das entscheidende Merkmal war das Auffinden eines Katalysators, der das Aneinanderknüpfen der einzelnen Ethylenmoleküle unter sehr einfachen Bedingungen und mit bisher ungekannter Effizienz bewirkte. Die sensationellen Befunde waren aber damit nicht erschöpft, vielmehr konnte eine ganze Klasse von Ziegler-Katalysatoren bereitgestellt werden, um auch die nächsthöheren Homologen des Ethylens wie Propen, Buten etc. in bisher unbekannte feste, kunststoffartige und teilkristalline Produkte umzuwandeln und die genannten Diene wie Butadien oder Isopren vergleichsweise sehr leicht zu elastischen Stoffen zu polymerisieren. Thermoplastische oder gummiartige Eigenschaften haben auch Stoffe, die in gleicher Weise beim Mischpolymerisieren von Olefinen untereinander erhalten werden. Damit aber noch nicht genug. Die Katalysatoren erwiesen sich weiterhin als Schlüssel, um ein breites Eigenschaftsspektrum der gewünschten Ketten reproduzierbar zu garantieren. Die Wandlungsfähigkeit bei der Anwendung der Ziegler-Katalysatoren führte zu einer Vielfalt neuer Produkte.

Der wissenschaftliche Rang dieser Entdeckung ist unbestritten. Sie und die großtechnische weltweite Herstellung der neuen vielfältigen Kunststoffe wurden 1963 durch die Verleihung des Nobelpreises an Karl Ziegler gewürdigt.

Festes, kunststoffartiges Polypropylen ist bis heute für das Max-Planck-Institut in Mülheim das umsatzstärkste Produkt seiner Forschungsgeschichte. Fast die Hälfte aller Einnahmen aus dem Lizenzgeschäft in der Zeit 1953–2000 stammen aus der Produktion von Polypropylen und Co- und Terpolymeren (Polyethylen ca. 24 %).

In der Betrachtung der hier vorgelegten Beschreibung der historischen Entwicklung soll daher dem Polypropylen eine bevorzugte Rolle eingeräumt werden.

Vor fast fünfzig Jahren ist Polypropylen im Max-Planck-Institut für Kohlenforschung in Mülheim an der Ruhr synthetisiert worden, ein farbloses, festes, plastisches Polymeres, aus dem man bei Temperaturen über 140 °C z. B. transparente Folien und Platten herstellen kann und das aus Propen durch Polymerisation mithilfe eines Katalysators aus Alkylaluminium-Verbindungen und Titanhalogeniden gebildet wird.[1] An anderer Stelle ist Polypropylen zwar auch früher hergestellt worden, aber wenn mit gleichen

Eigenschaften, dann nicht unabhängig von den Erkenntnissen im Max-Planck-Institut für Kohlenforschung. Die hieraus resultierenden Konflikte begleiteten die historische Entwicklung.

Über die Erforschung, die Verbesserungen der Eigenschaften und die großtechnische Herstellung des Stoffes ist vielfach berichtet worden. Mehr als 25 Millionen Tonnen Polypropylen werden jährlich weltweit produziert und verkauft. Gerade wegen der Bedeutung des Stoffes in der heutigen Industriegesellschaft gibt es kaum eine Geschichte eines neuen Produktes vergleichbarer Brisanz.

Der Autor war nicht nur beim Auffinden des neuen Stoffes beteiligt, er hat über mehr als 40 Jahre das weitere Geschehen verantwortlich mitgestaltet und viele entscheidende Abläufe wissenschaftlich und rechtlich begleitet, zuerst als Assistent Karl Zieglers, zuletzt als Geschäftsführer der für das Max-Planck-Institut als Treuhänderin tätigen Studiengesellschaft Kohle mbH.

Trotz des Monopols über weite Zeitabläufe, das die Erfinder bzw. Karl Ziegler besaßen, war eine Unzahl von Hürden zu nehmen, um eine optimale Verwertung für das Max-Planck-Institut zu erreichen.

Bei der Schilderung der meist nicht bekannten historischen Abläufe bedient sich der Autor zahlreicher Dokumente, die unter großem Bemühen um Vollständigkeit aufgeführt sind. Ein wesentlicher Teil dieser Dokumente ist der Öffentlichkeit zugänglich. Es gibt Belege, die noch einer „Vertraulichkeit" unterliegen. Soweit sie für das Verständnis notwendig sind, ist der Kern unter Wahrung der Vertraulichkeit extrahiert worden.

Die Geschichte des Polypropylens ist von vielen Institutionen und Persönlichkeiten beeinflusst und häufig sind wichtige Entwicklungen zeitlich parallel verlaufen. Von Bedeutung bleiben aber der Zusammenhang, einschließlich interessanter Querverbindungen, und der chronologische Ablauf, der mit diesen Dokumenten aufzeigbar ist.

Die Beschreibung des Hergangs einer Erfindung durch einen Dritten ist sicher nicht frei von subjektiver Beurteilung. Erforderlich für eine umfassende Beschreibung bedarf es sehr wohl der Selbstdarstellung, ergänzt durch die Vorlage dazugehörender Beweisstücke, als auch der kritischen Würdigung durch Gegner und schließlich des abwägenden Urteils eines Richters.

Die Schilderung richtet sich an den Chemiker, insbesondere Forschungschemiker, den Juristen, speziell Patentjuristen, den Manager in der chemischen Industrie, den Verwertungsmanager, aber auch an den naturwissenschaftlich interessierten Leser.

Die eigentliche Geschichte begann am 13. Juli 1954.

Mülheim an der Ruhr, Oktober 2000   H. Martin

Danksagung

Einer Reihe mir freundschaftlich verbundener Interessenten möchte ich
für nützliche Ratschläge nach Durchsicht des Manuskriptes sehr herzlich
danken: Prof. J. Bisplinghoff, Universität Bonn, Dr. med. H. Reinecke, Mülheim an der Ruhr, Dr. R. Rienäcker, Essen, Prof. J. Straus, Max-Planck-
Institut für ausländisches und internationales Patent-, Urheber- und Wett-
bewerbsrecht, München.

Besonders danken möchte ich dem Direktor des Max-Planck Institutes
für Kohlenforschung, Herrn Prof. M.T. Reetz, der mir die Möglichkeit gab,
die Arbeit im Hause MPI auszuführen, sowie für seine wertvollen Anre-
gungen.

Frau Inge Sander hat mich bei der Erarbeitung und kritischen Durchsicht des Manuskriptes liebenswürdig unterstützt und war für die Zusammenstellung der umfangreichen Dokumentation verantwortlich. Ihr wie
auch Frau Christa Dittmer, die im letzteren Bereich hilfreich war, gilt mein
herzlicher Dank.

Im Februar 2001   H. Martin

1
Die Erfindung

1.1
Erste Beobachtungen 1950/1953

So dramatisch und spannend die Geschichte der Entwicklung der Ziegler-Katalysatoren selbst war, so ist die Nachschau auf das, was in der Forschung weltweit zum gleichen Thema geschah, nicht weniger interessant. Es war vor allem in den USA, wo an verschiedenen Orten unabhängig voneinander Übergangsmetallverbindungen als Katalysatorkomponenten bei der Umwandlung von Olefinen zeitgleich innerhalb weniger Jahre untersucht worden sind.

In zahlreichen gerichtlichen Auseinandersetzungen der letzten 30 Jahre hatte eine Reihe von Personen u. a. in Forschungsorganisationen Gelegenheit, die Entwicklung im eigenen Hause und argumentative Positionen zum Geschehen in den Jahren 1950–1955 darzustellen und zu belegen. Zahllose Kreuzverhöre aus diesen Anlässen führten zu einer Offenlegung der Sachverhalte, der historisch chronologischen Abläufe und der Beschreibung der Funktionen einzelner Forschungspersönlichkeiten.

Im Jahr 1958 eröffnete das US-Patentamt ein so genanntes „Interference"-Verfahren[1] [1], an dem die Firmen Du Pont, Standard Oil of Indiana, Phillips Petroleum, Hercules Powder und Montecatini beteilig waren. Sein Gegenstand war ein Stoffanspruch für das neue, bis dahin unbekannte Polypropylen. Der vom Amt allen Parteien vorgeschlagene Stoffanspruch für den neuen Stoff „festes, kristallines Polypropylen" lautete:

> „Normally solid polypropylene consisting essentially of recurring [2] polypropylene units, having a substantial crystalline polypropylene content".

---

1) „Interference" ist ein im US-Patentrecht vorgesehenes Verfahren zur Feststellung des Ersterfinders, wonach die Prüfungsabteilung im US-Patentamt die Priorität zweier oder mehrerer zeitlich sich überlagernder Erfindungen prüft und die Reihenfolge der Prioritäten für bestimmte Anspruchsinhalte festlegt.

Weder die Parteien noch das US-Patentamt hatten in Erwägung gezogen, auch die Schutzrechte Karl Zieglers in dieses Verfahren einzubeziehen. Weiter sagte der vom Prüfer vorgeschlagene Anspruch nichts darüber aus, ob auch hochmolekulare, „thermoplastische" Polypropylene gemeint waren. Hierzu wird später zu berichten sein.

Das US-Gesetz sieht bei der Ermittlung des Ersterfinders (Priorität) die Beachtung von drei Kriterien vor, die auch international Beachtung finden:

1. Erstbeschreibung der Herstellung eines Stoffes, dessen Charakterisierung den Anspruch erfüllt,
2. Erkennen der Struktur des Stoffes durch die Erfinder und
3. Angabe einer spezifischen, praktischen Anwendung für den Stoff.

Mit Milligrammen an Produkt konnte man die Forderungen nicht erfüllen, aber US-Erfinder konnten als Beleg einer Priorität nicht nur das Erstanmeldungsdatum einer Patentanmeldung, vielmehr schon vorher mit Hilfe von durch Zeugen bestätigter Dokumentation (z. B. Eintragungen im Laborjournal) eine frühere Priorität geltend machen.

Das US-Patentamt entschied 1971 [1] im vorliegenden Fall, dass Montecatini den zeitlich frühesten Anspruch auf den Stoffschutz „Polypropylen" belegt hatten. Gegen diese Entscheidung haben die Unterlegenen Beschwerde beim zuständigen District-Court erhoben. 1980, also mehr als 25 Jahre nach den Entdeckungen, entschied das Gericht [3], dass weder Standard Oil noch Du Pont noch Montecatini, vielmehr Phillips Petroleum den gesetzlichen Anspruch auf die Anerkennung der Priorität habe [4]. Auf den sensationellen Teil der Gerichtsentscheidung wird später einzugehen sein. Vorab sei berichtet: Das Gericht befand, dass sich Montecatini im Zusammenhang mit Phillips gegenüber dem Patentamt betrügerisch verhalten und daher keinen Anspruch auf Anerkennung einer Priorität habe (vgl. Seite 37, Abs. 4 – Seite 38, Abs. 2; Seite 131, Fußnote 33; Seite 133, Abs. 4; Seite 182, Abs. 3 und Seite 193, Fußnote 1).

1.1.1
Standard Oil of Indiana

In der „Exploratory Research Division" in Whiting, Indiana, wurde 1950 unter der Leitung von Dr. Bernhard Evering die Wirkung von Katalysatoren bei Alkylierungsreaktionen mit Ethylen untersucht. Die Mitarbeiter A. Zletz, Carmody und E.F. Peters arbeiteten zu jener Zeit an diesem Projekt. Als Nebenprodukte fielen mehr oder weniger feste Polymere an.

Es handelte sich um Katalysatoren aus „reduziertem" Molybdänoxid auf Aluminiumoxid-Trägern. In einem ersten Eintrag im Laborjournal von

Zletz findet man auch den Vorschlag (18.07.1950), diesen Katalysator für die Polymerisation von Propen anzuwenden [5]. Der Bezug auf die Polymerisation von Olefinen einschließlich Propen im Journal von Herrn Zletz war von J.C. Stauffer („Senior Patent Adviser") am 21.07.1950 abgezeichnet. Es sollte wohl das Datum einer Konzeption bzw. Priorität festgelegt werden. Obwohl Zletz solche Polymerisationsversuche unter dem Datum 11.08.1950 und 31.08.1950 beschrieb, waren sie nie Gegenstand einer Patentanmeldung.

Mit einem Versuch vom 29.09.1950 isolierte Carmody ein Propenpolymerisat [6]. Ein dünner Film, „einigermaßen flexibel, nicht spröde", wurde gefertigt. Es sind auch Viskositätsmessungen und Infrarotspektren an diesem Produkt gemacht worden [7]. Die Bestimmung der Kristallinität ergab später nach Heinen [8] 38 %, nach Luongo [9] 27–30 %.

Am gleichen Tag unternahm Carmody ein weiteres Experiment zur Polymerisation von Propen [10], Peters später am 30.04.1953 (P-1) und am 17.07.1953 (P-9) mit ähnlichen Katalysatoren (Kobaltmolybdat) [11]. Im Jahr 1965 wurden diese Produkte dann bei Wiederholung des Experiments als 1,2-Polypropylen mit 77–95 % Kristallinität charakterisiert. Ausbeutezahlen wurden nicht genannt.

Patentanmeldungen aus dem Jahr 1951 [12, 13], in denen A. Zletz als Erfinder genannt ist, können als Hinweis dienen, in welcher Weise Chemiker der Standard Oil of Indiana sich generell mit Übergangsmetall-Katalysatoren befassten. E. Field und M. Feller [14, 15] aus den gleichen Forschungslaboratorien beschrieben 1952 neben einer großen Zahl von Versuchen an Ethylen auch zwei Beispiele unter Einsatz von Propen allein (US-Patente '647, Beispiel 21, und '453, Beispiel 7). Ob es ein kluger Patentanwalt war, der bei der Bearbeitung der Patentanmeldungen zur Aufnahme dieser Beispiele riet – die Angaben zur Ausbeute von 80 mg bzw. überhaupt keine Angabe zur Ausbeute waren nicht überzeugend –, oder ob der Versuch tatsächlich das beschriebene Ergebnis lieferte, wird ungeklärt bleiben. Beide Beispiele beschäftigten eine große Zahl von Experten, Chemikern und Juristen in späteren Auseinandersetzungen. Die Patentanmeldungen wurden von Standard Oil of Indiana zu keiner Zeit als prioritätsbegründende Anmeldungen genutzt oder bezeichnet [16].

Polymerisationsversuche mit Propen aus dem Jahr 1953 waren in eine Patentanmeldung von Zletz und Carmody (US SN 223 642) aufgenommen, diese Anmeldung am 20.05.1954 aber aufgegeben zugunsten der US-Anmeldung SN 462 480 vom 15. Oktober 1954, in der diese Versuche jetzt aber nicht mehr enthalten waren. Der Grund für eine solche Vorgehensweise kann nur vermutet werden: Die Ausbeuten [6, 10] (0,7 bzw. 3,83 g) waren zu klein, das Produkt nicht reproduzierbar und nicht als Polypropylen erkannt. Sie enthielten ein hohes Methylen/Methyl-Verhältnis (das Gericht tolerierte 1,1 aber nicht 1,5 und höher, theoretisch müsste das Verhältnis „1,0" sein), aus dem geschlossen werden musste, dass es sich nicht um Polymere mit regelmäßiger 1,2-Propylenanordnung in der Kette handeln konnte. Schließlich fand sich der Hinweis, dass bis 1958 keine Möglichkeit bestand, aus Infrarot-Daten allein die Präsenz von kristallinem Polypropylen zu bestimmen. Eine nachträgliche Beurteilung von Infrarotspektren war aber rechtlich nicht zulässig.

Röntgenaufnahmen an den Produkten aus dem Jahr 1953 ließen zwar kristalline Anteile vermuten, aber eine quantitative Angabe wurde nicht gemacht. Schließlich konnte ein Gehalt an amorphen Ethylen/Propylen-Copolymeren nicht ausgeschlossen werden.

Die vom September 1950 und April bis Ende Juli 1953 von Standard Oil of Indiana dokumentierten Versuche sind als Belege für eine Priorität nicht anerkannt worden, „da weder das Produkt ausreichend beschrieben hergestellt, noch erkannt, noch eine Verwendbarkeit erwähnt worden ist", so später der Richter. Erst um den 15. Juni 1954 realisierte Zletz, dass Molybdänoxid, aufgetragen auf Aluminiumoxid-Träger, als Katalysator für die Polymerisation von Olefinen geeignet sei. Dr. W. Bailey, ein Partei-Sachverständiger, vor dem Richter: Disproportionierungen von Propen an Molybdänkatalysatoren in Buten und Ethylen sind bekannt, sodass, da Ethylen schneller polymerisiert als Propen, Ethylen-Propylen-Copolymere im Produkt enthalten sein müssen. Richter Wright: Die Priorität von Standard Oil wird auf den 15. Oktober 1954, das Datum der Zletz-Anmeldung 462 480 beim US-Patentamt festgelegt.

Aufgrund der sehr unbefriedigenden Ergebnisse bei Anwendung der Kobaltmolybdän-Katalysatoren auf Propen hatte Standard Oil of Indiana weder eine eigene kommerzielle Produktion erstellt noch, nicht zuletzt wegen der Prioritätslage, Lizenzen angeboten. Erst Ende der sechziger und Beginn der siebziger Jahre begann Standard Oil mit der Produktion von Polypropylen, aber jetzt unter Einsatz von Ziegler-Katalysatoren[2] (Organoaluminiumverbindungen und Titanhalogenide). 1972/1973 erwarb Amoco Chemical Corporation, eine 100%ige Tochter der Standard Oil of Indiana, hierzu eine Lizenz von Ziegler.

[2] G. Natta hatte die von ihm benutzte Katalysatormischung aus Aluminiumalkylen mit Titanhalogeniden erstmals als Ziegler-Katalysator definiert (vgl. Lit. 165 und 166, erste Patentanmeldungen 1954).

1.1.2
Phillips Petroleum Company

Phillips Petroleum Company, wie Standard Oil of Indiana ein Rohöl verarbeitendes Unternehmen, unterhielt in Bartlesville, US-Staat Oklahoma, eine Entwicklungsabteilung für katalytische Verfahren innerhalb einer Untersuchungsstation für Kohlenwasserstoffumwandlung. Dr. W.C. Lanning leitete 1951 diese Verfahrensabteilung, J.P. Hogan war Gruppenleiter, R.L. Banks, G. Nowlin und E. Francis waren Forschungschemiker. Hogans Gruppe befasste sich zu dieser Zeit mit der Umwandlung von insbesondere gasförmigen Olefinen in flüssige Oligomere. Es wurden Übergangsmetalloxide, z. B. Nickeloxid auf Silica-Aluminiumoxid als Träger, bezüglich ihrer katalytischen Wirksamkeit untersucht.

Im Juni 1951 setzte man eine Mischung aus Chrom- und Nickeloxid bei gleichem Trägermaterial ein. Schließlich waren Katalysatoren unter Verwendung von Chromoxid allein auf dem Trägermaterial in Form eines Reaktorbettes der Katalysator, der am 9.10.1951 zum ersten Mal die Polymerisation von Propen zu u. a. halbfestem Polypropylen bewirkte [17]. E. Francis isolierte 40–50 g eines Polymeren, das G. Nowlin später fraktionierte und eine Fraktion als Polypropylen-Gel, unlöslich in Chloroform und Benzol, charakterisierte.

Bei Wiederholung des Versuches unter gleichen Bedingungen fanden Hogan, Banks und Francis [18] im November 1951 70,5 g eines klebrigen Polymeren, das Teile enthielt, die wiederum unlöslich in siedendem Methylisobutylketon und n-Pentan waren. Einige Produkte erfüllten also den Anspruch, dass sie fest waren und darüber hinaus sich wiederholende Propylen-Einheiten (Kopf-Schwanz-Polymerisation oder auch 1,2-Addition) im Infrarot-Spektrum nachweisen ließen. Diese Erkenntnis lag wohl, wenn auch nur bruchstückhaft, zwischen Februar und Juni 1952 vor. Die Kristallinität konnte später durch Infrarotspektrum wie Röntgenaufnahmen belegt werden. An einem Produkt vom April 1952 (PO-116) wurde im Dezember 1952 ein Schmelzpunkt von immerhin 130 °C gemessen. Aus der Tatsache der Unlöslichkeit des Produktes in siedendem Methylethylketon wurde geschlossen, dass es kristalline Anteile enthalte. Die Messergebnisse aus der Untersuchung der Polypropylen-Produkte der zweiten Hälfte 1952 [19] wurden in einer Patentanmeldung vom 27.01.1953 [4] erwähnt. Die Behauptung von Phillips, die Verwendbarkeit der Polypropylen-Produkte als feste Thermoplaste demonstriert zu haben, ließ sich aber nicht belegen, wohl ihre Verwendbarkeit als Wachszusätze. Der Text der Patentanmeldung enthielt weder das Wort „kristallin" noch einen Hinweis auf die Verwendbarkeit als Wachszusätze. Dennoch wurde Phillips zugestanden, die beiden

Kriterien belegt zu haben. Die alleinige Vermutung, dass das neue Material in der gleichen Weise wie Polyethylen benutzt werden könne, reichte als Nachweis nicht aus. Auch waren die gemessenen Schmelzpunkte keine Gewähr dafür, dass die Produkte bei Verformungstemperaturen (molded plastic) stabil blieben. Es gab keinen Hinweis, dass die Produkte als feste Thermoplaste brauchbar waren. Richter C. Wright 1980:

> „The Court accordingly finds that Phillips failed to prove that its scientists knew enough about their product to conclude that it was useful as a solid plastic." [20]

Der Befund über diesen Mangel sollte später von großer Bedeutung sein.

Als Hinweis eines kristallinen Anteils der Polypropylene enthielt die Phillips-Anmeldung die Angabe der Unlöslichkeit der Polymeren in Pentan bei Raumtemperatur, einen Schmelzbereich des festen Rückstandes von 240–300 °F (115–149 °C), einen Dichtebereich von 0.90–0.95, eine „intrinsic" Viskosität von 0.2–1.0, Molekulargewichte von 5.000–20.000 einschließlich spezieller Fraktionen von 200–50.000. Das klebrige Polymer, Molekulargewichte 500–5.000, ließ sich in halbfeste, in Pentan lösliche und feste, in Pentan unlösliche Fraktionen, so die allgemeine Beschreibung, trennen. Beispielhaft belegt waren nur halbfeste bzw. klebrige Produkte.

Eine Reihe von Experten hat später, also viele Jahre nach der 1953-Anmeldung, die dort gegebenen Beispiele nachgearbeitet.[3] Das Gericht [21] befand 1980, dass diese Produkte außerhalb der von Phillips offenbarten Angaben lagen. Auch ließ sich nicht erkennen, dass diese Produkte durch Infrarot- oder Röntgenanalyse untersucht worden waren. Longi wies nach, dass durchaus höherschmelzende, kristalline Produkte (Schmelzpunkt bis 167 °C, I.V. 1.37, Kristallinität 71.5 %) zu isolieren waren. Das gleiche

3) C. Capucci, Montedison, fand 1955, dass man festes Polypropylen, so wie beschrieben, herstellen kann. Die Aufarbeitung wich aber von der Offenbarung der Phillips-Anmeldung ab. Immerhin wurde an einem Produkt eine „Intrinsic" (I.V.) Viskosität 1.02 gemessen, also am oberen Rand des aufgezeigten Bereiches. Das Produkt war allerdings kein Rohprodukt, vielmehr eine unlösliche Fraktion [22]. H.S. Eleuterio, Du Pont, wiederholte 1956 Beispiele des parallelen belgischen Phillips-Patentes 530,617 (Äquivalent zur Phillips US-Anmeldung 1953). Er extrahierte das rohe Polymere vom Katalysator, verdampfte das Lösungsmittel und erhielt ein festes Produkt mit 56%iger Kristallinität. G. Trada, Edison Company, wiederholte 1962 die Phillips-Versuche,. Er extrahierte das Produkt mit siedendem Xylol und nach Abdampfen des Xylols den Rückstand mit Pentan. Das verbleibende Polypropylen hatte eine Viskosität von 1.31, enthielt 57 % kristalline Anteile. Nach Extraktion mit siedendem Heptan stieg die Viskosität des Rückstandes auf 2.0 bei praktisch unveränderter Kristallinität. D. Witt, Phillips, erhielt nach Befolgen der Phillips-Beschreibung für die Aufarbeitung ein Produkt mit einem Schmelzpunkt von 125–130 °C und eine Viskosität (I.V.) von 0.73–0.95. Auch J.A. DeLap von Phillips konnte bei der Reproduktion im Jahr 1964 keine anderen Daten ermitteln. Schließlich lieferte G. Longi, Montedison, Resultate von Reproduktionsversuchen aus dem Jahr 1965 [23].

Gericht befand weiter, dass die Phillips-Anmeldung von 1953 die Beschreibung zur Herstellung von kristallinem Polypropylen enthalte, dass aber nicht alle Bereiche an kristallinem Polypropylen offenbart seien und daher auch nicht der gesamte Bereich beansprucht werden könne. In der Anmeldung wurde daraufhin hingewiesen, dass die Molekulargewichte der beschriebenen Produkte etwa 5.000–20.000 betragen. Ob damit auch ein Produkt mit einem Molekulargewicht bis zu 50.000 eingeschlossen war, muss zweifelhaft bleiben. Die einzige definitive Aussage von Phillips in der Anmeldung von 1953 war, dass ein festes, zumindest teilkristallines Material hergestellt worden sei.

1.1.3
Du Pont

Vom Beginn bis zur Patentanmeldung

Nach Angaben von Du Pont begann Ende Januar und Februar 1954 eine Gruppe von Chemikern des „Petrochemical Department" mit der systematischen Suche nach geeigneten Polymerisationskatalysatoren für die Copolymerisation von Norbornen und Ethylen. Zu dieser Zeit war die grundlegende Erkenntnis bei der Entwicklung der Ziegler-Katalysatoren für die Polymerisation von Ethylen zu festem, kunststoffartigem Polyethylen im Max-Planck-Institut für Kohlenforschung in Mülheim 2–3 Monate alt, Patentanmeldungen [24] hierzu waren beim Deutschen Patentamt eingereicht und die Firmen Montecatini, Farbwerke Hoechst und Ruhrchemie AG [25] in vertraulichen Mitteilungen von Ziegler über die Zusammensetzung der zu diesem Zeitpunkt besten Katalysatoren informiert.

Ob und inwieweit die bei Du Pont tätige Forschergruppe um W.F. Gresham (Forschungsdirektor), Anderson, Robinson, Merckling und Truett über die Arbeiten am Max-Planck-Institut in Mülheim informiert war, ließ sich nicht schlüssig belegen.

Allerdings fand sich in einem Memorandum [26] der Patentabteilung von Du Pont, datiert 4. August 1954, ein Hinweis, dass Gresham bekannt war, dass Ziegler ein neues Polyethylen hergestellt hatte, und er vermuten konnte, wie der Ziegler-Katalysator zusammengesetzt war. Du Pont reichte im August 1954 Patentanmeldungen beim Amerikanischen Patentamt ein, in denen die Herstellung von hochmolekularem, festem Polyethylen [27, 28] und auch Polypropylen [29] beschrieben und beansprucht wurde.

Begonnen wurden die Untersuchungen im Du Pont-Laboratorium auf Basis der Anwendung von Katalysatoren nach Max Fischer [30].[4] Bei Wiederholung des Fischer-Experiments mit Ethylen allein wurden zunächst nur Öle isoliert, und der Mitarbeiter Truett charakterisierte die Fischer-Reaktion als „kapriziös" [31], weil für ihn nicht zu erkennen war, unter welchen äußeren Bedingungen nur Öle oder, wie später gefunden, auch feste Polymere entstanden. Inzwischen war die Forschergruppe auf mehr als ein Dutzend Chemiker angewachsen. Als Arbeitshypothese war etabliert, dass ein Übergangsmetallhalogenid in reduzierter Form [32] allein für die katalytische Wirkung verantwortlich sein müsse. Als Reduktionsmittel wurden Metalle (Aluminium oder Magnesium), aber jetzt auch – es war nun April 1954 – Grignard-Verbindungen [33] eingesetzt. Ein Schluss auf die Brauchbarkeit von Aluminiumalkylen oder Alkylaluminiumchloriden wurde nicht gezogen.

In dieser Zeit hatte Ziegler bereits einige Options- bzw. Lizenzverträge abgeschlossen [34], und es existierten Versuchsanlagen, aus denen Proben von Polyethylen an Interessenten und Neugierige verteilt wurden. Es war nicht schwer, solche Proben auf Ascherückstände zu analysieren und festzustellen, dass zumindest Aluminium und Titan darin enthalten waren. Erst im frühen Sommer 1954 veranlasste Gresham, Organoaluminium-Verbindungen einzusetzen. Die Anregung kam durch einen Chemiker namens Hyson [35], der bis dahin mit diesem Projekt nicht befasst war, wohl aber Kenntnis und Erfahrung beim Umgang mit Zieglers Aluminiumalkylen hatte. Ende Juli 1954 wurden Experimente an Ethylen von Hyson durchgeführt, in denen äquimolekulare Mengen an Aluminiumtrimethyl und Titantetrachlorid bei extremen Drücken (bis zu 1000 atm) und Temperaturen (100–200 °C) als katalytisch wirksam gefunden wurden. Hyson ging dann aber von reinen Aluminiumtrialkylen auf Lithiumaluminiumtetraalkyle über, da er insbesondere die kurzkettigen Aluminiumalkyle wegen der Entzündbarkeit bei Luftzutritt als zu gefährlich einschätzte. Hyson regte an, auch Propen sowie allgemein Olefine zur Polymerisation einzusetzen [36].

Die weitere Entwicklung findet man in der Beschreibung der Patentanmeldungen vom 16.–19. August 1954. Sie beanspruchten die Herstellung

---

4) Max Fischer (BASF, Ludwigshafen) hatte die Wirkung von Aluminiumtrichlorid als Friedel-Crafts-Katalysator zur Herstellung von Schmierölen aus Ethylen durch Zusatz von Titantetrachlorid und ein wenig Aluminiumpulver variiert. Dabei waren neben Schmierölen auch feste Ethylenpolymere entstanden. Es war bekannt, dass man mit Aluminiumpulver das Titan im Titantetrachlorid reduzieren konnte. Daraus entwickelte das Du Pont-Team die Arbeitshypothese, dass zur Bildung von festen Hochpolymeren das Titan im Katalysator in einer niedrigeren Wertigkeit vorliegen müsse, und später, dass die Wertigkeit unter drei notwendig sei, da Titandichlorid allein, wie gefunden wurde, Ethylen zu festen Hochpolymeren umwandelte, Titantrichlorid schon nicht mehr.

von Katalysatoren für die Polymerisation von Ethylen [27, 28], die vom 19. August 1954 die Herstellung von u. a. Polypropylen [29]. Erstere beschrieben Grignard-Verbindungen, Lithiumaluminiumtetraalkyle und das Aluminiumtrimethyl als Reduktionsmittel für Titantetrachlorid, Letztere belegte beispielhaft die Verwendung von Lithiumaluminiumtetraalkylen oder Grignard-Verbindungen als Reduktionskomponente. In den Anmeldungen ist Hyson als Erfinder nicht genannt. Die Beschreibung der Verwendung von Phenylmagnesiumbromid und Titantetrachlorid als Katalysatormischung findet sich in einem ersten Versuch vom 21. Mai 1954, alle weiteren Versuche stammen vom August, ein Detail von entscheidender patentrechtlicher Bedeutung für Du Pont.

Nur ein magerer Versuch „Polypropylen"
In der Zeit von April bis August 1954 experimentierten Stamatoff und Baxter bei Du Pont in einer Reihe von Versuchen mit unterschiedlichen Katalysatoren und mit sowohl Ethylen als auch Propylen. Bei einer großen Zahl dieser Experimente sind entweder gar keine oder nur flüssige Polymere (Öle) entstanden. In einigen Fällen, in denen sich kleinste Mengen an festen Polymeren gebildet hatten, sind Analysen nicht durchgeführt worden. Am 21. Mai 1954 hatte Baxter [37] mit Hilfe einer Mischung aus Grignard-Verbindung und Titantetrachlorid Propylen umgesetzt, die Ausbeute, ein halbes Gramm eines Pulvers, war nicht überzeugend. Aus diesem Produkt wurde zwar ein Film hergestellt, der als „tough and elastic" charakterisiert wurde – die Infrarotaufnahme wies auf eine Absorption bei 8,69 Mikrometer (interne Methylgruppe) hin –, es wurde aber weder eine quantitative Angabe für diesen Methylgehalt noch irgendeine Angabe über Kristallinität gemacht, eine Analyse ohne schlüssiges Ergebnis.

In der weiter oben beschriebenen gerichtlichen Auseinandersetzung zwischen Standard Oil of Indiana, Phillips Petroleum Co., Du Pont und Montedison bestätigte 1980 Richter C.M. Wright [38] die Entscheidung des „Board of Patent Interferences" [39] (Beschwerdekammer für Interference-Verfahren im US-Patentamt) aus dem Jahr 1971, dass die früheste Priorität, die Du Pont für die Herstellung eines festen, kristallinen Polypropylens belegen konnte, der 19. August 1954 [29] sei. Den Anspruch, die Priorität auf das Mai-Experiment vorzuverlegen, wies der Richter zurück, da die Experimentatoren weder das Produkt Polypropylen im Sinne des Gesetzes erkannt noch eine erforderliche Verwendbarkeit nachgewiesen hätten. Hierzu erklärte der Richter: Es ist klar, dass das Infrarot-Spektrum des Mai-Produktes, von Herrn Beck (Du Pont) angefertigt, keinerlei Hinweis enthielt, dass das Produkt überhaupt eine Polypropylen-Kristallinität aufweise.

Im August 1954 erhielt Baxter bei der Katalysatorkombination von Titantetrachlorid und Lithiumaluminiumtetrahexyl eine größere Ausbeute an Polypropylen. Die Auswertung der Röntgenaufnahmen an solchen Produkten lieferten dann kristalline Anteile von 15–10 %, aber selbst diese Zahlen wurden im August der Patentabteilung Du Pont nicht mitgeteilt (vgl. Seite 254, letzter Abs. – S. 255, Abs. 1).

Für Du Pont war spätestens 1955 einleuchtend, dass die eigene Position auch und gerade im Fall Polypropylen im Vergleich zu allen Konkurrenten schwach war. Den Beteiligten wurde dies aber erst nach 25 Jahren bewusst (s. o.). Ausbeuten und Erkenntnisse aus relevanten Experimenten waren zu klein, um die Anerkennung einer Priorität zu erwarten. Du Pont hat nie ernsthaft erwogen, kommerziell Polypropylen herzustellen.

1.2
Max-Planck-Institut, Mülheim an der Ruhr

1.2.1
K. Ziegler und Mitarbeiter

Während die drei vorgenannten Firmen und deren Forschungsgruppen auf dem Polymersektor unabhängig voneinander zu den geschilderten Ergebnissen gekommen waren, lässt sich die Entwicklung bei der italienischen Chemie-Firma Montecatini von der im Max-Planck-Institut für Kohlenforschung nicht trennen. In anderen Worten: Ausgangspunkt aller Aktivitäten zum Thema „Polyolefine" bei der Firma Montecatini war das Institut in Mülheim an der Ruhr, wie später belegt (s. Seite 35 unten).

Giulio Natta, Direktor des „Istituto Di Chimica Industriale Del Politecnico", Mailand, einer von Montecatini im Rahmen einer vertraglichen Verbindung[5] unterstützten Forschungs-Institution, bildete eine Reihe von jungen Chemikern u. a. für Montecatini aus. Er hatte frühzeitig gegenüber Montecatini darauf hingewiesen, dass die Arbeiten am Max-Planck-Institut für Kohlenforschung in Mülheim für Montecatini möglicherweise von Bedeutung sein könnten. Nach eigenen Angaben verfolgte Natta die Publikationen und Vorträge von Ziegler spätestens seit 1952. Zu dieser Zeit untersuchten K. Ziegler und Mitarbeiter die so genannte Aufbaureaktion[6]

5) G. Natta hatte danach Rechte aus Schutzrechten auf Montecatini übertragen. Die auszubildenden Chemiker waren z. T. Angestellte von Montecatini.

6) Aufbaureaktion: Die schrittweise Addition von Ethylenmolekülen an Aluminiumtriethyl führt zur Bildung einer längeren Kohlenwasserstoffkette. Die Kette baut sich auf. Im Gegensatz hierzu wurde von einer Verdrängungsreaktion gesprochen, wenn die aufgebaute Kette vom Aluminium verdrängt wurde. Das konnte schon je nach Bedingungen nach einem, zwei der mehreren Schritten des Aufbaus passieren.

des Ethylens am Aluminiumtriethyl und die selektive Dimerisation von höheren α-Olefinen an aluminiumorganischen Verbindungen. Von besonderem Interesse war offensichtlich die Dimerisation von Propen zu 2-Methylpenten-1 sowie die von Buten zu 2-Ethylhexen-1. Im Januar 1953 schlossen Montecatini und Ziegler ein „Abkommen" [34], in dem Montecatini eine Exklusivlizenz für Italien auf bestimmte Schutzrechte erteilt [40] wurde,

> „die den Umsatz von Olefinen unter Verwendung von metallorganischen Katalysatoren"

betrafen. Eingeschlossen waren auch die

> „daraus entwickelten Nebenverfahren, wie auch alle anderen Verfahren, die zukünftig auf dem Gebiet der Umsetzung von Olefinen unter Verwendung von metallorganischen Verbindungen als Katalysatoren entwickelt werden sollten".

Die Definition des Vertragsgegenstandes war so umfassend, dass sie ein Jahr später eine Diskussion darüber auslöste, ob die in der zweiten Hälfte des Jahres 1953 gefundenen „Ziegler-Katalysatoren" (metallorganische Mischkatalysatoren) unter diese Definition fielen [41].

Der Vertrag sah weiterhin vor, dass Folgeerfindungen, die auf dem Vertragsgebiet dann von Montecatini gemacht wurden, Ziegler angeboten werden sollten, und dass Montecatini sich das Recht vorbehalte, eigene, wie oben definierte Erfindungen in anderen Staaten zu lizenzieren. Die Vorauszahlung von DM 600.000,– war für Ziegler attraktiv, zumal das vorhandene „Know-how" für die Übertragung in die Technik keineswegs ausgereift war. Es stand lediglich eine kleine Versuchsanlage zur Verfügung.

Die italienischen Schutzrechte Zieglers betrafen damals u. a. die „Polymerisation von Ethylen" [40] wobei bereits an dieser Stelle gesagt werden muss, dass die Produkte allenfalls wachsähnlichen Charakter hatten, im Wesentlichen aber aus Kohlenwasserstoffölen (vgl. „Aufbaureaktion", Fußnote 6 auf Seite 10.) bestanden. Die zum Einsatz kommenden Aluminiumtrialkyl-Katalysatoren waren frei von Übergangsmetallverbindungen.

Unter Bezugnahme auf den Vertrag schickte Montecatini im Frühjahr 1953 zwei Chemiker, Paolo Chini und Roberto Magri, und einen Ingenieur, Giovanni Crespi, nach Mülheim mit der Aufgabe, sich in das sachliche Vertragsgebiet einweisen zu lassen und die Herstellung und das Verfahren der Anwendung von Aluminiumalkylen zu erlernen. Die drei Gäste traten ihren Besuch am 24. Februar 1953 [42] in Mülheim an, zu einer Zeit, als sehr interessante Beobachtungen beim Umgang mit Aluminiumalkylen im Max-Planck-Institut für Kohlenforschung gemacht wurden.

E. Holzkamp hatte als Doktorand von K. Ziegler beim Studium spezieller Aufbaureaktionen an Ethylen einen bedeutenden, von den üblichen Resultaten abweichenden Verlauf festgestellt: die Verdrängungsreaktion anstelle des Kettenaufbaus, wobei jetzt im Wesentlichen Buten, das Dimere des Ethylens, entstand, von dem ein Teil wiederum dimerisiert wurde. Die Suche nach der Ursache führte bekanntlich zu Spuren von Nickelmetall aus dem Chrom-Nickel-Stahl des Autoklaven als Kokatalysator. Man konnte durch Zusatz von fein verteiltem Nickel die Aufbaureaktion unterbinden. Die Frage nach der Verwendung anderer Übergangsmetalle und ihrer Wirkung wurde aber als zu aufwendiges Programm für eine Doktorarbeit eingeschätzt.

Einem jungen Diplomanden, H. Breil, wurde dann die Aufgabe zuteil, geeignete Übergangsmetallverbindungen zu präparieren und in Zusammenarbeit mit E. Holzkamp ihre Wirkungsweise als so genannte Verdrängungskatalysatoren zu untersuchen.

Die italienischen Gäste arbeiteten zwar im Hause Max-Planck-Institut, wurden aber, räumlich getrennt vom Laboratorium Holzkamp/Breil, in die organische Chemie des Aluminium eingeführt. Zu dieser Zeit war ein weiterer Gast im Haus, Dr. A. Glasebrook, von der Firma Hercules Powder Co., USA, der sich im Auftrag seiner Firma und der Einladung Zieglers folgend ein Bild von der Organo-Aluminiumchemie verschaffen sollte, um bei Berücksichtigung der Interessenlage seiner Firma zu prüfen, ob Anwendungen im technischen Bereich interessant genug seien. A. Glasebrook war u. a. auch im Labor Holzkamp tätig. Alle Gäste, die drei italienischen Herren und A. Glasebrook, nahmen täglich ein gemeinsames Mittagessen in einer nahe gelegenen Gaststube ein und tauschten ihre gewonnenen Erkenntnisse aus.

1.2.2
Experimente Mai bis Dezember 1953

Im Mai 1953 setzte E. Holzkamp in zwei zeitlich aufeinander folgenden Versuchen eine Kombination von Chromacetylacetonat und Aluminiumtriethyl als Katalysatorgemisch ein, natürlich mit dem Ziel, die Wirkung der Chrom-Verbindung anstelle Nickel als Verdrängungs-Kokatalysator auf Ethylen zu prüfen [43, 44]. Er fand im ersten Fall „ca. 30 g meist höher molekulares Produkt, von dem etwa 30 % unschmelzbar waren", und im zweiten Fall „Rückstand: 16 g unschmelzbares Produkt". Beide Versuche unterschieden sich lediglich graduell bei der Wahl des angewandten Ethylendruckes.

Etwa zur gleichen Zeit und unter Berücksichtigung der Nickel-Kokatalyse befasste sich H. Martin, promovierter Assistent von Ziegler, mit der These, dass die Aufbaureaktion von Ethylen an Aluminiumtriethyl ungebremst bis zum echten Polyethylen weiterlaufen müsse, wenn man ein Reaktionsgefäß benutzt, das vollständig frei ist von möglichen Nickelspuren. Dazu war es erforderlich, gleichzeitig die Menge des zum Einsatz kommenden Aluminiumtriethyls schrittweise herabzusetzen, um so die Ketten am Aluminium mit einem hohen Überschuss an Ethylen wachsen zu lassen [45]. Hierzu wurde ein eloxiertes Aluminiumgefäß in den Druckreaktor eingepasst und Aluminiumtriethyl und Ethylen im Verhältnis 1:280 bei 55 °C und 150 bar in Hexan als Reaktionsmedium zur Reaktion gebracht. Die Reaktion verlief während 20 Stunden unter Bildung eines hohen Anteils an festen Paraffinprodukten [46].

In einem Schreiben vom Ende Juli 1953 [47] berichtete K. Ziegler Montecatini (R. Orsoni) über den Stand der Entwicklungen u. a.:

> „Die gesamten Polymerisationsprobleme werden seit etwa 2–3 Monaten durch Herrn Dr. Martin und andere wieder intensiv bearbeitet. Ich glaube, dass wir auch da vor neuen Entwicklungen und Erkenntnissen stehen“.

Die Bemühungen führten im September 1953 zu Produkten mit Schmelzpunkten von 80–100 °C [48]. Eine Erhöhung der Molekulargewichte über 10.000 wurde aber nicht erreicht [49]. Parallel hierzu stieg der olefinische Anteil an den Produkten, ein Hinweis, dass unter diesen Bedingungen die Verdrängungsreaktion dennoch stattfand.[7]

Breil setzte beim systematischen Durchkämmen verfügbarer Übergangsmetallverbindungen auch Titantetrachlorid zusammen mit Aluminiumtriethyl als Katalysatormischung unter Ethylendruck ein. Der Eintrag in seinem Laborjournal [51]: „Ausbeute 3,5 g Buten ... dazu hochpolymerer Rückstand, schwarze (v. Titan), gummiartige Masse“. Bemerkenswert war, dass die Reaktionsmischung trotz Herabsetzens der äußeren Heizung sich innerhalb weniger Minuten selbst aufheizte und die erhöhte Temperatur über mehrere Stunden hielt. In der Nachschau kann man nur festhalten, dass eine Wiederholung seinerzeit offenbar weder geplant noch durchgeführt wurde, möglicherweise weil das Resultat unbefriedigend war und vom Ziel einer Titan-Verdrängungskatalyse abwich.

---

7) Erst fast 40 Jahre später fanden H. Martin und Mitarbeiter [50] in anderem Zusammenhang, dass bei Erniedrigung der Temperatur auf Raumtemperatur Ethylen mit reinem Aluminiumtriethyl und auch anderen Aluminiumtrialkylen zu hochmolekularem festem Polyethylen umgesetzt werden kann. Die Reaktion verläuft dann sehr langsam, aber die Verdrängungsreaktion wird unterdrückt.

Erhard Holzkamp

Heinz Breil

Heinz Martin

Diese Einschätzung wurde von Karl Ziegler dann auch in einer Zeugenvernehmung im Jahr 1967 [52] im Zusammenhang mit der patentrechtlichen Auseinandersetzung zwischen Ziegler, Du Pont und Natta bzw. 1969 [53] zwischen Montecatini, Dart Industries Inc., Chevron Chemical Co. und

Karl Ziegler und Heinz Martin

Enjay Chemical Co., Humble Oil and Refining Co. und Avisun Corporation zum Thema Polypropylen bestätigt. Der Fragesteller, Mr. Irons, US-Patentanwalt der Firma Montecatini, wollte eigentlich wissen, ob ein Experiment unter Verwendung von Titantetrachlorid vor August 1954 (er meinte wohl im Zusammenhang mit Polypropylen) durchgeführt worden war. Ziegler korrigierte, dass nach seiner Ansicht offensichtlich 1953 gemeint sei, und verneinte, dass vor August 1953 ein Experiment durchgeführt worden war, in dem die Bildung von Polyethylen beobachtet worden sei. Mr. Irons bestätigte diese Auffassung [54], dass bis Ende Juli 1953 „you had not yet made a high molecular weight solid polyethylene".

Nach den Augustferien 1953 wurde über die Wiederholung eines Versuches unter Verwendung von Chromacetylacetonat zusammen mit Aluminiumtriethyl und Ethylen berichtet [55]. Breil fand wenig „Weichparaffine" und bei Einsatz von Molybdänacetylacetonat „Paraffine mittlerer Konsistenz neben wenig Buten" [56]. Anfang Oktober wurde der Einfluss von Vanadinacetylacetonat untersucht, wobei wenig Polymere (Paraffine) neben Buten gefunden wurden [57–59]. Manganacetylacetonat katalysierte die Butenbildung [60] ebenso wie Platinacetylacetonat [61].

Am 26.10.1953 [62] wurde von Breil Zirkonacetylacetonat zusammen mit Aluminiumtriethyl und Ethylen eingesetzt. 90 % des umgesetzten Ethylens waren jetzt feste Produkte: 38 g „Hartparaffin, Polyethylen". Die Sensation war perfekt. Eine erste Folie wurde gepresst (100–300 atm, 130–150 °C Fp). Am 13.11.1953 [63] wiederholte Breil diesen Versuch, aber diesmal in Gegenwart von Hexan als Reaktionsmedium, eine aus späterer Sicht zwar triviale, damals aber bedeutende Variante. Die Verfügbarkeit der Oberfläche des heterogenen Katalysators wurde verbessert. Bis dahin waren Reaktionen von Organoaluminiumverbindungen praktisch ohne Lösungsmittel ausgeführt worden. Die Ausbeute an festem, fein pulvrigem Polyethylen wurde verdreifacht, gereckte Bänder auf Reißfestigkeit geprüft (30 kg/mm^2). Ein Infrarotspektrum enthielt keinen Hinweis auf Methylgruppen. Drei Tage später [64] wurde erstmalig Propen anstelle von Ethylen bei gleichem Katalysator eingesetzt. Es entstanden „keine festen, sondern flüssige Produkte, Dimerisat". Die Konzeption, Propen anstelle von Ethylen zu polymerisieren, war belegt, aber nicht realisierbar [65].

Während der Monate Mai bis Dezember 1953 hielten die drei italienischen Gäste bzw. einer von ihnen[8] schriftlich Kontakt mit ihren bzw. seinen Vorgesetzten, Ingenieur Orsoni und Ingenieur Ballabio bei der Firma Montecatini in Mailand. Die Berichte waren im Max-Planck-Institut und Ziegler nicht bekannt, sind aber in späteren Streitverfahren zugänglich geworden. Während die Briefe sich in der Zeit vom Mai bis Juli 1953 [66–80] inhaltlich mit der vertragsgemäßen Dimerisation von Olefinen auch unter Zugabe von kolloidalem Nickel und der Herstellung der Ausgangsmaterialien befassten (17.06.1953, Seite 3: „Ziegler Processes" [72]), berichtete Magri mit Brief vom 15.11.1953 [81] nach Mailand, dass er von Mitarbeitern Karl Zieglers – Namen wurden nicht genannt – erfahren habe, dass

---

8) G. Natta hatte im August angeregt, dass nach den Sommerferien nur noch ein Chemiker, R. Magri, zurück nach Mülheim fahren solle [82].

beim Studium des Einflusses von verschiedenen „Metallen" auf die Reaktion von Aluminiumtriethyl und Ethylen ein „high polymer of the polythene type had been obtained". Er hatte dann das Produkt gesehen und beschrieb dessen Eigenschaften als „true and genuine polythene". Er berichtete über weitere Informationen, die er im Institut erhalten habe, wonach eine Probe des Polyethylens aus einem Experiment mit Aluminiumtriethyl in Gegenwart von Spuren Zirkon bei 100 bar und 100 °C herrühre.

Am 16.11.1953 [83] reichte K. Ziegler eine von ihm verfasste Patentanmeldung „Verfahren zur Polymerisation von Ethylen" beim Deutschen Patentamt in München ein und erhielt als Prioritätsdatum den 17.11.1953 zuerkannt. Beansprucht wurde „ein Verfahren zur Herstellung eines als Kunststoff verwendbaren hochmolekularen Polyethylens", wobei „als Polymerisationserreger Mischungen von Aluminiumtrialkylen mit Salzen der Metalle Titan, Zirkon, Hafnium, Vanadin, Niob, Tantal, Chrom, Molybdän und Wolfram" eingesetzt und „Ethylen bei Drucken von mehr als 10 atm und Temperaturen von über 50 °C als Verfahrensmerkmale" angegeben waren. Der Anspruch war auf die Herstellung von Polyethylen beschränkt. Brauchbare Ergebnisse aus der Anwendung von Propen und höheren Olefinen in Richtung der Bildung fester Polymerer lagen zu diesem Zeitpunkt nicht vor.

Ermutigt durch die Wirkungsweise des Zirkonacetylacetonats in der Ethylenpolymerisation, versuchte Breil am 27.11.1953 [84] eine Mischung aus Aluminiumtriethyl und Titantetrachlorid in Hexan als Reaktionsmedium. Die Polymerisation verlief mit einem 90%igen Umsatz des angebotenen Ethylens. Vergleichsweise zu Zirkonacetylacetonat war dieser Versuch schon bei leicht erhöhter Temperatur und 55 atm Ethylendruck stark exotherm, das Produkt war schwarz gefärbt.

Um die gleiche Zeit bemühte sich H. Martin, sowohl mit der Mischung Zirkonacetylacetonat/Aluminiumtriethyl [85] als auch mit der Kombination aus Titantetrachlorid und Aluminiumtriethyl [86] eine größere Menge Polyethylen herzustellen. Das Resultat, 200 g bzw. 900 g, bestätigte nicht nur die bisherigen Erkenntnisse, vielmehr wurde sehr deutlich, dass die Katalysatoren erstmals so aktiv waren, dass eine Polymerisation bei Raumtemperatur und Normalethylendruck möglich erschien. Nach wenigen Tagen wurden Ethylenpolymerisationen im Dreihals-Glaskolben und danach im 5 l Weckglas [87] als Standardexperiment vorgeführt. Die Zahl der Gäste, die durch diese verblüffend einfachen Experimente überrascht wurde, stieg rapide an, und die Nachricht verbreitete sich rasch und unkontrollierbar aus dem Institut. Jegliche Auskunft über die Zusammensetzung der Katalysatoren wurde jedoch streng vermieden. Ziegler reichte am 12.12.1953 eine

Zusatzanmeldung [88], wieder von ihm selbst verfasst, beim Deutschen Patentamt ein. Die Ansprüche umfassten jetzt eine Verfahrensweise bei Ethylendruck von 1 atm und weniger und Temperaturen über −20 °C. Das Patentamt bestätigte die Annahme der Anmeldung am 15.12.1953.

Die Ereignisse überschlugen sich. Martin polymerisierte Ethylen erfolgreich mit Ethylaluminiumchloriden, insbesondere Diethylaluminiumchlorid, aber auch Ethylaluminiumsesquichlorid und Ethylaluminiumdichlorid anstelle von Aluminiumtriethyl als Katalysatorkomponente und erweiterte damit die Katalysatorpalette [89–94], ein wichtiges Resultat, weil Dialkylaluminiumchloridverbindungen allein für die Aufbaureaktion[9] mit Ethylen nicht geeignet waren [95]. Zugleich verschaffte sich Breil einen ersten Eindruck über die Reaktionsprodukte beim Umsatz von Titantetrachlorid mit Aluminiumtriethyl, also den Katalysatorkomponenten [96–98].

Mitte Dezember 1953 versuchte Breil eine Wiederholung der Polymerisation von Propen [99]. Bei der Präparation der Katalysatormischung ersetzte er Aluminiumtriethyl durch Aluminiumtrioktyl und Zirkonacetylacetonat durch Titantetrachlorid. Es gab keinen Versuch aus der Zeit der historischen Entwicklung, der von Sachverständigen, Chemikern und Juristen in den folgenden 25 Jahren so zerpflückt, kommentiert, gegeißelt wurde wie dieser. Die ganze Breite an Urteilen und Einschätzungen war schriftlich verfügbar: Von „fall out" bis „Polypropylen muss vorgelegen haben".

Unstreitig war, dass das Produkt als „Polyethylen, klebrig" charakterisiert wurde, und weiterhin, dass Propen zunächst auf das Katalysatorgemisch aufgepresst worden ist. Das Ausbleiben einer durch Druckabfall und/oder Temperaturerhöhung erkennbaren Reaktion veranlasste Breil, nach Abblasen eines Teils des ursprünglichen Propens durch Nachpressen von Ethylen die Aktivität des Katalysators zu prüfen. Auch dann war die „Druckabnahme beim Schütteln gering". Die Gewichtsbilanz aus isoliertem „Polyethylen" einerseits und der eingesetzten Menge an Ethylen und Propen andererseits hätte schlüssig zu dem Ergebnis führen müssen, dass Propen zu einem festen Produkt polymerisiert worden war, das entweder als eine Mischung aus reinem Polypropylen und reinem Polyethylen oder auch als Copolymer vorgelegen haben musste [100]. Eine weiter gehende Klärung des Resultats wurde aber seinerzeit nicht vorgenommen. Die zur Verfügung stehende Zeit sollte voll und ganz für die Entwicklung der Katalysatoren und ihre Wirkung auf Ethylen verwandt werden. 14 Jahre später (1967) wurde der erste Teil dieses Versuches – Katalysatormischung und Propen – von H. Martin wiederholt [101]. Unter Selbsterwärmung bildeten sich über 90 % festes, hochmolekulares Polypropylen.

---

9) Siehe Seite 10, Absatz 4, und Seite 13.

Montecatini erinnert an die vertraglichen Rechte und Pflichten

Durch die Berichte des Herrn Magri und seinen Besuch Ende November 1953 [102] motiviert, erkundigte sich Herr Orsoni [103] nach dem Stand der Erkenntnis und der Entscheidungsfindung, ob die Herstellung von „Ethylenpolymeren mit hohem Molekulargewicht" in den Bereich des Vertrages vom Januar 1953 fiele. Als Köder, um schnell an die Kenntnis über die Katalysatoren zu gelangen, erwähnte er dabei die Möglichkeit, die Entwicklung der „Polymerisation des Ethylens in ... großindustriellem Maßstab in Italien" zu forcieren.

Kurz vor Weihnachten 1953 meldete sich R. Magri, der letzte italienische Gast, bei Ziegler und bat um eine verbindliche Erklärung über die Natur der neuen Katalysatoren und ihre Einordnung in den bestehenden Vertrag mit Montecatini. Ziegler vertröstete ihn, übergab ihm aber die beiden inzwischen getätigten Patentanmeldungen [83, 88] mit dem Auftrag, sie Herrn Orsoni weiterzureichen. In seinem Brief vom 6. Januar 1954 [104] an Herrn Orsoni – der Empfang wurde von Orsoni am 25.1.1954 brieflich bestätigt [105] – deutete Ziegler an, dass „ein sehr umfangreiches Gebiet ... eröffnet worden" sei. Im gleichen Brief lud Orsoni Ziegler zu einem Besuch in Mailand ein. Erstmals hatte man den Eindruck, dass Ziegler selbst wohl Sorge und Bedenken zu seinem eigenen Handeln gehabt haben muss, denn im letzten Absatz deutet er an:

> „Ich darf Verständnis zwischen uns darüber voraussetzen, dass der weitere Ausbau dieser Gruppe neuer Katalysatoren uns zunächst vollständig überlassen bleiben soll".

Und:

> „Sie haben sicherlich Verständnis dafür, dass wir großen Wert darauf legen, aus unseren neuen Erkenntnissen noch selbst möglichst viel herauszuholen. An und für sich ist die hier ausgesprochene Bitte, die völlig ungestörte Weiterarbeit zunächst ausschließlich uns zu überlassen, eine Selbstverständlichkeit im Rahmen einer Partnerschaft, wie sie zwischen Ihnen und uns besteht".

Wäre es vertragswidriges Verhalten von Ziegler gewesen, die Weitergabe der jüngsten Ergebnisse um ein halbes Jahr zu verzögern? Der sichere Besitz der neuen Erkenntnisse und die damit verbundene einmalige Chance, ein garantiert kommerziell verwertbares Produkt in Händen zu halten und mit diesem Monopol umzugehen, war sicherlich die ausschlaggebende Motivation, schon jetzt einen industriell starken Partner zu gewinnen.

1.2.3
Experimente Dezember 1953 bis April 1954

Durch die Dezember-Versuche von Martin, mit Hilfe von Ethylaluminium-
chlorid-Verbindungen und Titantetrachlorid bei Normaldruck und niederen
Temperaturen Ethylen optimal zu aktivieren, war das Bild der Katalyse
nicht nur variationsreicher geworden, diese Klasse von Katalysatoren wurde
gerade für die spätere kommerzielle Produktion von Polypropylen von
außerordentlicher Bedeutung. Das Katalysatorsystem aus Diethylaluminiumchlorid und Titantetrachlorid wurde dann genutzt, um die Bildung von
Copolymeren aus Ethylen und Propen zu belegen [106], das Polymerisa-
tionsmedium – höhere gesättigte Kohlenwasserstoffe [107] – und die Copolymerisation von Ethylen mit Dienen mit Erfolg zu prüfen [108] sowie
erstmals Butadien[10] mit der Kombination Aluminiumtrialkyl und Titantetrachlorid zu Polymeren umzusetzen, wenn auch vergleichsweise zu Ethylen mit schlechterem Ergebnis [109].

Ersetzte man das Chlor im Diethylaluminiumchlorid durch Alkoxygruppen [110, 111], wie z. B. Methoxyl, so war die gleiche Polymerisationswirkung in der Kombination mit Titantetrachlorid feststellbar. Katalysatoren
auf dieser Basis sollten bei ihrer Anwendung in der Polymerisation von
Propen 30 Jahre später als so genannte „High-Speed"-Katalysatoren eine
Rolle spielen (vgl. S. 258 ff.).

Bei der Reaktion von Diethylaluminiumchlorid und Titantetrachlorid
setzt sich ein feines, braun gefärbtes Pulver ab, das allein praktisch unwirksam gegenüber Ethylen, aber zusammen mit frischem Diethylaluminiumchlorid eine außerordentlich wirksame Katalysatorkombination bei der
Umwandlung von Ethylen zu festen Hochpolymeren ist [112, 113]. Es handelte sich bei dem Pulver, wie gefunden wurde, um Titantrichlorid[11], dem
noch wenig adsorbierte Aluminiumverbindung anhaftet. Natürlich interessierte es bei diesem Befund, ob auch anderes, käufliches violettes Titantrichlorid wirksam war. Sowohl in der Kombination mit Diethylaluminiumchlorid [114] als auch mit Aluminiumtriethyl [115] ließ sich Ethylen zu
festen Hochpolymeren umwandeln, wenn auch nicht mit der Geschwindigkeit, die bisher beobachtet worden war.

Ein ähnliches Ergebnis ließ sich auch bei Austausch des Titantrichlorids
durch Titandichlorid erreichen; Aluminiumtriethyl oder Diethylalumini-

---

10) Vgl. Kapitel II, Seite 86, 2. Absatz.
11) Amorphes (β)-Titantrichlorid, eine labile Modifikation oder eine Mischung verschiedener
Modifikationen. Das erwähnte „braune" Pulver
wurde in der Röntgenanalyse als teilkristallines
Produkt identifiziert [117]. Das Pulver wie auch
β-Titantrichlorid lässt sich durch längeres

Tempern in die stabile violett gefärbte, rein
kristalline α-Titantrichlorid-Modifikation umwandeln. Nur ca. 4 Molprozent eines braunen
[118] Titantrichlorids (messbare Oberfläche
240 m^2/g) lassen sich mit Diethylaluminiumchlorid adsorptiv belegen [119].

umchlorid bewirkten zusammen mit Titandichlorid die Bildung von aktiven Polymerisationskatalysatoren [116]. Das violette Titantrichlorid und das schwarze Titandichlorid waren hochkristalline Ausgangsprodukte.

Breil fand in dieser Zeit, dass das Produkt aus Titantetrachlorid und Aluminiumtriethyl eine in Kohlenwasserstoffen teilweise lösliche, schwarz gefärbte niedervalente Titanhalogenid-Verbindung sein müsse. Die Zusammensetzung ließ darauf schließen, dass es sich hierbei nicht um eine einheitliche Verbindung handeln konnte, dass aber das Titan zum großen Teil in zweiwertiger Form vorlag. Der unlösliche Teil allein war schon in der Polymerisation von Ethylen als Katalysator wirksam [120], Titantrichlorid war das, wie erwähnt, nicht (vgl. S. 8, Abs. 1, S. 228, Fußnote 45).

Weiterhin konnte Breil zeigen, dass einerseits anstelle der Aluminiumtrialkyle auch andere Metallalkyle wie Magnesiumdimethyl [121], Grignard-Verbindungen [122] wie auch Zinkdiethyl [123], Natriumphenyl [124] und Lithiumbutyl [125] sowie erwartungsgemäß Natriumaluminiumtetramethyl und -tetraethyl [126], aber auch überraschend Lithiumhydrid [127] und Lithiumaluminiumtetrahydrid [128] oder andererseits anstelle des Titantetrachlorids Übergangsmetallverbindungen der Metalle der IV., V. und VI. Nebengruppe des Periodensystems, insbesondere Halogenide sowie Nickelchlorid [129], Eisenchlorid [130, 131] und Manganchlorid [132], wirksame Katalysatormischungen ergaben; die drei zuletzt genannten aber nur, wenn man sie mit Diethylaluminiumchlorid kombinierte, nicht aber mit reinen Metallalkylen (Dimerisation). Wolframhexachlorid [133], Molybdänpentachlorid [134] und Chromtrichlorid [135] ließen sich andererseits nur mit Aluminiumtrialkylen aktivieren, um Ethylen zu Hochpolymeren umzusetzen. Diese Untersuchungen waren aber nur zum Teil in nachfolgenden Patentanmeldungen als Beispiele aufgenommen worden, ein Nachteil bei der weiteren Abgrenzung der Patentansprüche.

1.2.4
Brief Zieglers an seinen Patentanwalt von Kreisler

Am 7. Januar 1954 beauftragte Ziegler Dr. A. von Kreisler [95], die Vertretung als Patentanwalt für ihn vor dem Deutschen Patentamt zu übernehmen, und schickte ihm die Texte der von ihm selbst verfassten und eingereichten Patentanmeldungen aus den Monaten November und Dezember 1953. Bei der Erklärung des Sachverhaltes wies er darauf hin, dass „die jetzt neu entdeckten katalytischen Vorgänge mit unseren früheren Reaktionen unmittelbar überhaupt nichts zu tun haben". Gemeint war mit dieser Bemerkung, dass früher studierte katalytische Effekte auf „echte Aluminiumtrialkyle" beschränkt waren, der Befund, dass jetzt auch Alkylaluminiumchloride mit Titantetrachlorid als wirksame Katalysatoren brauchbar waren, aber ein „vollständiges Novum" sei. Hieraus zog er den Schluss, dass die „wirklichen Katalysatoren … höchstwahrscheinlich Organometall-verbindungen der zugesetzten Schwermetalle abnormer niedriger Wertig-keitsstufe" seien. Das war die neu gewonnene chemische Erkenntnis. Als Konsequenz beauftragte er Herrn von Kreisler, eine weitere Patentanmel-dung in Richtung auf die Verwendung von Alkylaluminiumhalogeniden und solchen der allgemeinen Formel R_2AlX vorzubereiten.

In diesem Zusammenhang erwähnte er im weiteren Teil desselben Brie-fes eine vorveröffentlichte Patentanmeldung der BASF, Ludwigshafen [136] (tatsächlich war es ein Patent), aus deren Inhalt er eine schwerwiegende Interpretation ableitete:

> „Der Gegenstand dieser Anmeldung ist unzweifelhaft ein Vorläufer unserer neuen Verfahren. Nur haben die Erfinder nicht erkannt, was sie in Händen hatten. Benutzt wird zur Polymerisation des Ethylens eine Mischung aus Aluminiumchlorid, metallischem Alu-minium, Titantetrachlorid, und es entsteht neben öligen Produkten (vgl. S. 2, Zeile 85) in einer vielleicht 40%igen Ausbeute ein Poly-ethylen, das ähnliche Eigenschaften hat wie unsere Produkte. Das Aluminiumpulver setzten die Erfinder zu 'zur Bindung von Salz-säure' (Seite 1, Zeile 20, und Seite 2, Zeile 1+2). Tatsächlich bilden sich aber aus Aluminiummetall, Aluminiumchlorid und Ethylen bei höheren Temperaturen regelmäßig auch echte aluminium-orga-nische Verbindungen; das ist sogar schon in die Literatur eingegan-gen. Der wahre Mechanismus des Verfahrens gemäß dem BASF-Patent ist somit die primäre Bildung einer kleinen Menge Ethylalu-miniumsesquichlorid aus Aluminumchlorid, Aluminiummetall + Ethylen (die Reaktion geht nicht glatt auf, und es entstehen allerlei Dehydrierungsprodukte nebenher), und diese echten aluminiumor-ganischen Verbindungen führen dann in Kombination mit dem Titanterachlorid zu dem festen Polyethylen, wie auch wir es erhal-ten. Natürlich haben die Erfinder diesen Zusammenhang nicht gesehen".

Im Verlauf späterer streitiger Auseinandersetzungen vor allem in den USA ist dieser Brief den gegnerischen Anwälten bekannt und damit der Öffentlichkeit zugänglich geworden. Erwartungsgemäß benutzten die Geg-ner den Ziegler-Brief als ein Eingeständnis, dass die Ziegler-Katalysatoren durch dieses Patent der BASF vorweggenommen waren und daher nicht mehr patentfähig sein konnten.

Noch Mitte 1955 schrieb Breil in seiner Doktorarbeit [137] bei der Beur-teilung desselben BASF-Patentes, dass das „weiße Pulver", wie dort beschrieben, „offensichtlich ein Polyethylen von der Art meiner Polyethylene ist". Und weiter schrieb er über die Katalysatoren:

> „Es erscheint mir selbstverständlich, dass sich bei Versuchen dieser Art ein Katalysator von der Art meiner Katalysatoren gebildet hat. Der Erfinder des Patents hat allerdings das Wesen seines Verfahrens nicht erkannt. Der Polymerisationskatalysator bildet sich entweder dadurch, dass aus Al, $AlCl_3$ und Ethylen primär aluminiumorganische Verbindungen entstehen (vgl. C. Hall, A.W. Nash, J. Inst. Petrol, Technol. 23, 679 [1937] und 24, 471 [1938]), die mit Titantetrachlorid reagieren oder das metallische Aluminium reduziert das Titanterachlorid unmittelbar".

Beiden Äußerungen lagen keinerlei experimentelle Daten zugrunde. Erst ab 1958 bis 1992 wurde in größeren Zeitintervallen mit wissenschaftlicher Gründlichkeit die Wirkungsweise des von Max Fischer in dem BASF-Patent beschriebenen Katalysators im Max-Planck-Institut in Mülheim untersucht. Nicht nur, dass die oben beschriebenen ersten Eindrücke wesentlich korrigiert werden mussten, es konnten auch später die Zwischenverbindungen und Endprodukte des Max-Fischer-Katalysators identifiziert werden [138, 139, 140]. Hierzu später mehr.

Zurück zu Mitte Januar 1954: Von Kreisler reichte die nächsten beiden Patentanmeldungen beim Deutschen Patentamt ein, wobei die erste sich inhaltlich mit der Verwendung von u. a. Alkylaluminiumhalogeniden in Kombination mit Übergangsmetallverbindungen [141] und die zweite mit dem Ersatz der Aluminiumverbindungen durch Magnesiumalkyle [142] befasste.

1.3
Montecatini, Mailand/G. Natta und Mitarbeiter

1.3.1
Erste Experimente mit Ziegler-Katalysatoren

Auf Basis der Ende Dezember bis Anfang Januar 1954 an Montecatini/Natta bekannt gegebenen Texte der ersten beiden Patentanmeldungen und der Bekanntgabe dreier weiterer Patentanmeldungen Zieglers [143] diskutierten Natta und seine Mitarbeiter im Januar und Februar [144] die Arbeiten von Ziegler. Zusammen mit Chini und Crespi übersetzte Magri die ersten beiden Patentanmeldungen. Kopien dieser Dokumente erhielten Dr. De Varda, der Leiter der Patentabteilung von Montecatini, und Ingenieur Orsoni [145], der der technischen Entwicklungsabteilung vorstand. Am

9. Februar 1954 begann Chini, von Ziegler beschriebene Experimente zu wiederholen, und zwar zunächst das Beispiel 2 in Kombination mit Beispiel 4 aus Zieglers zweiter Patentanmeldung [88, 146, 147]. Er polymerisierte Ethylen mit einer Katalysatormischung aus Aluminiumtriethyl und Titantetrachlorid bei Normaldruck zu festen, kristallinen Hochpolymeren. Von der Leichtigkeit der Polymerisation war er sehr beeindruckt. Die Ergebnisse dieser Reproduktionen sind damals mit Natta und Orsoni diskutiert worden, nicht aber mit Ziegler oder seinen Mitarbeitern.

Zu dieser Zeit arbeiteten unter Natta auch P. Pino und G. Mazzanti. Pino überwachte und veranlasste Teile des Experimentalprogramms, Chini, Mazzanti, Longi, Angelini und Giachetti waren Mitarbeiter von Pino [148].

Am 8. und 9. März 1954 folgte Ziegler auf der Durchreise zu seinem Ferienziel in Süditalien einer Einladung Montecatinis nach Mailand und traf Natta und Orsoni. Die Diskussion wurde auf Wunsch der Gastgeber protokolliert [149] und als vertragliche Absprache „Zusammenarbeit zwischen Herrn Prof. Ziegler und Montecatini" unterschrieben, d. h. der Inhalt anerkannt. Das Memorandum, datiert vom 9. März 1954, regelte die Arbeitsteilung für die weitere Entwicklung zwischen einerseits dem zieglerschen Institut und andererseits Montecatini/Natta.

Ziegler:

„b) Erforschung neuer Mischkatalysatoren für die Polymerisation von **Olefinen** (insbesondere Äthylen) auf Grund des in den bisherigen Ziegler-Polyäthylenanmeldungen beschriebenen Mischkatalysatoren-Herstellungsprinzips".

Natta:

„a) Herstellung von verzweigten Polymeren durch Einwirkung von Aluminiumalkylkontakten ... auf Substanzen, die austauschbare aktive Gruppen enthalten".

„b) Kinetisches Studium der Kettenverlängerungsreaktion des Äthylens ... und"

„c) Erforschung mittels Röntgenstrahlung der Strukturen der nach verschiedenen Verfahren hergestellten Polyäthylenen".

Im Ferrara-Werk von Montecatini sollten weitere Aufgaben verfolgt werden:

„d) Herstellung von hochmolekularen Polyethylenen im technischen Maßstab, ...".

„f) Herstellung des α-Butens ...".

„g) Technologische Vergleichskontrolle der gewonnenen Polymeren".

Als letzter Absatz im Memorandum wurde für Ziegler festgehalten,

„vorläufig mit seiner Organisation allein die Nachforschungen über
die neuen Katalysatoren und über die Beeinflussung des Molekulargewichtes von Polyethylen vorzunehmen".

Nebenbei offenbarte Ziegler den Gesprächspartnern die gelungene Copolymerisation von Ethylen und Propylen [150].

Zwei Tage nach dem Treffen, am 11. März 1954, beauftragte Natta seinen
Mitarbeiter, Chini, unter exakt gleichen Bedingungen der bisherigen Katalysatorzubereitung Propylen einzusetzen. Das Propylen wurde zunächst bei
Raumtemperatur und Normaldruck zum Ziegler-Katalysator gegeben [151],
danach der Druck erhöht. Chini isolierte 3,5 g festes Polypropylen. Die
interne Etikettierung war nach Aussage von Corradini ein „Ziegler-Chini"-
Produkt [152].[12] Ein Formstück des so gewonnenen Polypropylens wurde
am Tag darauf bis zu 500 % gereckt und in einer Röntgenaufnahme die
typischen Merkmale eines kristallinen Polymeren festgestellt [153]. Das
Rohprodukt wurde durch Lösungsmittelextraktion fraktioniert, der unlösliche Teil als kristallin eingeschätzt. Pino wies Mazzanti an, auch experimentell zusammen mit Chini zu arbeiten [154]. Ein zweiter Versuch [155] der
Polymerisation von Propylen wurde am 15. März und ein dritter am 24.
März 1954 [156] von Mazzanti und Chini gemeinsam durchgeführt, wiederum auf Basis der ersten Patentanmeldung von Ziegler. In diesem Versuch wurde von Beginn an mit Propendruck gearbeitet. Die Details dieses
Versuches waren im Laborjournal Chini erwähnt, nicht aber in dem von
Mazzanti. Es folgten weitere Versuche am 26.03., 04.05. und 26.05.1954
[157, 158].

Noch im März stellte Natta die bis dahin erzielten Daten der Propylen-
und der bereits vorher erzielten Ethylenpolymerisationen zusammen und
sandte sie an die Patentabteilung von Montecatini [159].

Die Zusammenhänge der historischen Abläufe werden hier deshalb so
ausführlich geschildert, weil der experimentelle Befund aus den ersten
Arbeiten von Chini die Basis für den Anspruch von Natta/Montecatini war,
als Erste hochmolekulares festes Polypropylen „unabhängig" hergestellt zu
haben. Den Beteiligten in Mailand war ziemlich klar, dass sie gegen die Verabredung mit Ziegler vorsätzlich verstoßen hatten und dass Montecatini
[160]

12) Corradini hatte die Röntgenaufnahmen angefertigt.

„invade(d) a sphere of polymerization with our tests which Ziegler had explicitly reserved for himself when giving us advance notice of the discovery of his co-catalyst".

und dass Ziegler

„might one day request the restitution of the invention on the strength of illegal derivation,"

und weiter, dass die Möglichkeit, Propen zu polymerisieren, ohne detaillierte Informationen durch Ziegler nicht möglich gewesen wäre [161].

Chini:
„I expressed in my opinion, which is an opinion that Professor Ziegler should have been so mentioned in the patent".
„I believed that if we did not have the information about the polyethylene preparation we would have been not able to prepare the polypropylene".

1.3.2
Besuch Natta, Orsoni und DeVarda bei Ziegler in Mülheim am 19. Mai 1954

Vorbereitung, Durchführung und Ergebnisse des in Mailand von Natta und Mitarbeitern praktizierten Experimentalprogramms waren – wie aus dem Ablauf ersichtlich – weder Ziegler noch seinen Mitarbeitern bekannt gegeben, noch mit ihnen diskutiert worden. Bis Ende Juli/Anfang August 1954 wusste Ziegler nicht, was dort inzwischen geschehen war. Auch während des Besuches von Natta, Orsoni und DeVarda bei Ziegler in Mülheim am 19. Mai 1954 [162] erhielt Ziegler keinerlei Informationen hierzu. Das war seitens Montecatini beabsichtigt.[13] Aus einer vorherigen internen Diskussion bei Montecatini ergab sich, dass die Beteiligten vermeiden wollten, einen Streit mit Ziegler durch eine Patentanmeldung von Montecatini allein auf die Herstellung von Polypropylen auszulösen, ohne dass man wusste, ob Ziegler Propylen bereits polymerisiert hatte. Da wurde entschieden, dies bei diesem Besuch bei Ziegler herauszufinden [163]:

13) In einer späteren gerichtlichen Vernehmung in Mailand (1969) antwortete Natta auf die Frage, warum er Ziegler nicht über seine Experimentalbefunde berichtet habe: „I did not tell him because I had to take patents first".
In einer Zeugenvernehmung im März 1970 verstieg sich Natta zu der Behauptung, dass auf seine Frage, ob nicht irgendjemand versuchen sollte, Propen zu polymerisieren, Ziegler reagiert habe: „Propylen kann nicht polymerisieren. Wenn ich nicht in der Lage war, wird keiner in der Lage sein." [147]
Die Laudatio zum Nobelpreis für G. Natta enthält nicht den Hinweis, dass Natta der Erfinder des Polypropylens sei, vielmehr heißt es dort, dass Natta mit bestimmten Ziegler-Katalysatoren stereoreguläre Makromoleküle hergestellt habe, eine diplomatische Umgehung des Streites zwischen Ziegler und Natta.

„.... it would have been quite a complicated matter if by filing our patent we would have found that Ziegler had made ahead of us the polypropylene – the invention of polypropylen. Now, these doubts were clarified in May 19th (1954) when we went to Mülheim and Ziegler volunteered the information not only that he had tried to polymerize propylene, but that he had not succeeded, and therefore he thought it would not work. I mean the catalyst he had employed or had used would not".

Weiter aus einer DeVarda-Notiz [162]:

„He (Ziegler) did say 'it does not go. It does not run. It does not succeed.' ...
.... words he (Ziegler) used and I remember them absolutely exactly 'Polyproylene geht nicht'".

Die Antwort Zieglers aus seiner Erinnerung [164] auf eine beiläufige Frage, ob er auch Propylen polymerisiert habe, war:

„No, not up to now, but we have successfuly copolymerized ethylene and already successfully copolymerized ethylene and propylene".

Die Konsequenz aus der zieglerschen Haltung in der Einschätzung der italienischen Besucher war, dass es durchaus legitim war [162], schnell eine Patentanmeldung mit dem Anspruch auf Polymerisation von Propylen mit Ziegler-Katalysatoren einzureichen. Am 8. Juni 1954 traf diese Montecatini-Anmeldung [165] beim Italienischen Patentamt in Rom ein. Sie betraf nicht nur das Herstellungsverfahren [166] – die Polymerisation von Propylen mit Ziegler-Katalysatoren: $TiCl_4$ und $AlEt_3$ –, sondern auch die hochmolekularen Polypropylen-Produkte, deren Struktur u. a. mithilfe der Röntgenstrukturanalyse bestimmt war. Als Erfinder war allein G. Natta genannt. Die ersten vier Beispiele dieser Patentanmeldung entsprachen den vorher beschriebenen Versuchen vom 15./26. 3. und 4. sowie 26.05.1954. Der erste Chini-Versuch erschien nicht in der Anmeldung, wie auch später Chini nicht als Miterfinder genannt wurde [161].

Der Anmeldung folgte am 27. Juli 1957 eine zweite [167], in der die regelmäßige Struktur des festen, kristallinen Polypropylens weiterhin durch den Gehalt an asymmetrischen Kohlenstoffatomen und gleiche Polymere aus Olefinen mit 4 und mehr Kohlenstoffatomen beansprucht wurden. Als Katalysatoren waren wiederum Ziegler-Katalysatoren in der Offenbarung beschrieben. Erfinder wurden zunächst nicht genannt, später G. Natta, P. Pino und G. Mazzanti nachgemeldet. Die Propylenpolymeren, wie in beiden Anmeldungen beschrieben, waren gleichartig [168] und auch das Produkt des ersten Chini-Versuches fiel unter den Anspruch der ersten Anmeldung [169].

Die unterschiedliche Angabe von Erfindern einerseits und andererseits die Erklärung, dass Polypropylene nach beiden Anmeldungen gleich seien und auch mit dem Produkt des ersten Chini-Versuches übereinstimmen, waren unter patentrechtlichen Aspekten, wie sich später herausstellte (siehe S. 136), verhängnisvoll. Es konnte nicht eindeutig geklärt werden, welchen Anteil Pino und Mazzanti an der Erfindung hatten.

Es sei an dieser Stelle wiederholt, dass Ziegler weder hierüber informiert noch sein Einverständnis eingeholt worden war, diese Anmeldungen einzureichen. Über die Tatsache, dass bei Natta Propylen polymerisiert wurde, ist Ziegler über einen Brief von Orsoni [170] vom 30. Juli 1954

> „Gelegentlich unserer, am 20. Mai stattgefundenen Begegnung in Mülheim erklärten Sie uns, dass die Erhaltung von Superpolymeren aus Propylen oder Styrol, nicht stattfände.
>
> Dieses Urteil kam uns etwas überraschend vor, da wir schon damals überzeugt waren, dass es uns gelungen wäre, zu mindestens das Superpolymere des Propylens herzustellen".

und einige Tage später auch von Natta [171] informiert worden, nachdem er zuvor am 21. Juli 1954 [172] eine erste Probe des in Mülheim hergestellten hochmolekularen festen Polypropylens (s. Seite 30, „Juli 1954, Polypropylen") sowie eine aus Polypropylen gepresste Folie nach Mailand geschickt hatte. Im begleitenden Brief deutete Ziegler an, dass die systematische Untersuchung der Polymerisation von α-Olefinen, des Styrols, Methylstyrols, des Butadiens sowie der halogenierten Ethylene und mögliche Mischpolymerisationen programmiert seien.

Natta stellte an diesen Polypropylen-Produkten durch Röntgenanalyse einen 45%igen kristallinen Anteil fest:

> „Ganz ähnliche Produkte hatten wir schon im März erhalten".

Weiterhin berichtete Natta, dass andere Polyolefine, wie Poly-α-buten und Polystyrol ähnliche Strukturen wie das Polypropylen aufwiesen.

Der amerikanische Patentanwalt von Montecatini, Harry Toulmin, schreibt später [173]:

> „An issue that I have long feared might be raised in connection with the question of what Professor Natta contributed over Dr. Ziegler and therefore whether Professor Natta was a genuine inventor has now been precipitated by the attached editorial".

„Therefore, Natta, using the exact catalyst of Ziegler produced polypropylene in his early work. It was not until later that he began to be selective in his selection of the catalyst".

„Dr. Orsoni, in one of his communications, indicated that he thought, as we understood him, that you could avoid this situation because of the selection by Natta of a special catalyst, but unfortunately, in the early invention, which was fundamental, Professor Natta used the exact catalyst of Ziegler, and it was not until later that Natta began his selectivity".

1.4
K. Ziegler und Mitarbeiter

1.4.1
H. Martin – Experimente Mai – 6. Juli 1954; H. Breil – Diplomarbeit

Der Schwerpunkt der Experimentalentwicklung in der Zeit zwischen Mai und Mitte Juli 1954 in Mülheim war dadurch bestimmt, dass bei der Feststellung des Molekulargewichtes erzeugter Polyethylene sehr hohe Werte (einige Hunderttausend bis einige Millionen) ermittelt wurden. Eine Verarbeitung auf herkömmlichen Extrudern war nicht möglich. Eine Lösung des Problems war der folgende Befund, dass das molare Verhältnis der Komponenten bei der Katalysatorzubereitung einen entscheidenden Einfluss auf die Kettenlänge des erzeugten Polyethylens zu haben schien. In einer großen Zahl von Experimenten wurde dieser Befund erhärtet, wobei Produkte mit Molekulargewichten zwischen 20.000 und ca. 1 Million leicht synthetisierbar waren [174]. Produkte mit relativ kurzer Kettenlänge waren leichter thermoplastisch verarbeitbar als Produkte mit Molekulargewichten von einigen Hunderttausend. Hochkristalline Polyethylen-Produkte mit Molekulargewichten zwischen 50.000 und 80.000 ließen sich dann in standardisierten Maschinen in bekannter Weise zu Fäden, Spritzguss und Folienprodukten verarbeiten.

Nicht nur die Kettenlänge ließ sich durch die Variation der Katalysatorzusammensetzung bestimmen, vielmehr änderte sich auch die Aktivität (Umsatz von g Ethylen/g Katalysator). Bei Herabsetzen der Menge an Organoaluminiumverbindung pro Titankomponente stieg der Umsatz stark an.

Zusammengefasst diente diese fruchtbare Zeit nicht nur der Eröffnung von anwendungstechnischen Möglichkeiten des nunmehr extrem leicht herstellbaren Niederdruck-Polyethylens, vielmehr wurde erstmals sichtbar, dass die Katalysatoren je nach Herstellungsrezeptur eine hohe selektive Wirkung entwickelten.

Am 28. Juni 1954 legte H. Breil seine Diplomarbeit [175] „Über Metallorganische Mischkatalysatoren" an der Universität Bonn vor. Sie enthielt die Beschreibung seiner bereits erwähnten Experimente, lieferte einen Überblick über die Wirksamkeit der untersuchten Katalysatoren und gab Hinweise, die zur Aufklärung der Wirkungsweise der neuen Polymerisationskatalysatoren beitrugen:

> „4. Es konnte bewiesen werden, dass die Polymerisation des Ethylens zu hochmolekularem 'Polyethylen' einen neuen Reaktionsmechanismus besitzt und dass die aluminiumorganischen Verbindungen nur Hilfsmittel zur Katalysatorherstellung darstellen".
>
> „8. Es konnte wahrscheinlich gemacht werden, dass die neuen Polymerisationskatalysatoren niedrigwertige Metallverbindungen der Schwermetalle enthalten, deren Valenzen zum Teil durch organische Reste abgesättigt sind".

1.4.2
H. Martin – Juli 1954: Polypropylen

In der zweiten Juliwoche copolymerisierte Martin [176] Ethylen und Propylen mithilfe eines Aluminiumtrialkyl/Titantetrachlorid-Katalysators in hydriertem Dieselöl, wobei im Vergleich zum Versuch vom 7. Januar 1954 [106] die Aluminiummenge, bezogen auf die Titanmenge, auf ein Sechstel reduziert wurde. Die stürmische Polymerisation nach Zugabe von Ethylen in die mit Propylen gesättigte Reaktionsmischung ermutigte ihn, am 13. Juli 1954 [177] Propylen allein unter geringem Druck von 6–12 bar in sonst gleicher Weise einzusetzen. Das Reaktionsprodukt war ein dicker schwarzer Schlamm. 160 g festes Polypropylen wurden isoliert. Das Rohprodukt enthielt offensichtlich niedermolekulare Anteile. Immerhin ließen sich bei 135 °C Fäden aus der nicht klar erscheinenden Schmelze ziehen.

Die Katalysator-Komponenten waren ähnlich denen von Breil im Dezember 1953 [99] eingesetzten. Vor der eigentlichen Polymerisation reagierten die Komponenten in einem Lösungs- bzw. Suspensionsmittel, einem hydrierten Dieselöl, zwei Stunden bei Raumtemperatur miteinander. Die Menge Organoaluminiumverbindung, bezogen auf die Menge Titantetrachlorid, war vergleichsweise auf ein Fünftel herabgesetzt, das dann aufgepresste Propen besonders rein. (Das Propen war durch Kontakt mit Organoaluminiumverbindung frei von Spuren Sauerstoff und Feuchtigkeit.) Schließlich war die Polymerisation in Gegenwart weiterer Kohlenwasserstoff-Verdünnungsmittel abgelaufen. Ob die beschriebenen, relativ kleinen Unterschiede in den Versuchsabläufen für das jetzt vorliegende, eindeutig positive Resultat verantwortlich waren, konnte nicht mit Sicherheit entschieden werden.

Bei Wiederholung mit Aluminiumtriethyl als Aluminiumkomponente ließ sich die Polypropylenausbeute mehr als verdoppeln [178] und bei Verwendung von Diethylaluminiumchlorid fast verdreifachen [179]. In gleicher Weise wurden n-Buten [180] und Styrol [181] zu festen Polymeren umgesetzt.

Die neuen Befunde bildeten die Basis für eine weitere Patentanmeldung [182], die am 3. August 1954 beim Deutschen Patentamt einging. Da das deutsche Patentgesetz damals keinen Stoffschutz vorsah, wurde das neue Polypropylen lediglich im Beschreibungstext charakterisiert, nicht aber in Patentansprüchen erfasst, und zwar einmal durch die Eigenschaften

> „Farbloses, festes, plastisches Polypropylen, aus dem man bei Temperaturen über 140 °C transparente Folien und Platten herstellen kann"

und zum anderen durch den „Fingerprint" eines Infrarotspektrums. Das Spektrum ließ keinen Zweifel, dass das Produkt hohe kristalline Anteile enthielt. Die Ansprüche dieser Anmeldung waren demnach auf ein Verfahren präzisiert, das die Polymerisation und die Copolymerisation von Olefinen umfasste.

1.5
1952–1954 Polypropylen (Nachschau)

1.5.1
Eine Würdigung der Erfindungshistorie aus der Sicht von 2000

Nicht nur die Polymerchemie, sondern insbesondere die Chemie der heterogenen und homogenen Katalyse ist in der zweiten Hälfte des zwanzigsten Jahrhunderts in einer unglaublichen Weise durch diese Erfindung von Ziegler und Mitarbeitern (Ziegler-Katalysatoren und ihre Anwendung) befruchtet worden. Die immens große Zahl der Publikationen, Biografien, erteilten Patente ist von unübersehbarer Vielfalt geprägt.

Am 10. Dezember 1963 überreichte der schwedische König Karl Ziegler den Nobelpreis für Chemie [183], den er mit Giulio Natta teilte. In seiner Laudatio führte Professor A. Fredga [184], Mitglied des Nobelkomitees der schwedischen Akademie der Wissenschaften, u. a. aus:

> „However, Professor Ziegler has found entirely new methods of poly-
> merization. ... The combination of aluminum compounds with
> other metallic compounds gives Ziegler catalysts. These can be
> used to control polymerizations and to obtain molecular chains of
> the required length. However, many systematic experiments – and
> indeed some accidental findings – were necessary to reach this
> stage. Ziegler catalysts, now widely used, have simplified and ratio-
> nalized polymerization process, and have given us new and better
> synthetic materials.
>
> Your excellent work on organometallic compounds has unexpec-
> tedly led to new polymerization reactions and thus paved the way
> for new and highly useful industrial processes".

Die Ergänzung „and indeed some accidental findings" bedarf einer Erläuterung. Im Verlauf der letzten 40 Jahre haben vor allem die Medien die
Erfindung der Ziegler-Katalysatoren als so genannte „Zufallserfindung"
klassifiziert. Dem Laien sollte damit vermittelt werden, dass die Forscher
keineswegs zielbewusst die Erfindung angestrebt hatten, vielmehr dass
man über das vorliegende Resultat auf einem Seitenweg gestolpert war. Es
war aber leicht zu erkennen, dass zunächst einmal das Ziel – die Anlage-
rung von Ethylen an die Al-C-Bindung mit beliebiger Kettenlänge – vorge-
geben, gewünscht und eine Lösung methodisch gesucht wurde. Weiterhin
war dies nur Forschern möglich, die sich mit der Herstellung und den
Eigenschaften von Metallalkylen befassten. Beide Voraussetzungen
schränkten den Personenkreis und den Ort bereits so ein, dass das Wort
„Zufall" nur noch Bedeutung haben konnte, wann denn jemand in diesen
Gruppierungen die Wechselwirkung von Metallalkylen und Übergangsmetallverbindungen fand. Zugegeben, der Zeitpunkt, wann dies geschehen
konnte, war glücklich, da weltweit Beobachtungen vorlagen, wenn auch aus
anderer Richtung kommend und im Resultat mit schwacher Wirkung.
Immerhin trennten die Resultate von Ziegler und Mitarbeitern in diesem
Zusammenhang nur Monate bzw. Tage von ähnlichen oder gleichen Ergebnissen bei Du Pont.

Der Anteil Professor Nattas wurde von Herrn Fredga u. a. in folgender
Weise gewürdigt:

> „The individual molecules strung together to form polymers are
> often so built that the resulting chain exhibits small side groups or
> side-chains at certain points, generally one at every other carbon
> atom. But the picture is more complicated, since these side groups
> can be oriented either to the left or to the right. When their orienta-
> tions are randomly distributed, the chain has a spatially irregular
> configuration. However, Professor Natta has found that certain

10.12.1963: Überreichung des Nobelpreises durch den
schwedischen König Gustav VI. Adolf.

Die Urkunde

types of Ziegler catalysts lead to stereoregular macromolecules, i. e. macromolecules with a spatially uniform structure. In such chains, all the side groups point to the right or to the left, these chains being called isotactic. How is this achieved when the microstructure of the catalyst is probably highly irregular? The secret is that the molecular environment of the metal atom, at which new units are stuck on to the chain as mentioned before, is so shaped that it permits only a definite orientation of the side groups.

Isotactic polymers show very interesting characteritics. Thus, while ordinary hydrocarbon chains are zigzag-shaped, isotactic chains form helices with the side groups pointing outwards. Such polymers give rise to novel synthetic products such as fabrics which are light and strong at the same time, and ropes which float on the water, to mention only two examples.

Nature synthesizes many stereoregular polymers, for example cellulose and rubber. This ability has so far been thought to be a monopoly of Nature operating with biocatalysts known as enzymes. But now Professor Natta has broken this monopoly.

Towards the end of his life, Alfred Nobel was thinking of the manufacture of artificial rubber. Since then, many rubber-like materials have been produced, but only the use of Ziegler catalysts enables us to synthesize a substance that is identical with natural rubber.

You have succeeded in preparing by a new method macromoleculs having a spatially regular structure".

Zu den letzten drei Absätzen wird später noch einiges zu sagen sein. Aus dem historischen Ablauf konnte man nur zum Teil solche Zuordnungen machen. Es sei an dieser Stelle vorweggenommen, dass die ersten Polypropylene, hergestellt von Natta einerseits und Martin andererseits, strukturell praktisch gleich waren. Die Kristallinität beider Produkte war im Infrarotspektrum sichtbar. Natta hatte aber erkannt, dass die Struktur dieser Polymeren speziell von regulärem Charakter war. Durch spätere Züchtung von kristallinen TiCl$_3$-Präparaten konnten er und andere den kristallinen Anteil in den Polymeren graduell erhöhen, ein weiteres Indiz für die hochselektive Wirkungsweise bestimmter Ziegler-Katalysatoren (siehe Seite 29/30).

Bei der Auswertung und Bewertung von Erfindungen kann man Patente, Prioritäten und Verletzungen nicht auslassen, weil – wie sich zeigt – beweisbare Tatsachen, Dokumente hierzu und Argumente für die Wahrheitsfindung beim Hergang und der historischen Betrachtung von Erfindungen vielfach einen besseren Weg eröffnen, als die gelegentlichen Meinungsäußerungen von Wissenschaftlern.

Giulio Natta

Dreißig Jahre nach der Erfindung würdigte Richter C.M. Wright in Wilmington, Delaware, (District Court) nach Einsicht in voluminöses Beweismaterial die Erfindung selbst [185]:

> „Through application of Ziegler's discovery (catalyst), Natta at Montecatini, Martin at the Max-Planck-Institute, and subsequently, many others were able to produce crystalline polypropylene on a commercial scale".

Zwei Jahre später erklärte das höchste Beschwerdegericht in Washington D.C. zur Priorität von Ziegler und Mitarbeitern für das Verfahren zur Herstellung von Polypropylen [186]:

> „It was Ziegler and his named coinventors who invented those catalysts and told Natta about them. It is here immaterial who was the first to use those catalysts to polymerize polypropylene".

Die Richter wollten damit ausdrücken, dass der Verletzer im konkreten Fall einen geschützten Ziegler-Katalysator benutzte, um Propen zu polymerisieren. Unwichtig in diesem Zusammenhang war, wer zuerst den Katalysator für die Polymerisation von Propen benutzt hatte. Voraussetzung war aber, dass beide Parteien den Nachweis der Polymerisation von Propen geführt hatten. Hierzu wird später noch weiter berichtet.

Neben Natta selbst (in seinen ersten Patentanmeldungen) sprachen Professor Fredga, Stockholm, und die zitierten Richter in ihren Entscheidungen von Ziegler-Katalysatoren, und zwar ausdrücklich auch im Fall der Herstellung von Polypropylen bzw. Polyolefinen, und nicht von Ziegler-Natta-Katalysatoren, wie es später einige Autoren [187] fälschlicherweise taten. Die wissenschaftliche Welt hatte die Präzisierung ignoriert und dies aus unterschiedlichen Gründen, die noch an geeigneter Stelle diskutiert werden.

Der Kampf um die Anerkennung von Prioritäten findet meist nicht auf hohem moralischen und ethischen Niveau statt, zumal wenn international wissenschaftliche Informationen, die vertraulich gemacht werden, nicht entsprechend behandelt werden. Je nach kommerzieller Bedeutung kann ein Streit entstehen, der wie im vorliegenden Fall über eine ganze Generation anhält.

Die Aufklärung der Kristallstruktur und Kettenkonfiguration stereoregulärer Polypropylen-Produkte durch Röntgenkristallaufnahmen von Natta änderte nichts an den Eigenschaften der Polymeren, war jedoch ein wissenschaftlich bedeutendes, brillantes Ergebnis.[14] Die folgende Erklärung des regulären Aufbaues der Moleküle mithilfe einer Helixstruktur hatte für die Anwendbarkeit der Materialien sicherlich einen graduellen Wert. Die abhängige Erfindung des Polypropylens in Mailand und die unabhängige in Mülheim sind nur so zu beschreiben, dass zunächst an beiden Orten die Kenntnis über die Ziegler-Katalysatoren vorhanden war. Giulio Natta und seine Mitarbeiter waren hierzu vorher von Karl Ziegler und Mitarbeitern informiert worden. Natta hatte Ziegler über seine Befunde berichtet, nachdem im Max-Planck-Institut die Ergebnisse zum Polypropylen vorlagen.

Bei Martin lagen zwei Erfahrungen vor, erstens seine Beteiligung bei der Entwicklung der Ziegler-Katalysatoren und zweitens das negative Ergebnis von Karl Ziegler und Mitarbeitern aus ersten Versuchen, festes Polypropylen zu isolieren. Eine Diskussion darüber, dass Ziegler danach der Auffassung war, dass hochmolekulares Polypropylen auf diesem Weg nicht her-

---

14) Vor dieser Zeit hatte C. Schildknecht 1948 erstmals über zwei stereoisomere Strukturen im kristallinen Polyvinylisobutylether berichtet [188]. P.J. Flory hatte die Möglichkeit einer Kristallinität aufgrund sterischer Ordnung in Polymeren unter Hinweis auf die von Schildknecht beschriebenen Polyvinylether diskutiert [189]. 1953 stellten J.D. Watson und F.H. Crick die Doppelhelixstruktur der DNA vor [190].

stellbar sei, ist für eine endgültige Würdigung irrelevant. Weder außergerichtliche Aussagen noch das Ergebnis gerichtlicher Vernehmungen hierzu haben zu einer Entscheidungsfindung beitragen können. Lediglich die nachprüfbar beschriebenen Fakten waren ausreichend, die Prioritätsfrage zu entscheiden. Montecatini selbst hatte diesen Zusammenhang erkannt. G. Natta war nicht als Erfinder des Polypropylens zu würdigen, ohne auf „Derivation" hinzuweisen. Auf diesen Sachverhalt wird die Antwort auf die Frage zu reduzieren sein, wem die Erfindung des Polypropylens zuzuordnen ist.

In einem Memorandum [191] aus dem Jahr 1989 fasste Rechtsanwalt Sprung als Kenner der Rechts-, insbesondere der Patentrechtslage[15] den Sachverhalt noch einmal zusammen. Es ergaben sich daraus für die Studiengesellschaft und das Max-Planck-Institut eine Reihe von wichtigen, ertragreichen Konsequenzen. Ein Teil ist bereits angesprochen worden.

Neben dem patentrechtlichen Aspekt, der über zahlreiche Widersprüche und fulminante gerichtliche Auseinandersetzungen durch dieses vorläufige Ergebnis illustriert sei, ist aber auch der ökonomische Rahmen zu betrachten. Bis heute werden Polypropylene ausschließlich mit Ziegler-Katalysatoren großindustriell hergestellt. Zwar sind die Katalysatoren im Lauf der Zeit optimiert worden und erscheinen auch auf der Basis der geschilderten Ereignisse unter anderem Namen, aber das Wesen der Verfahren ist gleich geblieben: Das Zusammengeben einer Übergangsmetall-, insbesondere titanchloridhaltigen Komponente, und einer Alkylaluminium enthaltenden Spezies ist unverändert essenziell.

Acht Jahre früher, 1980/81, war der Streit um die Frage, wer den Stoff „Polypropylen" unabhängig von seiner Herstellungsart zuerst in Händen hatte, vom höchsten Patentgericht in den USA entschieden. Ziegler/Martin waren an diesem Verfahren nicht beteiligt.[16] Alle Streitparteien – Standard Oil of Indiana, Du Pont, Montecatini und Phillips Petroleum – erhielten Gelegenheit, ihre Geschichte, ihre Argumentation und ihren Beitrag zur Entstehungsgeschichte und damit zum Prioritätsanspruch zu belegen. Alle relevanten und nach Ansicht des Gerichts entscheidenden Belege wurden

15) A. Sprung (Übersetzung): Dr. Martin produzierte in seinen Versuchen vom Juli 1954 festes, flexibles Polypropylen. Diese Experimente repräsentieren die erste unabhängige Erfindung von festem, flexiblem Polypropylen. Dr. Martin stellte unabhängig das erste Polypropylen von kommerziellem Wert her. Vom wissenschaftlichen Standpunkt hatten Natta und Mitarbeiter festes, flexibles Polypropylen kurz vor den martinschen Experimenten hergestellt. Die Natta-Arbeiten waren aber nicht unabhängig. Sie basierten auf abhängigen Informationen, die sie vom Team aus dem Max-Planck-Institut von Prof. Ziegler erhielten. Martin war ein Mitglied dieses Teams.

16) Der Streit hatte in einem frühen Stadium 1957 begonnen, zu einem Zeitpunkt, als Ziegler nicht bereit war, große finanzielle Anstrengungen zu leisten. Die von Ziegler eingereichte Prioritätsanmeldung für Polypropylen enthielt im amerikanischen Teil einen Stoffschutzanspruch auf festes Polypropylen. Erst in den späten achziger Jahren wurde hierzu eine Entscheidung getroffen (vgl. S. 252 ff.).

gewürdigt [3]. Sie sind auch in der Beschreibung der Vorgeschichte angesprochen bzw. festgehalten worden. Das Ergebnis sei hier vorweggenommen, um schon jetzt dem Leser zu helfen, Zusammenhänge und Auseinandersetzungen richtig einzuordnen und zu würdigen.

Das Gericht sah als erwiesen an, dass unter den streitenden Parteien der Firma Phillips Petroleum bzw. den Erfindern, J.P. Hogan und R.L. Banks, die Priorität zum 27. Januar 1953 für festes kristallines Polypropylen zuzuerkennen war und sie damit vor den anderen Beteiligten den neuen Stoff erkannt hatten. Dieses Polypropylen hatte aber andere, für die Kommerzialisierung ungeeignete Eigenschaften und wurde mit in der Technik unbrauchbaren Katalysatoren hergestellt. Es wurde ausdrücklich festgehalten, dass die Verwendung von Polypropylen als Thermoplast in der Phillips-Dokumentation nicht erwähnt worden sei, vielmehr lediglich die Verwendung als Wachse in relevanten Dokumenten beschrieben war. Das Material[17] war spröde, jedoch teilkristallin.

Polypropylen mit vergleichbaren Merkmalen der Produkte nach Hogan und Banks hatte W.N. Baxter, Du Pont, zwar vor dem 19. August 1954, also vor Ziegler/Martin, hergestellt, aber das Produkt nicht erkannt und auch keine Verwendung beschrieben. Für A. Zletz, Standard Oil of Indiana, wurde der gleiche Befund auf den 15. Oktober 1954 festgestellt. Natta und Mitarbeiter, Montecatini/Montedison, wurde die Anerkennung einer Priorität versagt (s. Seite 2, Abs. 4), d. h. Nattas Anspruch auf eine Erfindung „Polypropylen" zurückgewiesen. Das Prioritätsdatum der Patentanmeldung von Ziegler war der 3. August 1954, vor Baxter und Zletz, aber eindeutig nach Hogan und Banks.

17) Noch einmal Memorandum A. Sprung, Lit. 191 (Übersetzung): Das Produkt, hergestellt von Hogan and Banks (Phillips Petroleum) war ein sprödes Material ohne kommerzielles Interesse. Unter den Anspruch von Phillips fiel aber festes Polypropylen mit einem kristallinen Anteil.

Literatur

1 494 Fed. Supplement, S. 374, 1981: Interference 89 634: Entscheidung Board of Patent Interferences vom 29.11.1971; Montecatini Edison, US PS 3,715,344 (SN 514 099), G. Natta, P. Pino, G. Mazzanti, Priorität 08.06.1954/27.07.1954, erteilt am 06.02.1973

2 In der Struktur der Polymerkette einheitlich sich wiederholende Propensequenzen (der Fachmann: Kopf-Schwanz-Polymerisation oder auch 1,2-Addition)

3 494 Fed. Supplement, S. 370–461, 1981: Civil Action No. 4319, District Court of Delaware – Entscheidung Jan. 11, 1980 im Verfahren Standard Oil of Indiana, Phillips Petroleum Co., E.I. Du Pont de Nemour & Co. gegen Montecatini S.p.A. et al, bestätigt durch das Beschwerdegericht, 3rd Circuit, 1981.

4 Phillips Petroleum Company, USA, US PS 4,376,851 (SN 558,530, 11.1.1956, Continuation-in-part of SN 333,576, 27.1.1953, aufgegeben, und SN 476,306, 20.12.1954, aufgegeben), J.P. Hogan, R.L. Banks, Priorität 27.01.1953

5 494 Fed. Supplement, S. 398, 1981: Civil Action No. 4319, District Court of Delaware, Entscheidung Jan. 11, 1980, im Verfahren Standard Oil of Indiana, Phillips Petroleum Co., E.I. Du Pont de Nemour & Co. gegen Montecatini S.p.A. et al, bestätigt durch das Beschwerdegericht, 3rd Circuit, 1981. – Das Molybdänoxid wurde bei 850 °F (455 °C) mit Wasserstoff von 400 psi Druck reduziert, die Polymerisation bei vorherigem Zusatz von z. B. Xylol mit einem Propen-Druck von 420 psi (ca. 30 atm), bei Temperaturen vom 302 °F (160 °C) ausgeführt.

6 494 Fed. Supplement, S. 398, 1981: Civil Action No. 4319, District Court of Delaware, Entscheidung Jan. 11, 1980. Versuch Nr. EP-34 mit dem gleichen Katalysator von A. Zletz, 0.7 g festes Polymeres , davon 0.1 g löslich in Xylol, von Carmody als „rubbery, non-tacky" (gummiartig, nicht klebrig) beschrieben.

7 494 Fed. Supplement, S. 400, 1981: Civil Action No. 4319, District Court of Delaware, Entscheidung Jan. 11, 1980. IR-Banden (micron 8.63, 9.07, 10.05, 10.29, 11.12, 11.85, 12.35) (Affidavit G. Natta vom 13.09.1956, den Parteien seinerzeit unbekannt, IR-Banden für kristallines Polypropylen: micron 10.02, 10.28, 11.89, wie auch weniger intensive Banden bei 9.05, 11.12, 12.39).

8 W. Heinen, J. Polymer Sci., 38, 545 (1959) Verhältnis der 1171 cm^{-1} Bande zu der 846 cm^{-1} Bande. (micron 8,84 – 11,82)

9 J.P. Luongo, J. of Appl. Pol. Science, Vol. III/9, S. 302 (1960), Fig. 1 Verhältnis der 974 cm^{-1} Bande zu der 995 cm^{-1} Bande. (micron 10.26 – 10.05)

10 494 Fed. Supplement, S. 398, 1981: Civil Action No. 4319, District Court of Delaware, Entscheidung Jan. 11, 1980. EP-35 mit gleichem Katalysator, Ausbeute 3,83 g

11 494 Fed. Supplement, S. 399, 1981: Civil Action No. 4319, District Court of Delaware – Entscheidung Jan. 11, 1980. Reduziert bei 805 °F (429 °C), bei einem Druck von 200 und 500 psi, Polymerisation bei einem Druck von 160 psi Propen, Raumtemperatur, 27 Tage im Versuch P-1 und 300–600 psi, Temperatur 205–260 °F (91–127 °C) in Xylol im Versuch P-9. Polymerisation von Propen ergab 7 g bzw. 4.6 g in Xylol unlösliche Produkte. Am P-1-Produkt (30.4.1953) wird Kristallinität erkannt. Versuche P-1 und P-9 zeigen IR Absorption von 10.03 und 11,85 bzw. 10.03 und 10,27 (Luongo), Hinweis auf Kristallinität.

12 Standard Oil of Indiana, USA, US PS 2,692,257 (SN 223,641), A. Zletz, Priorität 28.04.1951 – „Ethylene Polymerization ...".

13 Standard Oil of Indiana, USA, US PS 2,780,617 (SN 288,501), A. Zletz, Priorität 28.04.1951 – Ethylene polymerization with conditioned molybdena catalyst

14 Standard Oil of Indiana, USA, US PS 2,691,647, (SN 324,610), E. Field und M. Feller, Priorität 06.12.1952 – „Conversion of Ethylene and/or Propylene to solid Polymers ..".

15 Standard Oil of Indiana, USA, US PS 2,731,453 (SN 324,608), E. Field und M. Feller, Priorität 06.12.1952 – „Conversion of Ethylene and Propylene to solid Polymers ..".

16 Nacharbeiten der Versuche von Field und Feller:

1. Declaration Martin 19.11.1987
Field und Feller, US PS 2,691,647, Beispiel 21
Kobaltmolybdat gemäß US PS 2,393,288 (Seite 2, rechte Spalte, Zeilen 3–22) Kein festes Polypropylen.

2. Declaration Martin 22. Dezember 1988
Field und Feller US PS 2,731,453, Beispiel 7 (Spalte 13, Zeilen 71–75, – Spalte 14, Zeilen 1–7): (vergl. Kap. V, Lit 284)
1. Katalysator gemäß US PS 2,393,288, A.C. Byrns (Seite 2, linke Spalte, Zeilen 62–75 und rechte Spalte, Zeilen 1–2 und 25–59) Aus Kobaltnitrat und Ammoniummolybdat 9 Gew.-% MoO_3
2. Katalysator aus US PS 2,320,147, E.I. Layng (Seite 2, linke Spalte, Zeilen 54–73) MoO_3 auf Al_2O_3, 10 Gew.-% MoO_3. Gemäß der Beschreibung Beispiel 7, US PS 2,731,453 wurden einmal kein festes und im zweiten Fall 16 mg eines gummiartigen festen Polymeren isoliert. $CH_2/CH_3 > 4:1$, IR-Spektren: keine Kristallinität, ataktisches Polymeres, Schmelzbereich 119–130 °C.

3. Declaration Martin 1.3.1989
Zu US PS 2,731,453 und 2,691,647 Field et al.
Hier wird Bezug genommen auf die Entscheidung in Civil Action 4319, District Court of Delaware. In dieser Entscheidung werden diese beiden Schutzrechte nicht berücksichtigt, weil Stan-

dard Oil of Indiana sie nicht mit ihren Anmeldungsdaten als Basisbeleg für den Anspruch auf Priorität eingebracht hat. Auch G. Natta versuchte, Field und Feller nachzuarbeiten. In einer Declaration vom 13.9.1956 bestätigte Natta bei der Wiederholung des Beispiels 21, dass bei Einsatz fünf verschiedener Katalysatoren kein festes Polypropylen zu finden sei, wohl Kohlenwasserstofföle. Bei Abwandlung der Katalysatorherstellung in einer im '647 bisher nicht beschriebenen Weise erhielt er 0,055 g eines wachsartigen polymeren Produktes, Schmelzpunkt 135 °C, Molekulargewicht 13.000. Das Produkt ist in siedendem Heptan vollständig löslich, $CH_2/CH_3 = 2:1.0$

17 494 Fed. Supplement, S. 411, 1981: Civil Action No. 4319, District Court of Delaware, Entscheidung Jan. 11, 1980. E. Francis: Versuch Nr. 4721-16 (9. Oktober 1951) 5.5 h bei 88 °C und etwa 40 bar Druck, Isopentan als Lösungsmittel

18 494 Fed. Supplement, S. 411, 1981: Civil Action No. 4319, District Court of Delaware, Entscheidung Jan. 11, 1980. Hogan, Banks und Francis: Versuch 4721-26, 19.11.1951, Silica-Aluminiumoxid-Trägergranulat, das bis etwa 4 Gew.% Chromoxid enthielt, Erhitzen auf 390 °C, Aktivierung. Unter Aktivierung wurde verstanden, dass beim Überleiten von trockener Luft ein Teil des dreiwertigen Chroms zu sechswertigem oxidiert wird, eine Voraussetzung für die Polymerisationsaktivität zu festen Polymeren. 38 h Polymerisation, 82 °C, 35 bar.

19 494 Fed. Supplement, S. 412, 1981: Civil Action No. 4319, District Court of Delaware, Entscheidung Jan. 11, 1980. Versuche 4958-13, -15, -18; Februar 1952, 15 h Reaktionsdauer, 90–100 °C, 30 bar Propendruck. Das Produkt mit der Bezeichnung PO-133 wies einen Schmelzpunkt von 113 °C auf, IR-Absorption bei 10.03 und 10.27 bzw. 11.85 micron. Aus der Tatsache der Unlöslichkeit in Pentan und der Mög-

lichkeit der Ausführung von Viskositäts-messungen, also der Löslichkeit in irgendeinem Lösungsmittel, wurde geschlossen, dass das Produkt nicht vernetzt, sondern kritallin sein müsse.

20 494 Fed. Supplement, S. 418, 1981: Civil Action No. 4319, District Court of Delaware, Entscheidung Jan. 11, 1980.

21 494 Fed. Supplement, S. 429 ff, 1981: Civil Action No. 4319, District Court of Delaware, Entscheidung Jan. 11, 1980.

22 Nach Behandlung des Rohproduktes mit Toluol oder Benzol wird die konzentrierte Lösung in eine kalte Mischung von Aceton und Methanol gegeben und das jetzt ausfallende Produkt filtriert, mit heißem Aceton, heißem Ether und heißem Heptan extrahiert. Der Rückstand wird, wie oben beschrieben, vermessen.

23 494 Fed. Supplement, S. 429, 1981: Civil Action No. 4319, District Court of Delaware, Entscheidung Jan. 11, 1980. Trägerkatalysatoren bestehend aus 87.3 % Siliziumoxid, 12.4 % Aluminium. Der Träger wurde mit Chromnitrat getränkt. Nach Aktivierung bei 480–500 °C in einem trockenen Luftstrom enthielt der Träger 2.77 % Chrom, Polymerisationen in Heptan bei 88–90 °C und Drücken von 20–32 bar während 2 Stunden. Jetzt wurde ein Polypropylen-Produkt aus dem Katalysator mit Xylol bei 120 bzw. 130 °C extrahiert und mit Aceton/Methanol gefällt. Das in Heptan unlösliche Produkt hatte eine I.V. von 5.70, einen Schmelzpunkt von 167 °C.

24 Karl Ziegler, DBP 973 626, K. Ziegler, H. Breil, E. Holzkamp, H. Martin, Priorität 17.11.1953 – Verfahren zur Herstellung von hochmolekularen Polyethylenen

25 Ziegler an Orsoni, Montecatini, vom 6.1.1954 – Farbwerke Höchst AG, Horn, Scherer: Aktennotiz über Besuch im MPI vom 25.11.1953 – Ruhrchemie AG: Programm für die Besprechung mit Prof. Ziegler am 2.3.1954

26 U S District Court of the the Eastern District of Texas, Studiengesellschaft Kohle mbH/Eastman Kodak Company, Civil

Action B-74-392-CA, Memorandum der Patentabteilung Du Pont vom 4. August 1954 aus „Ziegler II" vom 16.09.1976, A. Sprung

27 E.I. Du Pont, de Nemours and Co, USA, US PS 2,905,645 (SN 450 243), Anderson et al, Priorität 16.08.1954 – Polymerization catalysts

28 E.I. Du Pont, de Nemours and Co, USA, US PS 3,541,074 (SN 450 244), Anderson et al, Priorität 16.08.1954 – Olefin polymerization catalysts comprising divalent titanium and process for polymerization of ethylene therewith.

29 E.I. Du Pont, de Nemours and Co, USA, US PS 4,371,680 (SN 451 064), W.N. Baxter, N.G. Merckling, I.M. Robinson, G.S. Stamatoff, Priorität 19.08.1954 – Polymer Composition

30 Badische Anilin und Soda-Fabrik, DBP 874 215, M. Fischer, Priorität 18.12.1943 – Verfahren zur Herstellung von festen Polymerisaten aus Ethylen oder ethylenreichen Gasen.

31 US District Court of Delaware, Civil Action 3952, Studiengesellschaft Kohle mbH gegen Dart Industries, Plaintiff's Post-Trial Brief, Mitte 1982, Seite 38,

32 549 Fed. Supplement, S. 734: Studiengesellschaft Kohle mbH v. Dart C.A. 3952 – Dart Entscheidung 5. Oktober 1982 Laborjournal Anderson, Du Pont, vom 11. Februar 1954

33 549 Fed. Supplement, S. 734: Studiengesellschaft Kohle mbH v. Dart C.A. 3952 – Du Pont April 1954 „Grignard-Verbindungen" Dart Entscheidung Okt. 5, 1982

34 Verträge bis Mitte 1954: Montecatini 21.01.1953 Hoechst AG Nov. 1952 Ruhrchemie 23.12.1953 (Entwurf)

35 Laborjournal Hyson, Du Pont, 29.–31. Juli 1954 – Organoaluminium-Verbindungen und Polymerisation von Ethylen,

36 Laborjournal Hyson, Du Pont, 11. August 1954, Anregung auch Propen zu polymerisieren.

37 494 Fed. Supplement, S. 390–397, 1981: Civil Action No. 4319, District Court of Delaware, Entscheidung Jan. 11, 1980. Du Pont Experiment HPL 4427-86, identisch mit 4460-41; 6 g $TiCl_4$, 40 ml PhenylMgBr, 200 ml Cyclohexan, filtriert und getrocknet. Polymerisation mit 3 g dieses Katalysators, 100 ml Cyclohexan, 50 g Propylen, 30 °C. Es wurden 500 mg Polypropylen isoliert.

38 494 Fed. Supplement, S. 370 ff, 1981: Civil Action No. 4319, District Court of Delaware, Standard Oil of Indiana, Phillips Petroleum Co., Du Pont und Montedison-Entscheidung Jan. 11, 1980.

39 Patent Interference Nr. 89,634, 29.11.1971

40 K. Ziegler et al, Italienische Patentanmeldungen Nr. 6850 und 6851 vom 21.06.1951

41 Orsoni an Magri 27.11.1953

42 Schriftwechsel Ziegler/Montecatini 27. Jan.–20. Feb. 1953

43 Laborjournal Holzkamp, Versuch 83 vom 9.5.1953

44 Laborjournal Holzkamp, Versuch 84 vom 12.5.1953

45 Laborjournal H. Martin, Versuch 1, Juni/ Juli 1953

46 Laborjournal H. Martin, Versuch 2, Juni/ Juli 1953

47 Ziegler an Orsoni vom 27.07.1953

48 Laborjournal H. Martin, Versuche 9 und 10, September 1953

49 Laborjournal H. Martin, Versuch 11, Oktober/ November 1953

50 H. Martin, H. Bretinger, Makromol. Chem. 193, 1283–1288 (1992)

51 Laborjournal H. Breil, Versuche A 2 und A 3 vom 1.7.1953, Seiten 173–176

52 Interference No. 90,833, Zeugenvernehmung Karl Ziegler, 9./10. Nov. 1967 Seite 52

53 Montecatini et al./.Dart Industries, Inc. et al, Zeugenvernehmung Karl Ziegler, 9./10. Dezember 1969, Vol. 1, Seiten 135, 137, 140 und Vol. III, Seiten 577–584

54 Interference No. 90,833, Zeugenvernehmung Karl Ziegler, 9./10. Nov. 1967 Seite 55

55 Laborjournal H. Breil, Versuch A 18 vom 22.9.1953, Seiten 214–215

56 Laborjournal H. Breil, Versuch A 20 vom 28.9.1953, Seiten 220–221

57 Laborjournal H. Breil, Versuch A 24 vom 2.10.1953, Seiten 229–230

58 Laborjournal H. Breil, Versuch A 25 vom 3.10.1953, Seite 231

59 Laborjournal H. Breil, Versuch A 26 vom 5.10.1953, Seiten 232–233

60 Laborjournal H. Breil, Versuch A 29 vom 8.10.1953, Seiten 237–238

61 Laborjournal H. Breil, Versuch A 40 vom 22.10.1953, Seiten 258–259

62 Laborjournal H. Breil, Versuch A 43 vom 26.10.1953, Seiten 262–263

63 Laborjournal H. Breil, Versuch A 60 vom 13.11.1953, Seiten 293–294

64 Laborjournal H. Breil, Versuch A 64 vom 16.11.1953, Seiten 298–299

65 H. Breil, Diplomarbeit 28.06.1954, Seite 13 und 35

66 Magri, Chini, Crespi an Orsoni vom 11.5.1953

67 Magri, Chini, Crespi an Orsoni vom 18.5.1953

68 Magri, Chini, Crespi an Orsoni vom 25.5.1953

69 Magri, Chini, Crespi an Orsoni vom 1.6.1953

70 Montecatini an Magri, Chini, Crespi vom 9.6.1953

71 Magri, Chini, Crespi an Orsoni vom 15.6.1953

72 Crespi an Orsoni vom 17.6.1953

73 Magri, Chini, Crespi an Orsoni vom 21.6.1953

74 Orsoni an Magri, Chini, Crespi vom 22.6.1953

75 Crespi an Orsoni vom 29.6.1953

76 Magri, Chini, Crespi an Orsoni vom 30.6.1953

77 Magri, Chini, Crespi an Orsoni vom 5.7.1953

78 Magri, Chini, Crespi an Orsoni vom 12.7.1953

79 Crespi an Orsoni vom 13.7.1953
80 Magri, Chini, Crespi an Orsoni vom 19.7.1953
81 Magri an Ballabio vom 15.11.1953
82 Natta an Orsoni vom 9.7.1953
83 Karl Ziegler, Z 3799 IVb/39c (Priorität 17.11.1953, bekanntgemacht 4.10.1956, erteilt als DBP 973 626 am 16.01.1960) Erfinder: K. Ziegler, H. Breil, E. Holzkamp, H. Martin
84 Laborjournal H. Breil, Versuch A 69 vom 27.11.1953 (Seiten 305–306)
85 Laborjournal H. Martin, Versuch 1 vom 1.12.1953
86 Laborjournal H. Martin, Versuch 2 vom 2.12.1953
87 Laborjournal H. Martin, Versuch 8 vom 12.12.1953
Fa. Weck Glaswerke GmbH, Bochum
88 Karl Ziegler, Z 3862 IVb/39c (Priorität 15.12.1953, bekanntgemacht 21.3.1957, erteilt als DBP 1 004 810 am 05.08.1960) Erfinder: K. Ziegler, H. Breil, H. Martin, E. Holzkamp
89 Laborjournal H. Martin, Versuch 11 vom 16./17.12.1953
90 Laborjournal H. Martin, Versuch 12
91 Laborjournal H. Martin, Versuch 13 vom 19.12.1953
92 Laborjournal H. Martin, Versuch 14
93 Laborjournal H. Martin, Versuch 15
94 Laborjournal H. Martin, Versuch 16 vom 4.1.1954
95 Ziegler an von Kreisler vom 7.1.1954
96 Laborjournal H. Breil, Versuch 41 vom 30.11.1953 (Seiten 309–310)
97 Laborjournal H. Breil, Versuch 42 vom 1.12.1953 (Seiten 313–314)
98 Laborjournal H. Breil, Versuch 45 vom 8.12.1953 (Seiten 318–323)
99 Laborjournal H. Breil, Versuch A 75 vom 16.12.1953 (Seiten 329–330): 200 cm^3 Eisenautoklav, 50 cm^3 Aluminiumalkyle (mit durchschnittlicher Kettenlänge C8), 1,5 cm^3 $TiCl_4$, 68 g Propen, „In der Kälte (T 20 °C, p 20 atm) beim Schütteln keine Reaktion und Wärmetönung". Die Temperatur wird zunächst auf 45 °C, am nächsten Tag auf 95 °C erhöht. Der Druck steigt dabei auf 65 atm. Nachdem „sonst keine Reaktion" festgestellt wird, werden 31 g Propen abgeblasen und anschließend ohne das Druckgefäß zu öffnen (25 °C, 14 atm Restdruck) jetzt 38 g Ethylen aufgepreßt, d. h. der Autoklav enthielt nun neben 38 g Ethylen noch restliche 37 g Propen. Nach fast 4 Tagen Reaktionsdauer wird der Autoklav geöffnet, wobei zunächst 5 g Restpropen zurückgewonnen werden. Die Eintragung lautet dann „reagiert haben 86,5 % des C_3H_6, 100 % des C_2H_4". Das feste Produkt wurde gewaschen und getrocknet. „51 g PÄ".
100 Studiengesellschaft Kohle mbH gegen Dart Industries, US District Court of Delaware, Civil Action 3952, Kreuzverhör Breil 22.1.1982, Düsseldorf, Seite 765ff.
101 Laborjournal H. Martin/F. Fürbach, Versuch 1000 vom 21.06.1967
102 A. Schoen vom 10.11.1953, und Schreiben Orsoni an Ziegler vom 27.11.1953
103 Orsoni an Ziegler vom 17.12.1953
104 Ziegler an Orsoni vom 06.01.1954
105 Orsoni an Zieglervom 25.01.1954
106 Laborjournal H. Martin, Versuch 17 vom 7.1.1954
107 Laborjournal H. Martin, Versuch 18 vom 9.1.1954
108 Laborjournal H. Martin, Versuch 22–24 vom 18.1.–21.1.1954
109 Laborjournal H. Martin, Versuch 19 vom 12.1.1954
110 Laborjournal H. Breil, Versuch A 86 vom 21.01.1954 (Druckversuch)
111 Laborjournal H. Martin, Versuch 29 vom 01.02.1954 (Normaldruck)
112 Laborjournal H. Martin, Versuch 32 vom 18.2.1954
113 Laborjournal H. Martin, Versuch 33 vom 1.3.1954
114 Laborjournal H. Martin, Versuch 36 vom 22.3.1954
115 Laborjournal H. Martin, Versuch 42 vom 7.4.1954
116 Laborjournal H. Martin, Versuch 45 vom 27.4.1954 und 46 vom 30.4.1954

117 Original Kristallaufnahme Doktorarbeit H. Breil, Abb. 7–10

118 F. Böck und L. Moser, Monatsh. 33, 1407/29 (1912), 34 1825, 1913

119 K. H. Müller, Dissertation Th. Aachen 1958

120 Laborjournal H. Breil, Versuche 41 vom 30.11.1953, 45 vom 8.12.1953 und A 70 vom 30.11.1953

121 Laborjournal H. Breil, Versuch A 77 vom 5.1.1954

122 Laborjournal H. Breil, Versuch A 79 vom 7.1.1954

123 Laborjournal H. Breil, Versuch A 96 vom 2.2.1954

124 Laborjournal H. Breil, Versuch A 99 vom 8.2.1954

125 Laborjournal H. Breil, Versuch A 103 vom 18.2.1954

126 Laborjournal H. Breil, Versuch 92 vom 27.01.1954, Versuch A 106 vom 2.3.1954

127 Laborjournal H. Breil, Versuch A 113 vom 18.3.1954

128 Laborjournal H. Breil, Versuch A 97 vom 4.2.1954

129 Laborjournal H. Breil, Versuch A 80 vom 11.1.1954

130 Laborjournal H. Breil, Versuch A 81 vom 11.1.1954 (100–200 bar Druck)

131 Laborjournal H. Breil, Versuch A 82 vom 11.1.1954 (100–200 bar Druck)

132 Laborjournal H. Breil, Versuch A 101 vom 11.2.1954

133 Laborjournal H. Breil, Versuch A 90 vom 26.1.1954

134 Laborjournal H. Breil, Versuch A 91 vom 26.1.1954

135 Laborjournal H. Breil, Versuch A 95 vom 1.2.1954

136 BASF, DBP 874 215, Max Fischer (Priorität 18.12.1943, bekanntgemacht 19.6.1952, erteilt 12.3.1953,)

137 Dissertation H. Breil 23. Juni 1955

138 A. V. Grosse, J. M. Mavity, J. Org. Chem. 5 (1940) 112 und H. Martin, H. Bretinger, F. Fürbach, Angew. Chemie 97 (1985) Nr. 4, S. 323–324

139 H. Martin, H. Bretinger, Z. Naturforsch. 40b, 182–186 (1985)

140 H. Martin, H. Bretinger, Z. Naturforsch. 46b, 615–620 (1990)

141 Karl Ziegler, Z 3941 IVb/39c (Priorität 19.01.1954, bekanntgemacht 18.07.1957, erteilt als DBP 1 012 460 am 05.08.1960) Erfinder: K. Ziegler, H. Breil, E. Holzkamp, H. Martin

142 Karl Ziegler, Z 3942 IVb/39c (Priorität 19.1.1954, bekanntgemacht 19.9.1957, erteilt als DBP 1 016 022 am 28.12.1960) Erfinder: K. Ziegler, H. Breil, E. Holzkamp, H. Martin

143 Ziegler vom 12.02.1954 an Orsoni, Montecatini

144 Zeugenaussage Chini, März 1970, Seite 1193

145 US-Interference 99478 Ziegler/Natta, Zieglers „Main Brief", Seite 14

146 Zeugenaussage Chini, März 1970, Seite 1196

147 Consolidated Civil Action No. 3343, March 9,1970, Zeugenvernehmung Natta, Seiten 85 und 86

148 Consolidated Civil Action No. 3343, March 9,1970, Zeugenvernehmung Pino, Seiten 601 und 602

149 Vertragliche Absprache vom 09.03.1954

150 US-Interference 99478 Ziegler/Natta, Zieglers Reply Brief, Seite 25, (Dokument ZX 137, identifiziert als A 0059 – A 0061) Notizen von Montecatini neben dem Memorandum vom 9.3.1954 über den Inhalt der Diskussion: ZX 130 und ZX 116 (M 4517): Hier wird festgehalten, dass erst nach Zieglers Besuch andere Olefine – wie Propylen und Styrol eingesetzt worden sind.

151 Zeugenaussagen Chini 1969, Seite 10ff, und 1970 Seite 1221–1232, Chini Laborjournal Seite 42: 8.4 g $TiCl_4$, 20.4 g $AlEt_3$, Molekularverhältnis 1 Ti : 4 Al, in Petrolether, Propylen zunächst Normaldruck – dann bis 12 atm, 17–75 °C, 1.25 h, Ausbeute: 3.5 g festes Polymere, wurde anschließend mit Ether extrahiert.

152 Zeugenaussage Chini 1970, Seite 1230

153 Consolidated Civil Action No. 3343, March 9,1970, Zeugenvernehmung Natta, Seite 80

154 Consolidated Civil Action No. 3343, March 9,1970, Zeugenvernehmung Mazzanti, Seiten 1475 und 1478

155 Consolidated Civil Action No. 3343, March 25–26,1970, Zeugenvernehmung Mazzanti, Seiten 1631–1632, 1634–1635 und 1639–41

156 Consolidated Civil Action No. 3343, March 16–18,1970, Zeugenvernehmung Pino, Seite 631

157 Consolidated Civil Action No. 3343, March 25–26,1970, Zeugenvernehmung Mazzanti, Seiten 1649 und 1650

158 Zeugenaussage Chini 24. März 1970, Seite 1272–1294
2. Experiment: Katalysator $TiCl_4$ + $AlEt_3$ 1:10, Raumtemperatur, Druck. Das Produkt wurde extrahiert: 7 % mit Aceton, 40 % Diethylether, 28 % Heptan und 25 % Heptan-unlöslich.
3. Experiment: 50–60 °C und Druck, Ausbeute 193 g

159 US-Interference 99478 Ziegler/Natta, Zieglers „Main Brief", Seite 17

160 US-Interference No. 99,478 – Ziegler's „Reply Brief", ZX 166, Seite 29 Monecatini-internes Memorandum

161 US-Interference No. 96,101, Zeugenaussagen Chini 1969, Seite 72 und 171, und 1970, Seite 1233

162 US-Interference 99,478, Brief „Final Hearing", Natta et al, Seite 31 (ZX 164, S. 615, ZX 167, S. 755–756)

163 US-Interference 99,478, Brief „Final Hearing", Natta et al, Seite 32 (ZX 166)

164 Zeugenaussage Ziegler, Duisburg, 09.12.1969, Seite 140

165 Italienische Patentanmeldung 24.227/54, Montecatini, angemeldet 08.06.1954, erteilt unter der Nr. 535712 am 17.11.1955, Erfinder: G. Natta

166 Italienische Patentanmeldung 24.227/54, Montecatini, angemeldet 08.06.1954, Erfinder: G. Natta, vergl. insbesondere Seite 2, Zeile 6 und Seite 5, Anspruch 6.

167 Italienische Patentanmeldung 25.109/54, Montecatini, angemeldet am 27.07.1954, erteilt unter der Nr. 537425 am 28.12.1955

168 Consolidated Civil Action No. 3343, March 9,1970, Zeugenvernehmung Natta, Seite 264

169 Consolidated Civil Action No. 3343, March 25–26,1970, Zeugenvernehmung Mazzanti, Seiten 1658–1659

170 Orsoni an Ziegler vom 30.07.1954

171 Natta an Ziegler vom 04.08.1954

172 Ziegler an Orsoni vom 21.07.1954

173 Interference No. 99,478 – Ziegler's „Main Brief", Seite 19 (ZX 182; ZR. 149-50; siehe auch ZX 183, ZR. 150-51)

174 Laborjournal H. Martin, 10. Mai–6. Juli 1954: Katalysator: $TiCl_4$ + AlR_3: Versuchs-Nr. 60, 62, 64, 65, 67–71, 75–77, 81, 83, 84
Katalysator: $TiCl_4$ + Et_2AlCl: Versuchs-Nr. 55, 72, 78–80, 85, 86
Katalysator: Andere Metallverbindungen + AlR_3: Versuchs-Nr. 52, 56, 57, 63

175 Diplom-Arbeit H. Breil Universität Bonn, 28. Juni 1954, Seite 24

176 Laborjournal H. Martin, Versuch 87 vom 9.7.1954

177 Laborjournal H. Martin, Versuch 88 vom 13.7.1954

178 Laborjournal H. Martin, Versuch 93 vom 21.7.1954

179 Laborjournal H. Martin, Versuch 101 vom 30.7.1954

180 Laborjournal H. Martin, Versuch 94 vom 23.7.1954

181 Laborjournal H. Martin, Versuch 97 vom 27.7.1954

182 Karl Ziegler, Z 4348 39b 4 (Priorität 3. August 1954, bekanntgemacht 28.12.1967, erteilt als DBP 1 257 430 am 17.12.1973) Erfinder: K. Ziegler, H. Breil, H. Martin, E. Holzkamp

183 Urkunde Nobelpreis 10. Dezember 1963

184 Nobel Lectures Chemistry 1963–1970

185 549 Federal Supplement, United States District Court, D. Delaware, Studiengesellschaft Kohle mbH v. Dart Industries, Inc., Civ. A. No. 3952, Oct. 5, 1982, Seite 740, rechte Spalte.

186 726 Federal Reporter, 2d Series, United States Court of Appeals, Federal Circuit, Studiengesellschaft Kohle mbH v. Dart Industries, Inc., No. 83-591, Jan. 19, 1984, Seite 728.

187 Polyolefins: Structure and Properties by Herman v. Boenig, 1966, S. 120

188 C. E. Schildknecht et al, Ind. Eng. Chem. 40, 2104 (1948)

189 P. J. Flory, Principles of Polymer Chemistry, Cornell University Press, Ithaca, N. Y., page 53, 237–238, 1953

190 J. D. Watson, F. H. C. Crick, Nature, Vol. 171, Seite 737

191 Arnold Sprung: Memorandum vom 17.06.1989.
US Patent Application Serial No. 03/ 514,068 of June 8, 1955

2
Der Kontakt zur chemischen Industrie

Die kommerzielle Welt erhielt durch Vorträge, Publikationen und private Gespräche, die Karl Ziegler im Laufe des Jahres 1952 hielt bzw. führte, Kenntnis von Inhalt und Richtung der von ihm und seinen Mitarbeitern bearbeiteten Chemie. Fast zeitgleich wurde das Interesse an der Ziegler-Chemie in Deutschland, England, Italien und den USA geweckt, als Ziegler die Herstellung von Polyethylen – gemeint war damals die Herstellung von Wachsen aus Ethylen (die sog. „Aufbaureaktion") –, die selektive Dimerisation von Ethylen, Propen und Buten – hier mit Richtung auf p-Xylol/Tere-phthalsäure/Kunstfaser – sowie die Verbesserungen bei der Synthese von Organoaluminiumverbindungen als erreicht bekannt gab.

Die erste Verbindung zu Italien ist im Vorkapitel bereits geschildert worden. Der Begriff „Polyethylen" wirkte zu jener Zeit immer elektrisierend, da sich ICI in England, Du Pont in den USA und BASF in Deutschland das Monopol für thermoplastisches Polyethylen teilten und eine ökonomisch interessante Produktion betrieben, ein unabhängiges Konkurrenzverfahren und -produkt nicht verfügbar waren. Wenn auch das „Polyethylen" – so wie von Ziegler 1952 hergestellt – kein Konkurrenzprodukt war, so führte eine Mischung aus Hoffnung und Vertrauen in die Ziegler-Chemie schon damals dazu, sich über erste vertragliche Bindungen den „Fuß in der Tür" zu sichern. Montecatini hatte dies durch den Vorvertrag vom Januar 1953 getan, andere versuchten das Gleiche.

War es Zieglers Interesse, nach fast zehnjähriger Tätigkeit am Institut auch eine kommerzielle Verwertung seiner bis dahin entwickelten Chemie anzustreben, so galt es als eine traditionelle Politik der Industrie, sich so frühzeitig und preiswert wie möglich den Einstieg in ein ganzes Forschungsgebiet zu sichern, natürlich möglichst exklusiv. Man versprach Ziegler, das eine oder andere Produkt auch großtechnisch herstellen zu wollen, aber das Ziel ließ sich aus der Erfahrung herleiten, dass für die zukünftige Entwicklung das eine oder andere bessere Produkt interessanter sein würde.

Bei der Gründung des Instituts war dem Institutsdirektor, Franz Fischer, bereits 1912 vertraglich zugesichert, „dass die im Institut von ihm und seinen Mitarbeitern gemachten Erfindungen als Patentanmeldungen für Rechnung des Instituts sowohl im Inland wie auch im Ausland eingereicht, aufrechterhalten und zur Verwertung gebracht werden sollten". Die Zusage wurde 1925 durch die Gründung der Studien- und Verwertungsgesellschaft[1] auf eine breitere Basis gestellt [1]. Gründer und damit Gesellschafter waren zu gleichen Teilen Emil Kirdorf als Vertreter des Rheinisch-Westfälischen Kohlensyndikats und August Thyssen, „Fabrikbesitzer in Schloss Landsberg bei Mintard" (Einlage je 15.000 Reichsmark). Die gründenden Gesellschafter hatten sich verpflichtet, als Treuhänder von ihren Gesellschaftsanteilen Anteile an die übrigen Mitglieder des Kohlensyndikats zu übertragen. Im Laufe der Jahre zeichneten bis zu 61 Unternehmen, überwiegend aus dem Rhein-Ruhr-Bereich, Gesellschaftsanteile [2].

Die Gesellschaft übernahm die vorher festgelegten Pflichten des Kaiser-Wilhelm-Instituts im Zusammenhang mit der Sicherung neuer Verfahren durch Erwerb von Schutzrechten und die Verwertung der Schutzrechte im In- und Ausland. Geschäftsführer der Gesellschaft sollte immer der jeweilige Direktor des Instituts sein. Die Verteilung des Gewinns aus der Verwertung ging danach zu 30 % an das Institut, zu 40 % an den Direktor des Instituts bzw. andere Erfinder für Erfindungen, deren Patente in das Eigentum der Gesellschaft übergehen sollten, und die restlichen 30 % an die Gesellschafter im Verhältnis ihrer Beteiligung.

Es ist speziell aus der Rückschau bemerkenswert, mit welcher Akribie Karl Ziegler die Grundlage für die Verwertung der von ihm initiierten Chemie in den Jahren 1952–1954 legte. Er tat dies mit hoher Konzentration für das Detail der Gestaltung von vertraglichen Vereinbarungen, wobei er von Fall zu Fall das Erlernte bei Gesprächen mit den nächsten Interessenten sofort umsetzte.

Das nahe liegende Problem hierbei war, die Wünsche der Interessenten so abzustimmen, dass unter Beibehaltung einer gesunden Konkurrenzstruktur der eine Lizenznehmer nicht unverhältnismäßig bessere Lizenzbedingungen erreichen durfte als ein anderer. Bei dem Verkauf eines Monopols war dies sicher leichter als in den Fällen, in denen Konkurrenzverfahren bereits auf dem Markt waren. Die Zahl der Interessenten war schließlich international so groß, dass man getrost von einer Monopol-Ausgangssituation sprechen konnte.

Ein weiteres Problem war, dass keine Erfahrung bei dem Abfassen und Aushandeln von Lizenzverträgen vorlag. Mithin musste Ziegler sich mit den schriftlichen Vertragsangeboten der Interessenten auseinander setzen,

1) Siehe hierzu Seite 74.

wobei die eine oder andere Verabredung mit Lizenznehmern den Keim späterer Streitigkeiten enthalten musste, weil die Interessenten unterschiedlicher „couleur" auch das Element des „corriger la fortune" gegenüber einem unerfahrenen „Professor" nicht aus den Augen ließen. Die Options- und Lizenzverträge entwickelten sich von Fall zu Fall mit einer Geschwindigkeit und Intensität, dass vielfach kaum der nötige Abstand vom Geschehen eingehalten werden konnte, der das Abwägen des einen oder anderen Wunsches notwendig gemacht hätte.

2.1
Farbwerke Hoechst

Dr. Otto Horn, Farbwerke Hoechst, ehemaliger Assistent unter Karl Zieglers Vorgänger, Geheimrat Professor Franz Fischer, im Kaiser-Wilhelm-Institut für Kohlenforschung in Mülheim, erhielt im Februar 1952 einen Besuch von Karl Ziegler, bei dem u. a. das damals von Ziegler bearbeitete Gebiet der Chemie der Organoaluminium-Verbindungen [3] diskutiert wurde.

Drei Monate später hielt Karl Ziegler in Mülheim einen Vortrag „Neuartige katalytische Umwandlungen von Olefinen" [4]. Während des Vortrages erwähnte er, „dass wir echtes kunststoffartiges Polythen noch nicht erzeugen können". Schon sehr bald erhielt Ziegler aus Frankfurt-Hoechst den Entwurf eines Optionsvertrages, aus dem ein Ende 1952 [5] unterzeichneter Vertrag entstand. Gegenstand waren 4 deutsche Patentanmeldungen, deren Inhalt den Farbwerken Hoechst offenbart wurde und hierzu eine Option auf eine nicht-ausschließliche Produktionslizenz in Deutschland, verbunden mit dem Recht, nach dem Verfahren hergestellte Produkte auch im Ausland zu verkaufen. Als Gegenleistung zahlten die Farbwerke DM 50.000. Die Laufzeit der Option war auf ein Jahr begrenzt. Der Forschungsleiter von „Hoechst", Dr. Sieglitz, und Dr. Eishold, Leiter der Patentabteilung, hatten den Vertrag mit Ziegler ausgehandelt. Das Optionsjahr war ausgefüllt mit intensivem Austausch von Know-how auf dem Vertragsgebiet.

Es hatten sich drei Richtungen herauskristallisiert, die für die Farbwerke von Interesse waren:

1. Buten zu Okten selektiv zu dimerisieren und durch Aromatisierung p-Xylol zu gewinnen. Die zieglersche Variante erschien aber zu teuer.
2. Aus Ethylen C_{14}-C_{20}-Olefine zu synthetisieren und hieraus durch Oxidation Waschmittel zu erzeugen. Die kommerziellen Chancen konnten noch nicht abgeschätzt werden.

3. Hochpolymeres Ethylen ist zwar interessant, aber unter Verwendung von Aluminiumtrialkylen als Katalysatoren noch nicht verfügbar. Immerhin bemühte sich „Hoechst", die Patentsituation zu klären.

Man war sich bei Hoechst einig, dass in der restlichen verfügbaren Zeit der Optionsdauer keine abschließende Beurteilung erzielt werden konnte und sollte. Daher wurde empfohlen, mit Karl Ziegler über eine Verlängerung der Option zu verhandeln [6]. „Hoechst" zögerte, einen Lizenzvertrag abzuschließen. Die Situation änderte sich, als im Herbst 1953 die Polymerisationskatalysatoren für die Herstellung von thermoplastischen Polymeren gefunden wurden. Eine erste Konsequenz hieraus war, dass der Optionsvertrag zunächst „formlos bis zum 15. Januar 1954" [7] verlängert wurde.

Vorausgegangen war ein Besuch der Herren Horn und Scherer im November 1953, bei dem den Gästen die Herstellung einer Folie zwischen zwei erhitzten Aluminiumplatten vorgeführt wurde: Ein thermoplastisches Polyethylen, hergestellt mithilfe von Aluminiumtrialkylen und Cokatalysatoren bei Temperaturen bis zu 100 °C und Drucken von 50–100 atm [8]. Noch im Dezember tauschten Horn und Ziegler Daten über die Reißfestigkeit der ersten in Mülheim hergestellten Folien aus [9]. Im Januar 1954 folgten die Doktoren Horn, Scherer und Sennewald einer Einladung Zieglers, sich einen Normaldruckversuch zur Polymerisation von Ethylen in Mülheim anzusehen [10]. Der Experimentalablauf hinterließ eine nachhaltige Wirkung.

Zwei Tage später wurde zwischen den Parteien vereinbart, den bestehenden Optionsvertrag gegen eine weitere Zahlung von DM 100.000 zunächst um ein weiteres Jahr zu verlängern [11]. Nun drängte Hoechst, Einblick in die Details des neuen Polymerisationsverfahrens zu bekommen, was per Notiz vom 28.01.1954 geschah [12]: Katalysatorherstellung aus Diethylaluminiummonochlorid und Titantetrachlorid und die Polymerisation bei Normaldruck und Temperaturen von 20–70 °C [13].

Sechs Monate später [14] berichtete Ziegler an die Farbwerke Hoechst (Dr. Sieglitz) über Fortschritte in der Polymerisationstechnologie:

1. Einstellung des Molekulargewichtes der erzeugten Polyethylene zwischen 24.000 und 50.000, der kommerziell begehrte Bereich.
2. Polypropylen als neues Polymeres.[2]
3. Buten-(1)-Synthese aus Ethylen auf der Basis von Aluminiumtrialkyl/ Titansäuretetrabutylester als Katalysatormischung.

---

2) Versuche zur Polymerisation von Propen wurden, wie später berichtet, von Hoechst im Frühjahr 1954 durchgeführt, aber von Dr. Rehm (Hoechst) weder K. Ziegler mitgeteilt noch das Produkt charakterisiert.

Der Abschluss eines Lizenzvertrages erfolgte im August 1954 [15]. Lizenziert wurden Schutzrechte, die bis zu diesem Zeitpunkt auf dem Vertragsgebiet angemeldet worden waren – Umformung von Olefinen mithilfe metallorganischer Katalysatoren, die Herstellung der Katalysatoren sowie Schutzrechte, die während der Laufzeit des Vertrages von Ziegler erworben wurden. Es handelte sich um eine nicht-ausschließliche Produktions- und Verkaufslizenz in Deutschland und das Recht, die Produkte im Ausland mit Ausnahme von Italien (dort war bereits eine Exklusivlizenz vergeben) zu verkaufen. Als Gegenleistung entrichtete Hoechst DM 600.000 an die Studien- und Verwertungsgesellschaft als rechtmäßigen Vertragspartner und Vertreter des Max-Planck-Instituts, deren Geschäftsführer satzungsgemäß Professor Karl Ziegler war. Der Vertrag sah eine laufende Lizenzgebühr in Form einer Staffel von 4 % des Nettoverkaufserlöses für 1.200 t und 3 % für die Verkäufe über 1.200 t vor. Streitfälle sollte ein Schiedsgericht regeln. Die Hälfte des bei In-Kraft-Treten gezahlten Betrages war als Vorauszahlung auf spätere Lizenzgebühren anrechenbar.

2.2
Petrochemicals Limited

Einer jungen englischen Firma, Petrochemicals Limited, gehörte als Direktor Sir Robert Robinson (Nobellaureat 1947) an, der offenbar Publikationen von Karl Ziegler aus dem Jahr 1952 und früher verfolgt hatte. Er regte an, dass sein Forschungsleiter aus Manchester, Dr. E.T. Borrows, Kontakt zu Ziegler aufnehmen solle, um eine Kommerzialisierung der bis dahin vorliegenden Ergebnisse der Ziegler-Chemie zu diskutieren. Schon im September 1952 kam es zur Unterzeichnung eines Briefvertrages [16], in dem die Prinzipien einer Zusammenarbeit festgehalten wurden. Danach sollte Karl Ziegler als Berater für eine Zeit von fünf Jahren gegen eine jährliche Honorierung von DM 50.000 der Firma Petrochemicals Limited Informationen über seine Chemie zur Verfügung stellen. Das Arrangement enthielt weiter die Bedingung einer Exklusivität für Großbritannien und Nordirland, die Übernahme der Patentkosten von britischen Parallelanmeldungen zu sieben deutschen Patentanmeldungen sowie die Zahlung einer Lizenzabgabe von fünf Prozent des „Produktwertes" unter Anrechnung des Beraterhonorars. Das Sachgebiet war definiert als das gesamte Forschungsfeld von Ziegler, und der Vertrag sollte auslaufen, wenn insgesamt DM 400.000 gezahlt waren, wobei eine Option für eine Verlängerung ebenfalls vorgesehen war.

Beide Parteien waren interessiert, diesen Briefvertrag durch einen ordentlichen Lizenzvertrag zu ersetzen. Hierzu kam es aber vorerst nicht. Neben einer wissenschaftlich-technischen Information und Diskussion, insbesondere über die Propen- und Ethylendimerisation, die Herstellung von Wachsen durch die so genannte Aufbaureaktion, die Herstellung von Terephthalsäure und Phthalsäure wurden auch Entwürfe einer vertraglichen Fixierung ausgetauscht, jedoch verhinderten die Ereignisse im Jahr 1953 [17] in Mülheim zunächst den Abschluss eines definitiven Lizenzvertrages. Obwohl E.T. Borrows der Auffassung war, dass der Vertrag von 1952 auch die neuesten Ergebnisse umfasste, unterzeichneten Sir Robert Robinson und Karl Ziegler einen Vertrag [18], der vom März 1954 an auch die britischen Äquivalente der ersten deutschen Patentanmeldungen zur Herstellung von Polyethylen mit Katalysatoren aus Aluminiumtrialkylen und Übergangsmetallhalogeniden aus der Zeit November bis Dezember 1953 einschloss. Die exklusive Lizenz für Großbritannien und Nordirland wurde darin bestätigt.

Es war ein früher Wunsch Zieglers, dass sich die Exklusivität auf die Produktion, nicht aber auf den Verkauf von Produkten beziehen solle, d. h., dass andere Lizenznehmer vom Kontinent durchaus den britischen Markt bedienen konnten, wenn umgekehrt das Recht für Petrochemicals ebenfalls bestand.

Die weitere technisch-chemische Entwicklung im Max-Planck-Institut für Kohlenforschung wurde Herrn Dr. Borrows erläutert, wie etwa die Beherrschung und Kontrolle des Molekulargewichtes von Polyethylen und die gelungene Polymerisation von Propen [19]. Ein Hinweis, dass Petrochemicals zu dieser Zeit die Polymerisation von Propen bereits durchgeführt hatte, ist der Korrespondenz nicht zu entnehmen, wohl aber der über die Herstellung von Copolymeren von Ethylen und Propen [20], aber eben später als die erfolgreichen Versuche von H. Martin im Januar 1954.

Da Petrochemicals Limited auf dem Gebiet der Kunststoffherstellung und -verarbeitung keinerlei Erfahrung besaß, wurde seitens Sir Robert Robinson die Anregung gegeben, die Firma ICI für eine Kooperation zu gewinnen [21]. Im Oktober 1954 informierte K. Ziegler E.T. Borrows [22] in einer Zusammenstellung über deutsche Patentanmeldungen, die nunmehr auch Patentanmeldungen aus dem Jahr 1954 beinhalteten, und erinnerte an die Notwendigkeit, entsprechende britische Patentanmeldungen zu tätigen. Noch im gleichen Jahr [23] berichtete Borrows Ziegler über erste Kontakte zu ICI mit dem Ziel einer Kooperation auf dem Vertragsgebiet und schickte ihm ein „Announcement" [24], in dem Petrochemicals 2-Methylpenten-1 als neues Produkt aus der Ziegler-Chemie in kleinen Mengen anbot, eine „Good-will"-Aktion.

Durch die Gestaltung zahlreicher Lizenzverträge mit Firmen in anderen Ländern entstand bei Karl Ziegler der Wunsch, den Vertrag von März 1954 aufzubessern. Im Februar 1955 war es so weit. Der Änderungstext wurde als „Supplemental" [25] unterschrieben. Die jährliche Mindestlizenzabgabe stieg auf DM 75.000 und die insgesamt zu zahlende auf DM 600.000; die laufende Lizenzabgabe war gestaffelt – 4 % bis 1.200 t, 3 % bis 12.000 t und 2 % vom Nettoverkaufserlös über 12.000 t festgelegt. Aus einer Unterlizenzvergabe sollte Petrochemicals 50 % der Einnahmen an Ziegler abführen. Der exklusive Anspruch von Petrochemicals aus dem 1954-Vertrag für das Britische Commonwealth wurde gestrichen, d. h. die Zusicherung auf eine nicht-ausschließliche Lizenz in den Commenwealth-Ländern blieb erhalten [26].

2.3
Steinkohlenbergbauverein/Bergwerksverband/Ruhrkohle

Für die Firmen Farbwerke Hoechst in Deutschland, Petrochemicals in England und Montecatini in Italien erschien die Ziegler-Chemie im Jahr 1952, so wie vorgetragen und publiziert, interessant genug, sich über eine Optionsvereinbarung mit Ziegler frühzeitig Rechte zu sichern, wenn auch für die Interessenten nicht definitiv ersichtlich war, ob bzw. welche Produkte und/oder Verfahren aus der Ziegler-Chemie für eine Verwertung in Betracht kamen. Es war Firmenpolitik, sich den Zugang zu den interessantesten Entwicklungen der Chemie in Deutschland zu sichern.

Diese Haltung konnte man von der dem Bergbau nahe stehenden Industrie nicht erwarten, obwohl die Ruhrkohle als Aktiengesellschaft Rheinisch-Westfälisches Kohlensyndikat in Essen neben der Stadt Mülheim an der Ruhr und der Kaiser-Wilhelm-Gesellschaft zur Förderung der Wissenschaften (jetzt Max-Planck-Gesellschaft) zu den Stiftungsträgern [27] des Max-Planck-Instituts für Kohlenforschung gehörte und obwohl weiterhin satzungsgemäß ein „wissenschaftlicher Beirat" die Verbindung des Instituts mit der Industrie zu fördern hatte. Immerhin gehörten zu der dem Bergbau nahe stehenden Industrie namhafte Chemieunternehmen wie Deutsche Erdoel AG, Hibernia AG, Rheinpreußen AG, Ruhrchemie AG, Gelsenberg Benzin AG und Ruhröl GmbH.

Das Forschungsprogramm von Karl Ziegler lag aber keineswegs unmittelbar bei der Kohle und der Bergbau erkannte auch keine direkten Verknüpfungspunkte zu den wissenschaftlichen Ergebnissen aus dem Institut. Erst die Sensation der Polyethylensynthese mithilfe der „Ziegler-Katalysatoren" sorgte dafür, dass sich Mitte Dezember 1953 [28] auf Einladung von

Dr. Broche, Rheinisch-Westfälischer Bergbau, acht Herren[3] aus den Gesell-schaften des Steinkohlenbergbaues und ihr „nahe stehender Unterneh-men" zu einer Diskussionsrunde im Max-Planck-Institut trafen, um mit Karl Ziegler die neuesten Ergebnisse zu erörtern.

Das Gespräch endete mit der Zusage Zieglers, bis Ende Januar 1954 keine Verwertungsverhandlungen mit Dritten zu führen, ausgenommen die Fortsetzung der Gespräche mit „Hoechst". Bereits im Februar 1954 wur-den Entwürfe zu einer Lizenzvereinbarung ausgetauscht.

Möglicherweise über einen Kontakt anlässlich einer Vortragsveranstal-tung im Max-Planck-Institut für Kohlenforschung erhielt Dr. Heinrich Tramm, Vorstand der Ruhrchemie in Oberhausen-Holten und Nachfolger des Professors Dr. F. Martin, schon Anfang Dezember 1953 Kenntnis über die neuen Entwicklungen zur Polymerisation von Ethylen. Er bedrängte Ziegler, mit der Ruhrchemie schnellstmöglich einen Optionsvertrag abzu-schließen [29]. Nicht nur, dass Herr Tramm die kommerzielle Bedeutung der Erfindung aus dem Institut erkannte; er hatte auch in dem von ihm geführten Werk ausreichende und geeignete Kapazitäten, um technische Entwicklungen bis zur Erstellung einer Versuchsanlage kurzfristig zu reali-sieren. Nach der Gesprächsrunde mit dem Bergbau, zu der Herr Tramm seinen technischen Vorstand, Herrn Paul, delegiert hatte, musste Ziegler den Eifer des Herrn Dr. Tramm bedauerlicherweise bremsen und den Abschluss des geplanten Optionsvertrages vertagen [30]:

Der Steinkohlenbergbau-Verein als Vertreter des deutschen Kohlenberg-baues erwartete für sich eine möglichst umfangreiche, so weit wie möglich exklusive Nutzung der Ziegler-Chemie, während Ziegler dafür sorgen wollte, diese Wünsche einzuschränken und für sich alle erreichbaren Frei-heiten zu behalten.

So war die Lizenz [31] für den Steinkohlenbergbauverein vom 3. März 1954 semi-exklusiv, da der bestehende Optionsvertrag mit den Farbwerken Hoechst unberührt von den neuen Vereinbarungen bleiben sollte. Das Sachgebiet – Umformung von Olefinen mithilfe metallorganischer Verbin-dungen und deren Herstellung – war eng definiert und beschränkt auf Ver-fahren und Prozesse, „an denen der Kohlenbergbau und die ihm nahe ste-hende Industrie Interesse nehmen". Der Steinkohlenbergbauverein hat nicht die Absicht, als Generallizenznehmer auch dann in die Verwertung der genannten Erfindungen eingeschaltet zu werden, wenn diese Verwer-tung Interessen des Bergbaues nicht berührt. Dabei wurden die „Interessen

---

3) Von Blumencron, Wesseling; Busch, Gelsen-berg; Dietzel, Mannesmann; Grimme, Rhein-preußen; Kleingrothaus, GHH; Krüger, Har-pen; Paul, Ruhrchemie; Reerink, Steinkohlen-bergbau-Verein.

des Bergbaues" nicht definiert und erfuhren im Laufe der Entwicklung unterschiedliche Interpretationen.

Geographisch war die Semi-Exklusivität auf die Bundesrepublik Deutschland und zeitlich zunächst auf drei Jahre beschränkt, wobei diese Frist auch noch auf jedes einzelne Verfahren limitiert war. Nach Ablauf von drei Jahren war erkennbar, dass eine großtechnische Produktion nicht zu erwarten war. Aus der Exklusivität wurde eine einfache Lizenz. Die Absichten Zieglers waren nicht zu verkennen.

Da zu dieser Zeit nicht vorhersehbar war, welche Wertschöpfung einzelne Verfahren und Produkte haben würden, waren Zahlen über laufende Lizenzabgaben nicht festzulegen. Der Eintrittspreis der Ruhrkohle von DM 300.000,– war höher als vergleichbare Optionspreise anderer, das sachliche Vertragsgebiet aber auch breiter. Der Vertrag enthielt ferner das Recht auf Unterlizenzierung. Ziegler sprach damals von einem Freundschaftspreis. „Der deutsche Kohlenbergbau und die ihm nahe stehende Industrie (sollen) den den Umständen nach bestmöglichen Nutzen von den unter den Vertrag fallenden Erfindungen Professor Dr. Zieglers und seiner Mitarbeiter haben." (Begleitbrief Zieglers zu dem Vertrag [32]) Zwei Drittel des Eintrittspreises galten als Vorauszahlung auf künftige Lizenzabgaben.

In zwei weiteren Begleitbriefen [33] wurde die Absicht erklärt, dass der Verkauf von lizenzierten Produkten im Hinblick auf die vertragliche Vereinbarung mit einem älteren Lizenznehmer, Petrochemicals Limited, zwischen Großbritannien und der Bundesrepublik Deutschland offen gehalten wurde, soweit die Gegenseitigkeit gewahrt bliebe, und dass dieses Prinzip für weitere Auslandslizenzen beachtet werden solle. Des Weiteren gab Ziegler eine lockere Meistbegünstigungserklärung für den Steinkohlenbergbau ab, soweit zukünftige ausländische Interessenten Lizenzangebote abgaben.

Ruhrchemie trat mit dem Institut im März 1954 in einen ersten Erfahrungsaustausch über die technischen Möglichkeiten der Herstellung von Polyethylen in einer Versuchsanlage ein [34]. Innerhalb weniger Wochen wurde eine kleine Anlage fertig gestellt, in der unter Verwendung eines Katalysators aus Diethylaluminiumchlorid und Titantetrachlorid Polyethylene mit Molekulargewichten über einigen Hunderttausend hergestellt wurden.

Erst im Mai 1955 folgte die formelle Erteilung einer Option [35] an die Ruhrchemie durch den dann verantwortlich zeichnenden Bergwerksverband als Rechtsnachfolger des Steinkohlenbergwerks-Vereins.

2.4
Der „Run" amerikanischer Interessenten

2.4.1
Hercules Powder Company

Die Firma Hercules Powder Company, Wilmington, Delaware, unterhielt in Den Haag ein Büro für Kontakte in Europa. Herr Riemersma, der Leiter dieses Büros, meldete sich im Mai 1952 bei Karl Ziegler. Er bezog sich auf einen Vortrag Zieglers in Frankfurt, besuchte zusammen mit Dr. R. Wiggam, „Manager of Development", Ziegler in Mülheim und bat um den Abschluss eines Optionsvertrages, der aber erst im September als Briefvertrag [36] vorlag und von beiden Parteien unterschrieben wurde.

Das Sachgebiet war darin definiert als Herstellung von Organoaluminiumverbindungen und ihre Verwendung als Katalysatoren für die Herstellung von höheren Olefinen und daraus aromatischen Kohlenwasserstoffen, z. B. p-Xylol. Der geographische Bereich sollte die USA und Kanada umfassen und die Option garantierte Hercules das exklusive Recht und speziell die exklusive Option

> „to study and evaluate the Ziegler processes for a period of nine (9) months ...".

Der Preis betrug $ 10.000, bei dem damaligen Umrechnungskurs (4,20 DM/US $) vergleichbar mit den Optionszahlungen anderer Interessenten. Sollte es innerhalb der vorgesehenen Zeit nicht möglich sein, die Bedingungen einer exklusiven Lizenz auszuhandeln, so erhielt Hercules in jedem Fall eine nicht exklusive Lizenz für die Herstellung von 2-Ethylhexen-1, das Dimere des Buten-1. 4 % vom Warenverkaufswert sollten dann die laufende Lizenzabgabe sein, die für eine Menge bis zu 100 Millionen „pounds" zu zahlen war. Bei Nicht-Ausübung der Lizenz bis zum 31. Januar 1957 (Inbetriebnahme einer industriellen Anlage) verfiel die Lizenz.

Im März 1953 [37] erkundigte sich Wiggam bei Karl Ziegler nach dessen Vorstellungen über eine weitere vertragliche Bindung, insbesondere die weitere Bewertung der Ziegler-Chemie, der derzeitigen Patentsituation und schließlich den Vorstellungen über eine exklusive Lizenz für die USA und Kanada. Einen Monat später legte Hercules bei einem Besuch von Wiggam und Riemersma einen sehr umfangreichen Vertragsentwurf vor, zu dem Ziegler lediglich zusagte [38], den inzwischen verlängerten Optionsvertrag erneut bis zum Ende des Jahres 1953 zu verlängern und den Vertragsentwurf bis Juli 1953 zu kommentieren.

Im Frühjahr 1953 schickte Hercules dann einen Chemiker, Dr. Arthur Glasebrook, mit der Absicht nach Mülheim, „vor Ort" einen Eindruck über die praktisch betriebene Chemie zu bekommen.

Der Kommentar Zieglers zu dem Vertragsentwurf Hercules' wurde zunächst intern mit Patentanwalt Dr. von Kreisler in Köln, nicht aber mit seinen amerikanischen Anwälten diskutiert und mit den Herren Wiggam, Rutteman und Glasebrook Ende Juli 1953 besprochen, ohne dass es zu einer konkreten Vertragsänderung bzw. -formulierung kam. Unverkennbar entwickelte sich eine Unsicherheit bei Ziegler durch den Wunsch von Hercules, die Exklusivität einer Lizenz auf die gesamte Ziegler-Chemie auszuhandeln, anstelle sie – wie ursprünglich optiert – auf die Dimerisation von Buten und anschließender Aromatisierung zu p-Xylol zu limitieren. Insbesondere entstand eine Schwierigkeit dadurch, dass auch zukünftige Entwicklungen eingeschlossen sein sollten. In einem zweiten Vertragsentwurf [39] im Oktober 1953 bot Hercules an, den Vertrag zunächst auf ein „Technical Field" zu limitieren und Entwicklungen außerhalb dieses Bereiches als „Extended Technical Field" zu definieren und Letzteres getrennt zu behandeln. Als Vorauszahlung bot Hercules insgesamt $ 40.000.

Mitte November erinnerte Herr Rutteman an eine Stellungnahme zu dem letzten Vertragsentwurf und erfuhr von Ziegler über dramatische neue Entwicklungen auf dem Gebiet der Herstellung von Hochpolymeren des Ethylens. Aus einem Brief Zieglers [40] lernte Hercules die Details. Als Konsequenz erwartete Ziegler Verständnis, einen neuen Vertrag „jetzt nicht unterzeichnen zu können", bestätigte aber, dass er sich an den früheren Optionsvertrag halten wolle. Ende des Jahres 1953 [41] schickte er dann die ersten Polyethylen-Proben in Form verschiedener Folien, wobei er ihre Eigenschaften beschrieb: Herstellung des Polymerenpulvers bei Normaldruck, Raumtemperatur, die Isolierung mit Reinigung, Herstellung der Folien, Bestimmung der Reißfestigkeit (20–25 kg/mm^2) von gereckten Bändern. Diese Art der Werbung verfehlte nicht ihre Wirkung. Im Februar 1954 [42] nahm Ziegler Stellung zu dem letzten Vertragsentwurf vom Oktober 1953, wobei er jetzt unter Hinweis auf eine Meistbegünstigung der deutschen Interessenten eine wesentlich höhere Optionsgebühr von $ 50.000,– für Teile des Vertragsgebietes erwartete. Weiterhin bot er an, den Vertrag in jedem Fall in das bisherige „Technical Field," „polyethyleneplastics" und „Extended Technical Field" zu teilen. Die Erklärungsfrist für eine Exklusivität wurde bis Ende 1954 begrenzt.

Spätestens jetzt war sichtbar, dass in zunehmendem Maße ein späterer Vertragsschluss nicht bessere Bedingungen für den Lizenznehmer enthalten konnte als insbesondere für einen früheren deutschen Lizenznehmer.

Die Lizenzverträge mit Petrochemicals Ltd. in England und Steinkohlen-bergbau-Verein in Deutschland waren inzwischen unterzeichnet, und im Mai 1954 schickte Hercules noch einmal eine schriftliche Diskussion des in Verhandlung stehenden Lizenzvertrages, als der Steinkohlenbergbau-Verein bei Einsichtnahme der Vertragsentwürfe mit Hercules Ziegler ausdrücklich warnte, Exklusivlizenzen zu vergeben [43].

Unter Hinweis auf die Rolle des Bergbaues bei der Unterstützung des Max-Planck-Instituts wies Ziegler [44] gegenüber Hercules auf seine moralische Verpflichtung hin, den Wünschen des Bergbaues zu entsprechen, und bot nicht-ausschließliche Lizenzen an. Zu diesem Zeitpunkt, Ende Juni 1954, konnte er noch bestätigen, dass „keinerlei Lizenzvertrag mit einer amerikanischen Firma abgeschlossen ist".

Die Entwicklung lief heiß. Zu dieser Zeit lösten sich Besucher im Max-Planck-Institut ab. Verhandlungskommissionen zahlreicher amerikanischer Interessenten wohnten gleichzeitig im Hotel Petersberg in Königswinter bei Bonn oder im Hotel Breidenbacher Hof in Düsseldorf und beäugten sich kritisch. Hercules realisierte, dass Eile geboten war. Im Juli besuchten die Herren Wiggam und Rutteman Ziegler in Mülheim, diskutierten die neue Situation und handelten zwei neue Verträge, „Technical Field Contract" und „Polyolefin Contract" [45], aus. Beide Verträge wurden am 24. September 1954 unterzeichnet. Die Lizenz umfasste auch das Polypropylen und damit andere Polymere als Polyethylen; weiterhin Verfahren zu ihrer Herstellung wie auch Produkte, die Polyolefine enthielten. Eingeschlossen waren auch zukünftige Schutzrechte, die vor dem 01. Januar 1960 in den USA und Kanada angemeldet waren. Als Preis für die Option auf eine Lizenz mit einer Dauer von einem Jahr wurden $ 50.000 sofort gezahlt, bei Ausübung der Option (12. September 1955) weitere $ 300.000, wobei diese Summe als Vorauszahlung gegen künftige laufende Lizenzzahlungen angerechnet werden konnte. Die Lizenz umfasste auch den Export weltweit mit Ausnahme von Italien, Deutschland und Großbritannien wegen der dort vergebenen Exklusivlizenzen und eine „Meistbegünstigung" für Hercules für den Fall, dass spätere Verträge in den USA bessere Bedingungen enthielten als die, die jetzt akzeptiert waren (s. Kap. V, Seite 262, Fußnote 71 und Seite 267). Die laufende Lizenzabgabe aus der Produktion war gestaffelt: 4 % des Nettoverkaufspreises bis zu 1.200 jato, 3 % für Verkäufe über 1.200 – 10.000 jato und darüber 2 %.

Nachteilig für Ziegler war die Bedingung, dass die Zahlung von laufenden Abgaben an die Erteilung eines Patentes gebunden war. Fällige Lizenzgebühren wurden zunächst auf ein Sperrkonto gezahlt. Bis zu diesem Zeitpunkt gab es nur deutsche Patentanmeldungen. Weiterhin wurde seitens Ziegler zugestanden, dass die Zahlungspflicht nur für 15 Jahre von Beginn einer kommerziellen Produktion an gezahlt und die Lizenz abgefunden war, wenn insgesamt $ 2 Millionen abgerechnet und gezahlt worden seien. Dies sollte für Schutzrechte gelten, die innerhalb von fünf Jahren nach Vertragsabschluss im Besitz von Ziegler waren und auch nur für eine Produktionskapazität von 10.000 jato. Für die Produktion darüber sollte dann eine Lizenzabgabe zwischen nur noch 1–2 % neu verhandelt werden.

Von weiterer Bedeutung war eine vertragliche Regelung bezüglich „Dominating Patents", d. h. Schutzrechte Dritter, die das Ziegler-Verfahren teilweise oder ganz beherrschten. Der Vertrag enthielt keine Definition dieses Begriffes. Normalerweise waren damit ältere Schutzrechte gemeint, die zum Zeitpunkt des Vertragsabschlusses nicht bekannt waren, aber ein älteres Prioritätsdatum beanspruchten, also vor November 1953 angemeldet waren. Hercules verstand diesen Absatz aber später dahingehend, dass ohne Einschränkung für die Durchführung des Verfahrens ein Schutzrecht Dritter benutzt und daher auch eine Lizenz für ein solches beherrschendes Schutzrecht erworben werden müsse. Für diesen Fall wollte Hercules Zahlungen an Dritte von den Zahlungen an Ziegler in Abzug bringen.

Erschwerend war auch die Regelung, die sich mit der Verletzung der Ziegler-Patente durch unlizenzierte Dritte befasste. Ziegler wurde darin verpflichtet, eine Verletzung zu verfolgen bzw. abzustellen, ohne dass festgelegt wurde, wann tatsächlich eine Verletzung vorlag und wer den Beweis zu erbringen habe. Blieb Ziegler untätig, so konnte Hercules die laufenden Zahlungen einstellen. Das Gleiche galt, wenn Hercules von Dritten verklagt wurde, fremde Schutzrechte bei Ausübung des Ziegler-Verfahrens zu verletzen.

Der Gerichtsstand zur Regelung von Streitigkeiten aus dem Vertrag war Wilmington, Delaware. Eine große Zahl gerichtlicher Auseinandersetzungen sind später hier begonnen worden, nicht nur gegen Hercules, was einen Du Pont-Chemiker veranlasste zu behaupten, dass Du Pont bei allen Auseinandersetzungen in Wilmington der Gewinner gewesen sei. Du Pont besaß das einzige standesgemäße Hotel, in dem beide oder alle Parteien über mehrere Wochen logierten.

Der zweite Vertrag vom gleichen Datum, 24. September 1954, „Technical Field Contract" umfasste fünf Sachgebiete: Die Herstellung von Organometallverbindungen, die Verwertung dieser Verbindungen für die Dimerisation von Olefinen wie auch für die Polymerisation von Olefinen, Verwendung dieser Verbindungen bei weiteren Umsätzen

„to produce compounds containing a functional group other than a double bond".

Gemeint war die Herstellung von z. B. Alkoholen, Verwendung in Richtung auf Insektizide, Herbizide, Fungizide und Verwendung zur Herstellung von speziellen Olefinen, die im weiteren Verlauf aromatisiert werden könnten. Die Definition war sehr breit angelegt und offensichtlich nach den langjährigen Verhandlungen nicht einzuschränken. Die Lizenz war nicht-ausschließlich, soweit die letzten vier Sachgebiete betroffen waren. Sie war aber exklusiv bezüglich des Verkaufs von Aluminiumtrialkylen in den Vereinigten Staaten. Die Grundlage für Streitigkeiten war gelegt.

Als laufende Lizenzabgabe waren 5 % vom Nettoverkaufspreis bei einer Kapazitätsbegrenzung von zwei Millionen „pounds" p.a. verkauften Produkts mit einer Reduktion des Lizenzsatzes für Produktion über dieser Grenze vereinbart. Schließlich wurde Hercules gestattet, die laufende Lizenzabgabe um 50 % zu senken, wenn insgesamt eine Million $ gezahlt waren. Regelungen zu beherrschenden Patenten Dritter und Verhaltensweisen im Fall der Verletzung durch Dritte waren gleichartig wie im ersten Vertrag.

Nach Vertragsunterzeichnung erhielten die Repräsentanten von Hercules ein Paket von schriftlichen Informationen und Know-how-Beschreibungen (ca. 80 Seiten zum ersten und 120 Seiten zum zweiten Vertrag).

Interessant ist die Erklärung Karl Zieglers [46] zu den beiden Verträgen vom gleichen Datum, wonach er persönlich als Vertragspartner auftrat und nicht als Direktor des Max-Planck-Instituts für Kohlenforschung oder als Geschäftsführer der Studien- und Verwertungs-GmbH. Im Innenverhältnis zwischen Max-Planck-Gesellschaft, Max-Planck-Institut für Kohlenforschung und Karl Ziegler wurde diese Art der Tätigkeit Zieglers als treuhänderisch für das Institut verabredet [47].

2.4.2
Gulf Oil, Koppers, Dow, Union Carbide und Monsanto

Das Verhalten großer Ölfirmen unterschied sich deutlich von dem der reinen Chemiewirtschaft. Naturgemäß suchte man nach neuen Veredlungsmethoden für Produkte aus der Erdölverarbeitung und war bereit, sehr schnell größere Investitionen zu leisten, wenn lohnende Objekte auf dem Markt sichtbar wurden. Ein typisches Verhalten dieser Art praktizierte die **Gulf Oil Corporation**. Über die Ruhrchemie, die sich bei der Gulf Oil Know-how für die Verarbeitung von Erdöl verschafft hatte, kam der Kontakt mit Karl Ziegler zustande. Im Mai 1954 [48] meldeten sich „The Gulf Companies" über deren Rechtsabteilung in Pittsburgh. W.I. Burt, „Chairman of Technical Committee", bestätigte im Namen von Goodrich Gulf Chemical Inc., B.F. Goodrich Company und Gulf Oil Corporation nicht nur eine mündliche Verabredung, wonach Ziegler sich bereit erklärte, Proben des neuen Polyethylens zur Verfügung zu stellen, sondern auch bereits den Empfang solcher Proben. Die drei Firmen verpflichteten sich – so Burt – an den Proben keine chemischen Analysen durchzuführen, um hieraus die wahrscheinliche Zusammensetzung des Katalysators zu erfahren, und keinerlei Patentanmeldungen auf Basis der von Gulf-Mitarbeitern durchgeführten Tests einzureichen, einerseits in der Nachschau ein naives Versprechen, andererseits aber die Bestätigung für den Beginn einer langjährigen loyalen Zusammenarbeit.

In geradezu überkorrekter Weise verkehrten die Verhandlungs- und Geschäftspartner miteinander. Bereits zwei Monate später, am 27. Juli 1954, einigte man sich über den Text eines Options- und Lizenzvertrages für den Fall, dass die Untersuchungen bei Gulf zu einer positiven Einschätzung der technischen und ökonomischen Verwertbarkeit aus den Versuchsproben führten. Karl Ziegler stellte zu diesem Zeitpunkt seine noch nicht publizierten deutschen Patentanmeldungen zur Verfügung, erklärte die Erteilung einer Option und die Forderung, sich innerhalb von 45 Tagen für oder gegen eine Lizenz zu entscheiden. Die Option wurde sofort mit $ 50.000 honoriert, die technischen Informationen sollten geheim gehalten werden.

Interessant waren zwei Aspekte. Die amerikanischen Interessenten baten, außer den USA und Kanada noch Mexiko in den geographischen Bereich einzubeziehen. Der Vertrag und alle vorherigen Entwürfe waren darüber hinaus auf „Polyolefine" abgestellt, obwohl Polypropylen und höhere Polyolefine zur Zeit der Entwürfe noch nicht existierten und am 27. Juli 1954, erst vierzehn Tage alt, schutzrechtlich noch nicht gesichert und den Repräsentanten von Gulf nicht in Einzelheiten offenbart waren. Das Wort „Polyolefine" war möglicherweise benutzt worden, um die Herstellung von höheren Olefinen aus Ethylen über die so genannte Aufbaureaktion einzubeziehen. In den Definitionen des Lizenzvertrages kam diese Auslegung allerdings nicht zum Ausdruck, wohl aber die Herstellung von Copolymeren, die bereits im Januar 1954 synthetisiert waren.

Schon am 2. September 1954 [49] unterzeichneten der Präsident von Goodrich Chemical Inc. und B.F. Goodrich Corporation, W.S. Richardson, und der Vice-Präsident der Gulf Oil Corporation, W.L. Nayler, die Erklärung zur Ausübung der Option und den Lizenzvertrag, der am 15. September 1954 durch die Unterzeichnung von Karl Ziegler wirksam wurde. Vom Wortlaut her enthielt der Lizenzvertrag also auch das Polypropylen, dagegen nicht die geographische Ausdehnung auf Mexiko.

Die Lizenz konnte nur nicht-exklusiv sein, war mit der Zahlung von weiteren $ 250.000 verbunden, von denen $ 150.000 auf später zu zahlende

Produktionslizenzzahlungen anrechenbar waren. Die Festlegung der laufenden Lizenzabgaben war kompliziert, da zu jener Zeit durch die amerikanischen Repräsentanten nicht verbindlich zugesichert werden konnte, ob und ggf. wie viel amerikanische Steuern auf Zahlungen einbehalten werden mussten. Man einigte sich auf prozentuale Lizenzsätze, bezogen auf Nettoverkaufspreise, zu denen eine Steuerrate von 0–30 % hinzugerechnet war. Sollte keine Steuer fällig sein, hieß der Lizenzabgabesatz 3,6 %.

Koppers Company Inc. mit dem Sitz in Pittsburgh war ebenfalls schneller als Hercules. Der Europarepräsentant C.F. Winans bot Ziegler bereits im Juli 1954 einen Optionsvertrag [50] für Polyethylen an, der am 22.07.1954 von beiden Parteien unterzeichnet wurde. Gegenstand waren die ersten fünf deutschen Anmeldungen aus dem Jahr 1953 und Anfang 1954: Der Vertrag war zeitlich auf ein Jahr begrenzt und der Preis betrug $ 50.000. Für den Fall einer Lizenz an den entsprechenden US-Schutzrechten sollte der Preis $ 350.000 betragen und als laufende Lizenzabgabe die bereits vorgestellte Staffel von 4 %, 3 %, 2 % des Nettoverkaufspreises enthalten. Die weiteren Bedingungen glichen denen des Vertrages mit Hercules mit der weiteren Einschränkung einer geographischen Begrenzung auf die USA. Bereits vor Ablauf der Optionsfrist erklärte Koppers im Mai 1955 [51] die Ausübung der Option und wurde ein sehr früher Lizenznehmer für die Herstellung von Polyethylen. Die vorgesehene Vorauszahlung wurde Ende Mai geleistet. Bereits im Juni 1955 stellt Koppers das neue Polyethylen als „Super Dylan" [52] vor. Eigenschaften und Anwendungen wurden aufgelistet.

Eigentlich war damit eine Anzahl von amerikanischen Lizenznehmern unter Vertrag, die sicherlich den Markt hätten bedienen können. Das Echo der neuen Entwicklung aus Mülheim war aber so groß, dass weitere Firmen versuchten, mit Ziegler ins Gespräch zu kommen. Dennoch vertröstete er die **Dow Chemical**, die sich schon im Juli 1954 [53] über Herrn Hirschkind, „Technical Advisor to the President of the Dow Chemical Company" gemeldet hatte, auf November

> „weil die ganze Zeit durch Verhandlungen mit zukünftigen (insbesondere europäischen) Lizenznehmern ausgefüllt war, mit denen wir schon endgültige Verträge haben" [54].

So zur Eile gedrängt, unterschrieb Herr Hirschkind einen Optionsvertrag [55] und mit gleicher zeitlicher Wirkung der „Executive Vice President" der Dow Chemical am 22. November 1954 [56] einen Lizenzvertrag zur Herstellung und zum Verkauf von Polymeren aus Olefinen, bezahlten $ 50.000 sofort und nach Ablauf der Optionsfrist am 7. Januar 1955 eine Lizenzvorauszahlung von $ 350.000 – davon $ 200.000 anrechenbar auf zukünftige laufende Lizenzabgaben – und akzeptierten die vorher schon bekannte Staffel für die laufenden Lizenzabgaben. Beide Parteien waren aber offensichtlich mit dem Wortlaut des Vertrages nicht voll einverstanden, insbesondere Ziegler nicht.

Die große Eile, mit der der Vertragsvorschlag von Dow diskutiert und von Ziegler allein auf seiner Seite verhandelt und schließlich unterzeichnet wurde, war offensichtlich die Ursache für die fehlende Präzision. Ziegler stellte dies sehr bald selbst fest: Der Vertrag enthielt keine Geheimhaltungsverpflichtung und die Lizenzpflicht bestand nur für die parallelen US-Anmeldungen zu den ersten drei deutschen Anmeldungen, für die späteren nicht. Im letzteren Punkt würde die Dow nicht mehr zahlungspflichtig sein, wenn die genannten US-Anmeldungen nicht zur Erteilung kämen [57]. Ziegler konnte nur ein Problem ausräumen, wonach für den Fall, dass seine Patente in den USA und Kanada nicht erteilt würden, ein freier Export in Länder mit Patentschutz von Dow nicht lizenzabgabefrei zu praktizieren wäre [58]. Weitere Änderungswünsche ignorierte Dow.

Zur gleichen Zeit verhandelte Zieglers Patentanwalt, Dr. A. von Kreisler, Köln, den Wortlaut eines Lizenzvertrages mit **Union Carbide and Carbon Corporation** (UCC) aus South Charleston, West Virginia. Die Firma unterhielt in Genf ein Europa-Büro und in Brüssel ein technisches Laboratorium, beides zur effektiven Kontaktpflege mit europäischen Interessenten der UCC. Zwischen April [59] und November 1954 versuchten Repräsentanten der UCC mit Ziegler in Kontakt zu kommen, betrieben dies aber für Ziegler nicht überzeugend, sodass es schließlich von Kreisler zufiel, als Vermittler zwischen seinem Mandanten UCC und Ziegler die Gesprächsbereitschaft herzustellen [60].

Ziegler hegte Zweifel, ob es sinnvoll sei, außer den abgeschlossenen Verträgen und den laufenden Verhandlungen mit Dow noch einen weiteren Lizenznehmer für die USA zu tolerieren. Am 28.10.1954 [61] legte er seine praktischen Erwägungen in einem vertraulichen Brief an von Kreisler dar und entschloss sich abzuwarten. Inzwischen war nämlich chemische Literatur bekannt geworden, die möglicherweise für die eigene Schutzrechtsposition hätte schädlich sein können. Von Kreisler zerstreute diese Bedenken Zieglers, und es kam am 24.11.1954 [62] zur Unterzeichnung eines Vertrages, der UCC gestattet, gegen Zahlung von $ 50.000 eine Option für die USA und Kanada in Anspruch zu nehmen, vor Ablauf von vier Wochen die Option auszuüben und eine Lizenz zu erwerben, deren Bedingungen im gleichen Vertrag fixiert waren: $ 350.000 bei Anrechnung der Hälfte oder $ 450.000 bei voller Anrechnung der Zahlung auf zukünftige Lizenzabgaben. Auch die Optionszahlung sollte voll anrechenbar sein. Die laufende

Lizenzabgabe war mit der bekannten Staffel – 4 %, 3 %, 2 % vom Nettover-kaufspreis – fixiert, der Export ohne jede weitere Zahlung, mit Ausnahme der „Exklusiv-Länder" Deutschland, Großbritannien und Italien, gestattet. Es konnte nur eine nicht-ausschließliche Lizenz für die Herstellung und den Verkauf von Polyethylen und Copolymeren mit mindestens 50 % Ethylenanteil sein.

UCC zögerte, innerhalb der Optionsfrist die verbindliche Ausübung zu erklären. In den USA war bekannt geworden, dass Phillips Petroleum ein eigenes „Niederdruck-Verfahren" zur Polymerisation von Ethylen besaß, wobei „Verbindungen der IV. Gruppe des Periodischen Systems der Elemente, insbesondere Chloride," angeblich als Katalysatoren zum Einsatz kämen. Die Information war nur teilweise richtig. UCC arrangierte sich mit Phillips, wonach offenbar zwischen beiden Firmen ein Lizenzaustausch jeweils zugesichert wurde [63]. UCC entschied sich vor Weihnachten 1954 [64], die höhere der beiden angebotenen Vorauszahlungssummen zu zahlen und damit die Ziegler-Option auszuüben. Der Lizenzvertrag enthielt u. a. die so genannte „15-Jahre"-Klausel, die besagt, dass der Lizenznehmer nur 15 Jahre, vom Beginn der kommerziellen Verkäufe an gerechnet, Lizenzabgaben zu leisten habe. In einer Vertragsergänzung vom November 1955 [65] wurde diese Klausel dahingehend präzisiert, dass die Frist mit der ersten kommerziellen Anlage in Kraft trat. In anderem Zusammenhang sollte diese Frist noch eine Rolle spielen.

Anfang 1956 entschloss sich UCC, den Vertrag in zwei Richtungen zu erweitern, und zwar einmal in Richtung auf Herstellung und Verkauf von allgemein Polyolefinen [66] gegen Zahlung von weiteren $ 200.000 (voll anrechenbar gegen spätere laufende Lizenzzahlungen) innerhalb von 30 Tagen und zum anderen auf die restlichen Verfahren aus der Ziegler-Chemie, zusammengefasst und definiert als „Restricted Field" [67], mit Ausnahme des Verkaufs von Organoaluminiumverbindungen, diese letzte Einschränkung mit Rücksicht auf das exklusive Verkaufsrecht für Hercules Powder Corp. Der „Restricted Field"-Vertrag wurde mit $ 480.000 honoriert.

Es war üblich, dass u. a. Repräsentanten amerikanischer Chemiefirmen im Frühjahr und Herbst eines Jahres Europa besuchten, um sich persönlich einen Überblick zu verschaffen, welche interessante Chemie wo und in welchem Umfang betrieben wurde. Außer Union Carbide unterhielt die **Monsanto Chemical Company** mit Sitz in St. Louis. Missouri, in Genf ein europäisches „Technical Representative"-Büro. Bereits im März/April 1954 [68] fand so ein Routinetreffen zwischen dem damaligen Repräsentanten, E.B. Seaton, und dem ihm bekannten Dr. Koch im Max-Planck-Institut statt. Im September wiederholte sich das Procedere, jetzt aber mit Karl Ziegler in

Form einer detaillierten Diskussion über die katalytische Polymerisation von Ethylen.

Ein Brief [69] des General Managers der Monsanto Chemicals Ltd. in London, J.W. Barrett, unterstrich das konkrete Interesse. Trotzdem behandelte Ziegler Monsanto nur als „Interessenten", verständlich, da eine respektable Zahl von Firmen Verhandlungen mit ihm geführt hatten. Den Inhalt der Gespräche Ende November/Anfang Dezember 1954 fasste Ziegler in einem Brief [70] an seinen Patentanwalt, von Kreisler, zusammen. Die Termine überschlugen sich. Noch vor Weihnachten 1954 unterzeichneten dennoch I.R. Wilson, Vice President, und R.K. Mueller, ebenfalls Vice President und General Manager, Plastics Division, Monsanto Chemicals Corporation, den Entwurf eines Options- und Lizenzvertrages, und dies zu einem Zeitpunkt, an dem Monsanto eine Produktionsanlage unter einer ICI-Lizenz für Hochdruck-Polyethylen errichtete [71]. Der endgültige Vertrag wurde von Karl Ziegler im Januar 1955 [72] unterschrieben: Option auf eine nicht-ausschließliche Lizenz für die Herstellung und den Verkauf von Polyethylen gegen sofortige Zahlung von $ 75.000 Optionsgebühr, vier Wochen Optionsdauer und bei Ausübung der Option $ 325.000 als Preis für die Lizenz, davon $ 200.000 anrechenbar auf spätere laufende Lizenzzahlungen, wobei jeweils nur die Hälfte der jährlich laufenden Lizenzzahlungen, wie in den anderen Verträgen auch, auf die $ 200.000 angerechnet werden konnte. Die laufenden Lizenzzahlungen sollten in Höhe der gleichen Staffel wie bisher in anderen Fällen zu entrichten sein. Als „Zubrot" bot Ziegler die Anrechenbarkeit der gesamten Zahlung, also insgesamt $ 400.000, wenn Monsanto vor Aufnahme der kommerziellen Produktion noch einmal eine Leistung von $ 200.000 erbrachte. Die Zahlung wurde von Monsanto im Mai 1963 geleistet, praktisch mit Inbetriebnahme der Großanlage.

Zunächst erschien ein Team von Monsanto-Experten [73] noch im Januar 1955: Dr. E.W. Gluesenkamp, Mr. Eli Perry und Dr. Richards zusammen mit dem Europa-Repräsentanten, D.S. Weddell, im Max-Planck-Institut, überreichten den Options-Scheck und ließen sich von Martin – wie in allen vorherigen Fällen auch – in das Sachgebiet einführen. Die weitere Korrespondenz [74] reflektiert die Intensität, mit der Monsanto die Entscheidung vorbereitete, die dann im Februar 1955 die Ausübung der Option und die Zahlung des Lizenzpreises beschleunigte. Das Interesse von Monsanto war keineswegs auf die USA und Kanada beschränkt, da die Firma weltweit Polymeraktivitäten betrieb, aber Ziegler beließ es zunächst bei dieser geographischen Begrenzung.

2.4.3
Esso, der Nachzügler

Verspätet und „hochgeschreckt" meldete sich die Esso AG in Hamburg mit dem Wunsch der Stammfirma, Standard Oil Development Company (S.O.D.), einen Besuch Ende November/Anfang Dezember 1954 bei Ziegler machen zu dürfen [75]. Eine Delegation der **ESSO**, bestehend aus den Vice Presidenten W.C. Asbury und C. Morrell sowie P. Smith, besuchte das Institut in Mülheim an der Ruhr. Weitere Vorverhandlungen führte von Kreisler in Köln. Es entwickelte sich ein Dialog auch über Sachgebiete außerhalb von Polyethylen, zu denen Karl Ziegler im Januar [76] gegenüber von Kreisler ein „Technical Field" à la Hercules-Verträge skizzierte, wobei die spezielle Abfassung wiederum eine Trennung zwischen Polyethylen als Thermoplast einerseits und dem „restlichen Teil" unter Ausschluss von Polyethylen andererseits vorsah. Hierzu bot er die Herstellung von aluminiumorganischen Verbindungen für den eigenen Verbrauch an, nicht aber den Verkauf wegen bereits vergebener exklusiver Rechte an Hercules. Weiterhin bot er eine Synthese von Alkoholen an.

Das Verhandlungsziel des Herrn Asbury (S.O.D.) war aber, wie sich bald herausstellte, möglichst preiswert eine Polypropylenlizenz zu bekommen. Weder von Kreisler noch Ziegler konnten dies zu Beginn der Verhandlungen erkennen. Obwohl ein Lizenzangebot für Polyethylen auf dem Tisch lag [77], führten die Gespräche sehr schnell zu einer Einigung im Bereich „Restricted Field", wobei nunmehr Polypropylen, höhere Polyolefine und Copolymere eingeschlossen waren.

Spätestens jetzt hätte für die Beteiligten erkennbar gewesen sein müssen, dass die vorgeschlagene Unterteilung in einerseits Polyethylen-Lizenzvertrag und andererseits restliche Sachgebiete, zusammengefasst im „Technical Field"-Vertrag, nicht mehr sinnvoll war. Zu diesem Zeitpunkt war jedoch Polyethylen in der Einschätzung Zieglers offensichtlich das Produkt mit den größten Verwertungsmöglichkeiten.

Am 26. Januar 1955 [78] setzten W.C. Asbury als Vizepräsident für die S.O.D., später Esso Research and Engeneering Company mit Sitz in Elizabeth, New Jersey, und Karl Ziegler ihre Unterschriften unter einen Vertrag, dem die zuletzt genannte Korrespondenz über ein „Restricted Field" anhing, der aber eine Polyethylenlizenz nicht enthielt. Das Vertragspaket wurde mit dem 7. Februar 1955 rechtskräftig. Die Optionssumme betrug $ 175.000. Sie war vergleichsweise sehr hoch, weil bei Offenbarung der Herstellungsweise von Polypropylen die Offenbarung zur Herstellung von Polyethylen eingeschlossen sein musste, d. h. die Optionsgebühr aus dem Angebot „Polyethylen" hier eingeschlossen war. Nach einer Optionsdauer von zwölf Monaten wurden bei Ausübung der Option weitere $ 425.000 als voll anrechenbare Lizenzvorauszahlung gefordert, d. h. der Einstiegspreis betrug $ 600.000. Die laufende Lizenzabgabe sollte pauschal 2 % vom Nettoverkaufspreis aller Produkte sein, mit der Option, einen neuen Prozentsatz zu verhandeln, wenn ein Produktpreis wesentlich höher oder niedriger als voraussehbar erzielt wurde. Die aus den anderen Verträgen bekannte „15-Jahre"-Klausel wurde ersetzt durch eine Verpflichtung zur Zahlung laufender Abgaben für eine Dauer von 17 Jahren, gerechnet vom Datum der Erteilung des ersten Patentes, das die lizenzierte Produktion schützte. Der Vertrag enthielt, wie sich später herausstellte eine verhängnisvolle Bestimmung. Danach konnte S.O.D. Zahlungen einbehalten, wenn S.O.D. wegen Verletzung verklagt würde, und weiterhin die Kosten der Verteidigung gegen laufende Lizenzabgaben anrechenbar sein sollten, wenn der Kläger erfolgreich war, und 50 % der Kosten, für den Fall, dass es S.O.D. gelänge, die Klage abzuwehren, Konzessionen, die aus der heutigen Sicht unnötig waren (siehe Seite 194, Abs. 1; Seite 204, Abs. 3).

Bei der Diskussion über die Bedingungen des jetzt abgeschlossenen Lizenzvertrages war die Frage „Polyethylenlizenz" offen geblieben. Seit Anfang Januar 1955 lag ein Angebot Zieglers für eine Polyethylenlizenz – Herstellung und Verkauf – vor. Am 7. März 1955 erweiterte von Kreisler im Auftrag Zieglers die Optionsfrist für Polyethylen bis zum 21. März 1955 [79]. Zwei Tage vor Ablauf reisten Herr Asbury und US-Anwalt Whelen [80] nach Köln, trafen dort Karl Ziegler und Andreas von Kreisler und präsentierten u. a. zwei eigene US-Patente aus den Jahren 1938 und 1943, in denen ein Katalysator aus Aluminiumtrichlorid/Titanalkoxy-Verbindungen für die Polymerisation unter 0 °C bzw. ein Verfahren zur Polymerisation von Olefinen unter Verwendung von Methylaluminiumchlorid-Verbindungen bei Raumtemperatur beansprucht wurde. Ergänzend gab Esso die Absicht bekannt, Versuche aus dem Jahr 1942 über die Polymerisation von Isobuten mit Katalysatoren aus Ethylaluminiumhalogeniden bzw. Aluminiumtriethyl und Titantetrachlorid, jetzt als Bestandteil einer Neuanmeldung, beim US-Patentamt einzureichen. Der sachliche Gehalt war sehr interessant, waren doch die Esso-Forscher vor 10–15 Jahren sehr nahe an die Ziegler-Katalysatoren herangekommen. Zu jener Zeit war Isobuten offensichtlich interessanter als Ethylen und Propen.

Die Offenbarung sollte wohl Einfluss auf die Höhe des Lizenz-Kaufpreises haben. Die kurz darauf in Auftrag gegebene gutachtliche patentrechtliche Würdigung der Esso-Schutzrechte ergab, dass eine Gefährdung der Ziegler-Schutzrechte nicht gegeben war. Die erwartete große Wirkung auf Zieglers Haltung blieb aus. Die amerikanischen Verhandlungsführer erhielten lediglich die Zusage einer Fristverlängerung für die Optionsdauer beider Verträge bis zum 7. Februar 1956. Es kam zur Unterzeichnung einer Aktennotiz, in der Esso u. a. zusicherte, weder ihre genannten US-Patente noch die geplante Patentanmeldung gegen Ziegler-Lizenznehmer geltend zu machen.

Optionsfristen und damit verbundene Zahlungen waren zu diesem Zeitpunkt verwirrend geregelt. Daher wurde zur Klarstellung am 23. Juni und 3. August 1955 [81] ein „Agreement on Status ..." unterschrieben, in dem Esso erneut versicherte, keine Klagen gegen Ziegler-Lizenznehmer auf Basis der genannten Esso-Patente und der inzwischen vorgesehenen US-Patentanmeldung anzustrengen. Die Optionsfrist für den Polyethylen-Bereich endete wie für den Bereich „Restricted Field" zum gleichen Datum, am 7. Februar 1956. Bezüglich der gezahlten und noch zu erbringenden Vorauszahlungen wurde jetzt klargestellt, dass die bei der ersten Option überwiesenen $ 175.000 und die spätestens nach Ablauf der Optionsfrist (7. Februar 1956) zu zahlenden $ 1.025 Millionen im Falle der Ausübung beider Optionen (Technical Field und Polyethylen) oder $ 625.000 bei Ausübung nur einer Option auf spätere, laufende Lizenzzahlungen anrechenbar sein sollten (4 %-, 3 %-, 2 %-Staffel).

Auch diese Verabredung war nicht endgültig. S.O.D. drängte Anfang Januar 1956 [82] auf eine Verlängerung der Optionsfristen und damit auch der Zahlungsverpflichtung. Von Kreisler ging im Auftrag von Karl Ziegler hierauf ein [83] und bestätigte, dass bis zum 7. Februar 1956 die Option für Polyethylen auszuüben sei bei gleichzeitiger Zahlung von $ 625.000, die Optionsfrist für das „Restricted Field" bis zum 1. August 1956 verlängert und dann eine Zahlung von $ 400.000 erwartet werde. Am 2. Februar 1956 zahlte S.O.D. über die Esso AG in Hamburg DM 2.631.526 als Gegenwert für $ 625.000 (Kurs 4,21) [84].

Über die Ausübung der Option „Restricted Field" am 3. August 1956 [85] und Zahlung weiterer $ 400.000 an Ziegler sollen an dieser Stelle keine weiteren Ausführungen gemacht werden, da zum Verständnis Kenntnisse Voraussetzung sind, über die im Zusammenhang mit der weiteren Entwicklung bei Montecatini berichtet wird.

2.4.4
Du Pont

Der ursprüngliche Kontakt zwischen Ziegler und Vertretern der Firma Du Pont begannen über den Londoner Repräsentanten, G.S. Garstin, und dies sehr zögernd erst im Sommer 1954 [86], also zu einer Zeit, als vier Firmen [87] bereits einen Options- bzw. Lizenzvertrag mit Ziegler über die Herstellung von Polyethylen abgeschlossen hatten. Es war ein gegenseitiges Abtasten, um zu erfahren, wie einerseits Zieglers Katalysatoren aussahen, und wie andererseits bei Du Pont der Stand der Erkenntnisse und Entwicklungen auf dem gleichen Gebiet war.[4] Ende November fand ein erstes Gespräch in Düsseldorf statt [88].

Die folgende Vertragsgestaltung war dementsprechend schwierig, weil Du Pont nicht bessere Bedingungen eingeräumt werden konnten als den bereits unter Vertrag stehenden Lizenznehmern, jedoch auch sichergestellt werden musste, dass Du Pont mithilfe eigener Schutzrechte andere Produzenten nicht blockierte. Der Vertrag [89] vom Februar/März 1955 reflektierte das gegenseitige Misstrauen. Zunächst war ersichtlich, dass Du Pont in der eigenen Einschätzung nur eine wirksame Patentposition für die Herstellung von Polyethylen und Katalysatoren hierzu, nicht aber allgemein Polyolefine geltend machte. Andererseits war Du Pont bereit, $ 50.000 für die sofortige Einsicht in Ziegler-Patentanmeldungen zu zahlen. Der Vertrag enthielt deshalb eine Option, wobei das Lizenzangebot lediglich eine laufende Lizenzabgabe, nicht aber – wie in anderen Fällen – weitere Vorauszahlungen vorsah. Als Kompensation für den Fall, dass Du Pont das Lizenzangebot nicht annahm, bot Du Pont Zieglers Lizenznehmern eine Lizenz an ihren beherrschenden (dominating) Schutzrechten an, so sie existierten.

Über die freie Entscheidung hinaus, das Lizenzangebot anzunehmen oder abzulehnen, war Du Pont nicht bereit, den Inhalt ihrer eigenen Patentanmeldungen bekannt zu geben. Das Pokerspiel der Herren Habicht und Mc Alevy, Du Pont, war aufgegangen. Auf Zieglers Seite entwickelte sich dennoch zunächst Erleichterung.

W.F. Gresham (Forschungsdirektor, Du Pont) besuchte Ziegler Ende März 1955. Auch er, wie Garstin, erhielt Kopien der zieglerschen Prioritätsanmeldungen aus den Jahren 1953 und 1954.

Im April 1955, bereits eine Woche später, akzeptierte der General Manager von Du Pont Polychemicals Department das Lizenzangebot und übersandte einen von Du Pont unterzeichneten Lizenzvertrag [90] für die USA und Kanada, den Ziegler kurz darauf gegenzeichnete. Der Vertrag enthielt Regeln für den Fall, dass Du Pont eine eigene beherrschende Patentposition auf dem sachlichen Lizenzgebiet später erhalten sollte, die im Prinzip denen des Vorvertrages entsprachen. Bereits Anfang Juni 1955 zeigte Du Pont in der Öffentlichkeit an, dass eine Versuchsanlage zur Herstellung eines neuen Typs Polyethylen, genannt Alathon, hergestellt nach den lizenzierten Schutzrechten von Karl Ziegler, im Herbst in Betrieb gehen werde. Dieser Entwicklung folgte ein Jahr später ein weiterer Lizenzvertrag mit K. Ziegler [91] über die Herstellung von Copolymeren aus Ethylen mit ande-

---

4) Es sei an dieser Stelle auf die Seiten 7–9 unter Kapitel I verwiesen. Danach glaubte Du Pont, mit Patentanmeldungen von August 1954 eine Verhandlungsposition zu besitzen.

ren Olefinen, wobei der Gehalt der Copolymeren an Ethylen mindestens
50 Mol% betragen sollte. Die Begrenzung war mit Rücksicht auf die Entwicklung des Verhältnisses zwischen Ziegler und Montecatini erforderlich
geworden. Der Abschluss des Lizenzvertrages für die USA und Kanada war
mit einer Vorauszahlung von nur $ 200.000 verknüpft, enthielt aber für die
laufende Lizenzzahlung die üblichen Prozentsätze.

Erstmalig regelte der Vertrag den Fall, dass Ziegler-Anmeldungen mit
den Schutzrechten von Du Pont in ein Ersterfinder-Feststellungsverfahren
(Interference[5]) verwickelt waren. Es wurde vereinbart, dass laufende
Lizenzabgaben dann auf ein Sperrkonto zu zahlen seien, das zugunsten
von Ziegler aufgelöst werden sollte, wenn Ziegler obsiegte, und hälftig
geteilt, wenn Du Pont erfolgreich sein würde. Beide Du Pont/Ziegler-Ver-
träge enthielten darüber hinaus die schon vorher erwähnte „15-Jahre"-
Klausel.

2.5
Mitsui Chemical, der erste japanische Lizenznehmer

Der betagte Präsident Ishida hatte das Max-Planck-Institut für Kohlenforschung Ende 1954 besucht. Die Nachricht über die neuen Ziegler-Katalysatoren war an Japan nicht vorbeigegangen, insbesondere nicht an den zahlreichen Vertretern der japanischen Industrie in Europa. Herr Ishida nahm
auf einem Laborschemel im Institut Platz und ließ sich den Normaldruckversuch zur Polymerisation von Ethylen vorführen. Beim Auftreten des
gebildeten, suspendierten Polyethylenpulvers sprang er auf und untersuchte die Apparatur nach der geheimnisvollen Quelle des Polymerpulvers.
Er eilte zu Ziegler, um geradezu fordernd eine Lizenz zu erbitten, natürlich
exklusiv für Japan.

Die Meinung in jener Zeit über das asiatische Verhalten zu Verträgen
war, dass man eine finanzielle Forderung nicht hoch genug ansetzen
konnte, um das Risiko abzudecken, schon aus Gründen der erschwerten
sprachlichen Kommunikation evtl. Streitigkeiten zu kompensieren, eine
Fehleinschätzung. Mit außerordentlicher Loyalität und präziser Vertragser-
füllung praktizierten die japanischen Lizenznehmer abgeschlossene Verträge. Bereits am 21.12.1954 [92] wurden Vertragsentwürfe für eine exklusive Option auf eine Lizenz für die Herstellung von Polyethylen ausgetauscht. Ziegler erläuterte seine Vorstellungen auf Basis seiner oben
geschilderten Einschätzungen: Eine eingeschränkte Optionsfrist von drei
Monaten, eingeschränkter Export – im Wesentlichen nur Asien, Afrika,

5) „Interference" siehe Seite 1, Fußnote.

Australien – wegen der Gefahr des Dumpings in Ländern mit anderen Ziegler-Lizenznehmern, 150.000 $ für die Option [93] auf eine Exklusiv-Lizenz, bei deren Ausübung weitere 1.050.000 $ Vorauszahlung fällig würden, weitere geschützte Mitsui-Verbesserungen gratis an Ziegler in Deutschland, Aufforderung vom 31.12.1954, den Optionsvertrag bis zum 07.01.1955 rechtsverbindlich zu unterzeichnen.

Anfang Januar 1955 [94] war alles perfekt. Nicht einzuschätzen war die Zeit, die Mitsui Chemical benötigte, um bei der japanischen Regierungsbehörde „MITI" die Genehmigung des Vertrages verbunden mit der Zahlungsanweisung zu erhalten. Summen dieser Größenordnung hatte MITI für eine Lizenz bisher noch nicht genehmigt. Die Kommunikation mit Japan war schwierig. Meist erfolgte der Austausch von Schriftstücken mit japanischen Kurieren. Im Februar 1955 lernten die Japaner den Inhalt der ersten drei deutschen Patentanmeldungen [95] kennen. Im März erschienen drei Chemiker [96], M. Suzuki, T. Suzuki und K. Yamamoto, im Institut und studierten anhand des zusätzlichen Informationsmaterials das Verfahren.

Ende Juni, Anfang Juli wurde von beiden Parteien der Lizenzvertrag [97] unterschrieben: Eine exklusive Lizenz zur Herstellung von Polyethylen einschließlich der dafür notwendigen Herstellung von Polymerisationskatalysatoren. Wie in europäischen und amerikanischen Lizenzverträgen festgelegt, war eine laufende Lizenzabgabe der bekannten 4,3,2-Staffel vorgesehen.

Zur Unterstützung des bei der japanischen Regierung eingereichten Genehmigungsantrages überließ Ziegler Werbematerial [98] wie einen Prospekt der US-Firma Koppers, eine Ankündigung der US-Firma Hercules Powder, 10 Millionen Dollar für die Errichtung einer Großanlage für Polyethylen bereitzustellen, sowie eine Publikation der Union Carbide, eine Versuchsanlage für die Herstellung von Ziegler-Polyethylen eröffnet zu haben. Hinzu fügte er einige Proben des neuen Polyethylens mit unterschiedlichen Molekulargewichten. Dennoch war die Behörde MITI sehr zurückhaltend. ICI hatte das Konkurrenzverfahren (Hochdruck-Polyethylen) in Japan an die Firma Sumitomo lizenziert.[6] MITI verlangte eine Vertragsänderung [99] im Angebot Zieglers, wonach der Vertrag auf eine Laufzeit von 15 Jahren mit der Möglichkeit einer Verlängerung abgeändert werden sollte. Ziegler akzeptierte [100] und Anfang November 1955 wurde die Regierungsgenehmigung erteilt [101].

---

6) Weitere Konkurrenten im Polyethylenbereich durch Lizenzen von BASF an Mitsubishi Petrochemical, Standard Oil of Indiana an Furukawa Chemical, („Staflen") und Phillips Petroleum an Showa Denko, („Sholex").

2.6
Bilanz

Aus den nachfolgend tabellarisch zusammengestellten Ergebnissen ist das Resultat noch einmal nachvollziehbar. Innerhalb eines Zeitraumes von etwa zwanzig Monaten waren allein aus den USA über $ 4 Millionen eingegangen, bei dem zeitgemäßen Umrechnungskurs fast DM 17 Millionen. Die geleisteten Zahlungen konnten vertragsgemäß nicht zurückgefordert werden. Der Jahresetat des Instituts betrug damals DM 1.2 Millionen.

Es existierten zu dieser Zeit lediglich sieben deutsche Patentanmeldungen, zu denen keine amtlichen Prüfungsbescheide vorlagen, und der „Anschauungsunterricht" eines Polymerisationsexperimentes in einem Glasgefäß mit der Wirkung eines aktiven Katalysators sowie der Verarbeitbarkeit des hergestellten Polymerenpulvers.

Die gewährten Optionsfristen wurden von Fall zu Fall kürzer und der Lizenzpreis höher, die Optionsfristen mit Ausnahme bei Esso auch nicht verlängert, eine einmalige Situation. Das finanzielle Polster schien groß genug zu sein, um ohne Druck die zukünftigen Probleme anzugehen. Vierzig Jahre, über eine ganze Generation, profitierte das Max-Planck-Institut für Kohlenforschung von der weiteren Verwertung der beschriebenen Basisschutzrechte. Die amerikanischen Interessenten hatten vergleichsweise zu dem, was inzwischen in Europa vor sich ging, die Lizenzierung wesentlich konsequenter betrieben. Firmen mit breiter Kohlenwasserstoff-Chemie versuchten, „noch schnell" eine Lizenz zu erwerben. Das Geschehen lief damals unter „Hunting License".

1954 hatten in Europa Montecatini in Italien, Petrochemicals in England, Farbwerke Hoechst und der Steinkohlenbergbauverein in Deutschland je einen Lizenzvertrag abgeschlossen. Die Gesamteinnahme aus diesen Verträgen bis Ende 1954 betrug DM 1.7 Millionen. Die Exklusivlizenzen und die damit fehlende Konkurrenz behinderten den schnellen Ausbau der Lizenzvergabe.

U.S. Lizenzverträge 1954–1955

Firma	Vertragsgebiet sachlich	örtlich	Options-vertrag	Options-frist Tage	Options-zahlung $	Options-ausübung	Lizenz-vertrag	Lizenz-zahlung $
Goodrich Gulf	Polyolefine Copolymere	U.S.A. Kanada	27.07.54	45	50.000	03.09.54	15.09.54	250.000
Koppers	Polyethylen Copolymere	U.S.A.	22.07.54	360	50.000	03.05.55	22.07.55	350.000
Hercules Powder	a) „Ziegler-Processes"	U.S.A Kanada	Brief-vertrg. 11./ 19.9.52	270	10.000			
	b) Polyolefine		24.09.54	360	50.000	12.09.55	24.09.54	300.000
Dow Chemical	Polyolefine Copolymere	U.S.A. Kanada	22.11.54	30	50.000	07.01.55	22.11.54	350.000
Union Carbide	Polyethylen Copolymere Polyolefine	U.S.A. Kanada	23.11.54	30	50.000	23.12.54	23.11.54 21.01.56	450.000 200.000
Monsanto	Polyethylen	U.S.A. Kanada	10.01.55	30	75.000	07.02.55 10.05.63	10.01.55	325.000 200.000
E.I. Du Pont	Polyethylen	U.S.A.	03.02./ 18.03.55	30	50.000	07.04.55	03.04.55	0
Esso	Polyethylen „Restricted Field"*	U.S.A. Kanada	07.02.55 07.02.55	360 510	0 175.000	07.02.56 01.08.56	07.02.56 07.02.55	625.000 400.000

* enthielt Polyolefine

2.7
Zurück zur Ruhr: Ruhrkohle und Bergwerksverband

Es oblag dem Steinkohlenbergbauverein als Vertreter der Ruhrkohle und der ihr nahe stehenden Industrie, den im März 1954 mit Ziegler abgeschlossenen Vertrag (vgl. Seite 54) umzusetzen. Erst im August 1954 [102] lud der Vorsitzende, Generaldirektor a. D., Bergassessor a. D. A. Wimmelmann, in einem Brief an die Mitglieder des Vorstandes des Vereins für den 14. September 1954 zu einer endgültigen Verabschiedung der Satzung der zu gründenden „Arbeitsgemeinschaft für Olefinchemie" ein. Über die Notwendigkeit der Gründung einer Arbeitsgemeinschaft hatten sich die interessierten Bergwerksgesellschaften geeinigt [103]. Die dann verabschiedete Satzung sah u. a. einen ständigen Ausschuss vor [104], der sich damals aus den Herren Broche (Ruhröl), Vorsitzender, Söhngen (Rheinstahl) stellvertretender Vorsitzender, Wimmelmann (Steinkohlenbergbauverein), Braune

(Mannesmann), Busch (GBAG), Curtius (Rheinpreußen), Rindtorff (Hibernia) und Tramm (Ruhrchemie) zusammensetzte. Sinn der Arbeitsgemeinschaft [105] sollte der Zusammenschluss der Interessenten der zum Steinkohlenbergbauverein gehörenden Unternehmen zwecks Auswertung „des Vertragswerks mit der Studien- und Verwertungsgesellschaft"[7] sein.

Ende Oktober 1954 [106] teilte der Geschäftsführer der Arbeitsgemeinschaft für Olefinchemie, Herr Dr. Heinz Reintges, Ziegler mit, dass die Firmen Deutsche Erdoel-AG über das Steinkohlenwerk Graf Bismarck als Mitglied des Steinkohlenbergbauverein und weiter die Ruhrchemie, Hibernia, Gelsenkirchener Bergwerks AG (GBAG) und Mannesmann die Zustimmung zur Errichtung von Versuchsanlagen für die Polymerisation von Ethylen erhalten hatten. Die Zahl der Interessenten und die Zustimmung zum Betrieb von Versuchsanlagen wurde am 4. Februar 1955 [107] auf die Firmen Arenberg-Bergbau-Gesellschaft, Essen, Rheinpreußen AG für Bergbau und Chemie, Homberg, Steinkohlenbergwerk Hannover-Hanibal AG, Bochum, und Krupp Kohlechemie GmbH, Wanne-Eickel, erweitert.

Etwa zur gleichen Zeit drängte die Arbeitsgemeinschaft für Olefinchemie (AfO), den Lizenzvertrag von März 1954 auf alle Länder Europas mit Ausnahme von Deutschland, Großbritannien und Italien zu erweitern. Erstmals nahm der Bergwerksverband für sich in Anspruch, bei der Vergabe von Unterlizenzen einen prozentualen Aufschlag bis zu 25 % als Honorar für seine Bemühungen zu erheben. Ziegler wollte diese Tendenz bremsen, indem er darauf aufmerksam machte, dass nach „eigenen wiederholten Darlegungen der ausschließliche Sinn der Zwischenschaltung des Steinkohlenbergbauvereins bei der Lizenzvergabe sein sollte, Lizenzen und Fabrikation vernünftig zu steuern". Und weiter: „Davon, dass etwa ein erheblicher Anteil der eingehenden Lizenzabgaben in den Händen des Steinkohlenbergbauvereins bzw. dessen Nachfolgeorganisation verbleiben sollte, war nie die Rede." [108]

Die Bergwerksverband GmbH (BWV) als Nachfolgerin des Steinkohlenbergbauvereins setzte später ihre Interessen, wenn auch eingeschränkt, durch. In der Nachschau musste man die Haltung des BWV zu dieser Frage tolerieren, insbesondere dann, wenn – wie später berichtet wird – eine Gewinnausschüttung aus Lizenzeinnahmen an die Gesellschafter der Studiengesellschaft Kohle mbH[8] ausgeschlossen wurde. Ein Zufluss von jährlichen Investitionen seitens des Bergwerkverbandes in das Institut musste ja einen gewissen finanziellen Rückfluss auslösen. Die Tatsache, dass die dem BWV angeschlossenen Unternehmen lediglich eine Vorzugs-

---

7) Siehe Seite 48, Absatz 1 und 2.

8) Nachfolgegesellschaft der Studien- und Verwertungsgesellschaft mbH (siehe Seite 48, Absatz 1 und 2.

option erhielten, konnte nicht ausreichend sein, zumal für solche Fälle ja erst weitere Investitionen notwendig waren, um aus einer evtl. Produktion einen angemessenen Gewinn zu erwirtschaften. (Der vertraglich zugesicherte Anteil des BWV an Lizenzeinnahmen, die der BWV vermittelte, betrug bis zu 25 % der laufenden Lizenzabgaben. Tatsächlich bewegte sich der Anteil zwischen 7,5 und 25 %.)

Im Verlauf der weiteren Entwicklung zeigte sich, dass der BWV einen Überschuss aus Einnahmen und Aufwendungen für Schutzrechte und deren Verteidigung durch das Max-Planck-Institut für Kohlenforschung und die Studiengesellschaft Kohle mbH – hierzu hatte sich der Bergwerksverband vertraglich verpflichtet – erwirtschaftete (etwa 25 % bezogen auf die Gesamteinnahmen des BWV/AfO) [109].

Der am 20. Dezember 1954 [110] unterschriebene „Europa"-Vertrag enthielt die Regelung der Vergütung für die Bergwerksverband GmbH. In einem Begleitbrief zum Vertrag erklärte die „Studien- und Verwertungsgesellschaft [111]" hierzu, dass vorausgesetzt werde, dass der Steinkohlenbergbauverein auch weiterhin seine Finanzierungsleistungen für das Institut unter Berücksichtigung der Änderung des Geldwertes fortsetze, anderenfalls die vorgesehene Vergütung den neuen Verhältnissen angepasst werde. Das ist allerdings nie geschehen.

Der Steinkohlenbergbauverein hatte Rechte und Pflichten aus dem ersten Vertrag von 1954 auf die Bergwerksverband GmbH (BWV) übertragen. Eine formelle Bestätigung hierzu wurde erst ein Jahr später nachgeholt [112].

Im „Europa"-Vertrag selbst war als sachliches Vertragsgebiet die Polymerisation von Olefinen sowie die Herstellung der dazu notwendigen Katalysatoren definiert. Unterlizenzen, die der BWV vergab, setzten voraus, dass die Erwerber von Lizenzen oder Optionen bereit waren, angemessene Einmal-Zahlungen bei Vertragsabschluss und/oder bei Aufnahme der Produktion zu leisten. In einem weiteren Begleitbrief [113] zu diesem Vertrag übernahm der BWV die Gewähr, dass die Summe der einmaligen Zahlungen durch Dritte an Ziegler/MPI bis zum 10. Januar 1957 DM 1.5 Millionen erreiche. Die Lizenzabgaben sollten zwischen 4 und 5 % festgelegt werden. Die Kosten für die infrage stehenden Schutzrechte einschließlich Verteidigung trug der BWV.

Mit Abschluss des Vertrages wurde seitens des Bergwerkverbandes keine finanzielle Leistung erbracht, vielmehr der BWV lediglich ermächtigt, im Namen der Studien- und Verwertungsgesellschaft Optionen und Lizenzen zu erteilen.

Eine geographische Erweiterung auf Länder Mittel- und Südamerikas sowie Asien und Afrika folgte unter den gleichen Regeln in einem weiteren

Vertrag, der im Dezember 1955 zwischen der Studien- und Verwertungsgesellschaft mbH und der Bergwerksverband GmbH geschlossen wurde [114].

In der Aufzählung der Länder waren Australien, Neuseeland und die südafrikanische Union nicht aufgeführt. Die Entwicklung in den nächsten Jahren machte es erforderlich, den Vertrag dahingehend zu ergänzen. 1960 wurden die drei Länder in einen Zusatzvertrag einbezogen [115].

Nun wollte die Bergwerksverband GmbH die „Vergütung für den BWV" auch in dem ersten Vertrag vom März 1954 im Sinne einer Nachbesserung verbrieft wissen. Der Vertrag wurde durch einen neuen ersetzt, der am 15. Dezember 1955 [116] unterschrieben, aber mit Wirkung des ersten Vertrages vom März 1954 in Kraft trat. Die weiteren Regelungen unter diesem Vertrag waren einerseits aus dem ersten Vertrag übernommen, andererseits dem „Europa-Vertrag" angepasst worden, d. h., anstelle der ursprünglich vorgesehenen ausschließlichen Lizenz erhielt der BWV lediglich die Ermächtigung, im Namen der Studien- und Verwertungsgesellschaft Lizenzen [117] zu erteilen. Hierzu gehörte auch die generelle Option des BWV auf weiter gehende Schutzrechte der Studien- und Verwertungsgesellschaft mit dem Recht bei Übernahme der Schutzrechtskosten, Lizenzen im Namen der Studien- und Verwertungsgesellschaft zu vergeben. Die Frist zur Erklärung der Ausübung dieser Option wurde mit einem Jahr festgelegt.

Im Einvernehmen mit dem Aufsichtsrat der Studien- und Verwertungsgesellschaft und des Verwaltungsrates des Max-Planck-Instituts für Kohlenforschung bemühte sich Karl Ziegler, bereits die ersten Erlöse aus der Verwertung der Schutzrechte im Institut zu belassen. Mit der tatkräftigen Unterstützung von Bergass. A.D. Hermann Kellermann, der nach Dr. Springorum den Vorsitz im Aufsichtsrat wieder übernommen hatte, gelang es 1955, die Zustimmung der Gesellschafter zu einer entsprechenden Satzungsänderung der Studien- und Verwertungsgesellschaft zu erhalten.

Danach wurde als ausschließlicher und unmittelbarer Zweck der jetzt in Studiengesellschaft Kohle mbH umbenannten Gesellschaft die Förderung der Ziele des Max-Planck-Instituts für Kohlenforschung durch Tätigwerden als Treuhänderin für das Institut festgeschrieben [118]. Ausschüttungen an die Gesellschafter waren ausgeschlossen. Als Ausgleich gegenüber den Gesellschaftern verpflichtete sich der Institutsdirektor vertraglich [105, 106], dem Bergwerksverband einen ersten und unmittelbaren Zugang zu den Erfindungen aus dem Institut durch eine Vorzugsoption zu geben. Diese Konstruktion der Sicherstellung der finanziellen Basis des Instituts einerseits und der Wahrung des Interesses der an der Studiengesellschaft beteiligten und interessierten Firmen andererseits war sicherlich progressiv und wirkte sich für alle Beteiligten positiv aus.

In der außerordentlichen Gesellschafterversammlung am 22.12.1955 genehmigten die Gesellschafter die neue Satzung der Studiengesellschaft Kohle mbH, die dieser Gesellschaft weitgehend die Vorteile einer gemeinnützigen Einrichtung verleihen sollte.

„Mit Schreiben vom 5. März dieses Jahres hat der Herr Finanzminister des Landes Nordrhein-Westfalen diese Satzung anerkannt und dabei festgestellt, dass die Vergabe von Lizenzen auf die aus der Forschungsarbeit des Instituts erwachsenen Patente durch das Institut oder durch die Studiengesellschaft als Treuhänderin des Instituts keinen wirtschaftlichen Geschäftsbetrieb des Instituts darstellt. Diese von uns erstrebte und nunmehr auch ausgesprochene Feststellung ist für uns von entscheidender Bedeutung, denn sie besagt, dass die dem Institut aus Lizenzen zufließenden Einnahmen in vollem Umfang steuerfrei sind. Das Finanzministerium hat dagegen nicht anerkannt, dass auch die Studiengesellschaft Kohle in jeder Hinsicht generell gemeinnützig sei, weil sie als Treuhänderin des Instituts den gemeinnützigen Zweck, nämlich die Förderung der Wissenschaft, nicht selbst, sondern als Treuhänderin nur mittelbar verwirkliche. Irgendwelche Nachteile ergeben sich daraus in steuerlicher oder sonstiger Hinsicht nicht oder doch nicht in nennenswertem Umfang, sodass ich sagen kann, dass wir das erstrebte Ziel erreicht haben." – So Karl Ziegler 1955 [119].

Die Lizenzvergabe durch den BWV in Deutschland, Europa und außereuropäischen Ländern kam nur sehr zögerlich in Gang. Ende März/April 1955 erhielten die **Deutsche Erdöl AG** [120] (DEA) und **Mannesmann** [121] je einen Lizenzvertrag zur Herstellung von Polyethylen und Copolymeren gleichen Inhalts, gemäß dem je eine Lizenzvorauszahlung von DM 100.000 gezahlt wurde. Die Lizenzverträge regelten als örtliches Vertragsgebiet die Bundesrepublik Deutschland, natürlich eine nicht-ausschließliche Lizenz, eine laufende Lizenzabgabe von 3 % bis 600 t, 2,25 % für weitere 6000 t und 1,5 % darüber, sowie eine Mindestlizenzabgabe ab 1958. Es war vorgesehen, gemeinsam mit der Mannesmann AG, Düsseldorf, den Farbwerken Hoechst AG, Frankfurt, eine Versuchsanlage zu betreiben und in einer kommerziellen Produktionsstätte ab April 1957 6000 jato und ab Oktober 1957 12000 jato herzustellen. Die Begrenzung der Kapazität bis zu dieser Höhe war damit festgelegt.

Im Mai 1955 erhielten **Rheinpreussen** [122] und **Ruhrchemie AG** [123] gegen Zahlung von je DM 50.000 eine Option auf eine Lizenz (Polyethylen und Copolymere), die 1959 [124] bzw. 1957 [125] zur Unterzeichnung der Lizenzverträge führte. Bemerkenswert war, dass der Vertrag mit der Ruhrchemie AG rückwirkend zum 01.01.1954 in Kraft gesetzt wurde.

Die **Gelsenkirchner Bergwerks-AG** hatte im Jahr 1956 eine Option auf eine Lizenz zur Herstellung von Polyethylen erworben, den Lizenzvertrag jedoch erst 1965 mit der Absicht unterzeichnet, ihn noch im gleichen Jahr auf die **Chemischen Werke Hüls** in Marl zu übertragen [126]. „Hüls" besaß bereits einen Lizenzvertrag von 1955 für die Herstellung und den Verkauf von Polyethylen [127] gegen Zahlung einer Eingangsgebühr von DM 100.000 und zusätzlich einen Vertrag von 1957 für die Herstellung und den Verkauf von Polyolefinen [128] (Polypropylen und Polybuten) einschließlich Mischpolymeren gegen eine zusätzliche Eingangszahlung von DM 75.000.

Im Herbst 1955 unterzeichneten der BWV und die Bergwerksgesellschaft **Hibernia AG** einen Lizenzvertrag [129] mit praktisch gleichem Wortlaut wie der der bisherigen Interessenten. Der Vertrag wurde im Frühjahr 1958 gegen Zahlung von DM 50.000 auf Polypropylen ausgedehnt [130].

Wie aus der folgenden Tabelle ablesbar, hatten die Mitglieder des BWV jeweils außerordentlich günstige Einstiegsbedingungen für den Erwerb einer Lizenz erhalten. Sieben Firmen zahlten zusammen eine Options- und Lizenzvorauszahlung in Höhe von DM 900.000. Nur drei der genannten Lizenznehmer – Ruhrchemie AG, Chemische Werke Hüls AG und Hibernia AG – entwickelten das Verfahren zur Marktreife und initiierten eine Produktion von Polyolefinen, dies aber nachdem die Farbwerke Hoechst AG bereits im Jahr 1955 auf dem Markt war.

Lizenzverträge für Polyethylen und Copolymere in der Bundesrepublik Deutschland über Bergwerksverband GmbH ab 1954

Firma	Options-vertrag	Options-zahlung DM	Lizenzvertrag	Lizenz-vorauszahlung DM
DEA	–	–	30.03./29.04.55	100.000
Mannesmann Kokerei AG	–	–	29.03.55	100.000
Rheinpreussen	09.05.55	50.000	31.08./21.11.59	100.000
Ruhrchemie	26.05.55	50.000	03.05.57	100.000
Gelsenkirchner Bergwerks-AG	11.01.56	100.000	10.03.65	100.000
Chemische Werke Hüls AG	–	–	18.05./23.05.55	100.000
Hibernia AG	–	–	23.09.55	100.000

2.8
August bis Dezember 1954: Montecatini forciert die eigene Entwicklung

Der bereits zitierte Brief von G. Natta (vgl. Seite 28, Kap. I; [171]) an Karl Ziegler enthielt nicht nur den Hinweis, dass er in der Polypropylenprobe, die Ziegler Juli 1954 geschickt hatte, einen kristallinen Anteil von etwa

45 % röntgenographisch festgestellt, und die Erklärung, dass er ähnliche Produkte bereits im März erhalten hatte, vielmehr neben weiteren kristallographischen Daten des Polypropylens eine Probe eines hoch kristallinen Polypropylens, die „neuerdings" hergestellt worden war. Offenbar war dieses Produkt das Ergebnis einer optimalen Extraktionstechnik, die die Mailänder Forscher als bedeutsam ansahen.

An keiner Stelle des Briefes war auf die Vereinbarung Bezug genommen, die von Orsoni einerseits und Ziegler andererseits im März des gleichen Jahres bezüglich der Teilung der weiteren Bearbeitung des Gebietes getroffen worden war. Im Gegenteil, G. Natta kündigte eine intensivere Bearbeitung[9] des Gebietes an:

> „Wir sind überzeugt, dass das Gebiet sehr interessant ist und eine enorme Arbeit erfordert, um alles zu überblicken. Ich hoffe, bald mit Ihnen zusammentreffen zu können, um im Einzelnen mit Ihnen über diese Probleme sprechen zu können".

Trotz Zieglers Hinweis, nach den Augustferien Herrn Orsoni in Mailand zu besuchen, ist nicht sicher, ob dieser Besuch stattgefunden hat; wenn, dann aber nur sehr kurz und ohne jede Bedeutung. Von September bis Dezember 1954 standen Lizenzverhandlungen mit US-Interessenten in Mülheim an, die es Ziegler kaum gestatteten, Verhandlungen mit Montecatini zu führen, eine Situation, die ihm half, Abstand von der enttäuschenden Vorgehensweise Montecatinis und Nattas zu gewinnen. In die späten Dezembertage des Jahres fiel dann aber doch ein Besuch von Orsoni, De Varda und Natta in Mülheim. Als Ergebnis beharrten die Gäste darauf, dass Ziegler bei ihrem Mai-Besuch die Möglichkeit der Polymerisation von Propylen verneint habe, andererseits bagatellisierte Herr Natta die Polymerisation von Propylen als gar nichts Besonderes, da kunststoffartiges Polypropylen bereits bekannt sei. Diese Aussage ohne Beleg diente Natta dazu, seine eigenen weiteren Entwicklungen in den letzten Monaten als „große Erfindung" herauszustellen [131].

Es handelte sich hierbei um den Versuch, den kristallinen Anteil der erzeugten Polypropylene gezielt zu verändern. Die Methode war erfolgreich, als man die Wirkung der einerseits festen Katalysatoranteile und andererseits die der dispersen und löslichen Anteile auf die Polymerisation durch röntgenkristallographische Untersuchungen an Produkten verfolgte. Es zeigte sich, dass das bei der Katalysatorpräparation ausgefallene Titantrichlorid bzw. Gemisch aus Titantrichlorid und Titandichlorid in Verbindung mit Alkylaluminiumverbindungen die Bildung von Polypropylen mit deutlich

[9] In den nächsten fünf Jahren wurden von Natta und Mitarbeitern 170 Publikationen verfasst. In dieser Zeit beschäftigte das Natta-Institut etwa 100 Mitarbeiter auf diesem Gebiet.

höherem kristallinen Anteil steuerte als die löslichen oder fein dispersen Katalysatoranteile. Während Natta in den Patentanmeldungen von Juni und Juli 1954 die von ihm benutzten Katalysatoren als „Ziegler-Katalysatoren" bezeichnete, waren die jetzt durch physikalische Maßnahmen veränderten Katalysatorpräparate nach seiner Einschätzung etwas Neues.

Man erhöhte jetzt die Kristallinität der festen Titantrichloridkomponente durch Tempern oder durch Variation der Herstellungsmethoden. Die im Dezember 1954 eingereichten italienischen Patentanmeldungen [132, 133] gaben einen Eindruck, was als neue Erfindungen beschrieben wurde.[10]

Der Laudatio zur Verleihung des Nobelpreises an G. Natta (Kap. I, Seite 32) war zu entnehmen, dass die Einschätzung schon damals – 1963 – war, dass „certain types of Ziegler catalysts" diese Aufgabe lösen könnten.

Es wird später darüber zu berichten sein, was aus den ersten Anmeldungen hierzu geworden ist und wie der Inhalt bewertet wurde. Vorab sei schon an dieser Stelle erwähnt, dass höchste Patentgerichte [134] in den USA 1973 (vgl. S. 199) bzw. 1982/84 (vgl. S. 229, Abs. 3 und S. 230) befunden hatten, dass solche Katalysatoren aus kristallinem Titantrichlorid in Kombination mit Alkylaluminiumverbindungen Ziegler-Katalysatoren seien, und

> „come under the definition of a pioneer patent covering a function never before performed",

bzw.

> „Regardless of whether the $TiCl_3$ is produced by reducing $TiCl_4$ with aluminum powder, with DEAC (diethylaluminum-chloride), ... the $TiCl_3$ produced is still a salt of titanium and clorine ... $TiCl_3$ molecule, described as β-$TiCl_3$, α-$TiCl_3$ χ-$TiCl_3$ and δ-$TiCl_3$ ... are all titanium salts".
>
> Patentrechtlich konnte eine unabhängige Erfindung nicht erkannt werden.

[10] Die Anmeldungen (U 73 und U 73a) wurden im Ausland kombiniert. In Deutschland erschien die erste (U 73) als DE PS 13 02 122 am 13.09.1979, also 7 Jahre nach der gesetzlichen Laufzeit von 18 Jahren. Das Schutzrecht wurde während seiner Erteilungsphase von Einsprechenden heftig bekämpft.

2.9
Die ersten Pool-Verträge Ziegler/Montecatini

Am 9. Februar 1955 fasste Ziegler in einem Schreiben [131] an seinen Patentanwalt von Kreisler die Gesichtspunkte zusammen, die im weiteren Verlauf
von Verhandlungen die Basis seiner Position sein sollten. Er holte bei dieser
Schilderung bis zur zweiten Hälfte 1953 aus und hielt fest, dass Montecatini
sehr frühzeitig über die neuen Polyethylen-Entwicklungen informiert worden
sei, obwohl er bei der Auslegung des ersten Vertrages (Januar 1953) Zweifel
gehabt habe, ob denn die neuen Katalysatoren überhaupt unter diesen Vertrag
fallen würden. Bis zu dem Treffen am 8. März 1954 in Mailand hatte G. Natta
lediglich nach eigenen Angaben kinetische Untersuchungen an der Alumini-
umtrialkyl-Ethylen-Reaktion gemacht und publiziert. Schon hier wunderte
sich Ziegler über diese Praxis, da es immerhin international unüblich war,
nach vertraulicher Vorinformation über ein wissenschaftliches Gebiet sofort
publizistisch tätig zu werden. Ziegler diskutierte dann das Protokoll anlässlich
des Besuches am 8. und 9. März 1954 in Mailand und kritisierte, dass Herr
Natta sich mithilfe des Protokolls das Einverständnis Zieglers besorgte, Untersuchungen anzustellen.

Zur Verbesserung von Ziegler-Katalysatoren in Richtung auf Polypropy-
len mit höherem oder niedrigerem kristallinen Gehalt mahnte Ziegler von
Kreisler, die Texte von in Mülheim bis dahin unbekannten Montecatini-
Patentanmeldungen auf wirklich schutzwürdige Teile zu prüfen.

Von Kreisler reiste Anfang März 1955 mit dem Ziel nach Mailand, eine
Lösung der offensichtlich konträren Auffassungen zur Polypropylen-Erfin-
dungshistorie und folgende Konsequenzen zu verhandeln und für die
zukünftige Handhabung des gegenseitigen Vertragsverhältnisses Gesichtspunkte festzulegen. Am 13. März 1955 wurden „verbindliche Richtlinien
[135] zur Abänderung des Abkommens zwischen Montecatini und Ziegler
vom 21. Januar 1953" [136] fixiert und unterschrieben.

·Von den inzwischen sieben in Italien eingereichten Patentanmeldungen
„Montecatini" sollten fünf unter Einschluss der im August 1954 von Ziegler
in Deutschland eingereichten Patentanmeldung „Höhere Polyolefine" einer
speziellen Behandlung (Pool) zugeführt werden. Dabei forderte Montecatini, dass die ersten beiden ihrer Anmeldungen (Juni und Juli 1954, Kap. I;
[165, 167]) zusammen mit der genannten Ziegler-Anmeldung (Kap. I; [182])
kombiniert von Montecatini und Ziegler außerhalb Italiens und Deutsch-

lands angemeldet und die Erlöse aus der gemeinsamen Verwertung entsprechender Patente hälftig geteilt wurden.[11]

Es hatte sich also für Natta/Montecatini gelohnt, die Vereinbarung vom 8. März 1954 zu ignorieren und Propen mit Ziegler-Katalysatoren zu polymerisieren und dieses Verfahren zum Patent anzumelden. Die harte Forderung Montecatinis sollte dadurch versüßt werden, dass drei weitere Anmeldungen Montecatinis unter gleichen Bedingungen ebenfalls in den Pool eingebracht wurden. Es handelte sich um die Polymerisation von Propen mit einer Katalysatorkombination aus Eisen- und Organoaluminiumverbindungen [137] und – wie weiter oben bereits besprochen – zwei weiteren Anmeldungen zur Steuerung des kristallinen Anteils im Polypropylen durch Anwendung wahlweise fester, besonders kristalliner Übergangsmetallverbindungen, speziell niederwertiger Titanhalogenide bzw. löslicher, disperser Übergangsmetallverbindungen. Die Anmeldungen waren kurz vor dem Besuch in Mülheim, also Dezember 1954, von Montecatini eingereicht worden.

Es bleibt noch zu berichten, dass die Vereinbarung über die Richtlinien weiterhin enthielt, dass die jetzt zum Pool gehörenden Schutzrechte in Italien ausschließlich Eigentum von Montecatini, in Deutschland Ziegler ausschließlicher Eigentümer sein sollten. Das galt in gleicher Weise für die Verwertung.

Durch weitere Ausnahmeregelungen verschob Montecatini das Ergebnis weiter zu ihren Gunsten. So beanspruchte sie die von ihr beschriebenen Anwendungen der Produkte weltweit, soweit sie in Ziegler-Anmeldungen nicht beschrieben waren und nicht mit Übergangsmetallverbindungen der IV. bis VI. Gruppe als Katalysatorkomponenten hergestellt waren, ferner die endgültige Entscheidung über Lizenzbedingungen an Dritte, wobei lediglich eine Verpflichtung Montecatinis erreicht werden konnte, bereits unter Ziegler-Lizenzverträgen gebundene US-Firmen – Goodrich, Dow, Union Carbide und Esso – eine Lizenz zu erteilen.

Im Bereich der Copolymeren konnte die Verwertung solcher Schutzrechte, die die Herstellung von Copolymeren mit mehr als 50 % Ethylenanteil beanspruchten, für Ziegler reserviert werden. Die restlichen beiden Anmeldungen [138, 139] sollen hier inhaltlich außer Betracht bleiben. Ihre Bedeutung lag lediglich darin, die Zahl der Montecatini-Anmeldungen gegenüber der einzigen Polypropylen-Anmeldung Zieglers zu erhöhen und

11) Bezüglich dem USA wurde die Forderung Montecatinis dahingehend ergänzt, dass die genannten drei Patentanmeldungen getrennt bleiben und von US-Patentanwälten der Montecatini betreut und bearbeitet werden sollten. Ob es ein Wunsch nach Kontrolle über den Verlauf der ersten Ziegler-Polyolefinanmeldung war oder ob kartellrechtliche Gründe zu den Überlegungen Montecatinis geführt haben, war zunächst nicht bekannt geworden. Später wurde sichtbar, dass beides eine Rolle gespielt hatte.

damit psychologisch zu wirken. Wir werden später erkennen, dass solch ein Hebel wiederholt zum Werkzeug Montecatinis gehörte, um Zieglers Anteil zu kürzen.

Mehr war offenbar ohne Klage und ohne Bemühen eines Schiedsgerichts nicht zu erreichen. Montecatini hatte mindestens zwei „Füße in der Tür".

Der in Aussicht genommene Vertrag sollte nun aber auch die Bedingungen aus dem Vertrag vom 21. Januar 1953 aufnehmen, d. h. die Bedingungen einer Exklusivlizenz für Italien und damit eine rechtliche Basis für die Zukunft darstellen. Hierbei war zu berücksichtigen, dass in Deutschland mittlerweile die Bergwerksverband GmbH Lizenzierungsrechte an Ziegler-Schutzrechten erworben hatte, sodass sichergestellt werden musste, dass die Bergwerksverband GmbH mit den jetzt ausgehandelten Regelungen für Deutschland einverstanden war. Zusätzliche Zahlungen für Polyolefine sollten aufgrund des neuen Vertrages nicht geleistet werden.

Am 27. August 1955 [140] wurde von Dr. von Kreisler mit Generalvollmacht von Ziegler einerseits und Ingenieur Giustiniani für Montecatini andererseits der ausgehandelte Vertrag in Basel unterschrieben.[12] In einem Begleitbrief [141] vom 9. August 1955 hatte der Bergwerksverband sein Einverständnis erklärt und in einer abgewandelten Form [142] am 21. September 1955 Montecatini bestätigt, dass der Bergwerksverband in dem geographischen Vertragsgebiet keine Exklusivlizenzen vergeben hatte und davon Kenntnis nahm, dass auf dem jetzt festgelegten Vertragsgebiet gemachte Erfindungen ausschließlich Eigentum von Montecatini blieben, aber Ziegler eine Option als bevorzugter Käufer der Lizenzrechte für Deutschland eingeräumt würde. Das bezog sich insbesondere auf Textilfasern und Elastomere. Damit sollte ein Konflikt zwischen Ziegler/Bergwerksverband einerseits und Ziegler/Montecatini andererseits ausgeschlossen bleiben.

In der Schlussphase der Verhandlung forderte Montecatini eine Erklärung von Ziegler

> „dass s(m)ein Vertrag mit der Firma Montecatini vom 21. Januar 1953 weder der Forschung noch der Anmeldung von Patenten durch Montecatini entgegenstand ...".

Am 5. August 1955 [143] kam Ziegler dieser Forderung formell nach. Der Sinn dieses Begehrens war offensichtlich die Bestätigung Zieglers, dass die Vereinbarung vom 8. März 1954 einer eigenen Forschung und eigener Patentanmeldungen seitens Montecatini nicht entgegenstand. Besagte Erklärung sollte offensichtlich ein Freibrief für die in der Vergangenheit

---

12) Siehe hierzu auch Begleitbrief von Kreisler an Montecatini [144] mit der Bestätigung des Inhalts durch Giustiniani über die Änderungen.

geübte Praxis sein, wonach Montecatini auch eine finanzielle Leistung dafür erbracht hatte, auf dem Vertragsgebiet frei zu forschen, zu publizieren und Patentanmeldungen auf den eigenen Namen einzureichen. So räumte Montecatini Ziegler

> „das Recht ein, Lizenzen an Schutzrechten, die sie auf Erfindungen erwirbt, die sie allein auf dem Vertragsgebiet machen sollte, für Deutschland als bevorzugter Käufer erwerben zu können. In allen anderen Staaten ist Montecatini das Recht vorbehalten, Lizenzen an diesen Schutzrechten zu vergeben. Montecatini wird jedoch bei etwaiger Erteilung von Lizenzen auf diese Schutzrechte an andere Lizenznehmer von Ziegler keine unbilligen Forderungen stellen und auch Wünsche von Ziegler berücksichtigen.
>
> Gemeinsame Erfindungen von Montecatini und Ziegler werden gemeinsam zum Patent angemeldet und verwertet, wobei beide Parteien im Falle einer Vergabe von Lizenzen in anderen Ländern ein Mitbestimmungsrecht haben werden."

Die Vereinbarung vom März 1954 lag aber zeitlich nach besagtem Vertrag von 1953 und enthielt eine klare Absprache für die Aufteilung der Entwicklungsarbeiten.

Multinationale Konzerne behandeln vertrauliche Informationen anders als zwei Personen dies können und tun. Mündliche oder nicht gerade in Vertragsform vorgetragene Vereinbarungen werden schon einmal missachtet.

Ziegler erkannte nach vorläufiger Lösung des Konflikts mit Montecatini, dass die so gefundene vertragliche Regelung keine Garantie für seine amerikanischen Lizenznehmer enthielt, Polyolefine ohne Verletzung von Montecatini-Schutzrechten herzustellen und zu vertreiben. Ein Teil der Lizenzverträge in den USA, die vor allem in den Jahren 1954/55 abgeschlossen waren, enthielten ja die Zusicherung, für die Herstellung von z. B. Polypropylen eine Lizenz zu besitzen. Er erkannte weiterhin, dass die Gefahr sich fortsetzen und ausweiten würde, von Montecatini in erheblichem Umfang mit Schutzrechtsanmeldungen blockiert zu werden.

Schon am 24. Januar 1956 wurde ein zweiter Vertrag [145] (Pool 2) zwischen Montecatini und Ziegler unterschrieben, in dem jetzt alle Schutzrechte beider Vertragspartner bis zum 1. Januar 1960 in den vereinbarten Pool aufgenommen wurden.

Montecatini forderte, dass jetzt nicht von Kreisler, sondern ihre Anwälte die Schutzrechte verfolgten. Ziegler verzichtete auf einen Teil seiner zu erwartenden Einnahmen, der Verteilungsschlüssel wurde von 50/50 auf 70 % Montecatini/30 % Ziegler verändert. Im Gegenzug verpflichtete sich

Montecatini, in den USA und Kanada an bereits unter Vertrag stehende Ziegler-Lizenznehmer Goodrich Gulf Chemicals Inc., The Dow Chemical Company, Union Carbide and Carbon Corporation, Hercules Powder Company, Inc. und Esso Research and Engineering Company Lizenzen zu erteilen, dies aber beschränkt auf die von Ziegler mit den genannten Firmen eingegangenen Verpflichtungen. Weiterhin verzichtete Montecatini auf einen Anteil aus den von den genannten US-Lizenznehmern an Ziegler geleisteten Zahlungen.

Der US-Lizenznehmer Hercules Powder Co. war bei Montecatini bereits vorstellig geworden, um die Möglichkeit eines Lizenzerwerbs auszuloten. Die Zukunft wird zeigen, dass eine Lösung des Konflikts zwischen den unlizenzierten Konkurrenten in den USA einerseits und Montecatini andererseits ohne Gerichte nicht zu finden war.

2.10
Polydiene

**Karl Ziegler und H. Martin/Max-Planck-Institut für Kohlenforschung –
S.E. Horne/Goodrich Gulf Chemicals Inc. –
Giulio Natta und Mitarbeiter/Montecatini –
D.R. Smith und R.P. Zelinski/Phillips Petroleum Co**

Ebenso dramatisch wie spannend war der historische Ablauf, unter Anwendung von Ziegler-Katalysatoren konjugierte Diene wie Isopren und Butadien zu Hochpolymeren umzuformen. Und gerade weil viele Einzelheiten eigentlich unbemerkt abliefen, gehört das Ergebnis hierher. Die selektive Wirkung der Ziegler-Katalysatoren war erstmals Mitte 1954 im Mülheimer Institut erkannt worden (siehe hierzu Kap. I, Seite 29).

Ein weiteres Beispiel für die hochselektive Wirkung der Ziegler-Katalysatoren, in Europa zunächst nicht so sehr beachtet wie die Entwicklung in Mailand, erarbeiteten Mitarbeiter der B.F. Goodrich and Gulf Oil Company in Akron, Ohio. Der Forschungsleiter der Goodrich, Dr. Waldo Semon, informierte Karl Ziegler Ende 1954, etwa zwei Monate nach Abschluss des Lizenzvertrages zu Polyolefinschutzrechten Zieglers, dass Mitarbeiter von ihm mit Ziegler-Katalysatoren Isopren zu Polyisopren polymerisiert hätten, das aufgrund seines hohen cis-1,4-Gehaltes Eigenschaften des natürlichen Kautschuks habe (vgl. Seite 35, Absatz 1). Sein Mitarbeiter, S.E. Horne, habe die Rezeptur für die Polymerisation von Ethylen, die er nach dem Optionsvertrag Goodrich/Ziegler von Martin erhalten hatte, nachgearbeitet und das Ergebnis bestätigt. Im weiteren Verlauf versuchte er, die Hitzebeständigkeit des Polyethylens durch Zusatz von kleinen Mengen Isopren zu verbessern. Das Ziel war eine Vernetzung des Polymeren analog der Technologie, wie von der Herstellung des Butylkautschuks bekannt. Das Produkt, im Infrarot analysiert, erwies sich als eine Mischung aus Polyethylen und Polyisopren, wobei das Polyisopren nach Abtrennen des Polyethylens die Strukturmerkmale des natürlichen Kautschuks aufwies.

Bei Vergleich der Versuchsparameter mit denen aus dem Max-Planck-Institut vom Januar 1954 (Kap. I [109]) fällt auf, dass Horne Isopren, Martin Butadien, Horne das gleiche Aluminiumalkyl (Aluminiumtrioktyl), aber mit einem wesentlich geringeren Molverhältnis zum Titantetrachlorid, nämlich 1:1 bei gleicher absoluter Menge Titantetrachlorid, gewählt hatte.[13] Die äußeren Bedingungen (inerte Kohlenwasserstofflösungsmittel, Temperatur und Versuchsdauer) waren praktisch gleich. Die Ausbeuten – Horne 55 g, Martin 38 g – waren von gleicher Größenordnung. Drei Merkmale waren aber entscheidend für die unterschiedliche Bewertung der Produkte: Einmal war die hoch entwickelte Analysentechnik, insbesondere die Infrarotanalyse, von Polydienen bei einer Kautschuk und Gummi verarbeitenden Industriefirma eine selbstverständliche, mit Erfahrung ausgestattete Einrichtung, die im Max-Planck-Institut für Kohlenforschung in Mülheim in dieser Form fehlte. Zum anderen war die Verfügbarkeit und Reinheit der Monomeren in Mülheim nicht gegeben. Da es diese Nachteile bei Horne in Brecksville (Akron, Ohio) nicht gab, führte ihn die Anwendung der Ziegler-Rezeptur unvoreingenommen zum beschriebenen Befund. Und schließlich war Ziegler vom eigenen Ergebnis Polybutadien vergleichsweise zu Polyethylen nicht sehr beeindruckt, weil er aus eigener Erfahrung in den dreißiger Jahren die Effektivität der Butadienpolymerisation z. B. an metallischem Natrium [147] oder Lithiumalkylen kannte und jetzt bei den bedeutenden Ergebnissen der leichten Polymerisation von Ethylen die Priorität setzte. Interessant war in dem Zusammenhang, dass Horne natürlich weitere Versuche anstellte, wobei die unmittelbar nächsten Experimente negativ ausfielen, d. h., eine Polymerisation fand nicht statt. Eine Spekulation, was passiert wäre, wenn einige erste Versuche negativ ausgefallen wären, ist wohl nicht angebracht. Glück in Anspruch zu nehmen ist legitim.[14]

13) Zum Zeitpunkt der Versuche im Januar 1954 war der Einfluss des zitierten Molekularverhältnisses nicht bekannt. Aus Gründen der Beseitigung von Verunreinigungen wurde ein Überschuss Organoaluminiumverbindung gewählt. Zum Zeitpunkt der Versuche von Horne hatten Ziegler und Martin Goodrich über Einfluss der unterschiedlichen Molverhältnisse von Aluminiumverbindung zu Titanverbindung und ihre selektive Wirkung bereits informiert [146].

14) Wie später gefunden, katalysieren Mischungen aus $AlEt_3$ und TiJ_4 beim Isopren keine Polymerisation, $AlEt_3$ und TiF_4 keine Polymerisation des Butadiens, $LiAlH_4$ und TiJ_4 75–95 % trans-1,4-Polybutadien und auch trans-1,4 Polyisopren und $TiCl_4$ anstelle von TiJ_4 über 80 % 1,2-Polybutadien [148].

In den USA konkurrierten zu Beginn des Zweiten Weltkrieges die „Big Four" Gummihersteller – BF Goodrich Co., Firestone, Goodyear und US Rubber – um den Markt. Forschung und Entwicklung wurden von der US-Regierung unterstützt. Die Hoffnung, auf irgendeinem Weg ökonomisch die Synthese des Naturkautschuks nachzuvollziehen, war aber trotz Informationsaustausches unter den US-Firmen nicht sehr groß.

Der Informationskanal, den BF Goodrich und Gulf Oil Co. zu Beginn der fünfziger Jahre über die Ruhrchemie in Deutschland hatten, führte zu Zieglers neuen Katalysatoren.

Die jetzt von Horne mit Ziegler-Katalysatoren synthetisierten cis-1,4-Polyisoprene wurden in den USA als ein großer wissenschaftlicher Erfolg gefeiert. Die Bekanntmachung über die Presse erfolgte am 3. Dezember 1954, einen Tag nach dem Prioritätsdatum des Basispatentes [149]. Eigentümer des Schutzrechtes war Goodrich Gulf Chemicals Inc. in Pittsburgh, Pennsylvania. In der Presseverlautbarung wurden weder der Erfinder Horne noch Karl Ziegler erwähnt, aber Horne erhielt den berühmten „One Dollar" als Erfinder, eine in den USA üblicherweise praktizierte Anerkennung.[15] Zur Erinnerung waren auf der Dollarnote die Unterschriften von Vorstandsmitgliedern zu lesen.

Die anderen großen Gummifabrikanten waren zusammen mit Goodrich über einen Pool-Vertrag verbunden, in dem der ständige Informationsaustausch verpflichtend geregelt war. Es ist nicht sicher, ob auch eine gegenseitige Freilizenz für alle Beteiligten des Pools vorgesehen war. Die Poolpartner mahnten bei Goodrich jedenfalls ihre Rechte an. Goodrich löste zunächst die Situation mit dem Hinweis, dass der Vertrag mit Ziegler eine Weitergabe der technischen Informationen untersage. Sie hielt sich an diese Verabredung bis über den Herbst 1955 hinaus, sodass auf wissenschaftlichen Tagungen lediglich Chemiker von Firestone ihre Alkalimetallkatalysatoren und deren Eigenschaften in der Polymerisation von Dienen unter großem Beifall offenbarten und Goodyear Versuchsergebnisse unter Verwendung dann bekannter Ziegler-Katalysatoren veröffentlichte, wohl ahnend, dass die Priorität hierzu bei Goodrich lag. Nach jahrelangen gerichtlichen Auseinandersetzungen akzeptierte Goodrich die Forderung, den anderen Partnern des Pools eine Unterlizenz anzubieten.[16]

Eigentlich hatte Firestone Polydiene mit hohem cis-Anteil auf anderem Weg vor den Versuchen von Horne erfolgreich synthetisiert, aber die Resultate nicht konsequent verfolgt, da offensichtlich das Interesse mehr bei

15) Bei der Firma Esso erhielt ein Erfinder neben dem Dollar noch einen Kugelschreiber mit dem Aufdruck „Esso Inventor".

16) Erst im Jahr 1960 wurde in einem Vergleich zwischen der US-Regierung und Goodrich Gulf sichergestellt, dass Goodrich anderen Interessenten zu angemessenen Bedingungen Lizenzen zu erteilen habe.

Copolymeren lag (Butadien/Styrol). Immerhin hatte Dr. F. Foster, ein Mitarbeiter von Dr. F. Stavely, angeregt durch die frühen zieglerschen Arbeiten mit metallischem Natrium, versucht, Lithium auf Butadien anzusetzen. Das Ergebnis, cis-Anteil etwa 35 %, war noch nicht ermutigend, wurde aber interessant in der Kombination mit Isopren. Patentanmeldungen oder Publikationen über die bis dahin erreichten Optimierungen gab es nicht. Erst im August 1955 trat Firestone mit „cis-1,4-Polyisopren" an die Öffentlichkeit. Bis dahin war der cis-1,4-Anteil bis auf 94 % verbessert worden, nicht genug im Vergleich zu 98 % im Naturkautschuk. Bessere Resultate erzielte die Verwendung von Lithiumalkylen in Form von Lösungen.

Goodyear versuchte einerseits, über einen Kooperationsvertrag mit Firestone Know-how zu sammeln, und schloss andererseits mit Ziegler im Jahr 1960 einen Lizenzvertrag [150] über die selektive Herstellung von Dimeren[17] aus Propen [151] mit dem Ziel ab, sich von den Ölfirmen bezüglich der Dienlieferungen unabhängig zu machen. Aus der Produktion von insgesamt 860.000 t dimerem Propen in der Restlaufzeit des relevanten Schutzrechtes zwischen 1962 und 1971 vereinnahmte das Max-Planck-Institut für Kohlenforschung über die Studiengesellschaft Kohle mbH ca. $ 1.9 Millionen Lizenzabgaben. Auf diesem Weg profitierte Ziegler von der Entwicklung des Polyisoprenmarktes.

Etwa vier Monate nach der ersten Goodrich-Prioritätsanmeldung in den USA [149] folgten aufgrund der erarbeiteten Versuchsergebnisse zwei weitere Patentanmeldungen [152, 153]. Die Erweiterung betraf zwei Befunde: Erniedrigte man das Aluminium/Titan-Verhältnis auf 0,7–0,33 Al:1 Ti, so veränderte sich die Struktur des Polyisoprens zu praktisch ausschließlich trans-1,4-Aufbau. Das Gleiche galt für Butadien. Obwohl sich der Schutz in der ersten Patentanmeldung [149] nur auf Polyisopren erstreckte, enthielt sie erstmals zwei Beispiele, gemäß derer bei einem Verhältnis von 1 Al:1 Ti bzw. 1,5 Al:1 Ti Butadien zu einem Gemisch aus cis- und trans-1,4-Polybutadien umgesetzt wurde. Das zweite Schutzrecht enthielt darüber hinaus noch die Verwendung anderer Schwermetallverbindungen, wie die des Vanadiums, Zirkons, Chroms, Wolframs und Eisens in Form ihrer Chloride oder Acetylacetonate zusammen mit Verbindungen vom Typ R_2AlCl anstelle von R_3Al. Rezepturen für die Herstellung von reinem cis-1,4-Polybutadien fehlten bis dahin, wurden aber in intensivster Forschung in mehreren Teams weltweit verfolgt. Die Lücke wurde später auf zwei Wegen geschlossen. Einmal fanden Horne und Carlson, dass der Aluminiumtrialkyl/Titantetrachlorid-Katalysator (2.5:1), vor Anwendung auf 50–100 °C

17) Das Dimere des Propens, 2-Methyl-Penten-1, wurde im so genannten „Scientific-Design"-Verfahren in Beaumont isomerisiert und das Produkt, Methyl-penten-2, anschließend zu Isopren und Methan pyrolysiert.

erhitzt, den Anteil an cis-Konfiguration im Polymeren erhöhte [154], eine physikalisch abgewandelte Verfahrensvariante. Die elegantere Lösung ließ sich durch Anwendung eines löslichen Kobaltkatalysators aus einem wasserfreien Kobaltchlorid und entweder einer Organoaluminiumverbindung [155] allein (z. B. i-Bu$_2$AlCl) oder mit einer Mischung aus Alkylaluminiumdichlorid und Dialkylaluminiumchlorid [156] erreichen. Über 95 % des Polymeren bestanden aus cis-1,4-Einheiten. Dass Kobalt sich als das Schwermetall der Wahl erwies, war nicht vorhersehbar.

Die Überraschung wurde aber erst perfekt, als D.R. Smith und R.P. Zelinski aus dem Forschungskreis in Bartlesville, Oklahoma, Mitarbeiter der Phillips Petroleum Company, als Erfinder einer Patentanmeldung vom 17. Okt. 1955 [157] mit dem Titel: „Gummiartige Polymere des 1,3-Butadiens mit hohem Anteil an cis-1,4-Struktur" genannt wurden. Die Forscher hatten gefunden, dass man bei Ersatz des Titantetrachlorides durch Titantetrajodid bei der Präparation des Katalysators zusammen mit Aluminiumtriisobutyl (Aluminiumtrialkyle) bei der Einwirkung auf Butadien praktisch gelfreies Polybutadien[18] erhalten kann. Nur langsam klärte sich die Prioritätssituation und wurde eigentlich erst in den späten sechziger Jahren voll gewürdigt.

Natürlich war das Ergebnis der Herren Smith und Zelinski nicht ein isoliertes Resultat. Vielmehr deutete alles darauf hin, dass die Forschung bei Phillips Petroleum von der Polymerisation des Ethylens und Propens auf breiter Basis auf die der Diene ausgedehnt worden war (vgl. Kap. I, Seite 5–7).

Hatte man also zwei unterschiedliche, aber verlässliche Verfahren, Polybutadien mit hohem cis-Anteil herzustellen, zur Verfügung, so musste derjenige die Erfolgskrone für sich in Anspruch nehmen dürfen, der einen Stoffschutz für dieses bis dahin unbekannte hochprozentige cis-1,4-Polybutadien vereinnahmen konnte. In einem langjährigen Interference-Verfahren mit angeschlossener Verletzungsklage zwischen Phillips und Goodrich erhielt Phillips Petroleum den Zuschlag, erstmals ein Produkt – unabhängig vom Verfahren – mit über 85 % cis-1,4-Anteil hergestellt zu haben und beanspruchen zu können.

Einem „on-dit" zufolge wurde der Richter überzeugt, als mit einem Gummiball aus diesem synthetisierten Kautschuk eine höhere Elastizität, vergleichsweise zu einem Polybutadien niedrigeren cis-1,4-Anteils, demonstriert wurde: Der Ball sprang einfach höher zurück, als man beide Bälle aus gleicher Höhe fallen ließ.

---

18) Die Zugabe von Jod oder jodhaltigen Verbindungen unterdrückt bei der Polymerisation die Gelbildung. Das lösliche Polymere enthält 90 % cis-Anteil [158].

Natta und Mitarbeiter beteiligten sich ebenfalls an dem Rennen um die Priorität „Polydiene". Der Beitrag zur Dienpolymerisation ging dort von dem Befund aus, dass sich Propen mit festen Katalysatoren aus bevorzugt Titantrichlorid und Organoaluminiumverbindungen zu Polymeren mit höherem kristallinen Anteil umsetzen ließ. Am 12. März 1955 reichte die Firma Montecatini eine Patentanmeldung in Italien ein [159], in der die Herstellung von Polymeren aus konjugierten Diolefinen zu 1,4-Polymeren beschrieben und beansprucht war, wobei die Erfahrung einfloss, feste Katalysatoren aus Titantrichlorid oder Vanadintrichlorid mit Aluminiumtriethyl oder Zinkdiethyl einzusetzen. Die Polymeren wiesen überwiegend aber trans-1,4-Struktur auf.

Praktisch gleichzeitig wurde die Mischpolymerisation[19] von α- und Diolefinen mit den gleichen Katalysatoren geschützt [160]. Die Polymerisation von konjugierten Dienen in Richtung einer Bildung von überwiegend 1,2-Polydienen ist Gegenstand einer weiteren Anmeldung der Firma Montecatini mit der italienischen Priorität vom 15. Juli 1955 [161]. Lösliche Schwermetallverbindungen, insbesondere Titanalkoxide in Kombination mit Organoaluminiumverbindungen, wiesen diese selektive Polymerisationswirkung auf.

Erst ein Jahr später, Mitte 1956, beantragt Montecatini den Schutz zur Herstellung von Butadienpolymeren mit überwiegend cis-1,4-Konfiguration, synthetisiert mit einer Katalysatormischung aus Titantetrachlorid und Organoaluminiumverbindungen, wobei jetzt – wie durch die Forschergruppe der Goodrich Gulf bereits erkannt – das Molekularverhältnis Al:Ti bei 1–2,5:1 vorher eingestellt wurde. Allerdings ist eine angeschlossene Fraktionierung des Polymerisationsproduktes [162] mit Aceton, Methylethylketon und Ether erforderlich. Der Etherauszug enthält (Infrarotabsorption 13,6 μ) ein Produkt, bestehend aus bis zu 85 % cis 1,4-Struktur.

Informationen über die weitere Entwicklung bei Goodrich Gulf waren nur sehr spärlich, sodass Ziegler erst im Jahr 1958 anlässlich gegenseitiger Besuche nachfasste. Herr Crockett von Goodrich Gulf füllte die Informationslücke im Juni 1958 in einem Brief an Ziegler [163]. Schon kurz darauf wurden Inhalt und Abschluss einer vertraglichen Regelung zwischen beiden Parteien über die Verwertung von Schutzrechten erörtert, und es kam am 6. August 1958 zu einem Vertrag [164] über die Polymerisation von Diolefinen mithilfe von Ziegler-Katalysatoren zu gummiartigen Diolefinpolymeren, die in Goodrich-Gulf-Schutzrechten beansprucht waren. Die Vertragsänderungen 1960 betrafen zwei Erweiterungen, einmal die Aufnahme

---

19) Die Mischungen von Ethylen und konjugierten Diolefinen (Vinylcyclohexen) war Anfang 1954 von Martin in der Copolymerisation erprobt worden, ohne dass um Patentschutz ersucht wurde (vgl. Seite 20, Absatz 1).

von Verbindungen der Metalle der VIII. Gruppe, insbesondere Kobalt als Katalysatorkomponente, bei der Definition der Ziegler-Katalysatoren, zum Zweiten allgemein die Polymerisation von Dienen anstelle von Isopren.[20] Ziegler erhielt danach ein exklusives Recht, deutsche Schutzrechte von Goodrich Gulf in Lizenz zu vergeben. Das Exklusivrecht selbst war zwar lizenzabgabefrei, aber im Gegenzug erteilte Ziegler Goodrich Gulf eine nicht-ausschließliche Lizenz unter seinen amerikanischen und kanadischen Schutzrechten für Verfahren in dem jetzt neu vereinbarten Sachgebiet und weiterhin ein exklusives Recht für Goodrich Gulf, nicht-ausschließliche Lizenzen unter beider Schutzrechte in den USA und Kanada zu vergeben. Ziegler erhielt zunächst die vertragliche Zusicherung von 0,35 % des Nettoverkaufspreises als Lizenzabgabe sowohl aus der eigenen Goodrich-Gulf-Produktion als auch aus der Produktion von Goodrich-Gulf-Unterlizenznehmern. Der Export war unter Ausnahme von Deutschland, Italien und Großbritannien frei. Bei der Verhandlung der Lizenzsätze, insbesondere im geänderten Vertrag von 1960, schrieb Ziegler aus seinen Ferien in Sils Maria an seinen Patentanwalt von Kreisler [165], dass die angebotenen Absolutwerte 0,35 % bzw. 0,45 % „optisch unschön" seien, und er lieber über einen Verteilungsschlüssel zwischen Goodrich und Ziegler über die gemeinsamen Einnahmen verhandeln möchte. Man einigte sich [166], dass Goodrich aus der eigenen Produktion 0,35 % aus Verkäufen von Polyisopren und 0,5 % aus Verkäufen von Polybutadien an Ziegler abführte und aus Unterlizenzverträgen Ziegler mit 35 % an den Einnahmen teilnahm, wenn von Goodrich kein, bzw. mit 28 %, wenn ein technisches Know-how mitgeliefert wurde.

Zur Lizenzvergabe durch Ziegler in Deutschland gehörte, dass der Lizenznehmer eine Vorauszahlung von mindestens US $ 100.000 leistete, und es waren weitere Vorauszahlungen für in die Produktion gehende technische Anlagen nach Größe ihrer Kapazität vorgesehen.

Die vertragliche Absicherung Zieglers durch Goodrich Gulf im Jahr 1958 war der Auslöser, auch mit Montecatini eine vertragliche Lösung anzustreben, wobei eine Regelung der Kombination von Ziegler-Katalysatoren mit Befunden zur Dienpolymerisation durch die Natta-Schule bzw. Montecatini erreicht werden sollte. Der dritte Poolvertrag [167] wurde Mitte 1958 von den Parteien, Montecatini und Ziegler, unterschrieben. In Anlehnung an die beiden ersten Verträge bezüglich der Polymerisation und Copolymerisation von α-Olefinen wurde jetzt die Vergabe von Lizenzen auf dem Gebiet der Polymerisation von Diolefinen – insbesondere Isopren und/oder Buta-

---

20) Zu diesem Zeitpunkt war die Priorität für Polyisopren bereits für Goodrich Gulf sicher vor allen Konkurrenten. Für Polydiene allgemein, insbesondere das analoge cis-1,4-Polybutadien, war die Lage vergleichsweise unbestimmt.

dien – geregelt, wobei Ziegler in Deutschland und Montecatini in Italien Eigentümer und Verfügungsberechtigte waren und im übrigen geographischen Bereich Montecatini die Verwertung ausschließlich auch im Namen von Ziegler für sich selbst reservierte. Kosten und Erlöse teilten sich die Parteien im Verhältnis 80 % Montecatini und 20 % Ziegler. Die Tendenzen und Absichten Montecatinis wurden deutlicher, die Position eines Generallizenzgebers auch für Ziegler auszubauen.

In der Nachschau erschien es interessant, dass Ziegler, der im Bereich der Polymerisation von Dienen ja nur Schutzrechte zu seinen eigenen Katalysatoren, nicht aber bei der Verwendung dieser Katalysatoren zur Herstellung von Polydienen hatte, sich sowohl Einkünfte aus den Entwicklungen bei Goodrich Gulf als auch bei Montecatini zu sichern suchte, wobei das Ergebnis bei Goodrich Gulf wesentlich günstiger war als bei Montecatini und – wie die Historie zeigt – das tatsächlich eingefahrene Ergebnis aus der weltweiten Produktion nur in Zusammenarbeit mit Goodrich Gulf möglich geworden war. Die Natta-Schule hatte zwar in glänzenden Publikationen die Strukturmerkmale der neuen Polydiene wissenschaftlich aufgearbeitet, aber ihr Förderer, die Montecatini Società Generale, hatte nicht eine einzige Lizenz in diesem Bereich vergeben. Noch einmal an dieser Stelle die Prioritäten:

Katalysatoren aus Titanhalogeniden oder Kobaltverbindungen jeweils zusammen mit Organoaluminiumverbindungen sind Ziegler-Katalysatoren und in Ziegler-Schutzrechten beansprucht. Prioritäten für die spezielle Anwendung dieser Katalysatoren für die Polymerisation von insbesondere Dienkohlenwasserstoffen, Isopren und Butadien, gehen auf Goodrich Gulf (Kobaltkatalysatoren) bzw. Phillips Petroleum (Titanjodid-Katalysatoren) zurück, soweit die selektive Polymerisation zu cis-1,4-Polymeren betroffen war. Montecatini ging hier leer aus. Den Stoffschutz für Polybutadien mit hohem cis-1,4-Anteil erkämpfte sich Phillips gegen Goodrich in einem langjährigen gerichtlichen Verfahren.[21]

Auch patentrechtlich ist das Ergebnis von hohem Interesse. Zu diesem Zeitpunkt war in Deutschland ein absoluter Stoffschutz, so wie in den USA praktiziert, im Patentgesetz nicht vorgesehen. In den USA erkannte Goodrich Gulf, dass die Ziegler-Katalysatoren mit großer Wahrscheinlichkeit als „neue Stoffe" einen Stoffschutz per se, d. h. unabhängig von ihrer Herstellung genießen würden und dass der Zugang zu ihnen auf dem Lizenzweg wünschenswert erschien. In Europa fehlte Ziegler der Verfahrensschutz für die Umwandlung von Dienkohlenwasserstoffen und, da es keinen Stoff-

---

21) 1. vgl. Seite 34, letzter Abs. – Seite 35, Abs. 1,
Laudatio zur Verleihung des Nobelpreises an
G. Natta

2. vgl. S. 197, Abs. 2, S. 199, letzter Abs.
(Kapitel V; [26]), Zieglers vergeblicher Angriff
auf Phillips Petroleum.

schutz gab, wäre Ziegler leer ausgegangen, wenn er den Verkauf des Katalysator-Stoffschutzes in den USA nicht gegen den Goodrich-Gulf-Verfahrensschutz in Deutschland eingetauscht hätte.

Noch war das Schutzrechtspaket Ziegler/Goodrich Gulf nicht vollständig, da – wie oben bereits angedeutet – der Interessenkonflikt zwischen Phillips Petroleum und Goodrich Gulf zum Patentstoffschutz für cis-1,4-Polybutadien gelöst werden musste. Phillips Petroleum verglich 1968 die von ihr gegen Goodrich Gulf angestrengte Verletzungsklage, als Goodrich Gulf bereit war, $ 1.4 Millionen als Lizenz zu zahlen [168]. Goodrich Gulf konnte diese Lösung umso eher anstreben, als der Vertrag Goodrich Gulf/Ziegler erlaubte, 50 % dieser Zahlung an Phillips bei zukünftigen Zahlungen an Ziegler abzuziehen, da Ziegler anerkennen musste, dass der Patentstoffschutz von Phillips beherrschend für die Produktion von cis-1,4-Polybutadien war (Dominating patent clause).

Bei rechtzeitigem Informationsaustausch wäre eine Dreiecksvereinbarung zwischen Ziegler, Goodrich Gulf und Phillips Petroleum die elegantere Lösung gewesen, dies beschränkt auf die hier behandelte Geschichte des Polybutadiens und -isoprens. Aber auch im gesamten Bereich der Entwicklung der Ziegler-Katalysatoren und ihrer Anwendung in der Produktion von Polyolefinen wäre eine Kooperation zwischen Ziegler und Phillips die ideale Kombination für eine optimale Marktentwicklung gewesen. Zu diesem Zeitpunkt wäre das Selbstbewusstsein eines Karl Zieglers mit der Geschäftsphilosophie eines amerikanischen Ölkonzerns aus dem Mittelwesten unvereinbar gewesen, um eine gemeinsame Politik zu betreiben, wenn sie denn überhaupt zur Diskussion gestanden hätte. So war der Konflikt mit Phillips Petroleum vorprogrammiert.

Phillips besaß Patentschutz und Know-how für eine kommerzielle Produktion von linearem, hochkristallinem Polyethylen, das mit dem Warenzeichen „Marlex" sehr früh auf dem Markt war. Die dabei verwandten Katalysatoren aus Chromoxiden fielen zwar nicht unter Ziegler-Schutzrechte, das Verfahren war aber in Bezug auf Produkt und Parameter mindestens gleichwertig. Darüber hinaus erkämpfte Phillips Petroleum, wie bereits angedeutet[22], einen Stoffschutz für kristallines Polypropylen als neuen Stoff, eine vergleichsweise zu Ziegler glänzende Konkurrenzsituation.

Später wurde deutlich, dass diese Situation zwar einerseits zum Ausgleich zwischen Goodrich Gulf und Phillips Petroleum führte, andererseits aber Ziegler allein und zusammen mit Goodrich Gulf versuchte, Phillips

22) Vgl. hierzu Kapitel I, Seite 6: Wie dort ausgeführt, stellte der Richter ausdrücklich fest, dass ein thermoplastisches Polypropylen von Phillips Petroleum nicht belegt wurde. Der Stoffschutz wurde aber dahingehend nicht eingeschränkt, dass nur Wachse gemeint sind. Beide – Wachse und Thermoplaste aus Polypropylen – enthalten kristalline Anteile.

Petroleum patentrechtlich zu bekämpfen, in den USA ohne, in Europa mit Erfolg.

Die erste fruchtbare Umsetzung der Vereinbarungen mit Goodrich Gulf war eine Lizenz Zieglers an die Chemischen Werke Hüls zu Beginn 1960. Es war die einzige Ziegler-Lizenz in Deutschland im Bereich der Polydiene. Von 1964–1977 wurden rund 280.000 t Polydiene dort produziert. Die Studiengesellschaft Kohle mbH vereinnahmte aus diesem Vertrag rund 6.4 Millionen DM bei einem Lizenzsatz von 2,25–1,125 % Lizenzabgabe, berechnet auf den Verkaufspreis.

Als weiterer potenter Inhaber von Schutzrechtsanmeldungen, die sich inhaltlich mit der Anwendung von Kobaltkatalysatoren auf die Polymerisation von Butadien mit hohem cis-1,4-Strukturanteil befassten, betrat nun auch die niederländische Shell International Research Maatschappij N.V. die Bühne. Shell befürchtete, nicht die besten Prioritäten zu besitzen, und suchte eine vertragliche Vereinbarung zunächst mit Goodrich [169], die Anfang 1961 zustande kam. Darin erhielt Shell eine Lizenz für Frankreich mit einer zeitlich beschränkten Exklusivität auf Schutzrechte von Goodrich für so genanntes „Kobalt"-1,4-Butadien-Gummi als auch „nicht-Kobalt"-1,4-Butadien-Gummi: Erstellte Shell innerhalb von vier Jahren eine 15.000-t-p.a.-Anlage, so hatte sie vertragsgemäß Anspruch auf Verlängerung der Exklusivität. Die Unterschiede zu äquivalenten Schutzrechten von Goodrich waren relativ klein. In den beanspruchten Polymerisationsverfahren enthielten die Rezepturen chlorreiche Alkylaluminiumverbindungen oder den Zusatz kleiner Anteile dritter Komponenten. Die früheste Priorität wurde mit dem 6. November 1957, also ein halbes Jahr nach Goodrich, dokumentiert. Alle weiteren Schutzrechte wurden in den Jahren 1958 und 1959 angemeldet [170]. Über seinen Vertrag mit Goodrich erhielt Ziegler Zugang zu den Schutzrechten der Shell in Deutschland.

In den Jahren 1961–1962 wurde – angeregt durch Goodrich – der Versuch gemacht, die Interessen aller Beteiligten mit Ausnahme von Phillips Petroleum – also Goodrich, Shell, Montecatini und Ziegler – unter eine vertragliche Regelung zu summieren, ein in der Nachschau nicht nur sehr kompliziertes, sondern auch kaum zu praktizierendes Unterfangen. Ohne Kenntnis der endgültigen Prioritäten – also einer unklaren Lage der Schutzrechtsprioritäten der Beteiligten – wurde im traditionsreichen Bürgenstock-Hotel oberhalb von Luzern über die Verteilung von Anteilen aus zukünftig gemeinsamen zu erwartenden Einnahmen verhandelt. Die Lektüre des Verhandlungsprotokolls hinterlässt den Eindruck einer fast pokerhaften Verhandlungsführung. Im Oktober 1962 wurde der Text einer Vereinbarung mit weltweiter Gültigkeit unterschrieben [171], wobei die Parteien sich nicht nur gegenseitig Lizenzen an ihren Schutzrechten erteilten, sondern der Verteilungsschlüssel von Lizenzeinnahmen von Dritten aus unterschiedlichen Ländergruppen festgelegt wurde. Von einer Lizenzabgabe von insgesamt 3 % des Verkaufspreises von cis-Butadien-Gummi erhielt Ziegler 10 %, Shell zwischen 10 und 20 %, Montecatini zwischen 10 und 50 % und Goodrich jeweils den Rest. Man muss den Verhandlungsführern von Montecatini und Shell ein Kompliment machen, mit relativ bescheidener Schutzrechtslage dieses Ergebnis erhandelt zu haben.

Bis Mitte 1969, so berichtete Montecatini an Ziegler [172], waren keine Einnahmen unter dem Vier-Parteien-Vertrag über „Hoch-cis-Polybudadien-Gummi" verbucht worden. In diesem Zusammenhang hatte keine Produktion stattgefunden.

Die Erkenntnis, dass ein großes Volumen der kommerziell angewandten Katalysatoren für die Polymerisation von Dienen Ziegler-Katalysatoren waren, fand erst 1967 und 1971 durch die Verleihung der „International Synthetic Rubber Medal of 'Rubber and Plastic Age'" und der „Carl-Dietrich-Harries-Plakette der Deutschen Kautschukgesellschaft" an Karl Ziegler ihren anerkennenden Ausdruck.

Literatur

1 Satzung der Studien- und Verwertungsgesellschaft mbH vom 26. Okt. 1925
2 Liste der Gesellschafter der Studien- und Verwertungsgesellschaft, Stand 1.1.1953
3 O. Horn, Farbwerke Hoechst, Aktennotiz vom 15.02.1952
4 K. Ziegler et al, Brennstoff-Chemie Nr. 11/12 Bd. 33, 1952,193
5 Vertrag Studien- und Verwertungsgesellschaft/Farbwerke Hoechst vom 21.9./28.11.1952
6 Eishold, Hoechst, Aktennotiz vom 06.07.1953 und Brief Eishold an Ziegler vom 23.10.1953
7 Hoechst/Studien- u. Verwertungsgesellschaft mbH, Vereinbarung vom 12.11.1953
8 Horn, Scherer, Aktennotiz Hoechst vom 25.11.1953
9 Horn an Ziegler vom 11.12.1953, Ziegler an Horn vom 14.12.1953
10 Horn, Scherer, Aktennotiz Hoechst vom 12.01.1954
11 Farbwerke Hoechst/Studien- und Verwertungsgesellschaft, Vereinbarung vom 13.01.1954
12 Ziegler an Scherer, Versuchsbeschreibung zur Polymerisation von Ethylen vom 28.01.1954
13 Scherer, Farbwerke Hoechst, Notiz über den Besuch bei Ziegler am 27./28.01.1954
14 Ziegler an Sieglitz vom 21.07.1954
15 Farbwerke Hoechst AG/Studien- und Verwertungsgesellschaft, Lizenzvertrag vom 06./23.08.1954
16 Petrochmicals Ltd./Ziegler, Briefvertrag vom 16./30.09.1952
17 K. Ziegler vom 15.04.1953 und 10.10.1953, Brief E.T. Borrows vom 12.10.1953; Brief Ziegler vom 20.11.1953; Brief Borrows 14.12.1953
18 Petrochemicals Ltd. (Robert Robinson)/Karl Ziegler, Lizenzvertrag vom 02.03.1954
19 K. Ziegler an E.T. Borrows vom 21.07.1954

20 Borrows an Ziegler vom 29.07.1954

21 Ziegler an Borrows vom 14.09.1954

22 Ziegler an Borrows vom 04.10.1954

23 Borrows an Ziegler vom 08.10.1954

24 Announcement Petrochemicals Ltd. vom 10.12.1954

25 Petrochemicals Ltd./Karl Ziegler, Supplemental-Vertrag vom 08.02.1955

26 Ziegler an Petrochemicals vom 08.02.1955

27 Satzung der Stiftung Max-Planck-Institut für Kohlenforschung, Mülheim an der Ruhr

28 Lindemann, Max-Planck-Institut für Kohlenforschung, Aktennotiz vom 17.12.1953 über eine Zusammenkunft von Herren des Rhein.-Westfäl. Bergbaues mit Karl Ziegler im Max-Planck-Institut für Kohlenforschung

29 Dr. H. Tramm, Ruhrchemie AG, an Prof. K. Ziegler vom 16.12.1953

30 Ziegler an Tramm vom 16.01.1954

31 Studien- und Verwertungsgesellschaft/ Steinkohlenbergbauverein, Vertrag vom 3. März 1954

32 Erster Begleitbrief Zieglers zum Vertrag mit dem Steinkohlenbergbauverein vom 3. März 1954

33 Zwei weitere Begleitbriefe Zieglers zum Vertrag mit dem Steinkohlenbergbauverein vom 3. März 1954

34 Programm Ruhrchemie für die Besprechung mit Ziegler vom 02.03.1954

35 Ruhrchemie AG/Studien- und Verwertungsgesellschaft (Bergwerksverband), Optionsvertrag vom 26.05.1954

36 Hercules Powder & Co./Ziegler, Briefvertrag vom 10. September 1952

37 D. R. Wiggam, Hercules, an Ziegler vom 6. März 1953

38 Ziegler an Hercules vom 17. April 1953

39 Hercules an Ziegler, Vertragsentwurf vom 9. Oktober 1953

40 Ziegler an Hercules vom 2. Dezember 1953

41 Ziegler an Hercules vom 22. Dezember 1953

42 Ziegler an Hercules vom 13. Februar 1954

43 Steinkohlenbergwerksverein an Ziegler am 18. Juni 1954

44 Ziegler an Hercules vom 23. Juni 1954

45 Hercules/Ziegler, zwei Verträge vom 24. September 1954, „Polyolefin Contract" und „Technical Field Contract"

46 Ziegler an Hercules vom 24. September 1954

47 Max-Planck-Gesellschaft zur Förderung der Wissenschaften e. V./Max-Planck-Institut für Kohlenforschung/Karl Ziegler, Vertrag vom 22.12.1955

48 W.I. Burt, The Gulf Companies, an Ziegler vom 22. Mai 1954

49 Karl Ziegler./.Goodrich-Gulf Chemicals Inc., Vertrag vom 2./15.09.1954

50 Koppers Company Inc./Ziegler, Optionsvertrag vom 22. Juli 1954

51 Koppers an Ziegler vom 3. Mai 1955

52 Prospekt Koppers vom 6. Juni 1955

53 Dr. W. Hirschkind, Dow Chemical, an Ziegler vom 19. Juli 1954

54 Ziegler an Hirschkind vom 27. September 1954

55 Dow Chemicals Corp./Karl Ziegler, Optionsvertrag vom 22. November 1954

56 Dow Chemical/ Karl Ziegler, Lizenzvertrag 22. November 1954

57 Ziegler/Dow, Briefvertrag vom 30. November1954

58 von Kreisler an Ziegler vom 11. Jan. 1955

59 Union Carbide and Carbon Chem. Corp. an. Ziegler vom 7. April 1954

60 von Kreisler an Prof. K. Ziegler vom 26. Oktober 1954

61 Ziegler an von Kreisler vom 28. Oktober 1954

62 Union Carbide and Carbon Corp./ Ziegler, Optionsvertrag vom 23./24. November 1954

63 von Kreisler an Ziegler vom 23.12.1954

64 Union Carbide an Ziegler vom 23. Dezember 1954

65 Ziegler an Union Carbide, Vertragsergänzung vom 7. November 1955

66 Union Carbide/Karl Ziegler, Vertrag vom 20. Januar 1956

67 Union Carbide/Karl Ziegler, Vertrag vom 21. Januar 1956 und Brief gleichen Datums

68 E.B. Seaton, Monsanto, an Karl Ziegler vom 7. April 1954

69 J. W. Barrett an Karl Ziegler vom 28.9.1954

70 Ziegler an von Kreisler vom 10. Dezember 1954

71 von Kreisler an Monsanto vom 20. Dezember 1954

72 Monsanto Chemical Corp./Ziegler, Vertrag vom 10. Januar 1955

73 D. S. Weddell, Monsanto, an Ziegler 23. Dezember 1954

74 Monsanto an Ziegler vom 15. und 27. Januar 1955

75 Esso AG, Hamburg, an Ziegler vom 25. November 1954

76 Ziegler an von Kreisler vom 25. Januar 1955

77 von Kreisler an Standard Oil Development vom 6. Januar 1955 mit Vertragsentwurf

78 Ziegler an Standard Oil Development vom 26. Januar 1955 mit Vertrag vom 7. Februar 1955, einschließlich anhängender Korrespondenz

79 von Kreisler an Esso Research and Engineering Comp. vom 7. März 1955

80 Ziegler, von Kreisler/Asbury, Whelan – Aktennotiz vom 19. März 1955

81 Esso Research and Eng. Co./Ziegler, Vertrag vom 23. Juni/3. August 1955

82 Asbury an von Kreisler vom 12. Januar 1956

83 von Kreisler an Asbury vom 17. Januar 1956

84 Esso AG, Hamburg, an Ziegler vom 2. Februar 1956

85 Esso Research and Engineering Company an von Kreisler vom 3. August 1956

86 G. S. Garstin, Du Pont an Frau Ziegler vom 30.08.1954 und an Prof. Ziegler vom 11.11.1954

87 Montecatini, Petrochemicals Ltd., Farbwerke Hoechst AG, Ruhrchemie (siehe Kap. IV, Lit 1)

88 Garstin an Ziegler vom 25.11.1954 mit Appendix und Memorandum

89 Du Pont/Ziegler, Vertrag vom 3. Februar/18. März 1955

90 Du Pont/Ziegler, Vertrag vom 3. Mai 1955

91 Du Pont/Ziegler, Vertrag vom 24.September 1956 (Copolymere)

92 Ziegler an von Kreisler vom 21.12.1954

93 von Kreisler an Ziegler vom 23.12.1954

94 T. Ishida, Mitsui Chem., an Ziegler vom 05.01.1955 und Vertrag vom 06.01.1955

95 von Kreisler an Patentanwälte Vogt und Sonderhoff vom 15.02.1955

96 Nippon Kikai Boeki Kaisha, Ltd. vom 31.03.1955 und Ishida vom 08.04.1955 an Ziegler

97 Karl Ziegler/ Mitsui Chemical Industry, Lizenzvertrag vom 24.06./15.08.1955

98 Ziegler an Ishida vom 19.10.1955

99 Ishida an Ziegler vom 17.09.1955

100 Mitsui/Ziegler, Vertrag vom 01.11.1955

101 Ishida an Ziegler vom 07.11.1955

102 A. Wimmelmann, Steinkohlenbergbauverein, an Mitglieder des Vorstandes des Steinkohlenbergbauvereins vom 18. August 1954

103 A. Wimmelmann an Kellermann vom 17. August 1954

104 H. Reintges an Ziegler vom 6. Oktober 1954

105 „Arbeitsgemeinschaftsvertrag" vom 6. Oktober 1954 mit Niederschrift über die Gründungsversammlung der Arbeitsgemeinschaft für Olefinchemie (gez. von Broche, Reerink, Reintges)

106 Arbeitsgemeinschaft für Olefinchemie an Ziegler vom 30. Oktober 1954

107 Arbeitsgemeinschaft für Olefinchemie an Ziegler vom 4. Februar 1955

108 Ziegler an Reintges vom 8. Dezember 1954,

109 1968–1997: Einnahmen BWV unter „Zieglerverfahren" und „Destraktionsverfahren"

110 Studien- und Verwertungsgesellschaft mbH/Bergwerksverband GMBH, „Europa-"Vertrag vom 20.12.1954

111 Studien- und Verwertungsgesellschaft an Bergwerksverband vom 20. Dezember 1954

112 Steinkohlenbergbauverein an Studien- und Verwertungsges. vom 12. Dezember 1955

113 Bergwerksverband an Studien- und Verwertungsges. vom 20. Dezember 1954

114 Studien- und Verwertungsgesellschaft mbH/Bergwerksverband GmbH, Vertrag vom 21. Dezember 1955 und Begleitbrief Ziegler

115 Studien- und Verwertungsgesellschaft mbH, jetzt Studiengesellschaft Kohle mbH/Bergwerksverband GmbH, Zusatzvertrag zu dem Vertrag vom 21.12.1955 vom 30.03./01.04.1960

116 Studien- und Verwertungsgesellschaft mbH/Bergwerksverband GmbH, Vertrag vom 15.12.1955

117 Studien- und Verwertungsgesellschaft mbH, jetzt Studiengesellschaft Kohle mbH/Bergwerksverband GmbH, Zusatzvertrag zu dem Vertrag vom 15.12.1955 vom 27.1./21.03.1960

118 Max-Planck-Institut für Kohlenforschung und Studiengesellschaft Kohle mbH, Vertrag vom 22. Dezember 1955

119 K. Ziegler, Geschäftsführer der Studiengesellschaft Kohle mbH, Bericht zur Gesellschafterversammlung am 3. Juli 1956

120 Studien- und Verwertungsgesellschaft, vertreten durch den BWV, und der Deutschen Erdöl-Aktiengesellschaft, Steinkohlenbergwerk Graf Bismarck, Vertrag vom 30. März/29. April 1955

121 Studien- und Verwertungsgesellschaft, vertreten durch den BWV, und der Mannesmann-Kokerei Aktiengesellschaft, Vertrag vom 28./29.03.1955

122 Studien- und Verwertungsgesellschaft, vertreten durch den BWV, und der Rheinpreussen AG, Optionsvertrag vom 9. Mai 1955

123 Studien- und Verwertungsgesellschaft, vertreten durch den BWV, und die Ruhrchemie AG, Optionsvertrag vom 26. Mai 1955

124 Studiengesellschaft Kohle mbH, vertreten durch den BWV, und der Rheinpreussen AG, Lizenzvertrag vom 31.08./21.11.1959

125 Studiengesellschaft Kohle mbH, vertreten durch den BWV, und die Ruhrchemie AG, Lizenzvertrag vom 3. Mai 1957

126 Studiengesellschaft Kohle mbH, vertreten durch den BWV, mit Gelsenkirchner Bergwerks-AG, Lizenzvertrag vom 10.03./28.09.1965 und Übertragung auf die Chemischen Werke Hüls AG vom 21.12.1965

127 Studien- und Verwertungsgesellschaft, vertreten durch den BWV, und Chemische Werke Hüls AG, Vertrag über Polyethylen vom 18./23.05.1955

128 Studiengesellschaft Kohle mbH, vertreten durch den BWV, und Chemische Werke Hüls AG, Vertrag über Polyolefine vom25.06./18.07.1957

129 Studien- und Verwertungsgesellschaft, vertreten durch den BWV, und Hibernia AG, Lizenzvertrag vom 13./23.09.1955

130 Studiengesellschaft Kohle mbH, vertreten durch den BWV, und Hibernia, Zusatzvertrag über Polypropylen vom 29.03/09.05.1958

131 Ziegler an Patentanwalt von Kreisler vom 9.2.1955

132 Montecatini (U 73), Ital. Patentanmeldung Nr 15927/54, Priorität 03. Dezember 1954, ital. Patent 526.101 – Verfahren zur Herstellung von linearem Kopf-Schwanz-Polypropylen bzw. Poly-α-butylen mit bevorzugter Struktur – selektive Polymerisation von Propylen, isotaktisch bzw. kristallin, Katalysator: $TiCl_3$ + $AlEt_3$ oder $ClAlEt_2$ – DE 1,302,122 vom 13.09.1979

133 Montecatini (U 73a), Ital. Patentanmeldung Nr. 27587/54, Priorität 16.12.1954 – ital. Patent 545,332 Katalysator: $TiCl_4$ + $Al(C_6H_{13})_3$ – DE OS 1,795,483, publiziert am 03.08.1972

134 483 Federal Reporter, 2d Series Karl Ziegler v. Phillips Petroleum Company No. 71-2650

United Staates Court of Appeals, Fifth Circuit, 13. Apr. 1973 (Kap. V [26]); bzw. K. Ziegler v. Dart, US District Court for the District of Delaware, Civil Action No. 3952, Urteil Richter C. Wright, Senior Judge, 05.10.1982, Seite 50/51 (Kap. V [181]); bzw. US Court of Appeals for the Federal Circuit, Appeal No. 83-591, Richter: Markey, Rich und Davis, Urteil 19.01.1984 (Kap. V [213])

135 Montecatini/Ziegler, Verbindliche Richtlinien zur Änderung des Abkommens vom 21.01.1953, datiert 13. März 1955.

136 Montecatini – Societa Generale per La Industria Mineraria e Chimica, Milano,/ Ziegler, Abkommen vom 21.1.1953.

137 Montecatini, (U 63a) Ital. Patentanmeldung Nr. 27586/54, Priorität 16.12.1954, als DE OS 14 20 552 am 20.03.1969 erschienen

138 Montecatini (U 64), Ital. Patentanmeldung Nr. 10511/54, Priorität 06. Aug. 1954 – Herstellung von chlorierten und sulfochlorierten Poplypropylenen mit MG > 20.000, Cl-Gehalt < 20 % und zähelastischen Eigenschaften unter Anwendung bekannter Methoden, Temperatur 30 °C.

139 Montecatini (U 72), Ital. Patentanmeldung Nr. 150/54, Priorität 15. Nov. 1954, Herstellung von Polyethylenen (MG > 10.000) aus Ethylen mit festen Fe-Verbindungen, die metallalkylische Verbindungen enthalten

140 Montecatini – Societa Generale per La Industria Mineraria e Chimica, Milano/ Ziegler, Vertrag vom 27. August 1955 (Pool 1)

141 Bergwerksverband GmbH an Montecatini vom 09.08.1955

142 Bergwerksverband GmbH an Montecatini vom 21.09.1955

143 Ziegler an Giustiniani vom 5. August 1955

144 von Kreisler an Montecatini vom 27.08.1955

145 Montecatini – Societa Generale per La Industria Mineraria e Chimica, Milano/ Ziegler, Vertrag vom 24. Januar 1956 (Pool 2-Vertrag)

146 Ziegler an Goodrich vom 09.08.1954, siehe Anlage Inhaltsverzeichnis, insb. Kapitel 1 und 2, bzw. zweites Inhaltsverzeichnis Kapitel 3 und 4.

147 K. Ziegler, F. Dersch und H. Wollthan: Untersuchungen über alkali-organische Verbindungen, XI; Der Mechanismus der Polymerisation ungesättigter Kohlenwasserstoffe durch Alkalimetalle und Alkali-alkyle; Liebigs Ann. Chem. 511, 13–44 (1934).
K. Ziegler, L. Jakob, H. Wollthan und A. Wenz: Untersuchungen über alkali-organische Verbindungen, XIII; Die ersten Einwirkungsprodukte von Alkalimetallen auf Butadiene; Liebigs Ann. Chem. 511, 64–88 (1934).
K. Ziegler: Über Butadienpolymerisation und Herstellung des künstlichen Kautschuks; Vortrag gehalten vor der Ortsgruppe Chemnitz des Vereins deutscher Chemiker, Chemnitz 17.01.1938; Chemiker-Ztg. 62, 125–127 (1938).
K. Ziegler, H. Grimm und R. Willer: Untersuchungen über alkali-organische Verbindungen, XV; Gelenkte 1,2- und 1,4-Polymerisation des Butadiens; Liebigs Ann. Chem. 542, 90–122 (1939).
K. Ziegler: Bildungsmechanismus und Aufbau von Butadienpolymeren; Vortrag gehalten auf der 1. Tagung der GDCH-Fachgruppe „Kunststoffe und Kautschuk", Leverkusen, 19.10.48; Kunststoffe 39, 45–46 (1949); Angew. Chemie 61, 267 (1949).

148 District Court Dallas, Texas, Civil Action No. 3-2225-B, Zeugenaussage H. F. Mark, Mai 1971, Gerichtsprotokoll Seite 553–555

149 Goodrich Gulf Chemicals Inc., US PS 3,114,743 (SN 472,786) Samuel E. Horne, Priorität 2. Dezember 1954

150 Karl Ziegler/ Goodyear Tire and Rubber Company, Lizenzvertrag vom 5. August 1960

151 Karl Ziegel und Hans Georg Gellert, US PS 2,695,327 (SN 232,475), Priorität 21. Juni 1950

152 Goodrich Gulf Chemicals Inc., US PS 3,728,325 (SN 503,027) Carl J. Carlson and Samuel E. Horne, Priorität 21. April 1955

153 Goodrich Gulf Chemicals Inc., US PS 3,657,209 (SN 503,028) Carl J. Carlson and Samuel E. Horne, Priorität 21. April 1955

154 Goodrich Gulf Chemicals Inc., DOS 14 20 480, Earl J. Carlson und Samuel E. Horne (angemeldet 11. Feb. 1959, offengelegt 17. Okt. 1968)

155 Goodrich Gulf Chemicals Inc., US PS 3,135,725 (SN 662,561) Earl J. Carlson and Samuel E. Horne, Priorität 31. Mai 1957

156 Goodrich Gulf Chemicals Inc., US PS 3,094,514 (SN 714,966) Harold Tucker, Priorität 13. Februar 1958

157 Phillips Petroleum Chemicals Co., US PS 3,178,402 (SN 578,166) D.R. Smith und R.P. Zelinski, Priorität 17. Oktober 1955, erteilt am 13.04.1965

158 District Court Dallas, Texas, Civil Action No. 3-2225-B, Zeugenaussage A. C. Rothlisberger, Mai 1971, Gerichtsprotokoll Seite 1370 und 1371

159 Montecatini Societa Generale per La Industria Mineraria e Chimica, Italienisches Patent 536631, G. Natta et al, Priorität 12. März 1955; parallele DOS 1 420 553 vom 12. März 1956, aufgegeben am 31. Mai 1972

160 Montecatini Societa Generale per La Industria Mineraria e Chimica, Italienische Patentanmeldung 4006, G. Natta, P. Pino, L. Porri, Priorität 18. März 1955; parallele DE PS 1 293 452, ausgelegt am 5. Feb. 1970

161 Montecatini Societa Generale per La Industria Mineraria e Chimica, Italienisches Patent 538453, G. Natta, L. Porri Priorität 15. Juli 1955; parallele DOS 1 420 558, ausgelegt am 24. Okt. 1968, aufgegeben 1970 (U89)

162 Montecatini Societa Generale per La Industria Mineraria e Chimica, Italienische Patentanmeldung 11 534, G. Natta, L. Porri, P. Corradini, Priorität 31. Juli 1956; parallele DE PS 1 181 428, erteilt 1. Juli 1965 (U 121)

163 L.O. Crockett, Goodrich-Gulf Chemicals, Inc. an Ziegler, 12. Juni 1958

164 Karl Ziegler/ Goodrich-Gulf Chemicals, Inc., Vertrag vom 23. Juli/6. August 1958

165 Ziegler an von Kreisler vom 21.08.1959 und von Kreisler an Ziegler sowie Kreisler an A. Kessler vom 07.09.1959

166 Ziegler/Goodrich-Gulf Chemicals, Inc./ Vertrag vom 7.April/6. Juni 1960

167 Montecatini – Societa Generale per La Industria Mineraria e Chimica, Milano,/ Ziegler, Vertrag vom 7./10. Juli 1958 (3. Pool-Vertrag)

168 von Kreisler an Goodrich-Gulf vom 02.09.1968

169 Shell Internationale Research Maatschappij N. V. und Goodrich Gulf Chemicals, Inc./Ziegler Vertrag vom 30. März 1961

170 Liste Schutzrechte Shell, 6. Nov. 1957–1959

171 Montecatini Societe Generale, Shell Internationale Research Maatschappij N. V., Goodrich Gulf Chemicals, Inc. und Prof. Dr. Karl Ziegler, „Bürgenstockvertrag" unterzeichnet am 20./22. Oktober 1962

172 Montecatini an Ziegler vom 11. Juli 1969

3
Schutzrechte International, Patentanmeldungen, -Erteilungsverfahren, Einsprüche, Prioritäten

Die wissenschaftliche Sensation der Wirkungsweise der neuen Katalysatoren von Ziegler und Mitarbeitern war perfekt und anerkannt. Für die industrielle Anwendung waren erteilte Schutzrechte ein „absolutes Muss". Kein Options- und Lizenzvertrag wäre zustande gekommen, wenn die Zahlungsverpflichtung eines Lizenznehmers nicht mit der Verpflichtung Zieglers verbunden gewesen wäre, erteilte Schutzrechte zu garantieren. Die bisher erwähnten Lizenzvorauszahlungen waren „Roulette-Einsätze" der interessierten Parteien, obwohl die meisten Beteiligten sehr sorgfältig vor allem die Patentliteratur abklopften, ehe sie zahlten. Über die Qualität eines kommerziellen Verfahrens konnten keine Angaben gemacht werden, außer der des spektakulären Eindruckes eines Polymerisationsexperimentes in Glasgefäßen auf dem Labortisch.

Eine fieberhafte Suche nach in der Literatur vorhandenen älteren Hinweisen oder möglicherweise sich überlappenden Befunden im Vergleich zur Anwendung der Ziegler-Katalysatoren, aber auch nach den Katalysatoren selbst, hatte eingesetzt, natürlich auch im Max-Planck-Institut für Kohlenforschung Ende 1953 und in der ersten Hälfte des Jahres 1954. Zu spät angemeldete Patente haben eben nur noch geringen Wert.

In der Diplomarbeit H. Breil [1] wurden im Zusammenhang mit der Spekulation über die Wirkungsweise der neuen Katalysatoren niedrigwertige Metallverbindungen der so genannten Übergangsmetalle erwähnt, deren Valenzen zum Teil durch organische Reste abgesättigt seien, also echte Metall-Kohlenstoff-Bindungen enthielten. Verbindungen des vierwertigen Titans – nicht niedrigwertige Titanverbindungen –, die eine Titan-Kohlenstoff-Bindung enthielten, sind von D.F. Hermann und W.K. Nelson [2] bei der Reaktion von Phenylmagnesiumbromid mit Titantetraestern beschrieben worden, ihre Einwirkung auf Olefine wurde nicht untersucht.[1] Aroma-

---

1) Niederwertige Phenyltitanverbindungen wurden spekulativ vermutet, ihre Instabilität durch die radikalische Polymerisation von Styrol mithilfe der abgespaltenen Phenylradikale nachgewiesen.

tenkomplexverbindungen des Chroms wurden erstmals von F. Hein [3] erwähnt. In der Dissertation von H. Breil [4] wurde dann ausführlicher auf die „einschlägige Literatur zur Ethylenpolymerisation" eingegangen. Breil zitierte zunächst das deutsche Patent 874 215 der BASF [5] und schloss, dass nach dem Verfahren des Erfinders, Max Fischer, neben erheblichen Mengen an Schwerölen ein „leichtes, fast weißes Pulver, das offensichtlich ein Polyethylen von der Art meiner Polyethylene ist", entstand. Die Begründung diskutierte H. Breil an gleicher Stelle.[2] Es sei hier wiederholt, dass eigene Versuche, insbesondere eine Nacharbeitung des einzigen Beispiels der BASF-Patentschrift bis dahin nicht stattgefunden hatten.

Bei Wiederholung gemäß der Beschreibung von Max Fischer konnte kein festes Produkt isoliert werden.[3] Erst bei Erhöhung der Menge an Aluminiumpulver bildeten sich in steigendem Maße hochpolymere, feste Produkte, die aber strukturell hochverzweigt und vergleichsweise ein völlig anderes Schmelzverhalten aufwiesen [6].[4]

Einen breiteren Raum nahmen in der Diskussion der bekannten Literatur ältere Patente der Firma Du Pont [9, 10] ein. In dem ersten wurde die Wirkungsweise von typischen Hydrierkatalysatoren, wie vorzugsweise Nikkel, zusammen mit Alkalimetallalkylen auf Ethylen beschrieben, in dem zweiten flüssiges Ethylen der Wirkung von Schwermetallen oder Metallsalzen zusammen mit Peroxiden ausgesetzt. Der Begriff „nicht ionisierte Salze" bei Ziegler und Mitarbeitern stand im Gegensatz zum Inhalt des Du Pont-Patentes, in dem ionisierende Lösungsmittel wie Wasser und Alkohol gewählt wurden.[5] Immerhin waren auch die Du Pont-Forscher nahe an den neuen Ziegler-Katalysatoren, wenn auch von einer völlig anderen Seite der Polymerisationstechnik. Sie hatten sich auf die radikalische Polymerisa-

---

2) Noch einmal H. Breil (siehe Kap. I, Seite 23): „Es erscheint mir selbstverständlich, dass sich bei Versuchen dieser Art ein Katalysator von der Art meiner Katalysatoren gebildet hat. Der Erfinder des Patents hat allerdings das Wesen seines Verfahrens nicht erkannt. Der Polymerisationskatalysator bildet sich entweder dadurch, dass aus Aluminium, Aluminiumchlorid und Ethylen primär aluminiumorganische Verbindungen entstehen (vgl. C. Hall, A.W. Nash [7, 8]), die mit Titantetrachlorid reagieren, oder das metallische Aluminium reduziert das Titantetrachlorid unmittelbar".

3) Auch ein Forscherteam bei der Firma Du Pont war zur gleichen Zeit nicht in der Lage, feste Polymere so herzustellen. Zu diesem Zeitpunkt war dieses Parallelergebnis nicht publiziert (Kap. I, Seite 8, Abs. 1).

4) Unveröffentlichte Versuche P. Borner, H. Martin.

Aluminiumpulver verschiedener Herkunft und Ethylen verschiedener Reinheitsgrade sind in einem ersten Experimentalprogramm 1957 bei der Nacharbeitung des Beispiels der BASF-Patentschrift eingesetzt worden, ohne dass feste Polymerisationsprodukte isoliert werden konnten. Verdoppelt man die Menge an Aluminium, so erhält man neben großen Anteilen an Ölen etwa 20 % einer Mischung aus wachsartigen und niedrigschmelzenden Polyethylenen mit relativ geringem Molekulargewicht. Erst die dreifache Aluminiummenge führt zu einem größeren Anteil an festen Polymeren mit Schmelzpunkten um 100 °C.

5) Ausnahme Beispiel 23, aber dort wird nur ein Übergangs**metall** und nicht eine Metall**verbindung** benutzt: Lithiumbutyl als Metallalkyl, aber eben Nickelmetall auf Kieselgur; Alkohol und Wasser zerstören Ziegler-Katalysatoren.

tion von Ethylen konzentriert, wobei das patentbegründende Merkmal die Verwendung von flüssigem Ethylen sein sollte, d. h. es handelte sich um eine verbesserte, so genannte Radikalpolymerisation. Das Ziel war offensichtlich, den extrem hohen Druck des bis dahin bekannten, technisch bedeutenden ICI-Verfahrens zur Herstellung des „Hochdruck"-Polyethylens zu vermeiden. Die Verwendung von Aluminiumalkylen, wie von Ziegler und Mitarbeitern als bevorzugte Cokatalysatoren eingesetzt, war von Du Pont nicht beschrieben worden. Es wäre also rein spekulativ, wenn man die Kombination von Aluminiumalkylverbindungen und Übergangsmetall**verbindungen** aus der Du Pont-Patentschrift herauslesen wollte. Tatsächlich war diese Kombination von den Du Pont-Erfindern auch nicht gewollt.[6] Breil zog den Schluss, dass die Publikationen kaum einen Bezug zu den von ihm beschriebenen Katalysatoren hatten. Die älteren wissenschaftlichen Beiträge zum gleichen Thema sollten nicht die einzigen bleiben. Im Zuge der Patenterteilungsverfahren wurden weitere frühere Veröffentlichungen bekannt.

3.1
Das Paket der ersten sechs deutschen Patentanmeldungen

Zunächst aber zurück zum Deutschen Patentamt, das erst ein Jahr nach der ersten Anmeldung Zieglers (Kap. I, [24]) einen Prüfungsbescheid erließ, in dem der Prüfer die Ansicht vertrat, dass die oben zitierte britische Patentschrift [10] von Du Pont Katalysatoren aus Metallalkylen in Verbindung mit mehrwertigen Metallen enthielte, die laut Beispielen in Form ihrer Salze genannt seien. Er kombinierte weiter diesen Teil der vorpublizierten Du Pont-Patentschrift mit einer älteren, auch bereits publizierten Ziegler-Patentschrift [11], in der die Polymerisation von Ethylen mit Aluminiumalkylen allein beansprucht war. Er vertrat die Ansicht, dass die Kombination der genannten Inhalte zwangsläufig zu der neuen Polyethylen-Synthese führen müsse und daher nicht mehr patentfähig sei, eine für Ziegler zunächst gefährliche Argumentation.

In einer notwendigen mündlichen Verhandlung mit dem Prüfer wurde der Sachverhalt dahingehend geklärt, dass einerseits die ältere Ziegler-Patentschrift die Verwendung von Übergangsmetallverbindungen nicht offenbare und als Produkte flüssige, allenfalls wachsartige Polymerisationsprodukte des Ethylens enthielte und dass andererseits die Du Pont-Patentschrift keine Aluminiumalkyle nannte und, soweit Übergangsmetalle dort

6) Darüber hinaus ist die von Du Pont beschriebene Polymerisation auf Ethylen beschränkt; die Polymerisation von Propen zu festen hochmolekularen Thermoplasten ist so nicht möglich.

überhaupt erwähnt wurden, die der VIII. und IB Gruppe des Periodensystems der Elemente ausgewählt worden seien, soweit gleiche Übergangsmetallverbindungen – wie jetzt beansprucht – erwähnt würden, entweder Peroxide oder Methanol zugegen seien, Bedingungen, unter denen die neuen Katalysatoren nicht existieren könnten.

Der Prüfer ließ sich überzeugen, dass die neue Entwicklung sich klar von den alten bekannten Befunden abgrenzen lasse und schließlich patentfähig sei. Eine Bekanntmachung der Patentanmeldung – wie vorgeschrieben – erfolgte Ende 1956. Zwei Monate später legte die BASF Einspruch gegen die Erteilung ein. In der Begründung kombinierte der Verfasser des Einspruchs die schon oben erwähnte ältere Ziegler-Patentschrift [11] – hochmolekulares Polyethylen mit Alluminiumalkylen allein – mit dem Inhalt der BASF/Max-Fischer-Patentschrift [5], die die Polymerisation des Ethylens, zumindest teilweise, zu hochmolekularem Polyethylen offenbare. Da die letztere die Verwendung von Aluminiumalkylen nicht erwähnte, musste eine Erklärung hierzu gefunden werden. Breil lieferte, natürlich unbeabsichtigt, den Gegnern die Argumentation über die inzwischen publizierte Dissertation, indem er die Publikationen von Hall und Nash zitierte.[7] Tatsächlich fand sich auf Seite 687 der zitierten Publikation von Hall und Nash [8] der Hinweis, dass unter den dort beschriebenen Bedingungen aus Aluminiumtrichlorid, Aluminium und Ethylen – den Komponenten, die Max Fischer dem Titantetrachlorid zugegeben hatte – möglicherweise auch Spuren Aluminiumtriethyl entstehen würden:

> „The original crude fraction is a mixture of aluminum ethyl dichloride and aluminum diethyl chloride, with possible a trace of aluminum triethyl.“

Ein experimenteller Nachweis für die Präsenz von Aluminiumtriethyl war von den Autoren nicht erbracht und wäre auch nicht möglich, da eine noch so kleine Menge Aluminiumtriethyl mit überschüssigem Aluminiumtrichlorid zu Ethylaluminiumdichlorid abreagieren würde (Kap. I, [138]).

Die Farbenfabriken Bayer schlossen sich dem Einspruchsverfahren mit der gleichen Begründung an. Die Motivation von BASF und Bayer hatte keine chemisch sachliche Basis. Die Bedingungen, soweit sie Mengenverhältnisse der Reaktionsteilnehmer im Fall der Herstellung der Ziegler-Katalysatoren einerseits, des von Max Fischer beschriebenen Katalysators aus Titantetrachlorid, Aluminiumpulver und Aluminiumtrichlorid sowie der Synthese von Organoaluminiumverbindungen nach Hall und Nash ande-

7) Siehe Fußnote 2 auf Seite 102.

rerseits betrafen, waren so unterschiedlich, dass sie nicht miteinander kombinierbar waren. Dies war den Verfassern der Einsprüche auch klar. Die patentrechtliche Konsequenz der breilschen Schlüsse war jedoch nicht zu übersehen.[8]

Die Praxis, selbst bei fehlender schlüssiger chemischer Argumentation gegen eine Patenterteilung einzusprechen, war und ist weit verbreitet und nahe liegend für denjenigen, der versucht, über eine Verzögerung der Patenterteilung einen preiswerten Einstieg in einen Lizenzvertrag zu erreichen.

Ziegler revanchierte sich. Er strengte eine Nichtigkeitsklage gegen das Max Fischer-Patent an, die zum Teil auch Erfolg hatte.[9] Der Zweck der Nichtigkeitsklage war erreicht, wie weiter unten beschrieben wird.

In der Nachschau ist die Enttäuschung Max Fischers, aber auch der BASF darüber, so nahe in den letzten Kriegsjahren an der zehn Jahre späteren Erkenntnis Zieglers gewesen zu sein, durchaus verständlich. Es ist anzunehmen, dass Max Fischer den Umgang mit Metallalkylen nicht erfahren hatte und aus einer völlig anderen Richtung das von ihm als „Nebenprodukt" gefundene Polyethylen als unerwünscht einschätzte. Er kannte die Publikationen von Hall und Nash nicht. Das Ziel der Untersuchung von Max Fischer war, Ausbeute und Qualität der Polymerisation von Ethylen zu

8) Noch einmal zum Verständnis des chemischen Sachverhaltes: Würde sich unter den Bedingungen der Ethylenpolymerisation nach Max Fischer [5]

$$C_2H_4$$
$$(Al + AlCl_3 + TiCl_4 \rightarrow Polyethylen + ?)$$
Heptan

gemäß den Befunden von Hall und Nash

$$C_2H_4$$
$$(Al + AlCl_3 \rightarrow EtAlCl_2 + Et_2AlCl)$$

zunächst Ethylaluminiumsesquichlorid bilden, das mit Titantetrachlorid unter Bildung eines Ziegler-Katalysators für die Entstehung von festem, hochmolekularem Polyethylen verantwortlich zu machen wäre, so wäre nach Ansicht der Einsprechenden der jetzt beschriebene Ziegler-Katalysator nicht neu und daher nicht patentfähig. Experimentelle Nachweise sind weder von BASF noch Bayer erbracht worden. Den Einsprechenden schien das auch nicht erforderlich, nachdem H. Breil die Begründung geliefert hatte. Wenn man aber die zu vergleichenden, unterschiedlichen Bedingungen im Detail untersucht, so kommt man zwingend zu dem Schluss, dass bei den unterschiedlichen Mengen an eingesetztem Aluminiumpulver und Aluminiumchlorid – einmal bei Max Fischer, zum anderen bei Hall und Nash – im ersten Fall sich höchstens eine kleine Menge einer Aluminiumverbindung mit einem Chlor/Aluminium-Verhältnis ≥ 2 vermischt mit einem relativ großen Überschuss an Aluminiumchlorid gebildet haben könnte. Hierzu musste man wissen, dass Fischer lediglich ein Zehntel der Aluminiummenge, vergleichsweise zu Hall und Nash, eingesetzt und diese Zugabe zwar als vorteilhaft beschrieb, das Aluminium aber aus einer Reihe von chlorwasserstoffbindenden Metallen ausgewählt hatte. Eisen oder Zink sollten nach seiner These das Gleiche tun wie Aluminium. Tatsächlich ist aber nicht einmal die Spur einer Organoaluminiumverbindung aus der Mischung nach Max Fischer nachweisbar. Eisen und Zink waren nicht brauchbar für diesen Zweck.

Es sei an dieser Stelle darauf hingewiesen, dass man mit dem so genannten „Max-Fischer-Katalysator" Propen nicht zu festen Polymeren umsetzen kann.

9) Die Klage lief von 1958–1959. Das Schutzbegehren wurde eingeschränkt auf die zwingende Anwesenheit von Aluminiumpulver, aber nicht ganz versagt, weil der Senat nicht in der Lage war zu prüfen, ob das einzige Beispiel der ursprünglichen Patentschrift tatsächlich – wie von Ziegler behauptet – nicht zu festen Polymeren führt. Schiedsversuche sind aber nicht angeordnet worden.

Schmierölen zu verbessern, das Ziel von Ziegler und Mitarbeitern, die Wechselwirkung von Ethylen und höheren Olefinen mit Metallalkylen zu untersuchen. Spätere Experimente zu dem Thema Fischer/Hall und Nash, die zu diesem Zeitpunkt dringend erforderlich erschienen, belegten, dass eine Verbindung zwischen dem Inhalt des Patentes von Fischer und den Publikationen von Hall und Nash nicht bestand. Die nachträgliche Kombination durch die Gegnerin BASF hatte keine experimentelle Basis.

Das Deutsche Patentamt wies zu Beginn des Jahres 1958 die Einsprüche zurück und erteilte das Patent [12].[10] Das Ziel, die Erteilung des Patentes zu vereiteln, veranlasste BASF zu einer Beschwerde gegen die Entscheidung des Patentamtes, ohne aber neue Argumente vorzubringen. Es kam nicht zur amtsseitigen Verhandlung dieser Beschwerde; denn Mitte des Jahres 1958 wurde vertraglich ein Interessenausgleich [13] vorgenommen, wonach Ziegler die Rechtsgültigkeit des eingeschränkten Max-Fischer-Patentes anerkannte und BASF Einsprüche gegen die Patentanmeldungen von Ziegler zurückzog. Am gleichen Tag schlossen die Parteien einen Lizenzvertrag [14] über die Herstellung von Polyolefinen und Copolymeren. BASF zahlte keinen Eintrittspreis in Form einer Lizenzvorauszahlung, ansonsten aber die üblichen gestaffelten verkaufsabhängigen Lizenzabgaben, erhielt also keine bevorzugten Bedingungen beim Verkauf der lizenzierten Produkte.

In der Nachschau war die Bedeutung des Inhaltes des Max-Fischer-Patentes in jenen Jahren und seine Wirkung als patentbehindernde Publikation auf der Seite Zieglers erheblich überschätzt worden, nicht zuletzt aufgrund damals mangelnder Erfahrung im patentrechtlichen Bereich und vermeintlicher inhaltlicher Nähe zu den Befunden in Mülheim. Das Patent der BASF war in einer großen Reihe von weiteren Patenterteilungsverfahren und späteren Verletzungsprozessen auf der Seite der Gegner Zieglers Bestandteil der Argumentation, aber es hat kein Gericht gegeben, das dem Inhalt so viel Bedeutung beigemessen hatte wie Ziegler selbst. In diesem Zusammenhang wird später über bedeutende Zeugenvernehmungen zu berichten sein.

Die folgenden Patentanmeldungen, die zunächst als so genannte Zusatzanmeldungen behandelt worden sind, betrafen weitere Befunde bei der Entwicklung der Erfindung: So zum Beispiel die Anwendung der Katalysatoren auch bei Raumtemperatur und normalem Ethylendruck [15]; die

10) Das Patentamt: Der Nachweis der Bildung von Aluminiumtrialkylen nach Hall und Nash sei nicht erbracht, die Verfahrensweise nach Fischer erfolgte in einem Lösungsmittel, das bei Hall und Nash fehlte. Das Verhältnis von Aluminium zu Aluminiumchlorid sei im Fall Fischer zehnfach kleiner. Fischer nenne als Alternative zu Aluminiumpulver auch Zink, oder Eisen, beide unbrauchbar in der von Hall und Nash beschriebenen Reaktion, und schließlich unterschieden sich die Polymerprodukte erheblich in den so genannten Verzweigungsgraden der Polymerketten.

BUNDESREPUBLIK DEUTSCHLAND

Urkunde

über die Erteilung des Patents

973 626

Für die in der angefügten Patentschrift dargestellte Erfindung ist in dem gesetzlich vorgeschriebenen Verfahren

dem Herrn Dr.Dr.e.h. Karl Ziegler, Mülheim/Ruhr .

ein Patent erteilt worden, das in der Rolle die oben angegebene Nummer erhalten hat. Das Patent führt die Bezeichnung

Verfahren zur Herstellung von hochmolekularen Polyäthylenen

und hat angefangen am 18. November 1953.

Deutsches Patentamt

Die Patentgebühr wird in jedem Jahr fällig am 18. November.

Pat.- Rolle 3a

BUNDESREPUBLIK DEUTSCHLAND

AUSGEGEBEN AM
14. APRIL 1960

DEUTSCHES PATENTAMT

PATENTSCHRIFT

№ 973 626

KLASSE 39c GRUPPE 25 01

INTERNAT. KLASSE C 08 f ————

Z 3799 IV b / 39 c

Dr. Dr. e. h. Karl Ziegler, Mülheim/Ruhr,
Dr. Heinz Breil, Oberhausen (Rhld.), Dr. Erhard Holzkamp, Düsseldorf,
und Dr. Heinz Martin, Mülheim/Ruhr
sind als Erfinder genannt worden

Dr. Dr. e. h. Karl Ziegler, Mülheim/Ruhr

Verfahren zur Herstellung von hochmolekularen Polyäthylenen

Patentiert im Gebiet der Bundesrepublik Deutschland vom 18. November 1953 an
Patentanmeldung bekanntgemacht am 4. Oktober 1956
Patenterteilung bekanntgemacht am 24. März 1960

In der deutschen Patentschrift 878 560 werden Versuche beschrieben, bei denen hochmolekulare Polyäthylene aus Äthylen und Aluminiumtrialkyl allein erhalten werden. Hierbei ist es in gewissen
5 Grenzen möglich, den Polymerisationsgrad durch die Wahl des Mengenverhältnisses Aluminiumtrialkyl zu Äthylen zu beeinflussen. Es hat sich ergeben, daß nach dem Verfahren dieses Patentes Polyäthylen mit einem Molekulargewicht höher als einige
10 Tausend nur sehr schwer zu erhalten ist, was unter anderem auch daran liegt, daß man für die Erzeugung sehr hochmolekularer Produkte extrem wenig Aluminiumtrialkyl nehmen müßte, beispielsweise für ein Molekulargewicht von rund 28 000 nur 1 ‰
15 Aluminiumtriäthyl von der verwandten Äthylenmenge. Damit werden diese Versuche aber außerordentlich empfindlich gegen Spuren von Verunreinigungen im Äthylen, wie Sauerstoff oder Wasserdampf, die die Aluminiumtrialkyle zersetzen.
Außerdem laufen die Versuche sehr langsam, weil
20 die Menge des Katalysators in der gesamten Reaktionsmischung zu klein ist.
In der belgischen Patentschrift 527 736 ist die Beobachtung beschrieben worden, daß man den Verlauf der in der deutschen Patentschrift 878 560
25 beschriebenen Reaktion zwischen Aluminiumalkylen

BUNDESREPUBLIK DEUTSCHLAND

Urkunde

über die Erteilung des Patents

1 012 460

Für die in der angefügten Patentschrift dargestellte Erfindung ist in dem gesetzlich vorgeschriebenen Verfahren

dem Herrn Dr.Dr. E.h. Karl Ziegler, Mülheim/Ruhr

ein Patent erteilt worden, das einen Zusatz zu dem Patent 973 626 bildet und in der Rolle die oben angegebene Nummer erhalten hat. Das Patent führt die Bezeichnung

Verfahren zur Herstellung von hochmolekularen Polyäthylenen.

Das Hauptpatent hat angefangen am 18. November 1953

Deutsches Patentamt

Pat.-Rolle 3 b

BUNDESREPUBLIK DEUTSCHLAND

DEUTSCHES  PATENTAMT

PATENTSCHRIFT 1 012 460

DBP 1 012 460
KL. 39 c 25/01
INTERNAT. KL. C 08 f

ANMELDETAG: 19. JANUAR 1954
BEKANNTMACHUNG
DER ANMELDUNG
UND AUSGABE DER
AUSLEGESCHRIFT: 18. JULI 1957
AUSGABE DER
PATENTSCHRIFT: 13. OKTOBER 1960

STIMMT ÜBEREIN MIT AUSLEGESCHRIFT
1 012 466 (Z 394) (V b / 39 c)

1

Gegenstand des Hauptpatents 973 626 und dessen Zusatzpatente 1 004 810 und 1 008 916 ist ein Verfahren zur Herstellung von hochmolekularen kunststoffartigen Polyäthylenen aus Äthylen durch Zusammenbringen von Äthylen mit Katalysatoren, die aus Mischungen von Aluminiumtrialkylen mit Verbindungen der Metalle der Gruppen IVa bis VIa des Periodischen Systems, nämlich Titan, Zirkon, Hafnium, Vanadin, Niob, Tantal, Chrom, Molybdän, Wolfram, Thorium und Uran, bestehen. Die Umsetzung kann bei beliebigen Drücken und Temperaturen von — 20° aufwärts durchgeführt werden.

Es wurde nun gefunden, daß die als eine Komponente des beschriebenen Katalysatorsystems für die Polymerisation von Äthylen vorgeschlagene Aluminiumverbindung gegenüber den zunächst vorgeschlagenen Aluminiumtrialkylen noch abgewandelt werden kann.

Wesentlich für die Brauchbarkeit zur Herstellung der neuen Mischkatalysatoren für die Polymerisation von Äthylen ist die Bindung mit mindestens einem Kohlenwasserstoffrest oder mindstens einem Wasserstoffatom an das Aluminium. Es können also für die Herstellung der neuen Katalysatoren Aluminiumverbindungen der allgemeinen Formel R AlX₂ verwendet werden, worin R Wasserstoff oder einen Kohlenwasserstoffrest, X einen beliebigen anderen Substituenten, darunter auch Wasserstoff oder einen Kohlenwasserstoffrest, bedeuten, wobei R und beide X nicht gleichzeitig Alkyl bedeuten dürfen. Beispielsweise werden wirksame Polymerisationskatalysatoren ganz allgemein dadurch erhalten, daß man Verbindungen der in den Patenten 973 626 und 1 008 916 beansprachten Schwermetalle mit Aluminiumverbindungen der folgenden Zusammenstellung zusammenbringt:

Aluminiumhydrid — AlH₃
Alkyl- oder Arylaluminiumhydride — R AlH₂
Dialkyl- oder Diarylaluminiumhydride — R₂ AlH
Alkyl- oder Arylaluminiumhalogenide — R Al (Halogen)₂
Dialkyl- bzw. Diarylaluminium-monohalogenide — R₂ Al Halogen
Alkyl- bzw. Aryl-Aluminiumdialkoxy- oder diaroxyverbindungen — R Al (OR)₂
Dialkyl- bzw. Diarylaluminiumalkoxy- oder aroxyverbindungen — R₂ Al (OR)

R soll hier stets einen aliphatischen oder aromatischen Kohlenwasserstoffrest bedeuten.

Mit besonderem Vorzug werden Verbindungen des Typus R₂ AlX verwendet, unter denen wiederum die

Verfahren zur Herstellung von hochmolekularen Polyäthylenen

Zusatz zum Patent 973 626

Das Hauptpatent hat angefangen am 18. November 1953

Patentiert für:

Dr. Dr. E. h. Karl Ziegler, Mülheim/Ruhr

Dr. Dr. E. h. Karl Ziegler, Dipl.-Chem. Dr. Heinz Breil,
Dipl.-Chem. Dr. Heinz Martin
und Dr. Erhard Holzkamp, Mülheim/Ruhr,
sind als Erfinder genannt worden

2

Dialkyl- bzw. Diarylaluminium-monohalogenide die besten Ergebnisse liefern. Selbstverständlich können die erfindungsgemäß zu verwendenden Aluminiumverbindungen neben Aluminiumtrialkylen verwendet werden.

Es ist für das erfindungsgemäße Verfahren keineswegs notwendig, daß die Verbindungen dieser Art im völlig reinen einheitlichen Zustand zugesetzt werden. Es genügen auch Rohprodukte oder Lösungen, wie sie etwa im Zuge der Herstellung der Aluminiumverbindungen der genannten Art gewonnen erhalten werden. Weiter kann man geeignete Polymerisationskatalysatoren auch mit Mischungen der erfindungsgemäßen Aluminiumverbindungen herstellen. Beispielsweise lassen sich in besonders bequemer Weise solche Katalysatoren auf der Grundlage der sogenannten Alkylaluminiumsesquihalogenide aufbauen, d. h. den Mischungen der Verbindungen R₃ Al Halogen + R Al (Halogen)₂, wie sie leicht durch Auflösen von Aluminium-Metall in Halogenalkylen gewonnen werden können.

Beispiel 1

20 g Diäthylaluminiumchlorid werden vorsichtig mit 1 g Titantetrachlorid vermischt, wobei sich diese Lösung braun färbt und einen Niederschlag ausscheidet. Man setzt (alle derartigen Operationen unter Stickstoff) 200 ccm luftfreies Hexan zu, füllt einschließlich des Niederschlags in einen 500-ccm-Autoklav um und preßt Äthylen bis zu 100 Atm. auf. Beim Schütteln erwärmt sich der Autoklavinhalt spontan auf 60 bis 70°, und gleichzeitig fällt der Äthylendruck langsam ab. Man wiederholt das Auf-

Erweiterung der Katalysatorkomponenten auf Uranverbindungen [16] bzw. Aluminiumverbindungen, die nur noch einen oder zwei Alkylreste enthielten, wie z. B. Diethylaluminiumchlorid oder Diethylaluminiumalkoxyl [17], und schließlich die Verwendung von Organometallverbindungen des Magnesiums und des Zinks [18]. Die verzögerte Erteilung von Patenten auf die genannten Zusatzanmeldungen (1960) hing natürlich mit den Einsprüchen der BASF gegen die erste Ziegler-Anmeldung zusammen. Die ersten fünf deutschen Patentanmeldungen Zieglers wurden nach sieben Jahren erteilt. Bei Ziegler herrschte große Befriedigung über das in Deutschland erreichte Ergebnis. Er ahnte aber, dass diese Entwicklung erst der Beginn eines Hürdenlaufes war.

In der zeitlichen Reihenfolge schließt sich als letzte die Patentanmeldung vom 3. August 1954 [19] an, die Erweiterung der polymerisierbaren Olefine von Ethylen auf höhere Olefine wie Propen, Buten etc. Die Erteilung des Schutzrechtes war schwierig, da neben der Einigung mit Montecatini in den vorbeschriebenen Pool-Verträgen der patentrechtliche Konflikt mit der italienischen Prioritätsanmeldung von Natta und den daraus abgeleiteten Auslandsanmeldungen vorprogrammiert war. Zur Vermeidung von Auseinandersetzungen wurden gemäß Pool-Vertrag mit Montecatini die ersten italienischen Anmeldungen im Ausland, mit Ausnahme von Deutschland und den USA, mit dem Inhalt der oben genannten Patentanmeldung vom 3. August 1954 von Ziegler kombiniert angemeldet. Das Ziel war, starke Grundpatente zu erhalten.

In Deutschland reichten Montecatini und Ziegler als vertragsgemäße Eigentümer im Juli 1955 die Anmeldungen mit den italienischen Prioritäten vom 8. Juni und 27. Juli 1954 ein [20]. Als Erfinder waren dort G. Natta allein bzw. G. Natta, P. Pino und G. Mazzanti, nicht aber Ziegler und Mitarbeiter genannt. Die Anmeldung war fünf Jahre im amtlichen Prüfungsverfahren, danach bis 1966 durch massive Einsprüche belastet und wurde schließlich rechtswirksam versagt [21].[11]

11) Im Einspruchsverfahren ist seitens der Gegner (6 Firmen: Staatsmijnen, Limburg, NL; Rhone Poulenc, Paris, FR; Hercules Powder, USA; Solvay & Cie, Brüssel, BE; Dynamit Nobel AG, Köln, DE; Eastman Kodak, USA) geltend gemacht worden, dass nicht alle beanspruchten Verbindungen von Metallen der IV.–VI. Gruppe geeignet seien, zusammen mit Alkylaluminiumverbindungen eine Polymerisationswirkung zu leisten.

Der Beschwerdesenat am Deutschen Patentamt: Besonders aktive Verbindungen, wie die beanspruchten Oxyhalogenide und Acetylacetonate solcher Metalle, auf die neben Halogeniden die Metallverbindungen beschränkt werden sollten, seien im Beschreibungstext nicht erwähnt. Auch die namentliche Erwähnung der Halogenide fand sich an keiner Stelle der ursprünglichen Unterlagen (einzige Ausnahme: Titantetrachlorid). Der geltend gemachte Wortlaut des vorliegenden Anspruchs ließe sich bezüglich der Verfahrensmerkmale nicht den ursprünglichen Unterlagen entnehmen. Der Anspruch sei daher aufgrund dieses formellen Mangels nicht gewährbar. Die Patentanmeldung enthielte im Beispielmaterial außer Titantetrachlorid als Schwermetallkomponente nur noch Chromacetylacetonat. Weitere Metallverbindungen fehlten.

Die Prioritätsanmeldung von Ziegler vom 3. August 1954 lief in Deutschland parallel und erhielt jetzt grundlegende Bedeutung als Basis für die Lizenzverträge im Bereich Polypropylen. Die Lizenznehmer in Deutschland drängten auf eine möglichst rasche Patenterteilung und den damit verbundenen Schutz für die Herstellung von Polypropylen, Polybuten etc. Im Hinblick auf die weiter oben angesprochene Anmeldung Montecatini/Ziegler war die ursprüngliche Prioritätsanmeldung Zieglers zunächst „auf Eis gelegt", d. h., die amtliche Prüfung war ausgesetzt worden. Sie wurde 1967 nach Versagung der Montecatini/Ziegler-Anmeldung wieder aufgenommen und die Anmeldung Ende 1967 als so genannte deutsche Auslegeschrift [22] bekannt gemacht.

Es war die Absicht Zieglers, ohne Rücksicht auf die negative Entscheidung in der Anmeldung Montecatini/Ziegler jetzt einen möglichst breiten Patentanspruch zu verlangen, der erwartungsgemäß auf den Widerstand der chemischen Industrie, insbesondere der Firmen stieß, die keine Lizenz bekommen hatten. Dreizehn Jahre nach dem Anmeldungsdatum versuchten die Glanzstoff AG, Wuppertal, 1967 und die Firma Avisun Corporation aus Philadelphia, USA, auf dem Einspruchsweg weiterhin eine Verhinderung der Patenterteilung.

Das unmittelbare Motiv der Glanzstoff AG war nicht zu erkennen, wohl aber das der Avisun, einer Tochterfirma der Standard Oil of Indiana mit Sitz in Chicago. Letztere exportierte Polyolefinprodukte weltweit und wollte bei einer Exporterweiterung keinerlei Hindernisse dulden. Ziel war, die Verwendung eines Katalysators aus Titantrichlorid, Ethylaluminiumdichlorid und einer dritten Komponente[12], Siliziumtetraethoxyl, vom Schutzumfang Zieglers auszunehmen, weil diese Mischung nicht unter die Ansprüche Zieglers falle und nach Behauptung der Avisun die gewünschte Herstellung von Polyolefinprodukten in gleicher Ausbeute und Qualität katalysiere. Mit gleichen Argumenten bekämpfte die Standard Oil europaweit die Polyolefin-Schutzrechte von Ziegler/Montecatini, ein Vorgeschmack auf die Auseinandersetzungen in den USA. Spätestens jetzt war ersichtlich, dass Standard Oil Polypropylen produzierte, ohne eine Lizenz zu besitzen. Hierzu wird später berichtet (s. Seite 206/207).

12) H. Martin konnte experimentell sicherstellen, dass die Siliziumverbindung und die Aluminiumverbindung Liganden austauschten. Das Zusammenmischen erfolgte nach Rezeptur von Avisun bei 60 °C und ehe Titantetrachlorid zugegeben war. Es entstand, wie gefunden wurde, durch Chlor/Ethoxy-Austausch eine Aluminiumverbindung ClAl(OEt)Et, die in Kombination mit dem Titanhalogenid in ihrer katalytischen Wirkung hoch aktiv war. Aus dem von Avisun beanspruchten Drei-Komponentenkatalysator war also vor der eigentlichen Polymerisation des Olefins ein Zwei-Komponentenkatalysator, wie in den Ziegler-Schutzrechten beansprucht, hergestellt worden. Avisun hatte sich zu diesem Befund erwartungsgemäß nicht geäußert.

(51)

BUNDESREPUBLIK DEUTSCHLAND

DEUTSCHES PATENTAMT

Int. Cl.: C 08 f, 3/02

(52)

Deutsche Kl.: 39 b4, 3/02

(10)
(11)

Patentschrift 1 257 430

(21) Aktenzeichen: P 12 57 430.0-44 (Z 4348)
(22) Anmeldetag: 3. August 1954
(43) Offenlegungstag: —
(44) Auslegetag: 28. Dezember 1967
(45) Ausgabetag: 18. Juli 1974
Patentschrift weicht von der Auslegeschrift ab

Ausstellungspriorität: —

(30) Unionspriorität
(32) Datum: —
(33) Land: —
(31) Aktenzeichen: —

(54) Bezeichnung: Verfahren zur Homopolymerisation von Propylen und α-Butylen

(61) Zusatz zu: —

(62) Ausscheidung aus: —

(73) Patentiert für: Ziegler geb. Kurtz, Maria, 4330 Mülheim

Vertreter gem. §16 PatG: —

(72) Als Erfinder benannt: Ziegler, Karl, Dr. Dr.; Breil, Heinz, Dipl.-Chem. Dr.;
Martin, Heinz, Dipl.-Chem. Dr.; Holzkamp, Erhard, Dr.;
4330 Mülheim

(56) Für die Beurteilung der Patentfähigkeit in Betracht gezogene Druckschriften:

DT-PS 878 560
DT-PS 874 215
DT-PS 960 268
US-PS 2 220 930
US-PS 2 567 109
Zeitschrift für Elektrochemie, Bd. 46
(1940), S. 106
Brennstoff-Chemie, Juni 1952,
S. 193 bis 200

J. Inst. of Petrol. Technol., Bd. 23
(1937), S. 679 bis 687
J. Inst. of Petrol. Technol., Bd. 24
(1938), S. 471 bis 495

In Betracht gezogene ältere Patente:
Deutsches Patent 973 626

© 7.74 409 629/339

DT 1 257 430

1 257 430

1

Patentansprüche:

1. Verfahren zur Homopolymerisation von Propylen oder α-Butylen zu kunststoffartigen Polymeren, dadurch gekennzeichnet, daß man die Polymerisation bei 30 bis 150° C in Gegenwart von durch Mischen von Halogeniden des Titans mit metallorganischen Aluminiumverbindungen in Abwesenheit von Sauerstoff und Wasser hergestellten Polymerisationskatalysatoren durchführt.

2. Verfahren nach Anspruch 1, dadurch gekennzeichnet, daß die Polymerisation bei Temperaturen zwischen 60 und 80° C durchgeführt wird.

3. Verfahren nach Ansprüchen 1 und 2, dadurch gekennzeichnet, daß man in der flüssigen Phase arbeitet, indem man das Propylen oder das α-Butylen in flüssiger Form oder in Mischung mit indifferenten Lösungsmitteln verwendet.

Die USA.-Patentschrift 2 220 930 beschreibt ein Verfahren zur Polymerisation von Olefin-Kohlenwasserstoffen mittels Katalysatoren, die aus Organoverbindungen des Aluminiums, Galliums und Bors bestehen. Es wird in der Patentschrift ausgeführt, daß die genannten Organometallverbindungen auch in Form von Komplexen mit anorganischen Halogeniden verwendet werden können. Als einziges Beispiel ist hierfür ein NaCl-Komplex des Methyl-Aluminiumdichlorids angegeben. Das erfindungsgemäße Verfahren ist dadurch weder vorbeschrieben noch nahegelegt.

Gegenstand der Erfindung ist ein Verfahren zur Homopolymerisation von Propylen oder α-Butylen zu kunststoffartigen Polymeren, das dadurch gekennzeichnet ist, daß man die Polymerisation bei 30 bis 150° C in Gegenwart von durch Mischen von Halogeniden des Titans mit metallorganischen Aluminiumverbindungen in Abwesenheit von Sauerstoff und Wasser hergestellten Polymerisationskatalysatoren durchführt.

Die Polymerisationskatalysatoren enthalten im allgemeinen das Titan in einer niedrigeren als der höchsten Wertigkeit und werden durch Reaktionen gebildet, die mindestens teilweise als Reduktionen aufgefaßt werden können. Die günstigsten Ergebnisse werden erzielt, wenn man die Halogenide des Titans mit Verbindungen der allgemeinen Formel $R_1R_2AlR_3$ verwendet, in der R_1 und R_2 Kohlenwasserstoffreste, insbesondere Alkyle und R_3 einen Kohlenwasserstoffrest, Wasserstoff, Halogen oder eine Alkoxygruppe bedeuten.

Die Verwendung solcher organischer Verbindungen nach der angeführten Formel ist auch aus dem Grunde vorzuziehen, weil sich die Katalysatoren im Reaktionsmedium besonders einfach herstellen lassen und die Polymerisation außerordentlich glatt verläuft.

Die besten Katalysatoren sind Reaktionsprodukte von Titantetrachlorid mit Aluminiumalkylen, insbesondere Aluminiumtriäthyl bzw. Diäthylaluminiumchlorid. Ähnliche Ergebnisse lassen sich jedoch

2

auch mit anderen Titanhalogeniden und Aluminiumdiisobutylhydrid oder Äthoxydiäthylaluminium erzielen.

Zweckmäßig kann man die Katalysatorherstellung in einer Kugelmühle vornehmen, da sich die Oberfläche von in Kohlenwasserstoffen schwer löslichen Halogeniden des Titans bei der Reaktion mit den Aluminiumverbindungen mit einer undurchdringlichen Kruste der schwer löslichen katalytisch wirkenden Stoffe überzieht, die durch Vermahlen in der Kugelmühle immer wieder entfernt wird.

Die Polymerisationstemperatur liegt zwischen 30 und 150° C, vorzugsweise zwischen 60 und 80° C. Die Polymerisation erfolgt normalerweise bei einem Überdruck bis zu 30 Atm., obwohl man auch bei Normaldruck oder im Vakuum oder bei höheren Drücken arbeiten kann. In der Regel empfiehlt es sich, die Olefine in der flüssigen Phase zu polymerisieren, d. h. entweder die flüssigen Olefine als solche oder in Mischungen mit indifferenten Lösungsmitteln zu benutzen. Auch die Katalysatormischung kann in einem Lösungsmittel verwendet werden.

Das zwischen der Titanverbindung und der metallorganischen Aluminiumverbindung gewählte Mengenverhältnis ist auf die Geschwindigkeit der Polymerisation und auf das Molekulargewicht der entstehenden Polymeren von Einfluß. Dabei führen die an Aluminiumverbindung reichen Mischungen zu Polymerisaten von höherem Molekulargewicht.

Beispiel 1

In eine Lösung von 5,7 g Aluminiumtriäthyl in 250 ccm Fischer-Tropsch-Dieselöl, das zweckmäßig vorher durch Hydrieren von den ungesättigten Bestandteilen befreit und anschließend über Natrium destilliert worden ist, läßt man in einer Stickstoffatmosphäre unter Rühren 4,75 g Titantetrachlorid einlaufen und rührt 1 Stunde bei Zimmertemperatur. Es bildet sich eine Suspension eines festen, braunschwarz gefärbten Stoffes in dem Dieselöl. Man überführt diese Suspension des Katalysators in einen mit Stickstoff gefüllten 5-l-Rührautoklav, in dem sich bereits 1 l des gleichen Dieselöls befindet und preßt 600 g gut getrocknetes und luftfreies Propylen auf. Man steigert die Temperatur unter Rühren bis auf 70° C, wobei sich zunächst ein Druck von maximal 21 Atm. ausbildet. Der Druck fällt im Verlauf von 72 Stunden auf 11 Atm. ab. Man läßt das noch nicht umgesetzte Propylen aus dem noch warmen Autoklav ab und gewinnt 225 g Propylen zurück. Nach dem Öffnen findet man im Autoklav eine breiige Suspension eines festen Propylen-Polymerisates in dem Dieselöl, die durch Anteile des Katalysators noch dunkel gefärbt ist. Man saugt das Polypropylen vom Lösungsmittel ab, wäscht mit Aceton das Dieselöl heraus und erwärmt unter Rühren das Polymere mit methanolischer Salzsäure. Dabei wird es farblos. Man saugt wiederum ab, wäscht zunächst mit Wasser die Salzsäure heraus, darauf mit Aceton die Feuchtigkeit und trocknet. Aus der Dieselölmutterlauge des Autoklavinhalts kann man durch Zugabe von Aceton noch gewisse Anteile des Polypropylens ausfällen. Sie werden in gleicher Weise aufgearbeitet. Man erhält insgesamt 338 g Polypropylen. Das erhaltene körnige feste Polypropylen läßt sich bei 140° C zu biegsamen, in dünner Schicht durchsichtigen, in dicker Schicht opak durchscheinenden Folien verpressen.

Neben der bereits früher aufgetretenen Argumentation wurde seitens der Einsprechenden erneut geltend gemacht, dass eine große Zahl von denkbaren Kombinationen in den breit beanspruchten Katalysatormischungen nach Ziegler und Mitarbeitern gar nicht funktioniere. Die Behauptung wurde zwar nachträglich nicht ganz, aber doch in wesentlichen Punkten experimentell widerlegt. Der Vorwurf, dass in der ursprünglichen Patentanmeldung nur ein kleiner Teil der zahlreichen möglichen Katalysatormischungen beschrieben sei, erschien aber immer hartnäckiger in den Schriftsätzen der Gegner, und das Patentamt verlangte die Einschränkung auf die tatsächlich beschriebene Ausführungsform. Bei dieser Sachlage und der zu erwartenden Schutzrechtsdauer von nur noch zwei Jahren (inzwischen datierte die Korrespondenz zweite Hälfte 1970) war angezeigt, sich auf die Teile zu beschränken, die tatsächlich in der deutschen Industrie zur Anwendung gekommen waren, nämlich auf die Synthese von Polypropylen und Polybuten mithilfe eines Katalysators, hergestellt durch Mischen von „Halogeniden des Titans mit metallorganischen Aluminiumverbindungen". Schließlich war auch notwendig, den deutschen Lizenznehmern bei der Bekämpfung unlizenzierter Importe nach Deutschland zu helfen. Zunächst versagte aber das Deutsche Patentamt ein Patent und erst in der Beschwerde sanktionierte das Bundespatentgericht [23] Ende 1973 – also erst nach dem Tod Karl Zieglers – ein gültiges Patent.

Da Ziegler formal als Eigentümer der Patente galt, fiel das Schutzrecht in die Erbmasse, sodass als neuer Eigentümer auf der Patentschrift seine Frau Maria, geb. Kurtz, erschien. Die Rechte aus diesem und anderen Schutzrechten sind später auf das Max-Planck-Institut für Kohlenforschung bzw. die Treuhänderin Studiengesellschaft Kohle mbH übertragen worden.

Der Verlauf der Patenterteilung in Deutschland war nur ein kleiner Ausschnitt aus der Zahl der Hindernisse, die international zu überwinden waren, um den Lizenznehmern eine sichere Grundlage zu geben sowie Lizenzeinnahmen für das Max-Planck-Institut für Kohlenforschung zu sichern.

Patentrechtlich ist festzuhalten, dass ein Konflikt zwischen Forschern und ihren Ergebnissen einerseits und der Anerkennung durch die Patentämter andererseits weltweit zwar unterschiedlich behandelt wurde und wird, aber im Grundsatz den gleichen Auslöser hat: Das von Forschern erkannte Prinzip eines neuen Verfahrensweges oder das Auffinden eines neuen Stoffes wurde und wird meist ohne ausreichende Beispiele beansprucht, die vom Erfinder geforderten weiten Anspruchsgrenzen werden aber von den Ämtern nicht anerkannt. Die eilige Patentanmeldung auf ein interessantes Forschungsergebnis bleibt problembeladen – Versuche zur Abgrenzung sind für den Forscher langweilig –, wenn nicht die Beschreibung so umfassend abgefasst wurde und wird, dass der Konkurrent kaum Möglichkeit erhält, durch eigene Schutzrechtsanmeldungen in den Bereich des Schutzrechtes einzudringen.

Im vorliegenden Fall enthielt die ursprünglich eingereichte Patentanmeldung neun Beispiele, wobei in acht Beispielen Titantetrachlorid und in einem Zirkontetrachlorid als Katalysatorkomponenten erwähnt wurden, vier der genannten Beispiele die Polymerisation von Propen betrafen, in vier weiteren die Copolymerisation beispielhaft belegt war. Sicherlich wurde die Anmeldung unter Zeitdruck verfasst. Was damals in Mülheim nicht bekannt war: Nur wenige Tage trennten das Anmeldungsdatum der Prioritätsanmeldung von dem späteren einer Du Pont-Patentanmeldung, in der ähnliche Befunde beschrieben worden waren (vgl. Kap. V, S. 252, letzter Abs.).

Wie im weiteren Verlauf zu berichten sein wird, wurden Karl Ziegler im internationalen Bereich dennoch breite Patentansprüche erteilt, aber im Heimatland des Nobelpreisträgers gewährte das Patentamt pikanterweise nur einen Anspruch, beschränkt auf die Verwendung von Titanhalogeniden, ein ausreichendes, aber beschämendes Ergebnis, und das erst 20 Jahre nach der Erfindung. Immerhin fiel Titantrichlorid, das bevorzugte Titanhalogenid unter den Schutz. Weiterhin sei festgestellt, dass die Priorität in Deutschland Ziegler, aber nicht Natta zuerkannt wurde.

Wie später aufgezeigt wird, gewährte ein US-Gericht einen breiten Katalysatoranspruch für die Polymerisation von Olefinen, ohne dass auch nur ein Beispiel für die Polymerisation von Propen im Patent, wohl aber in der Prioritätsanmeldung enthalten war. Das höhere Gericht kam zu dem Schluss, dass es sich um eine Pioniererfindung handelte und definitionsgemäß ein breiter Patentanspruch gewährt werden musste. Der Richterspruch – gegen Phillips Petroleum Co., Oklahoma [24] – hatte aber auch für die USA zur Konsequenz, dass die von G. Natta/Montecatini in Anspruch genommene Erfindung der Verwendung von Titantrichlorid anstelle von Titantetrachlorid eindeutig unter die Pioniererfindung von Ziegler fiel.

3.2
Der ausländische Schutz der Erfindungen von Ziegler und Mitarbeitern

Vor Ablauf eines Jahres vom Zeitpunkt der jeweiligen deutschen Anmeldungsdaten, des so genannten Prioritäts- oder Unionsjahres[13], war es erforderlich, den Gegenstand auch im Ausland anzumelden, um weltweit einen

---

13) Vertrag von Paris vom 20. März 1883: Anerkennung des Prioritätsdatums in einem Mitgliedsland in allen Mitgliedsländern.

Patentschutz zu erreichen. Es gibt Staaten, die keine sachliche Prüfung des Inhalts vornehmen, und solche, die das mit unterschiedlicher Akribie betreiben.

Die Erteilung der ersten fünf Patente[14] war 1955–1958 in den meisten Staaten[15] erfolgt, in Brasilien, Frankreich, Großbritannien und den Niederlanden im Wesentlichen bis zum Jahr 1960, in den USA und Dänemark bis 1966 und in Kanada 1970. Aus der Nachschau erscheint ein geographisch so weiträumiger, aufwendiger Schutz nicht erforderlich. Die Produzenten exportieren ja meist nicht das Primärprodukt, sondern daraus industriell weiterverarbeitete Teile.

Die Behandlung der genannten Schutzrechtsanmeldungen in Industrienationen mit patentamtlicher Prüfung war hochinteressant, weil ein Teil früher Interessenkonflikte hier ausgetragen wurden. Die Zahl der wissenschaftlichen Publikationen und der Verbesserungspatentanmeldungen von Dritten war nach Bekanntwerden der Ergebnisse aus dem Max-Planck-Institut für Kohlenforschung in Mülheim beeindruckend. Insbesondere Lizenznehmer, aber auch Forschungseinrichtungen von Firmen, die nicht zum Zuge gekommen waren, setzten darauf, eine patentrechtliche Auswahlposition zu erreichen, um insbesondere bei Ablehnung von Schutzrechten für Ziegler durch die Ämter eine gute Ausgangsposition zu entwickkeln. Für Nachfolgeschutzrechte Dritter war von Bedeutung, wann die Schutzrechte Zieglers zuerst publiziert worden waren. Bekanntermaßen wurden seinerzeit Patente in Belgien wie auch in Israel sehr schnell publiziert und daher intensiv recherchiert. Der interessierte Leser erfuhr dort frühzeitig Inhalt und Breite eines Patentbegehrens.

Der Kampf um die Schutzrechte war finanziell und zeitlich sehr aufwendig und in der Nachschau für alle Teile kräftezehrend. Auch der loyalste „Freund" hoffte auf eine Stärkung der eigenen Ausgangssituation.

Um einen Eindruck zu vermitteln, in welcher Weise die Patentämter unterschiedlicher Länder die Materie behandelten, sollen insbesondere die Geschehnisse in Japan, den Niederlanden, Großbritannien, Schweiz und nicht zuletzt in den USA näher betrachtet werden.

---

14) Die Polyolefin-Anmeldung – Polymerisation von höheren α-Olefinen, Polypropylen etc. – wird am Ende dieses Kapitels behandelt.

15) Die ersten vier Anmeldungen waren getätigt und die Patente relativ schnell erteilt in: Ägypten, Argentinien, Australien, Belgien, Belg. Kongo, Bolivien, Botswana, Chile, Kolumbien, DDR, Ecuador, Frankreich, Finnland, Griechenland, Indien, Irak, Iran, Irland, Israel, Italien, Japan, Jugoslawien, Lesotho, Luxemburg, Marokko, Mexiko, Neuseeland, Norwegen, Österreich, Pakistan, Peru, Polen, Portugal, Schweden, Schweiz, Spanien, Syrien, Südafrika, Swaziland, Tschechoslowakei, Tunis, Türkei, Venezuela; die fünfte Anmeldung, die sich mit der Kombination Magnesium- bzw. Zinkalkyle und Titanchloride etc. befasste, war nur in Argentinien Belgien, Kanada, Frankreich, Großbritannien, Italien, Japan, Niederlande, Österreich und den USA angemeldet und dann auch erteilt worden.

Die ersten drei Patentanmeldungen in Deutschland waren im Ausland kombiniert als eine einzige Anmeldung (Kombination I) eingereicht worden, weil sie inhaltlich sinngemäß zusammengehörten: Aluminiumtrialkyle und Titanhalogenide als Katalysatoren. Logischerweise erfolgte dann im Ausland die Patentanmeldung, in der die Herstellung und Verwendung von Katalysatoren und ihre Anwendungen zur Herstellung von Polyethylen mithilfe von Verbindungen des Typs R_2AlX (X = Halogen, Alkoxyl etc.) + Titanhalogenide oder andere Übergangsmetallverbindungen beansprucht[16] wurde (Kombination II). Die dritte Auslandsanmeldung befasste sich mit Katalysatoren aus Magnesium- bzw. Zinkalkylen und Titanhalogeniden (Kombination III) und schließlich die vierte, wie bereits erwähnt, mit dem Verfahren zur Polymerisation von höheren Olefinen (Propen, Buten etc.) (Kombination IV).

Der japanische Prüfer gestattete das Nachreichen von Beispielen und ließ auch eine nachträgliche Beschreibung der Polymerprodukte zu. Das Amt erteilte wie in Deutschland einen breiten Schutzumfang im Bereich Polyethylen/Katalysatoren. Auch in der Schweiz [25, 26] wurde ein breiter Anspruch erteilt. Der Prüfer hatte aber dort erkannt, dass eigentlich zwei Erfindungen vorlagen, neben der Herstellung von Polyethylen auch die Herstellung der Polymerisationskatalysatoren selbst, ein Gesichtspunkt, der vor allem in den USA von besonderer Bedeutung werden sollte.

Die schnelle Bereitschaft des niederländischen Prüfers, Ziegler Schutzrechte zu erteilen, wurde gebremst durch den Einspruch der Firma Resinova aus Mailand. Neben den im deutschen Verfahren bekannt gewordenen Einspruchsgründen wurden von ihr eine britische und zwei amerikanische, ältere Patentschriften[17] als Entgegenhaltungen zitiert. Auch in dieser Kombination konnte keine seriöse Argumentation erkannt werden. Es handelte sich inhaltlich um die Anwendung von so genannten Friedel Crafts-Katalysatoren auf Isobuten oder Isobuten/Isopren-Mischungen. Die Verwendung von organometallischen Verbindungen des Aluminiums konnten nur eingeschränkt unter eine dort genannte Formel fallen.[18] Das Argument der Einsprechenden: Wenn man das Aluminiumtrichlorid im BASF/

16) Die Kombination enthielt zum Teil in vielen Ländern auch die Verwendung von Verbindungen von Metallen der VIII. Gruppe (Ägypten, Belgien, Kanada, Chile, Ecuador, Frankreich, Griechenland, Irak, Iran, Israel, Jugoslawien, Luxemburg, Marokko, Mexiko, Pakistan, Peru, Portugal, Spanien, Schweiz, Südafrika, Syrien, Türkei, Tunis, USA, Venezuela). Dieser Teil entstammte der deutschen Prioritätsanmeldung vom Dezember 1954, die in anderen Ländern allein verfolgt und zur Patenterteilung gebracht wurde (Argentinien, Australien, Bra-

silien, Dänemark, DDR, BRD, Finnland, Großbritannien, Indien, Irland, Japan, Neuseeland, Niederlande, Norwegen, Österreich, Schweden).

17) Standard Oil Dev. Co., GB PS 587,475, erteilt am 28.04.1947; Standard Oil Dev. Co., US PS 2,446,897 (SN 470,030) , D.W. Young und Mitarbeiter, erteilt 10.08.1948; Standard Oil Dev. Co., US PS 2,220,930 (SN 238,561), Ch.A. Kraus und Mitarbeiter, erteilt am 12.11.1940.

18) Dimethylaluminiumchlorid(Dimethylamin)-Komplex oder Etherate des Aluminiumtriethyl.

Fischer-Patent [5] (dort auf Ethylen) durch die Organoaluminiumverbindung des Standard Oil-Patentes (dort auf Isobuten/Isopren) ersetzt, also beide Patente kombiniert, hätte man einen Ziegler-Katalysator für Olefine. Die niederländischen Prüfer folgten dieser Argumentation nicht, weil

> „für den Fachmann keine Veranlassung vorlag, die deutsche Patentschrift ... mit der US-Patentschrift zu kombinieren und bestimmt nicht das zur Herstellung festen Polyethylens zu tun".

Es bestehe zwar keine Schwierigkeit, aus Isoalkenen feste Produkte herzustellen, aber es sei zweifelhaft, ob gemäß deutscher Patentschrift (BASF) mit Aluminiumtrichlorid und Titantetrachlorid festes Polyethylen herzustellen sei. Im Gegenteil, die Literatur deute darauf hin[19], dass die Zugabe von Titantetrachlorid zu Aluminiumtrichlorid keine Wirkung in Bezug auf die Bildung von festen Polymeren aus Ethylen enthalte.

In einer Zwischenverfügung befasste sich die niederländische Anmeldeabteilung sehr ausführlich mit den Einspruchsgründen, wies sie aber in Gänze zurück. Das Patent wurde mit einem breiten Anspruch erteilt [27]. Praktisch gleichzeitig erhielt Ziegler die nachfolgenden Patente zur Polymerisation von Ethylen [28, 29].

Das angelsächsische Patentrecht lässt neben dem normalen Verfahrensschutz auch den Stoffschutz auf ein neues Produkt zu. Daher war von Interesse, sowohl die neuen Katalysatoren als auch das neue Produkt Polyethylen per se zu schützen. Da zum Zeitpunkt der Anmeldung das so genannte Hochdruck-Polyethylen bereits bekannt war, musste der Stoffschutz für Ziegler-Polyethylen auf ein Produkt mit neuen Eigenschaften eingeschränkt werden. Das war der chemischen Industrie, angeführt von ICI (Imperial Chemical Industries), Esso Research and Engeneering Co., Phillips Petroleum Co. und der Standard Oil Company of Indiana noch zu viel. Mit über zwanzig älteren Literaturhinweisen – zum Teil bekannt, zum anderen unbekannt – rannten die Einsprechenden gegen die Erteilung der britischen Patente auf die Polymerisation von Ethylen, den Katalysator-Stoffschutz und gegen den Schutz des neuen Polyethylens an. Die Einspruchsgründe aus den deutschen Verfahren – BASF/Bayer gegen Ziegler – hatten sich weltweit herumgesprochen, aber wohl auch das Ergebnis der Auseinandersetzung. Man einigte sich, dass bei Aufgabe der Stoffansprüche für Polyethylen die restlichen Einspruchsgründe fallen gelassen würden. Mit diesem Ergebnis wurden auf die ersten beiden Kombinationsanmeldungen die Patente [30, 31] mit starken Katalysator-Stoffansprüchen

19) Dr. H. Zorn, Angew. Chemie, 60, Seite 185,
   und IG Farbenindustrie AG, DE PS 718 130,
   Zorn und Mitarbeiter, erteilt 18.08.1935.

und Verfahrensansprüchen für die Polymerisation von Ethylen Ende 1960 in Großbritannien erteilt.

Die dritte Auslandsanmeldung, die sich auf die Verwendung von Magnesium- bzw. Zinkalkyle als Organometallkomponente bezog, enthielt nur Verfahrensansprüche, weil die entgegengehaltene Literatur, insbesondere solche, die sich auf rein akademische Untersuchungen der Reaktion von Grignard-Verbindungen und Titantetrachlorid bezog[20], zu nahe an die jetzt beschriebenen Katalysatoren herankam bzw. sich mit ihnen überschnitt. Die Erteilung [32] des vergleichsweise schwächeren Patentes erfolgte 1961. Die industrielle Verwendung der Magnesium- bzw. Zinkalkyle zog man im Verlauf der Jahre nie in Betracht, ein Glücksfall für Ziegler.

In den Pool-Verträgen mit Montecatini (s. Seite 81, Abs. 3 und 4) war von Ziegler in Bezug auf „Polypropylen" akzeptiert worden, dass man die beiden ersten Patentanmeldungen von Montecatini/G. Natta in Italien und die Anmeldung von Ziegler/H. Martin im Ausland gemeinsam mit dem Ziel einreichte, einen breiten Anspruch auf die Polymerisation von höheren Olefinen als Ethylen belegen zu können. Die unbefriedigende Entwicklung in Deutschland setzte sich in anderen Ländern nicht fort. Bis 1960/61 war in 31 Ländern die Patenterteilung erfolgt.[21] Die von den Ämtern angenommenen Patentansprüche enthielten das Verfahren zur Polymerisation von Propylen und anderen Olefinen mit Ziegler-Katalysatoren, die Copolymerisation der genannten Olefine, auch mit Ethylen sowie die Charakterisierung der Polymeren in Bezug auf ihre reguläre Struktur bzw. ihren unterschiedlichen Kristallisationsgrad, ihre Verwendung speziell zu Folien, Fäden und anderen plastischen Materialien und, soweit möglich, Polymerstoffansprüche. Festes Polypropylen war eben neu, und dies speziell im Hinblick auf die Kristallinität und unterschiedlichen Stereostrukturen.

Auf geographisch breiter Front bekämpfte die Standard Oil of Indiana, USA, die Erteilung von „Polypropylenschutzrechten", besonders in Europa in Form von Einsprüchen gegen die Erteilung oder aber durch Nichtigkeitsklagen gegen bereits erteilte Schutzrechte, insbesondere in Norwegen, Schweiz, Dänemark, in den Niederlanden und – wie bereits beschrieben – in Deutschland. Die starke Opposition der Standard Oil gegen die Zieglerbzw. Ziegler/Montecatini-Schutzrechte war, wie bereits erwähnt, ein deutlicher Hinweis, dass diese Firmengruppe Polypropylen in großtechnischem Maßstab herstellte bzw. dass Produktionsstätten im Aufbau waren.

---

20) Solche Mischungen sind vorher nie in ihrer Wirkung auf Olefine untersucht worden.

21) Ägypten (61), Argentinien (56), Australien (58), Belgien (55), Brasilien (58), Chile (56), Kolumbien (57), DDR (58), Frankreich (57), Finnland (60), Großbritannien (59), Indien (57) Irland (61), Israel (57), Italien (55), Japan (59), Jugoslawien (57/58), Luxemburg (56), Mexiko (57/60), Neuseeland (58), Norwegen (59), Österreich (58), Pakistan (58), Peru (61), Polen (60), Portugal (56), Schweiz (61), Spanien (55), Südafrika (57), Türkei (59), Venezuela (56).

In Norwegen wurde am 26.09.1959 ein Patent auf die Kombinationsanmeldung erteilt. In einem Brief vom 24.12.1964 erhob die Avisun Corporation, Philadelphia, Einspruch gegen eine Verwarnung der Verteilergesellschaften und Kunden in Norwegen durch Montecatini, Avisun-Polypropylen zu verkaufen oder zu benutzen. Gleichzeitig erhob Avisun eine Nichtigkeitsklage gegen das erteilte Schutzrecht und belegte ihre Argumentation mit drei Gutachten: Mit einer Katalysatorkombination aus Titantetrachlorid und Ethylaluminiumdichlorid könne man Olefine nicht polymerisieren. I. Pasquon aus der Schule des polytechnischen Instituts in Milano lieferte ein Gegengutachten, in dem nachgewiesen wurde, dass Ethylaluminiumdichlorid in Mischung mit Übergangsmetallchloriden Propen sehr wohl zu kristallinen Polymeren – wenn auch zum Teil nur schwach – polymerisiere.

Der Kompromissvorschlag von Avisun, auf den Schutz der Katalysatorkombination Titantrichlorid/Ethylaluminiumdichlorid zu verzichten, wurde sowohl von Ziegler als auch von Montecatini abgelehnt. Ein Ende der Auseinandersetzung war 1967 noch nicht in Sicht. Für den 17.11.1970 war vor dem Beschwerdegericht in Oslo die entscheidende Verhandlung angesetzt, zur Verhandlung kam es aber nicht. Parallele Entwicklungen in anderen Ländern führten zu einer umfangreicheren Lösung.

Infolge eines Einspruchs von Staatsmijnen in den Niederlanden wurde der Anspruch in der Kombinationsanmeldung auf u. a. Aluminiumverbindungen mit weniger als zwei Halogenatomen pro Atom Aluminium eingeschränkt erteilt. Trotzdem erhob Standard Oil of Indiana 1964 eine Nichtigkeitsklage im Amsterdamer District Court gegen das Patent.

Die Nichtigkeitsklage der Standard Oil of Indiana 1965 gegen das Montecatini/Ziegler-Patent in der Schweiz wurde vor dem Zivilgericht Kanton Basel Stadt verhandelt und auf Basis eines 1968 erstellten Gutachtens des neutralen Gutachters, Prof. H.G. Elias, ETH Zürich, abgewiesen. Neben der Frage, ob die Katalysatorkombination aus Alkylaluminiumdihalogeniden/Titantrichlorid überhaupt ein wirksamer Katalysatoren sei, die der Gutachter ausdrücklich positiv beschied, wollten die Gegner durch eine von ihnen vorgeschlagene formelle Einschränkungen des Anspruchs den Wert des Schutzrechtes herabsetzen. Standard Oil of Indiana ging vor das Bundesgericht in Lausanne, zog aber kurz vor Bekanntgabe des Urteils die Eingabe zurück.

Die Klagen in Norwegen, der Schweiz, den Niederlanden und Dänemark wurden durch Vertrag [33] vom 01.01.1970 verglichen: Als Gegenleistung für die Beendigung der Klageanstrengungen und der damit verbundenen Erteilung rechtsbeständiger Schutzrechte [34, 35, 36] handelte der Leiter der Patentabteilung der Standard Oil of Indiana, Arthur Gilkes, eine nicht-ausschließliche Lizenz in Belgien für die Herstellung von Polypropylen, nicht aber den Verkauf aus. In Belgien besaß Shell wie auch in den Niederlanden eine exklusive Lizenz (Rotterdamse Polyolefinen Maatschappij N.V.). Shell gab ihre Exklusivität gegen Zahlung von US $ 200.000,– durch Montecatini/Ziegler auf und ließ eine begrenzte Verkaufsmenge an Polypropylen durch Standard Oil of Indiana zu. Der europaweite Kompromiss sah weiter vor, dass Standard Oil of Indiana eine nicht-ausschließliche Lizenz für Norwegen, die Schweiz und Dänemark erhielt. Die Verhandlungsführung bei Montecatini übersah die Forderung Zieglers, den Einspruch der Standard Oil of Indiana in Deutschland zurückzuziehen. Dort löste sich das Problem durch Einschränkung des Schutzbereiches (s. o.).

In Großbritannien verlief die Erteilung [37] des Schutzrechts (1959) um Polypropylen problemlos. Es wurden breite Verfahrensansprüche und ebenso begründete Stoffschutzansprüche auf die neuen Polymeren erteilt. Erst ein Jahr später strengte die Phillips Petroleum Company aus den USA eine Nichtigkeitsklage gegen die zuletzt genannten Stoffansprüche an und verwies auf die Stoffschutzansprüche in ihrer eigenen parallel laufenden britischen Patentschrift, für die sie ein früheres Prioritätsdatum, nämlich Januar 1953, in Anspruch nahm. Erstmals kreuzten sich so die Wege der Phillips Petroleum und die Zieglers. Da die Phillips-Anmeldung selbst in Einspruchsverfahren verwickelt war, kam es nicht zur Verhandlung und auch nicht zu einer Entscheidung dieser Klage. Ein Angriff auf die Rechtsbeständigkeit des britischen Schutzrechtes war danach nicht erfolgt.

Dramatischer war das Geschehen in Japan. Zwar erteilte der Prüfer bereits 1959 das Patent, zwei Jahre später erhoben aber auch dort die Firma Avisun Corporation und weiter Sun Oil Company, American Viscose Corporation und Eastman Kodak, alle USA, sowie Tokoyama Soda und Shin Nippon Chisso Hirjo Company aus Japan Nichtigkeitsklage. Mitte 1964 wurde das Patent durch das Japanische Patentamt für nichtig erklärt [38, 39], nachdem einige Tage vorher ein Änderungsantrag für eine Einschränkung ebenfalls abgelehnt worden war. In der Entscheidung folgte man der Argumentation der Gegner, dass einige Katalysatoren, die unter den derzeitigen Anspruch fallen würden, nicht wirksam seien. Eigene Versuche der Beklagten belegten zwar, dass eine große Zahl der beanstandeten Katalysatoren durchaus funktionierten, einige wenige aber tatsächlich unwirksam waren [40]. Dies hat jedoch die Entscheidung nicht mehr beeinflussen können.

Die internationale Presse und alle Beteiligten wurden aufgeschreckt und sofort die Statistik bemüht, aus der ablesbar war, dass ausländische Patentinhaber in Japan aus nationalen, protektionistischen Gründen gehindert wurden, ihre Patentrechte in Japan zu nutzen, und dies im vorliegenden Fall bezogen auf die grundlegende Erfindung zweier Nobelpreisträger. Erstmals wurde das von Montecatini und Ziegler weltweit erreichte Polypropylenmonopol durchbrochen. Die Situation verschärfte sich noch dadurch, dass inzwischen drei japanische Lizenznehmer[22] dieses Schutzrecht für die Herstellung und Anwendung und drei weitere[22] für die Herstellung von Fasern benutzten und bereits erhebliche Eintrittsgebühren für eine Lizenz bezahlt hatten.

Montecatini drängte, neben der notwendigen patentrechtlich, chemischen Argumentation die internationale Diplomatie einzuschalten. Ziegler war strikt dagegen, da er eine gegenteilige Wirkung befürchtete. Dennoch wurden die auswärtigen Ämter in Rom und Bonn bemüht, über die jeweiligen Vertretungen in Tokio tätig zu werden. Denkschriften und Briefe wurden verfasst, die von den jeweiligen auswärtigen Ämtern auch beantwortet wurden. Ziegler betrachtete seine Aktivität in diesem Zusammenhang als Geste gegenüber Montecatini, eine wenn auch widerwillige Pflichterfüllung. Auch die Präsidenten des Deutschen und Italienischen Patentamtes wurden angesprochen, um über die entsprechenden Instanzen in Tokio Einfluss zu nehmen, insbesondere um der einseitigen Bevorzugung wirtschaftlicher japanischer Interessen gegenüber den Rechtsansprüchen von Ausländern entgegenzutreten.

Andererseits formierten sich in Japan Firmengruppen, wie Asahi Chem. und Showa Denko, die aufgrund der bekannt gewordenen Entscheidung Programme für die Errichtung von Polypropylen-Produktionsstätten ankündigten.

Tokoyama Soda und Shin Nippon Chisso hatten eine Produktion bereits begonnen und dabei die Unabhängigkeit ihres Verfahrens von Montecatini/Ziegler erklärt.

Die komplexe wirtschaftliche Situation wurde durch die patentrechtliche Schwierigkeit nicht geklärt. Es galt, einen Patentanspruch vorzulegen, in dem die wirksamen Katalysatorkombinationen eindeutig von den nicht wirksamen abgetrennt waren. Schließlich drängte die Zeit. Ein großes Versuchsprogramm war nicht möglich. Verständigungsschwierigkeiten aufgrund mangelnder englischer Sprachkenntnisse seitens der japanischen Anwälte erschwerten erheblich die Kommunikation. Unsicherheit und Meinungsunterschiede beherrschten die Diskussion der nächsten Monate. Nur sehr langsam und zögerlich klärte sich die Entwicklung dahingehend, dass eine Einschränkung des Anspruchs in mehrerer Hinsicht erforderlich und

---

22) Mitsui Chemical Industry. Co. Ltd. – Tokyo; Mitsubishi Petrochemical Co. Ltd. – Tokyo; Sumitomo Chemical Co. Ltd. – Osaka; Toyo Rayon Co. Ltd. – Tokyo; Mitsubishi Rayon Co. Ltd. – Tokyo; Toyo Spinning Co. Ltd. – Osaka.

auch akzeptabel erschien.[23)] Zwischen den Zeilen der Korrespondenz war große Nervosität zu erahnen. Die Gefahr, dass eine Einschränkung des Schutzbegehrens zu weit gefasst und damit der Konkurrenz Umgehungsmöglichkeiten eröffnet wurden, war von allen Beteiligten erkannt worden. Die japanischen Anwälte Ushida, Irigana und Homma drängten zur Eile. Montecatini legte trotzdem ein Versuchsprogramm auf, um bei erforderlichen weiteren Entscheidungen mehr Sicherheit zu haben.

Inzwischen verbreitete sich die Nachricht, dass die Demarchen der italienischen Regierungsstellen in Japan Aufregung verursacht und zu einer scharfen Entgegnung des Generaldirektors des japanischen Patentamtes geführt hätten. Im Januar 1965 erkundigte sich der Präsident des Deutschen Patentamtes [41] bei seinem Kollegen in Tokio nach der rechtlichen Begründung einer Totalversagung eines Patentes für den Fall, dass nur ein Teil des Anspruchs nicht praktikabel erschien. Zwei Monate später zwangen die inzwischen bei Montecatini ausgeführten Versuche zu einer weiteren Einschränkung.[24)]

Gegen den Versagungsbeschluss des Patentamtes wurde fristgerecht vor dem „High Court" (Oberlandesgericht) in Tokio Beschwerde eingelegt. Anwälte von Montecatini und Ziegler eilten nach Japan, um Möglichkeiten auszuloten, in der nächsten, letzten Gerichtsinstanz ein Unheil gegen sich abzuwenden. Ziegler blieb gelassen. Er verbrachte seinen gewohnten Augusturlaub in Sils Maria in der Schweiz und gab von dort lediglich die Nachricht, dass er im September wieder zur Verfügung stehe.

Der Meinungsaustausch aller Beteiligten auf der Seite Montecatini/Ziegler erreichte hektische Ausmaße. Es war nicht abschätzbar, welche notwendigen, aber auch hinreichenden Einschränkungen der Patentansprüche mit sicherer Aussicht dem Gericht angeboten werden sollten. Es war nicht

---

23) Eine Beschränkung des Anspruches war einvernehmlich (Stand Dez. 1964) in folgender Weise vorgeschlagen worden:

1. Als Ausgangsprodukte der zu polymerisierenden Olefine von unbegrenzten α-Olefinen auf jetzt Propen, Buten-1 und Styrol sowie deren Mischungen untereinander oder mit Ethylen.
2. Die beiden Komponenten zur Herstellung des Katalysators von Übergangsmetallverbindungen von Metallen der IV–VI Gruppe auf jetzt Halogenide und Oxihalogenide des Titans und Vanadiums sowie auf der Leichtmetallseite von Metallen, Legierungen, Metallhydriden oder metallorganischen Verbindungen von Metallen der I.–III. Gruppe auf jetzt metallorganische Verbindungen des Lithiums, Natriums, Berylliums, Magnesiums, Zinks und Aluminiums, wobei im Fall des Aluminiums ein Ligand Wasserstoff, Alkoxy oder Halogen bedeuten kann.
3. Auch Hydride der genannten Metalle sollten eingeschlossen sein. Schließlich sollte auch die Verwendung von Komplexverbindungen der Alkalimetalle mit metallorganischen Aluminiumverbindungen beibehalten werden.

24) Es wurde auf Zinkalkyl sowie auf zweiwertige Titan- und Vanadiumverbindungen verzichtet, da sich herausgestellt hatte, dass zwar dreiwertige Vanadium- und Titanverbindungen als Katalysatorkomponente geeignet waren, nicht aber Titan- und Vanadiumverbindungen unter der Wertigkeit drei. Schließlich wurden auch Metallhydride einschließlich Aluminiumhydride als Leichtmetallkomponenten gestrichen, da in der Praxis solche Ausgangsstoffe wohl kaum zur Verwendung kamen.

zulässig, mit den beteiligten Richtern über diese Frage zu verhandeln. So blieb nur, einen Beschränkungsantrag mit definiertem Anspruchswortlaut vorzulegen. Die Gruppe der japanischen Anwälte drohte mit der Niederlegung der Vertretung, falls die Einschränkung nicht drastisch ausfiel. Es bedurfte einiger Überzeugungsarbeit vonseiten Montecatinis, die Beschränkung auf Vanadium- und Titanchloride bei der Präparation des Katalysators als auch auf Ethylen, Propen sowie Copolymere als Ausgangsolefine aussichtsreich zu verteidigen. Im Frühjahr 1966 war die Korrespondenz inhaltlich mit der Diskussion über das Für und Wider der ins Auge gefassten Einschränkung ausgefüllt. Dabei ging es im Wesentlichen auch darum, ob die Verwendung von Vanadiumoxichloriden, die für die Copolymerisation Bedeutung hatten, verteidigt werden sollte, zumal eine Exemplifizierung dieser Kombination im ursprünglichen Anmeldungstext nicht enthalten war. In einer späteren Montecatini-Anmeldung, speziell gerichtet auf die Copolymerisation von Ethylen und Propen, versagte das Patentamt diese Katalysatorkombination mit dem Hinweis, sie sei im Patent, das jetzt in der Nichtigkeitsklage involviert war, vorweggenommen.

Im Jahr 1967 kam es zur Anerkennung des inzwischen weiter eingeschränkten Anspruchs (Übergangsmetallkomponente Chloride, Bromide und Jodide des Titans). Das Patent [42] wurde so ohne Einspruch der Gegner bestätigt.

Wie letztlich in Deutschland, so konnte man auch in Japan mit dem Umfang des erteilten Schutzrechtes zufrieden sein. In der restlichen Laufzeit bis 1972 war nicht zu erwarten, dass eine wesentliche Änderung der Katalysatorsysteme seitens der Produzenten vorgenommen werden würde. Aus der Schilderung ist zu ersehen, dass die Bemühungen um gültige Schutzrechte mehr als zehn Jahre benötigten. In diese Zeitspanne fielen bereits erste Verletzungsklagen, die aber später analysiert werden sollen.

Im marktstärksten Land, den USA, waren die Anstrengungen erheblich größer, einerseits die Erteilung rechtsbeständiger Schutzrechte zu erreichen und andererseits Lizenznehmer und Verletzer durch gerichtliche Auseinandersetzungen zu schützen bzw. anzugreifen.

3.3
Die Situation in den USA

Wie in den anderen Ländern, reichten Zieglers Patentanwälte, R. Dinklage und A. Sprung, New York, die drei jeweils kombinierten Patentanmeldungen (I–III) beim Patentamt in Washington vor Ablauf eines Jahres nach dem Prioritätsdatum in Deutschland, also am 15.11.1954 [43] und zweimal am 17.01.1955 [44] ein. Eine der Kombinationsanmeldung enthielt auch die Erweiterung auf Metallverbindungen von Metallen der achten Gruppe mit Priorität in Deutschland vom Dezember 1954 [45]. Zur Anmeldung über „höhere Polyolefine", insbesondere Polypropylen (IV), wird später berichtet.

Die ersten Amtsbescheide über die sachliche Prüfung enthielten den Hinweis auf angeblich „ältere" US-Patentanmeldungen aus dem Forschungsteam A.W. Anderson und Mitarbeitern bei Du Pont. Die Prioritätsdaten waren 16.08.1954 und danach und sind ein Beleg für Art und Umfang der bei Du Pont laufenden Untersuchungen im gleichen Bereich.[25] Sie sind aber auch ein Beleg dafür, dass Du Pont neun Monate bzw. wenige Tage nach den Befunden in Mülheim Schutzrechtsanmeldungen mit ähnlichem Inhalt einreichte. Durch Vorlage der beim Deutschen Patentamt eingereichten Texte der ersten Ziegler-Anmeldungen war die Argumentation des Prüfers insoweit nicht mehr aufrechtzuerhalten. Weitere Überschneidungen mit älteren Publikationen konnten ebenfalls ausgeräumt werden.[26]

Andere Entgegenhaltungen seien hier nicht erwähnt, lediglich der Stoffschutz zu einem linearen Polyethylen, der Ziegler veranlasste, den geforderten Stoffschutz für Ziegler-Polyethylen aufzugeben.[27]

Die Auseinandersetzung mit dem Prüfer dauerte gute drei Jahre und man hatte den definitiven Eindruck, dass er die ihm verbriefte Entscheidungsfreiheit auskostete. Immerhin wurde letztlich erreicht, dass für den Prüfer annehmbare Ansprüche in einem breiten Rahmen als gewährbar erschienen, und dies nicht zuletzt über mündliche Verhandlungen mit ihm. Hierzu war die Hilfe der erfahrenen US-Anwälte erforderlich, die die Informationen von Ziegler und Martin umzusetzen wussten.

25) US PS 2,905, 645 vom 22.09.1959 (Priorität, SN 450,243 vom 16.08.1954), Anderson und Mitarbeiter. Katalysator-Stoffschutz: $TiCl_4$ + Liphenyl oder $LiAlR_4$ oder Sn- oder Cd-alkyle als Katalysatoren für die Polymerisation von ethylenisch ungesättigten Verbindungen. Reduktion teilweise bis unter Ti^{3+}. Die Kombination $TiCl_4$ + $AlMe_3$ aus Beispiel 18 wurde nicht beansprucht.
US PS 2,721,189 vom 18.10.1955 (Priorität SN 433,144 vom 30.08.1954), Anderson und Mitarbeiter. Stoffschutz: Polybicyclohepten, Katalysator: $TiCl_4$ + EtMgBr.
US PS 2,900,372 vom 18.08.1959 (Priorität SN 453,146 vom 30.08.1954), Gresham und Mitarbeiter. Verfahrensschutz: Polymerisation von Ethylen, Katalysator: Molybdänpentachlorid + Grignardverbindungen oder $LiAlR_4$ oder Zinntetraalkyle.

US PS 2,862,917 vom 02.12.1958 (Priorität SN 470,812 vom 23.11.1954), Anderson und Mitarbeiter. Verfahren zur Polymerisation von Ethylen. Katalysator: $TiCl_4$ + Aluminiumalkylhalogenide, über 150 °C.
26) US PS 2,691, 647 vom 12.10.1954 (Priorität SN 324,610 vom 06.12.1952) und US PS 2,731,453 vom 17.01.1950 (Priorität SN 324,603 vom 06.12.1952), beide Field und Mitarbeiter. Katalysator: Metalloxide von Metallen der VI. Gruppe + Reduktionsmittel wie Alkalihydride oder Alkalimetalle.
US PS 2,567,109 vom 04.09.1951 (Priorität SN 174,139 vom 15.07.1950), Howard, Katalysatoren: $TiCl_3$ + Hydroxylamin als Reduktionsmittel zum Titan^{2+}.
27) E.I. Du Pont, de Nemours and Co, USA , US PS 2,816,883 (SN 240,044), Larchar und Pease, Priorität 03.04.1947, siehe Lit. [71].

Die Entscheidungsfreiheit der amerikanischen Patentamtsprüfer konnte aber auch zu kuriosen Situationen führen, im vorliegenden Fall zu einer weit reichenden Bedeutung bei der späteren Verwertung. Während der Prüfer in der ersten Kombinationsanmeldung die von ihm verfügte Teilung in Verfahrens- und Katalysatoransprüche verlangte, diese Verfügung vier Jahre später als unbeabsichtigt bezeichnete und daher rückgängig machte, blieb derselbe Prüfer in der zweiten Kombinationsanmeldung bei seiner Teilungsverfügung [46], obwohl nicht zu erkennen war, warum er dies tat. Die Begründung für die Teilung war aber in beiden Fällen nachvollziehbar – der Katalysator selbst einerseits und seine Verwendung für die Polymerisation von Ethylen andererseits waren zwei unterscheidbare Erfindungen – und hatte zur Konsequenz, dass hier beide Teile der Anmeldung (II) in einem zeitlichen Abstand von fast 15 Jahren zum Patent erteilt wurden. Die Laufzeit erteilter Schutzrechte in den USA begann mit dem Datum der Erteilung, d. h. das zweite Patent lief 15 Jahre länger als das erste. Für einige Lizenznehmer und Verletzer war dies ein Anlass, das höchste Patentgericht in Anspruch zu nehmen, um die Richtigkeit der Handlung des Prüfers bestätigen zu lassen. Das Gericht entschied im Sinne Zieglers, für das Max-Planck-Institut für Kohlenforschung eine wohl einmalig vorteilhafte Entwicklung mit Langzeitwirkung (s. Seite 243 ff.).

Eine andere folgenschwere Situation in den USA hatte sich dadurch ergeben, dass Ziegler in den einzelnen amerikanischen Anmeldungen neben seinem Namen als Erfinder jeweils den Mitarbeiter genannt hatte, der die unmittelbar zugrunde liegenden Experimente durchgeführt hatte. Für eine Kombination von Patentanmeldungen sah das US-Patentgesetz vor, dass die Erfinder in den Einzelanmeldungen gleich sein müssten. Nur dann war gegeben, dass dem Gegenstand der Kombinationsanmeldung auch tatsächlich alle Teile der genannten Erfindungen zuzuordnen waren. Es stellte sich heraus, dass die Erfindernennung durch Ziegler nicht gemäß den US-Patentgesetzen erfolgt war, sodass eine zulässige Berichtigung der Erfindernennung zu geschehen hatte. Aus der Erfindungsgeschichte lässt sich herleiten, dass jeder einzelne Erfinder – Ziegler, Holzkamp, Breil und Martin – an der Konzeption und/oder Entwicklung der Katalysatoren und ihrer Anwendung, wenn auch in unterschiedlichem Maße, beteiligt waren. Die Voraussetzungen für eine „Joint Invention" waren gegeben. Es handelte sich um einen engen zeitlichen Rahmen, in dem die Katalysatoren für die Herstellung zu hochmolekularem Polyethylen entwickelt wurden (vgl. Seite 12, 20, 29, 30). Aus dieser Konstellation ergab sich, dass für die genannten US-Anmeldungen die gleichen Erfinder zu nennen waren, was auch 1957/58 geschah. Die Berichtigung war Gegenstand heftiger Angriffe späterer Gegner.

Für die genannten Kombinationsanmeldungen (I–III) konnte bis Ende 1958/Anfang 1959 der argumentative Widerstand der Prüfer beseitigt werden. Die dann ausgehandelten Patentansprüche waren vom Prüfer angenommen bzw. mit keiner weiteren Zurückweisung belegt worden. Eigentlich hätte damit einer Erteilung nichts mehr im Weg gestanden. Patentrechtliche Gründe (siehe spätere Ausführungen Seite 132) aufseiten Zieglers zwangen dazu, eine andere Route einzuschlagen. Aber auch das Patentamt in Washington sorgte dafür, dass eine zu frühe Euphorie gebremst wurde. Die Prüfer zogen Bescheide an Ziegler sozusagen aus der Schublade, in denen sie jeweils Interference-Verfahren eröffneten.[28]

Im Fall der ersten Kombinationsanmeldung hielt der Prüfer eine weitere Du Pont-Anmeldung [47] mit Priorität vom 16.08.1954 entgegen. Der Inhalt erschien dem Prüfer praktisch identisch mit unserer Offenbarung und Ansprüchen.[29] Das Gleiche geschah in der zweiten und dritten Kombinationsanmeldung Zieglers.[30]

Zunächst ist aber der Prüfungsweg der vierten Ziegler-Anmeldung, gerichtet auf die Polymerisation von Propen, zusammenzufassen, und dies im Zusammenhang mit Anmeldungen gleichen oder ähnlichen Inhalts, die von Montecatini mit Prioritätsdaten vom 08.06.1954 (Erfinder G. Natta) und vom 27.07.1954 (Erfinder G. Natta, P. Pino und G. Mazzanti) getätigt waren.

3.4
Polypropylen: Ziegler/Natta, Konflikt um die Priorität

Die Enttäuschung Zieglers über das Vorgehen von Montecatini im Zusammenhang mit den Befunden von Natta war zu Beginn 1955 gerade verraucht, als anstehende Fristen für das Einreichen von Schutzrechtsanmeldungen im Ausland beide Parteien zu einer Kooperation zwangen. Montecatini, vertreten durch die Patentabteilung, geführt von den Herren De Varda und Pirani, spielte zunächst die Karte der besseren Priorität Nattas und zwangen Ziegler dazu, seine Patentanmeldung über Polypropylen in den USA auch durch das von Montecatini ausgesuchte Anwaltsbüro Toulmin & Toulmin in Washington vertreten zu lassen.

---

28) Vgl. Kap. I, Seite 1, Fußnote.
29) Interference Nr. 91,379 Du Pont/Ziegler vom 14.11.1960: US PS 3,541,074, Du Pont, Anderson und Mitarbeiter, Beispiel 18: TiCl$_4$ + Al(CH$_3$)$_3$ 1:1. Erste Entscheidung zugunsten Du Ponts am 24.10.1964. (Keine praktische Bedeutung, da Katalysator zu stark eingeschränkt und zu teuer.)

30) Interference Nr. 90,957, Phillips Petroleum Company/Ziegler und Mitarbeiter, 09.05.1960. Phillips Petroleum Co., Lyons und Mitarbeiter: US Appl. 495,054, Anspruch 21; Ziegler und Mitarbeiter: US Appl. 482,412; Anspruch 38; Entscheidung Feb. 21, 1961: Priorität wird Ziegler und Mitarbeiter zuerkannt.

Die erste Montecatini-Anmeldungen war auf die Verwendung von Titan-tetrachlorid und Aluminiumtrialkyle als Katalysatormischung gerichtet, in der zweiten kam die Alternative Dialkylaluminiumchlorid anstelle von Aluminiumtrialkyl hinzu, wobei aber bei der Katalysatorpräparation bereits das Propen zugegen war, und die dritte auf die Polypropylene als neue Stoffe per se. Für die drei Anmeldungen wurde die italienische Priorität vom 08.06. und 27.07.1954 in Anspruch genommen. Die einige Tage später, 03.08.1954, in Deutschland eingereichte Ziegler-Anmeldung war in Bezug auf die Katalysatoren breiter angelegt, enthielt aber zunächst keine Stofffansprüche. Es war verabredet, die vier Anmeldungen am selben Tag in den USA einzureichen, um zu vermeiden, dass eine US-Anmeldung gegen die andere entgegengehalten würde. Ansonsten wollte man versuchen, alle vier Anmeldungen getrennt zur Erteilung zu bringen, wobei im Laufe des Prüfungsverfahrens Überschneidungen ausgeschlossen werden sollten.

Wenn auch als Ziel beider Parteien, Montecatini und Ziegler, betont wurde, das Beste im Sinne einer gemeinsamen starken Patentposition zu erreichen, so war im Laufe des Prüfungsverfahrens doch zu erkennen, dass der von Montecatini ausgesuchte US-Anwalt bevorzugt die Interessen von Montecatini vertrat. Die Absicht, in den USA die einzelnen Anmeldungen getrennt zu verfolgen, musste in der Hand eines einzigen Anwaltes zur Interessenkollision führen.

Schon zu Beginn des Prüfungsverfahrens wundert sich selbst der US-Anwalt Toulmin in einem Brief an seine Mandantin Montecatini (Kap. I, [173])

> „An issue that I have long feared might be raised in connection with the question of what Professor Natta contributed over Dr. Ziegler and therefore whether Professor Natta was a genuine inventor has now been precipitated by the attached editorial".
>
> „Therefore, Natta, using the exact catalyst of Ziegler produced polypropylene in his early work. It was not until later that he began to be selective in his selection of the catalyst".
>
> „Dr. Orsoni, in one of his communications, indicated that he thought, as we understood him, that you could avoid this situation because of the selection by Natta of a special catalyst, but unfortunately, in the early invention, which was fundamental, Professor Natta used the exact catalyst of Ziegler, and it was not until later that Natta began his selectivity".

Natta hätte Ziegler und Mitarbeiter als Miterfinder nennen müssen. Die Erfindung war abhängig von Ziegler (vgl. Memorandum A. Sprung, Kap. I, [191]).

In der ersten US-Anmeldung mit italienischer Priorität vom 8. Juni 1954 wies der Prüfer u. a. auf das US-Patent von Field und Feller (Kap. I, [14, 15]), insbesondere dort auf Beispiel 21[31] hin. Natta wiederholte dieses Beispiel, ohne in der Lage zu sein, feste Polymere danach herzustellen (Kap. I, [16]). Das Ergebnis wurde später bei Experimentalarbeiten von H. Martin[32] bestätigt. In der zweiten US-Anmeldung mit Priorität vom 27. Juli 1954 wurden keine nennenswerten Entgegenhaltungen seitens des US-Patentamtes vorgebracht.

Die Argumentation des Prüfers, dass in der publizierten belgischen Patentschrift 533 362 Zieglers die gleichen Katalysatoren für die Polymerisation von Ethylen beschrieben seien und es damit nahe liegend sei, Ethylen durch Propen zu ersetzen, ließ sich mit dem Hinweis entkräften, dass sich das erste Glied einer homologen Reihe im Vergleich zu den folgenden anders verhält und es nicht nahe liegend gewesen sei, ein gleiches Resultat mit Propen anstelle von Ethylen zu erhalten. Im ICI-Hochdruckverfahren ließ sich Propen nicht zu festen Polymeren umsetzen, nur flüssige Oligomere entstanden.

Nach diesem ersten Meinungsaustausch verzögerte Toulmin vorsätzlich die weitere Behandlung der Anmeldung Zieglers mit der deutschen Priorität vom 3. August 1954 mit dem Ziel, zunächst die Montecatini Anmeldungen zur Erteilung zu bringen. Später [48] wurde der Inhalt eines Telex von Toulmin an Montecatini aus dieser Zeit bekannt;

> „Extension for handling Z four [Ziegler's S.N. 514,068] is both satisfactory and desirable [sic] Examiner indicated he would not be taking up Z four for some time in future. Great advantage your company delay Z four to give us time amend and get allowed MC [Montecatini] cases This policy confidential recommend no disclosure as to MC policy to Germany [Ziegler] ...".

und weiter der Inhalt eines Briefes aus dem Jahr 1957:

> „As you know, it was our objective to play for time in Z-IV to give you the oppertunity to have your meeting with Prof. Ziegler and Dr. von Kreisler".

Zieglers Patentanwalt, von Kreisler, bat seinen US-Kollegen, R. Dinklage, New York, etwa Mitte 1956 um ein Gutachten, um herauszufinden, ob es sinnvoll sei, die zieglersche Polypropylenanmeldung von August 1954 mit

---

31) Polymerisation von Propen mithilfe eines Katalysators aus Natriummetall und Kobalt-Molybdat (CoMoO$_4$).

32) Vgl. Kap. I, [16].

dessen Anmeldungen „Polyethylen" von Ende 1953/Anfang 1954 zu kombinieren, um damit eine sichere Priorität gegenüber Dritten, insbesondere Du Pont, zu begründen. Als Ergebnis des Gutachtens [49] hielt Dinklage fest, dass nach seiner Einschätzung damit die Polypropylenanmeldung Ziegler/Martin

> „as establishing conception and reduction to practise prior to the
> constructive reduction to practice date of Montecatini"

ein Prioritätsdatum vor den Natta-Anmeldungen erhalten würde und dass damit Ziegler

> „maintain broad generic claims at least in the Z IV case or in a con-
> solidation".

Dieser Überlegung lag zugrunde, dass Natta einen Ziegler-Katalysator benutzte, um Propen zu polymerisieren, die Katalysatoren von Ziegler an Natta bekannt gegeben worden waren und dass zwangsläufig von Amts wegen ein Interference-Verfahren zwischen der Kombination Ziegler Polyethylen/Polypropylen einerseits und Montecatini Polypropylen andererseits eröffnet werden müsse. Die Prognose von Dinklage war, dass in solch einem Interference-Verfahren Ziegler bezüglich des Verfahrens zur Herstellung von Polypropylen die besseren Prioritätsdaten begründen könne, dass aber Montecatini wohl für den Stoffschutz des neuen Polypropylens die besseren Eigenschaftsmerkmale verfügbar habe. (Festes, kristallines, thermoplastisches Polypropylen[33] war nicht bekannt.) Der Anwalt Toulmin „rannte" gegen das Gutachten Dinklage an. Er sah die Interessen von Montecatini gefährdet und erklärte, dass das Gutachten von Dinklage zum Betrug anstifte, von Kreisler wies dies zurück [50].

Von Kreisler bemühte einen bis dahin unbeteiligten US-Anwalt, Herrn Nelson Littell, um ein neutrales Gutachten. Mitte 1957 lag die Einschätzung [51] von Littell vor. Danach wird die Meinung von Dinklage bestätigt:

---

33) Im April 1958 fand eine mündliche Verhandlung zwischen De Varda (Montecatini) und dem Prüfer, Mark Liebmann, in Gegenwart von Toulmin und Peake (Toulmin-Büro) im US-Patentamt statt. Der Prüfer fragte De Varda, ob nach seiner Kenntnis irgendjemand vor Natta kristallines Polypropylen hergestellt habe. De Varda erinnerte sich, weder ja noch nein geantwortet, vielmehr lediglich darauf hingewiesen zu haben, dass zum Zeitpunkt der Natta-Erfindung nichts dergleichen publiziert war. Phillips behauptete später, dass De Varda wider besseren Wissens so geantwortet habe. Ihm musste bekannt gewesen sein, dass Phillips kristallines Polypropylen vor Natta hergestellt habe. Die spätere Entscheidung des Gerichtes in Delaware [53] bewertete diese Einstellung von De Varda als Betrug des Amtes und schloss hierin Toulmin und Peake ein. Montedison (Montecatini) wurde daraufhin vom Verfahren ausgeschlossen und verlor jeden Anspruch auf einen Stoffschutz.

„Um die Interessen beider Eigentümer, Ziegler und Montecatini, am besten gegen Du Pont im Bereich 'Polymerisation von höheren Olefinen' zu verteidigen, ist es wünschenswert, die Anmeldungen mit den frühesten Prioritätsdaten gegen die Du Pont-Anmeldungen in einem möglichen Interference-Verfahren einzubringen. Bei der derzeitigen Konstellation ist eine 'Continuation in Part'-Anmeldung [52] zu empfehlen, in der die Offenbarungen der Ziegler-Anmeldungen von Nov. 1953 und vom 3.8.1954 zu kombinieren wären. Der Anspruch bezieht sich dann breit auf die Polymerisation von Olefinen und speziell auf die Polymerisation von Ethylen. Damit ist das Prioritätsdatum vom 17. Nov. 1953 für beide Anmeldungen gültig und liegt vor irgendeinem Prioritätsdatum, das für die Montecatini-Anmeldungen in Anspruch genommen werden kann. Es kann kein Zweifel darüber herrschen, dass Ziegler und Mitarbeiter die ersten Erfinder dieser beiden Erfindungen waren. Die Anmeldung 'Polymerisation von Olefinen', 3.8.1954, mit Ziegler-Katalysatoren ist eine Erweiterung der Anmeldung vom 17.11.1953 auf höhere Olefine nachdem die Katalysatoren auf Ethylen angewandt worden waren.

Voraussetzung ist allerdings, dass die Kontinuität dadurch belegt ist, dass in beiden Anmeldungen die gleichen Erfinder genannt sind. Ziegler und Mitarbeiter wussten zum Zeitpunkt der zweiten Anmeldung vom 3.8.1954 nicht, dass Montecatini vorher zwei Anmeldungen in Italien getätigt hatte. Insofern ist die eidesstattliche Versicherung bei der Anmeldung in USA am 8.6.1955 richtig, wonach den Erfindern vor dem 3.8.1954 die Erfindung G. Natta nicht bekannt gewesen sei".

Der Konflikt wurde zunächst dadurch eingegrenzt, dass dem Büro Toulmin die Vertretung der Ziegler-Schutzrechte 1957 entzogen und auf das Büro Dinklage übertragen wurde. Konsequenterweise wurde dann eine nach US-Patentgesetz zulässige Kombinationsserie[34] (interne Etikettierung A–H) aller bis dahin getätigter Ziegler-Anmeldungen unter Einschluss der

34) Es handelte sich hierbei um so genannte CIP-(Continuation in Part-)Anmeldungen, die, wie der Name besagt, durch Kombination der Inhalte fortlaufender Anmeldungen zur gleichen Erfindung in einer Anmeldung zusammengefasst werden. Die Priorität der neuen CIP-Anmeldung geht zurück auf die einzelnen Stammanmeldungen, also auch auf die erste der kombinierten Anmeldungen. Auf diese Weise konnte die bisherige Anmeldung IV (Herstellung von Polyolefinen) vom 03.08.1954 mit der ersten Stammanmeldung (I, Polyethylen) vom 17.11.1953 kombiniert werden und

das Prioritätsdatum für die Kombinationsanmeldung (CIP) vorverlegt werden (vgl. Gutachten N. Littell, s. o.). Das Gleiche geschah bei der Kombination der Stammanmeldung (II) Priorität vom 17.01.1954 mit der Anmeldung IV vom 03.08.1954, etc.
A: Katalysatoren, Kombination von Alumiumtrialkyl /Übergangsmetallverbindung.
B: Polyolefine mit Katalysatoren A.
C: Katalysatoren, Kombination von Alumiumverbindungen R_2AlX (X gleich Halogen etc.)/Übergangsmetallverbindung etc.
D: Polyolefine mit Katalysatoren C.

Polyolefinanmeldung (IV) vom August 1954 vorbereitet und beim US-Patentamt eingereicht [54].

Die jeweils in den ursprünglichen Anmeldungen beschriebenen unterschiedlichen Katalysatorgruppen wurden dabei als Katalysator-Stoffansprüche per se einerseits (CIP-Anmeldungen A, C, E, G) als auch als Verfahrensansprüche für die Polymerisation von allgemein α-Olefinen andererseits (CIP-Anmeldungen B, D, F, H) zugeordnet und weiterverfolgt. Es entstand ein Paket von acht Patentanmeldungen, die inhaltlich den Stand der Kenntnis über mögliche Katalysatorkombinationen aus dem Prioritätszeitraum 1953 bis Dezember 1954 umfasste. Damit war nach bestem Wissen in den Auslandsanmeldungen, d. h. auch in den USA, eine Abgrenzung des Schutzumfanges beschrieben, die eigentlich eine Garantie dafür sein sollte, dass die Erfindung optimal patentrechtlich abgesichert war.

Gegen die dritte Montecatini-Anmeldung, in der die neuen Polypropylene unter Stoffschutz gestellt werden sollten, zitierte das US-Patentamt eine ältere weitere Patentschrift von Field und Mitarbeitern [55] (Kap. I, [15]), insbesondere Beispiel 7. Das Polypropylenprodukt, dessen Herstellung dort beschrieben war, wurde durch ein CH_2/CH_3-Verhältnis von 8 charakterisiert, ließ sich also in seiner Struktur deutlich von den jetzt gefundenen Polypropylenen unterscheiden.[35]

Ende 1957 akzeptierte der US-Prüfer in einer mündlichen Verhandlung, die neuen Polypropylene als „isotaktisch" bzw. „ataktisch" zu charakterisieren. Nachdem alle Einwände des Prüfers ausgeräumt schienen, eröffnete der Prüfer ein Interference-Verfahren (Kap. I, [1]) im September 1958 zwischen den Parteien Standard Oil of Indiana, Montedison (früher Montecatini), Phillips Petroleum, Hercules Powder und Du Pont. Der Konflikt zog sich über 25 Jahre. Phillips Petroleum wird als Sieger aus diesem Streit hervorgehen [53] (siehe Kap. I, Seite 2, Abs. 4).

Aber zunächst zurück zur Ziegler-Anmeldung Polypropylen. Bei der Suche nach einer Abgrenzungslinie zwischen Montecatini und Ziegler ging die Auseinandersetzung über die eingereichten neuen Kombinations-(CIP-)anmeldungen (s. Seite 132) weiter. Toulmin und Montecatini versuchten, den Druck auf von Kreisler zu erhöhen, um solch ein Vorgehen zu verhindern. Die Ziegler-Lizenznehmer in den USA gingen berechtigterweise davon aus, dass sie auch einen Anspruch auf eine Lizenz für Polypropylen hatten und nach Patenterteilung keine zusätzlichen Lizenzabgaben zahlen

---

35) Natta-Affidavit 1956: Field-Produkte sind vollständig in siedendem Heptan löslich, Vinyl/Vinyliden (IR 4:1-8:1). Natta-Produkte sind in siedendem Heptan in wesentlichen Anteilen unlöslich. Definierter Schmelzpunkt 165 °C, keine Vinylbanden (IR 11,7 μm). Weiterhin keine Adsorption bei 13,5 und 15 μm: Lineare und reguläre Kopf-Schwanz-Struktur. Methyl/Methylen 1:1, Intrinsic viscosity bei 135 °C über 1, also Molekulargewicht über 20.000. H. Martin: Declaration 1988, vgl. Kap. I, [16].

müssten. Schon unter diesem Gesichtspunkt konnte Ziegler keinerlei Zugeständnisse gegenüber Montecatini machen. Montecatini appellierte an den Pool-Partner, die Beziehung der Partner nicht zu belasten.

Die Rechtsabteilung von Montecatini unterstellte Ziegler, dass er die Interessen seiner Lizenznehmer höher bewertete als die gegenüber Montecatini/Ziegler und damit die Möglichkeit eines Konfliktes mit Montecatini in Kauf nahm. Sie verlangte, dass Ziegler zumindest seine Stoffansprüche auf Polymere von α-Olefinen zurückzog. Offensichtlich sah Montecatini, dass sie ihre Verfahrensansprüche nicht durchsetzen konnte. In der Argumentation warf sie Ziegler unrichtige Behauptungen vor, insbesondere das angebliche Fehlverhalten Zieglers bei der eidlichen Aussage, dass ihm zum Datum seiner Erstanmeldung in Deutschland nicht bekannt gewesen sei, dass er nicht der erste Erfinder war. In Telefonaten und einer abschließenden Besprechung zwischen dem Vorstandsvorsitzenden, Giustiniani, De Varda, Ziegler und von Kreisler in Zürich Mitte 1957 hielt Ziegler dem Druck stand. Die Weigerung, Stoffansprüche aufzugeben und eine Korrektur der Erfindernennung zu unterlassen, löste die Drohung von Schadenersatzforderungen seitens Gustiniani aus. Es blieb aber zunächst dabei, dass Montecatini die Vertretervollmacht für von Kreisler und Ziegler die des US-Anwaltes Toulmin zurückzog.

Die neuen Kombinationsanmeldungen (A–H) Zieglers wurden, wie bereits berichtet, beim US-Patentamt 1957/58 eingereicht [54], alle bisher laufenden Anmeldungen aber parallel weitergeführt.

Die acht Kombinationsanmeldungen wurden schließlich zu Patenten erteilt, allerdings in unterschiedlichen Jahren und zum Teil nach langer Prüfungsdauer. Die letzte Erteilung erfolgte 1978 [54] und hatte – wie erwähnt – zur Konsequenz, dass eine große Zahl von Lizenznehmern, obwohl widerwillig, über weitere Jahre Lizenzabgaben an die Studiengesellschaft Kohle leisteten.

Die unterschiedlichen Erteilungsdaten waren die Folge der Bemühungen der Gegner, eine Erteilung zu verhindern, und dies zum Teil auch mit Hilfe des Patentamtes, denn eine Erteilung konnte nur erwartet werden, wenn gesichert war, dass nicht nur frühere Publikationsdaten aus Veröffentlichungen, d. h. Daten vor den eigenen Prioritätsdaten, nicht mehr stichhaltig entgegengehalten werden konnten – dies stand mittlerweile fest –, sondern dass auch zum Zeitpunkt des Abschlusses der amtlichen Prüfung keine Überlappung mit späteren Anmeldungen Dritter bestand. Solche Erwartungen konnte man aber bei Brisanz und Umfang der Erfindung kaum erwarten. Forschungsteams, die auf dem gleichen Gebiet arbeiteten, kombinierten aus bruchstückhaften Informationen die Zusammensetzung und Wirkung der Ziegler-Katalysatoren und reichten eigene Patentanmeldungen bei den nationalen Patentämtern ein. Die Zahl dieser Nachfolgeanmeldungen wuchs exponentiell, nachdem Anfang 1955 der Inhalt der Erfindungen von Ziegler und Mitarbeitern der Fachwelt bekannt wurde. Die Überlappungen von neuen Befunden mit bereits bekannten war nicht zu vermeiden und führte in den USA auf dem Amtsweg zur Eröffnung von zahlreichen Interference-Verfahren, deren Klärung gesetzlich vorgeschrieben war. Es würde im Rahmen einer historischen Betrachtung zu weit führen, den Verlauf und Ausgang der 22 Interference-Verfahren [56] in der Zeit von 1957 bis 1983 zu würdigen. Zum Verständnis der weiteren Verwertung der Erfindung insbesondere in den USA sind aber einige wenige dieser Verfahren zu erwähnen.

3.5
Streitige Auseinandersetzungen

3.5.1
Montecatini

Die erwartete Auseinandersetzung zwischen Montecatini und Ziegler um die Priorität für die Herstellung von u. a. Polypropylen begann vor dem US-Patentamt im Januar 1960. Das Amt beteiligte an diesem Verfahren auch die Firmen Du Pont und Union Carbide, wobei Letztere sehr bald ausschied, weil die relevante US-Patentanmeldung der Union Carbide viel zu spät eingereicht worden war, um die Prioritätsdaten der anderen Teilnehmer ernstlich zu gefährden.

Erst nach neun Jahren fällte das US-Patentamt, vertreten durch „The Board of Patent Interferences" [57], eine für alle Beteiligten so außerordentlich wichtige Entscheidung.

Darin kam zum Ausdruck, dass Du Pont ein Prioritätsdatum vom 19. August 1954 [58] für sich in Anspruch nehmen konnte (s. Seite 9, Abs. 1 und 2), zu spät in Bezug auf das Prioritätsdatum von Ziegler vom 3. August 1954.

In der Nachschau muss man sich fragen, was in neun Jahren passieren musste, um alle Argumente der Parteien dem Patentamt zu erläutern und eine Entscheidungsfindung zu ermöglichen. Über vierhundert Schriftsätze wurden verfasst. Patentabteilung und Anwälte von Montecatini, insbesondere die US-Vertreter, kämpften mit allen Mitteln, um insbesondere die Korrektur der Erfindernennung durch Ziegler und ihre Berechtigung infrage zu stellen. In zeitaufwändigen Vernehmungen aller Erfinder in New York versuchten die Gegner Widersprüche abzuleiten, um die Nennung der vier Erfinder – Ziegler, Martin, Holzkamp, Breil – zu verhindern.

Nach der Berichtigung der Erfindernennung in den USA waren die Erfindernennungen auch in den Prioritätsanmeldungen in Deutschland korrigiert worden. Das US-Patentamt hatte dies ohne Einwände im Sinne von Ziegler akzeptiert und die Interference-Abteilung hat diese Einschätzung als richtig übernommen.

Dagegen wurde die Sorgfaltspflicht bei der Erfindernennung auf der Seite von Natta und Mitarbeitern versäumt, mit der Konsequenz, dass Montecatini/Natta die beanspruchte Priorität vom 8. Juni 1954 und 27. Juli 1954 – also nach der ersten und vor der letzten Priorität von Ziegler und Mitarbeitern – aberkannt worden war. In der ersten Prioritätsanmeldung war in dem daraus erteilten italienischen Patent [59] G. Natta als einziger Erfinder genannt. Diese erste wurde mit der zweiten italienischen Patentanmeldung [60] kombiniert in den USA angemeldet und dort G. Natta, G. Mazzanti und P. Pino als Erfinder genannt. Ohne Korrektur war dies nach US-Gesetz aber nicht zulässig. Der Sachverhalt führte einerseits zur Aberkennung der Priorität vom 08.06.1954 und andererseits zur Charakterisierung der zweiten Anmeldung vom 27.07.1954 als „Verbesserungsanmeldung", die mit der Anmeldung von Ziegler und Mitarbeitern nicht in Konflikt stand.

Die Priorität erhielten eindeutig Ziegler und Mitarbeiter zuerkannt, wobei ein Antrag Zieglers den Entscheidungsgremien nicht mehr relevant erschien, in dem Ziegler geltend gemacht hatte, dass die von Montecatini für Natta geforderten Prioritätsdaten nur durch widerrechtliche Entnahme (Derivation) möglich geworden waren.

Die Studiengesellschaft Kohle mbH als Rechtsnachfolgerin von Ziegler erhielt in den USA 1974 ein Patent [61], das inhaltlich auch die Entscheidung des Interference-Verfahrens umfasste.

Montecatini konnte mit dieser Entscheidung insbesondere deshalb nicht zufrieden sein, weil zu diesem Zeitpunkt viele Interessenten entweder eine Lizenz von Montecatini haben wollten oder aber selbst versucht hatten, weitere Patenterteilungen für Montecatini zu verhindern. Montecatini musste zumindest dafür sorgen, dass eine Entscheidung zur Prioritätsfrage in der Schwebe gehalten wurde.

Die erste Konsequenz für Montecatini war, gegen die Entscheidung der Interference-Abteilung im US-Patentamt vor einem ordentlichen Gericht vorzugehen. In einer folgenden Klage [62] gegen Ziegler wurden in den nächsten vierzehn Jahren Schriftsätze wesentlich härteren Inhalts ausgetauscht. Dazu gehörte die Erweiterung (counter claim) der Klage durch Ziegler in Form eines Schadenersatzanspruches, begründet durch eine „widerrechtliche Entnahme", die Ziegler Montecatini/Natta vorwarf.

Die zweite Konsequenz aus dem Interference-Urteil war, dass sich Montecatini vertraglich von Ziegler trennte [63]. Erst 1983 fanden die Parteien

Montecatini und Studiengesellschaft Kohle einen „Vergleich" [64] akzeptabel, in dem sich Montecatini verpflichtete, alle Vorwürfe einschließlich der
Prioritätsansprüche zurückzunehmen und Schadenersatz in Höhe eines
siebenstelligen Dollarbetrages zu zahlen. Dies geschah zu einem Zeitpunkt
als Richter Wright entschieden hatte, dass Montecatini ein Anspruch auf
Patentstoffschutz für das neue Polypropylen zu versagen war.[36] Die Entscheidung musste auch Wirkung in der vorliegenden Klage haben (siehe
weiter Seite 180, Abs. 3 ff.).

3.5.2
Du Pont

Zunächst trafen die Parteien im November 1957 aufeinander, als das US-
Patentamt ein Interference-Verfahren [65] eröffnete zwischen einer der
ersten Ziegler-US-Anmeldungen [66] (I, SN 469 059) mit einer deutschen
Priorität vom 17. November 1953 und einer Du Pont-Anmeldung (SN
450 244, Kap. I, [28]) vom 16. August 1954. Obwohl bei den Prioritätsdaten
eigentlich vorhersehbar war, wer der Gewinner sein würde, kämpfte Du
Pont bis Ende 1962 [67] – also fünf Jahre –, bis sie ihren Anspruch aufgab,
nicht ohne im Jahr 1960 erneut zu versuchen, mit einem zweiten Interference-Verfahren [68] ihren Auswahlanspruch auf das später von Hyson, Du
Pont, eingesetzte Aluminiumtrimethyl zu sichern. Hier war Du Pont teilweise erfolgreich, aber die Du Pont geschützte, spezielle 1:1-Katalysatormi-
schung[37] aus Aluminiumtrimethyl und Titantetrachlorid [69] hatte keine
kommerzielle Bedeutung.
  Sehr viel später (1982) befand Richter C.M. Wright [70]

> „Despite a major effort, involving many experienced scientist with
> high priority access to the resources of Du Ponts experimental sta-
> tion, the Du Pont group explored a number of alternatives before
> investigating alkyl aluminums".

Die gerichtliche Bestätigung des beschriebenen Sachverhaltes, zu spät
Aluminiumethyle eingesetzt zu haben, charakterisierte den historischen
Ablauf.

---

36) Vgl. Kap. I, Seite 35, vorletzter Abs. und
[183, 184].

37) Eine „Auswahlerfindung": Ziegler und Mitarbeiter hatten einen Überschuss an Organoaluminiumverbindungen zu Titantetrachlorid
empfohlen.

3.5.3
Kompromisse, Konzessionen

Der finanzielle Aufwand für das Durchstehen der beginnenden Auseinandersetzungen war auf Zieglers Seite nur mithilfe der Monopolstellung bei der Vergabe von ersten Lizenzen auf die Herstellung von Polyethylen möglich. Du Pont hatte dies realisiert und versuchte jetzt, auf dem direkten Verhandlungsweg Konzessionen bei Ziegler zu erreichen, und dies in zweierlei Hinsicht. Eine Du Pont-Patentanmeldung [71] aus dem Jahr 1947 beanspruchte ein Verfahren zur Herstellung von linearem Polyethylen unter Benutzung von extremen, praxisfremden Parametern wie 5000–20000 bar Ethylendruck und Temperaturen von 45–200 °C. Es handelt sich hierbei um die Verwendung altbekannter radikalischer Katalysatoren, Peroxide etc. Die Anmeldung führte Ende 1957 zum Patent, das jetzt einen Stoffschutz für lineares Polyethylen enthielt, dessen physikalische Kriterien wie Schmelzpunkt, Reißfestigkeit, Molekulargewicht und Dichte denen des neuen Ziegler-Polyethylens zu gleichen schienen (siehe Seite 126, Abs. 3). Du Pont brachte ihren Anspruch aus diesem Schutzrecht in die Verhandlungen mit Ziegler ein und erwartete, dass Ziegler-Lizenznehmer vor allem in den USA gezwungen werden könnten, einen Teil ihrer Lizenzabgaben an Du Pont abzuführen und damit den Preis von Du Pont an Ziegler für eine Lizenz teilweise oder ganz zu kompensieren.

D.H. Hounshell [72], Du Pont, beschrieb später das Polyethylen von 1947 als „an entirely new material". Weder bei Hounshell noch bei Larchar und Pease, den Erfindern des „neuen" linearen Polyethylens, ist ein Hinweis zu finden, dass viele Jahre früher (1928/1933) ein Produkt mit den gleichen Charakteristiken von H. Meerwein, W. Burneleit sowie W. Werle [73] als „Polymethylen" synthetisiert worden war, natürlich auf anderem Wege (Zersetzung von Diazomethan). In einer nachfolgenden Publikation aus dem Jahr 1958 haben H. Hoberg und K. Ziegler [74] die Produkte – lineares Polyethylen nach Larchar und Pease, Polymethylen sowie Ziegler-Polyethylen – verglichen und kommen zu dem Schluss, dass die Du Pont-Chemiker nicht die ersten waren, die lineares Polyethylen hergestellt hatten, denn Polymethylen ist bei genügend hohem Molekulargewicht chemisch praktisch identisch mit linearem Polyethylen.

Im Juni 1958 verklagte Du Pont Phillips Petroleum Co. wegen Verletzung des Larchar-Pease-Patentes [71] als notwendige Folge der Vorverhandlung mit Ziegler. Phillips Petroleum hatte – wie bereits früher erwähnt (Seite 93, Abs. 4) – ein eigenes Verfahren zur Herstellung von Polyethylen (Marlex 50) entwickelt, war kein Lizenznehmer von Ziegler. A.R. Plumley [75] von der Patentabteilung Du Pont hatte Ziegler ein Lizenzangebot für seine

Lizenznehmer übersandt und wollte damit Ziegler eine Vereinbarung mit Du Pont schmackhaft machen. Dahinter stand bei Nicht-Annahme des Du Pont-Angebotes die Drohung einer Klage gegen Ziegler-Lizenznehmer und damit Gefahr für die gesamten Einnahmen von Ziegler. Am 02.07.1958 [76], der „Deadline" zur Annahme oder Ablehnung des Du Pont-Angebotes, erhöhte Du Pont den Druck und erwartete den Anwalt Zieglers, Dr. von Kreisler, in den USA, ausgerüstet mit Vollmachten für einen Vertragsabschluss. Ziegler wusste, dass eine Ablehnung des Du Pont-Angebotes einerseits oder eine Feststellungsklage zur Gültigkeit des Larchar- und Pease-Patentes andererseits, sehr großen finanziellen Aufwand erforderlich machen würde. Aber auch Du Pont wusste dies und drängte auf Eile.

Du Pont [77] wollte 1.5 % für die ersten 30 Millionen pounds p.a. und darüber 1 % Lizenzabgabe von Ziegler-Lizenznehmern direkt vereinnahmen und überließ es Ziegler, Konsequenzen aus seiner Publikation [74] zu ziehen. W.H. Salzenberg (General Manager, Du Pont, Polychemical Department) und Plumley (Leiter der Patentabteilung) avisierten ihren Besuch für den 5. und 6. August 1958 [78].

Trotz der Publikation [74] – mit Schreiben vom 26. Juni 1958 [79] erhielt Du Pont das Manuskript als Entwurf – einigte sich Ziegler mit Du Pont einige Tage später [80] dahingehend, dass Ziegler-Lizenznehmer bis zur Hälfte der an Ziegler zu zahlenden laufenden Lizenzabgaben an Du Pont abführen mussten für Produkte, die unter den Du Pont-Anspruch fielen. Der Briefvertrag [79] reflektierte die Vorgeschichte insofern, als Du Pont in der Höhe der geforderten Lizenzabgaben auf 0.75 % nachgab, ein Vergleich, der Ziegler entgegenkam und einen aufwändigen Streit vermied. Zieglers Lizenznehmer nahmen diese Entscheidung an.

Vor der Einigung mit Ziegler ließ Du Pont nach Einreichen der Klage gegen Phillips Petroleum die Beklagte mündlich wissen, dass mit Ziegler inzwischen eine Einigung erfolgt sei, was eben zu diesem Zeitpunkt nicht zutraf [81], „Poker".

Unter dem Vertrag zahlten Zieglers amerikanische Lizenznehmer [82] zusammen etwa $ 2 Millionen an Du Pont in der Zeit von 1958–1974 (Ende der Laufzeit des Du Pont-Larchar-Pease-Patentes).

3.5.4
Du Pont suchte weitere Vorteile

Du Pont legte gegen Ziegler nach, indem von ihm das Zugeständnis erwartet wurde, dass nicht alle Aluminiumtrialkyle in Zieglers Schutzumfang eingeschlossen sein könnten, insbesondere solche nicht, in denen Doppelbindungen in den Alkylketten enthalten seien, da solche Aluminium-Verbindungen von Ziegler nicht beispielhaft belegt seien und sich in ihrer Aktivität deutlich von den reinen Aluminiumalkylen unterschieden. Ziegler verließ sich auf seine fachliche Erfahrung, dass solche Aluminiumverbindungen schon wegen ihrer höheren Herstellungskosten nicht ernsthaft eine kommerzielle Bedeutung haben könnten. Stutzig machen musste ihn aber der hartnäckige Versuch Du Ponts, nicht nur Aluminiumverbindungen vom Typ $Al(CH=CH_2)_3$ und $Al(CH_2-CH=CH_2)_3$, sondern auch das nächste Homologe $Al(CH_2-CH_2-CH=CH_2)_3$ als nicht unter den Lizenzvertrag fallend zu definieren. Es musste ja wohl einen Grund geben für das von Du Pont verfolgte Verhandlungsziel.

Wichtiger erschien Ziegler das Versprechen, dass Du Pont bereit war, als Kompensation die Interference-Verfahren zu beenden, wenn bei Offenlegung der prioritätsbegründenden Dokumente die besseren Daten von Ziegler stammten. Er ließ sich Ende 1958 [83] auf einen Vertrag ein. Das Ergebnis war enttäuschend. Nicht nur, dass Du Pont nicht bereit war, Zieglers bessere Prioritätsdaten zu akzeptieren, sondern auch erkennen ließ, dass sie beabsichtigte, einen Polymerisationskatalysator für ihre kommerzielle Anlage einzusetzen, der aus Titantetrachlorid und einer Aluminiumverbindung hergestellt war, die aus Aluminiumtriisobutyl und Isopren synthetisiert wurde. Nach Einschätzung von Du Pont sollte diese aus dem Ziegler-Anspruch gemäß Vertrag herausfallen. Zieglers elementares Ziel, durch Beendigung der Interference-Verfahren laufende Lizenzeinnahmen zu sichern, war nicht erreicht. Der Versuch Du Ponts, sich mithilfe des neuen Vertrages Lizenzabgabenfreiheit zu sichern, war ein neues Problem.

Zwei Chemiker eines Du Pont-Forschungsteams, J.M. Bruce und I.M. Robinson, waren in zwei Schutzrechten [84, 85] als Erfinder genannt, deren Patentanmeldungen im März 1960 im US-Patentamt eingereicht worden waren. Die eine befasste sich mit der Herstellung von „Aluminiumdienpolymeren", die andere mit der Verwendung dieser neuen Aluminiumverbindung zusammen mit Titantetrachlorid als Polymerisationskatalysator. Der Hintergrund des vorher erwähnten Vertrages von 1958 mit Du Pont bezüglich der Definition der zieglerschen Aluminiumtrialkyle war offensichtlich, nur hatten die beiden Chemiker die Struktur des Reaktionsproduktes aus Aluminiumtriisobutyl und Isopren falsch gedeutet. Sie waren davon ausgegangen, dass mit Isopren nach der „Verdrängungsmethode" (Ziegler und Mitarbeiter) [86] unter Freisetzung von iso-Buten ein echtes „Aluminiumtriisoprenyl" entstehen würde.[38]

38) $\quad Al(C_4H_9)_3 + 3\ H_2C=CH-C=CH_2 \quad \rightarrow \quad Al\,[CH_2-CH_2-C=CH_2]_3 + 3\ C_4H_8$
$$\qquad\qquad\qquad\qquad\quad |\qquad\qquad\qquad\qquad\qquad\qquad |$$
$$\qquad\qquad\qquad\qquad CH_3 \qquad\qquad\qquad\qquad\qquad\quad CH_3$$

Ziegler selbst in einer Stellungnahme [87] aus dem Jahr 1967:

„Es wäre korrekt, (die neue Verbindung) Aluminiumtriisopentenyl zu benennen und würde in der Tat dem im Vertrag vom 8. Oktober 1958 mit eingeschlossenen Typ $Al(CH_2–CH_2–CH=CH_2)_3$ entsprechen. Zu dieser – irrtümlichen – Auffassung mag die Zusammensetzung des Stoffs mit ca. 14 % Al beigetragen haben. Ein reines $Al(C_5H_9)_3$ müsste 12,6 % Al enthalten. Der geringe Mehrgehalt von 1,4 % Al war leicht erklärt durch Beimengung von etwas zweiwertiger Al-Verbindung. Ein (hochmolekularer!) Stoff der Art $[al(C_5H_{10})al-]_n$ müsste 20 % Al enthalten. Tatsächlich hat der Stoff aus Aluminiumtriisobutyl und Isopren mit einem Aluminiumtriisopentenyl gar nichts zu tun, was auch von Du Pont inzwischen erkannt wurde. Es sei jedoch weiterhin als 'so genanntes Aluminium-isoprenyl' oder 'Aluminiumisoprenyl' bezeichnet".

Ein 22-seitiger illustrierter Experimentalbericht [86] wurde Du Pont als Antwort auf deren Einschätzung [88] zur Verfügung gestellt. Er schloss mit der Bemerkung:

„Aus früheren Diskussionen mit Herren der Firma Du Pont ist mir bekannt, dass Du Pont eine besondere Form der Polymerisation anwendet, die vorübergehend zu einer Lösung des Polyethylens in einem geeigneten Medium führt und sich insoweit von der ursprünglichen Ziegler-Form (Arbeiten in Suspension) unterscheidet. Ich halte es für abwegig, darüber auch nur zu sprechen. Jeder Lizenznehmer Zieglers hat die Polyethylen-Erfindung in einem technisch unfertigen Zustand ausgeliefert bekommen. Dem wurde durch den sehr niedrigen Lizenzsatz von 2 % (bei großen Produktionen) Rechnung getragen. Jeder erfolgreiche Lizenznehmer (Hoechst, Hercules, Dow, Monsanto, Mitsui – um nur einige zu nennen) hat eine eigene, nach seiner Meinung jeweils 'beste' Modifikation des Verfahrens entwickelt, ohne daraus eine besondere Vorzugsstellung gegenüber Ziegler herzuleiten. Es ist nicht einzusehen, warum Du Pont eine besondere Behandlung verdienen sollte".

Erst später erkannte Du Pont, dass das Umsetzungsprodukt aus Aluminiumisobutyl und Isopren eine polymere Aluminium-Verbindung komplizierter Struktur darstellte. Die Problematik wurde von H. Martin [89] 1977 aufgrund eines Auflagenbeschlusses in einem Schiedsgerichtsverfahren zwischen Farbwerke Hoechst und Studiengesellschaft Kohle noch einmal aufgegriffen und aufgrund von Produkteigenschaften und analytischer Daten wurden Strukturvorschläge gemacht. Aber schon 1966 war klar, dass die Struktur dieses Produktes nicht unter die Ausnahmen der heiß verhandelten Formel des 1958-Vertrages [83] Du Pont/Ziegler fiel. Im Mai 1967 – also zehn Jahre nach Beginn der Auseinandersetzung mit Du Pont – wurde schließlich ein „Vergleichsvertrag" [90] zwischen Du Pont und Ziegler ausgehandelt, wonach Du Pont eine Abfindungssumme für die Polyethylen-Lizenz in den USA in Höhe von zwei Millionen Dollar entrichtete. Außerdem wurden inzwischen erteilte Patente von Du Pont, u. a. die Herstellung von Isoprenylaluminium und seine Nutzung in der Polymerisation von Ethylen, weltweit auf Ziegler übertragen.[39]

Damit hatte Ziegler die Kosten für die Konzession im Vergleich mit Du Pont zum „Larchar-Pease Polyethylen Stoffschutz" ausgeglichen. Ein stattlicher Gewinn wurde aber dadurch möglich, dass Du Pont vergessen hatte, Kanada mit einzuschließen, die wesentliche Produktion von Polyethylen aber mittlerweile dort installiert war. Ziegler vereinnahmte noch einmal die gleiche Summe als Abfindung für Kanada. Das stilvolle Waldhotel in Sils Maria, Graubünden, in dem das Ehepaar Ziegler den Sommer verlebte, diente als Kulisse für die heitere Transaktion.

Die zähe und mühsame Detailarbeit der Vergangenheit hatte sich gelohnt. Am Geburtstag des Autors wurde 1967 in der geschmackvoll eingerichteten Küche des Hauses des Leiters der Patentabteilung von Du Pont, R.C. Kline, in Wilmington, USA, auf „Nobel Charlie" mit einem edlen Bourbon angestoßen.

Die Übertragung der Du Pont-Schutzrechte zum Thema Isoprenylaluminium sollte sich nach gar nicht langer Zeit als segensreiche Entscheidung für das Max-Planck-Institut für Kohlenforschung auswirken. Die Farbwerke Hoechst in Frankfurt hatten beschlossen, dieses Produkt für die Katalysatorherstellung zur Polymerisation von Ethylen einzusetzen, ohne allerdings zu wissen, dass das Institut nunmehr neuer Eigentümer dieser Schutzrechte auch in Deutschland war. Hierzu soll später berichtet werden (Seite 178, Fall II).

3.6
Die Geschichte der Patenterteilung aus der Nachschau 2000

Aus der bisherigen Darstellung sind mehrere Vorfälle und Entwicklungen festzuhalten, die für den Erfolg der substanziellen Verwertung in der Zeit von 1955 bis 1995 von außerordentlicher Bedeutung waren. Die wissenschaftliche Welt hatte die Bedeutung der Erfindungen aus dem Max-Planck-Institut für Kohlenforschung in Mülheim, insbesondere der Ziegler-

---

39) Du Pont behielt ein einfaches Nutzungsrecht
für sich selbst in den USA.

Katalysatoren und ihrer Anwendungen, in zahlreichen Publikationen anerkannt. Das hielt die kommerzielle Welt nicht davon ab, über vierzig Jahre immer wieder den Versuch zu machen, die Verwertung der Erfindung zu ver- und zu behindern oder aber spezielle Vorteile im Lizenzgeschäft zu erreichen. Viele weitere Vorfälle in dieser Zeit waren die Auslöser für spätere gerichtliche Auseinandersetzungen z. B. mit Verletzern im Zusammenhang mit den zum großen Teil erteilten Schutzrechten. Der Aufwand ließ sich kaum abschätzen, den alle Seiten über vier Dekaden des Geschehens bis zum Ablauf des letzten Schutzrechtes 1995 zu investieren bereit waren. Allein auf der Seite des Instituts waren mehr als dreißig Millionen DM aufzuwenden, um die Schutzrechte zu verteidigen und Verletzer zu verfolgen.

Die ersten Patentanmeldungen in Deutschland waren hastig verfasst und nicht einer sorgfältigen Prüfung unterzogen worden. Das ist aus der Nachschau nur zum Teil verständlich. Die Prioritätsdaten der Patentanmeldungen der weltweit auf dem gleichen Gebiet beteiligten Forschergruppen – das war damals nicht bekannt – lagen sehr eng beieinander. Immerhin lag es damals „in der Luft", an mehreren Stellen ähnliche Befunde zu erarbeiten. Andererseits sei festgestellt, dass Defizite bei Abfassung der ersten Anmeldung später dafür sorgten, dass sich gegnerische Anwälte „einschießen" konnten. Von Fall zu Fall stieg das Risiko, alles zu verlieren.

Dass die Befunde anderer Forschungskreise dann zum überwiegenden Teil nur wenig kommerzielles Interesse fanden, war sicherlich zum Vorteil für das Institut in Mülheim. Alle Beteiligten, auch die international für das Institut tätigen Patentanwälte, mussten zunächst lernen, mit diesem außerordentlichen Fall umzugehen. Es gab manche Zeitabläufe, die dazu angetan waren, depressive Stimmung zu erzeugen, und die auch anzeigten, dass die Summe der Erfolge sehr bald begrenzt sein musste. Die vorausschauende Behandlung der Ereignisse forderte auch Optimismus und Durchhaltevermögen über die gesamte Zeit der Gültigkeit der Schutzrechte. Es schien unmöglich, sich auf jede einzelne kommende Situation vorzeitig einzustellen. Die Gewissheit, ein gutes Produkt in der Hand zu haben, war schließlich die Motivation, nach Ziel und Wegen zu suchen, Hindernisse über eine lange Zeit auszuräumen.

Natürlich war es bei dem vorgegebenen Potenzial der Erfindung wichtig und angemessen, die meisten Schutzrechte über die gesamte gesetzlich zulässige Laufzeit aufrechtzuerhalten. Das galt auch für die so genannten Sperrpatente, die nicht unmittelbar für die kommerzielle Produktion von Polyolefinen von Bedeutung waren. Die nicht niedrigen Kosten der weltweiten Aufrechterhaltung der relevanten Schutzrechte konnten nur durch die rechtzeitig abgeschlossenen Lizenzverträge und die folgenden Produktionen finanziert werden. Sie waren im Vergleich zu den späteren Gerichtskosten aber gering.

Die Laufzeit der Prüfung eingereichter Anmeldungen im In- und Ausland bis zur Erteilung der ersten Schutzrechte war, von einigen Ausnahmen abgesehen, nicht außergewöhnlich lang, wenn auch mit einer schnelleren Erteilung der Schutzrechte gerechnet worden war. Immerhin handelte es sich um eine mit dem Nobelpreis ausgezeichnete Erfindung. Einsprüche bzw. Interference-Verfahren waren Rechtsmittel, um von Ziegler Konzessionen bzw. günstigere Lizenzbedingungen zu erhalten. Die Zahl der Lizenzinteressierten stieg steil an, obwohl bekannt war, dass die BASF, Montecatini und Du Pont massiv versuchten, die Schutzrechte umzubringen bzw. Vorzugskonditionen zu erhalten.

Spätestens nach zehn Jahren vom Zeitpunkt der Erfindung war für Interessierte erkennbar, dass es sich im Fall des Ziegler-Katalysators um eine grundsätzliche Erkenntnis handelte. Die Wirkungsweise des Katalysators war graduell und selektiv zu beeinflussen. In zahllosen Verbesserungsvorschlägen wurde aber das Prinzip weder überholt noch gefährdet. Die beiden Komponenten des Ziegler-Katalysators – Titan- bzw. Übergangsmetallverbindung oder die Organoaluminiumverbindungen bzw. Organometallverbindung – blieben unersetzlich. Die Aussage wurde dadurch noch erhärtet, dass es eigentlich bis heute – also nach fast fünfzig Jahren – keine kommerziell betriebene Polymerisationsanlage für Polypropylen gibt, in der die Katalysatormischung diese beiden Komponenten nicht enthält.

Literatur

1 Diplomarbeit H. Breil vom 28.06.1954, Seite 24 (vergl. Kap I, Lit. 173)
2 D.F. Herman, W.K. Nelson, J. Amer. Chem. Soc. 75, 3877 (1953)
3 F. Hein, Chemische Koordinationslehre, S. Hirzel Verlag, Leipzig 1950, S. 517
4 H. Breil, Promotionsarbeit, TH Aachen, 23. Juni 1955
5 Badische Anilin- und Soda-Fabrik, DE PS 874 215, Max Fischer, Priorität 18.12.1943
6 P. Borner/H. Martin, Versuche 1958, unveröffentlicht
7 C. Hall, A.W. Nash, J. Inst. Petrol, Technol. 23, 679 (1937)
8 C. Hall, A.W. Nash, J. Inst. Petrol, Technol. 24, 471 (1938)
9 Du Pont, US PS 2,212,155, (SN 238,288), L.M. Ellis, Priorität 1.11.1938, erteilt 20.08.1940
10 Du Pont, Brit. Patent 682 420, Priorität 10.06.1949, veröffentlicht 12.11.1952
11 Karl Ziegler, DE PS 878560, K. Ziegler, H.-G. Gellert, erteilt 17.02.1953, Priorität 21.06.1950
12 Deutsches Patentamt: Beschluß zur Patentanmeldung Z 3799, Anmelder: K. Ziegler, Einsprechender: BASF, 17. März 1958
13 Ziegler, Studiengesellschaft Kohle mbH/ BASF AG, Vertrag vom 21.Juli 1958

14 Ziegler, Studiengesellschaft Kohle mbH/ BASF AG, Vertrag „Polyolefine" vom 21.Juli 1958

15 Karl Ziegler (Z 3862 IVb/39c, Priorität 15.12.1953) DBP 1 004 810 vom 05.08.1960, K. Ziegler, H. Breil, H. Martin, E. Holzkamp

16 Karl Ziegler (Z 3882 IVb/39c, Priorität 23.12.1953) DBP 1 008 916 vom 10.03.1960, K. Ziegler, H. Breil, H. Martin, E. Holzkamp

17 Karl Ziegler (Z 3941 IVb/39c, Priorität 19.1.1954) DBP 1 012 460 vom 05.08.1960, K. Ziegler, H. Breil, H. Martin, E. Holzkamp)

18 Karl Ziegler (Z 3942 IVb/39c, Priorität 19.1.1954) DBP 1 016 022 vom 28.12.1960, K. Ziegler, H. Breil, H. Martin, E. Holzkamp

19 Maria Ziegler (Z 4348 39b 4, Priorität 3. August 1954) DBP 1 257 430 vom 17.12.1973, K. Ziegler, H. Breil, H. Martin, E. Holzkamp

20 Montecatini Soc. Gen. und Dr. Karl Ziegler, (M 27 307 IVd/39c, Priorität 8.6./ 27.07.1954) DAS 1 094 985, ausgelegt 15.12.1960, G. Natta, P. Pino. G. Mazzanti

21 Montecatini Soc. Gen. und Dr. Karl Ziegler (M27307), Bundespatentgericht, Beschluß vom 28.07.1966 (AZ 15 W (pat) 108/65)

22 Karl Ziegler (Z 4348 39b 4, Priorität 3. August 1954) DAS 1 257 430, bekanntgemacht am 28.12.1967

23 Maria Ziegler (P 1257430.0-44, Priorität 03.08.1954) Bundespatentgericht, Beschluß vom 17.12.1973 (AZ 15 W (pat) 93/72)

24 Karl Ziegler /Phillips Petroleum Co., United States Court of Appeals, Fifth Circuit, Civil Action No. 71-2650, Entscheidung des 13.04.1973

25 Karl Ziegler, Schweizer PS 339740, erteilt am 15.07.1959 (Priorität 17.11./15.und 23.12.1953), K. Ziegler, H. Breil, E. Holzkamp, H. Martin

26 Karl Ziegler, Schweizer PS 363485, erteilt am 31.07.1962 (Priorität 19.01., 11. und 13.12.1954), K. Ziegler, H. Breil, R. Köster, H. Martin

27 Karl Ziegler, Niederländische PS 94082, erteilt am 15.04.1960 (Priorität 17.11.1953)

28 Karl Ziegler, Niederländische PS 94705, erteilt am 05.06.1960 (Priorirät 19.01. und 13.12.1954)

29 Karl Ziegler, Niederländische PS 84948, erteilt am 16.03.1957 (Priorirät 19.01.1954)

30 Karl Ziegler, GB PS 799,392, erteilt am 13.12.1960 (Priorirät 17.11./15. und 23.12.1953)

31 Karl Ziegler, GB PS 799,823 erteilt am 13.12.1960 (Priorirät 19.01., 11. und 13.12.1954)

32 Karl Ziegler, GB PS 801.031 erteilt am 26.05.1961 (Priorirät 19.01.1954)

33 Montecatini Edison S.p.A/Standard Oil Company (Indiana) Propylene Polymers Patent License Agreement vom 26.01/ 08.02.1971

34 Montecatini Soc. Gen./Karl Ziegler, Norwegische PS Nr. 95095; erteilt am26.09. 1959, (Priorirät 08.06., 27.07. und 03.08.1954)

35 Montecatini Soc. Gen. und Prof. Dr. Karl Ziegler, Schweizer PS 356913, erteilt am 15.09.1961 (Priorirät 08.06., 27.07, 03.08.1954) G. Natta, K. Ziegler, H. Martin, G. Mazzanti, P. Pino

36 Montecatini Soc. Gen. und Prof. Dr. Karl Ziegler, Niederländische PS Nr. 105814; erteilt am 19.07.1963 (Priorirät 08.06., 27.07. und 03.08.1954)

37 Montecatini Soc. Gen. und Karl Ziegler, Großbritannien PS Nr. 810,023; erteilt am 23.06.1959 (Priorirät 09.06., 27.07. und 03.08.1954)

38 Montecatini an v. Kreisler vom 14.09.1961 und Antwort v. Kreisler vom 3.10.1961 sowie Übersetzung der Entscheidung des Japanischen Patentamtes vom 21.07.1964 (AZ 585/1960, 331/1961, 3/1962 und 2563/1962)

39 Ministerium für internationalen Handel und Industrie, Tokio, Japan, Trial Case No. 4535/63, formelle Entscheidung vom 22.07.1964

40 Patentamt Tokio, Beschwerde 3/1962, Eingabe Tokuyama Soda K. K. vom 07.01.1963

41 K. W. Haertel, Präsident des Deutschen Patentamtes, München, an T.Kurahachi, Generaldirektor des Japanishcen Patentamtes, vom 21.01.1965

42 Montecatini Soc. Gen/ Ziegler, Japanische PS Nr. 251 846, vom 27.04.1959, G. Natta, K. Ziegler, (PS liegt nicht vor)

43 Karl Ziegler, US PS 3,257,332, (SN 469 059) vom 21.06.1966, Priorität 17.11./ 15.12. und 23.12.1953, K. Ziegler, H. Breil, E. Holzkamp, H. Martin

44 Karl Ziegler, US SN 482 412, K. Ziegler, H. Breil, H. Martin, E. Holzkamp und US SN 482 413, K. Ziegler, H. Breil, H. Martin, E. Holzkamp, beide angemeldet am 17.01.1955, beide Prioritäten 19.01.1954

45 Karl Ziegler, DE PS 1,046,319 (Z 4603), vom 09.04.1959, Priorität 11.12.1954, K. Ziegler, H. Breil, H. Martin, E. Holzkamp

46 US Patentamt, Amtsbescheid vom 21.09.1956, US SN 482412, Karl Ziegler et al

47 E.I. Du Pont, de Nemours and Co, US PS 3,541,074 (SN 450244), vom 17.11.1970, Priorität 16.08.1954, A. W. Anderson, J. M. Bruce und N. G. Merckling, W. L. Truett

48 Ziegler/Montecatini, Interference Nr. 99,478, Ziegler's Reply Brief vom 7. Jan. 1983

49 R.D. Dinklage, Gutachen vom 19.07.1954, „Evaluation of certain factors …",

50 v. Kreisler an Toulmin vom 20. August 1956

51 Nelson Littell, Gutachten vom 04.06.1957

52 Manual of patent examining procedure, 201.08

53 United States District Court of Delaware, Civil Action No. 4319, Entscheidung vom 11. Jan. 1980, 494 Federal Supplement, S. 370, 438

54 CIP-Patent A:
Karl Ziegler, US PS 3,574,138, (SN 692,020) vom 06.04.1971, K. Ziegler, H. Breil, E. Holzkamp, H. Martin; „Catalysts"; aus SN 469 059 v. 15.11.1954 (Priorität: 17.11.1953, 15.12.1953, 23.12.1953); SN 527 413 v. 09.08.1955 (Priorität: 16.08.1954) SN 554 631 v. 22.12.1955 (Priorität 27.12.1954)

CIP-Patent B:
Karl Ziegler, US PS 3,826 792, (SN 125 151) vom 30.07.1974, K. Ziegler, H. Breil, E. Holzkamp, H. Martin; „Polymerization Of Ethylenically Unsaturated Hydrocarbons"; aus SN 745 998 v. 01.07.1958, aus SN 469 059 v. 15.11.1954 (Priorität: 17.11.1953, 15.12.1953, 23.12.1953); 527 413 v. 09.08.1955 (Priorität: 16.08.1954) 554 631 v. 22.12.1955 (Priorität 27.12.1954); 514 068 v. 08.06.1955 (Priorität:03.08.1954)

CIP-Patent C:
Karl Ziegler, US PS 3,113,115, (SN 770,413) vom 03.12.1963, K. Ziegler, H. Breil, E. Holzkamp, H. Martin; „Polymerization Catalysts"; aus SN 482 412 v. 17.01.55 Priorität (19.1.1954, 13.12.1954, 11.12.1954); SN 527 413 v. 09.08.1955 (Priorität: 16.08.1954); SN 514 068 v. 08.06.1955 (Priorität 03.08.1954)

CIP-Patent D:
Karl Ziegler, US PS 4,125,698, (SN 770 484), vom 14.11.1978, K. Ziegler, H. Breil, E. Holzkamp, H. Martin; „Polymerization Of Ethylenically Unsaturated Hydrocarbons"; aus SN 482 412 v. 17.01.55 Priorität (19.1.1954, 13.12.1954, 11.12.1954); 527 413 v. 09.08.1955 (Priorität: 16.08.1954); 514,068 v. 08.06.1955 (Priorität: 03.08.1954)

CIP-Patent E:
Karl Ziegler, US PS 3.070,549, (SN 746,000) vom 25.12.1962, K. Ziegler, H. Breil, E. Holzkamp, H. Martin; „Polymerization Catalysts"; aus SN 482,413 v.

17.01.1955 (Priorität: 19.01.1954), 527,413 v. 09.08.1955 (Priorität: 16.08.1954); (554,631 v. 22.12.1955 (Priorität 27.12.1954)
CIP-Patent F:
Karl Ziegler, US PS 4,063,009, (SN 745,999) vom 13.12.1977, K. Ziegler, H. Breil, E. Holzkamp, H. Martin; „Polymerization Of Ethylenically Unsaturated Hydrocarbons"; aus SN 482,413 v. 17.01.1955 (Priorität: 19.01.1954), 527,413 v. 09.08.1955 (Priorität: 16.08.1954); 554,631 v. 22.12.1955 (Priorität 27.12.1954), 514,068 v. 08.06.1955 (Priorität 03.08.1954)
CIP-Patent G:
Karl Ziegler, US PS 3,231,515, (SN 745,809) vom 25.01.1966, K. Ziegler, H. Breil, E. Holzkamp, H. Martin; „Catalysts" aus 554,609 und 554,631, beide v. 22.12.1955 (Prioritäten 27.12.1954) und 514 068 v. 08.06.1955 (Priorität 03.08.1954)
CIP-Patent H:
Karl Ziegler, US PS 3,392,162, (SN 745,850) vom 09.07.1968, , K. Ziegler, H. Breil, E. Holzkamp, H. Martin; „Polymerization Of Ethylenically Unsaturated Hydrocarbons"; aus SN 514,068 v. 08.06.1955 (Priorität 03.08.1954); 554,609 and 554,631 v. 22.12.1955 (Prioritäten 27.12.1954)

55 Standard Oil of Indiana, US PS 2,731,453 (SN 324,608), E. Field und M. Feller (Priorität 06.12.1952)
56 Liste der vor dem US Patentamt geführten Interferenceverfahren
57 Interference No. 90833, Montecatini/ Ziegler/Du Pont, Final hearing May 13, 1969, Paper No. 438, Entscheidung US Patent Office Sep. 15, 1969
58 Du Pont, US Patentanmeldung 451 064 vom 19.08.1954, W. N. Baxter, N. G. Merckling, I. M. Robinson und G. St. Stamatoff
59 Montecatini, Italienisches Patent 535712 (24.227/54), G. Natta, angemeldet 08.06.1954, erteil am 17.11.1955, vergl. auch Kap. I, [163]

60 Montecatini, Italienisches Patent 537425 (25.109/54), G. Natta, G. Mazzanti und P. Pino angemeldet am 27.07.1954, erteilt am 28.12.1955, vergl. auch Kap. I, [167]
61 Studiengesellschaft Kohle mbH, US PS 3,826,792 (SN 125 151), vom 30.07.1974, K. Ziegler, H. Breil, E. Holzkamp, H. Martin (Priorität 17.11./ 15.12. und 23.12.1953/03.08./16.08./27.12.1954)
62 Montecatini ./. Ziegler/ Du Pont, Civil Action 3291-69 – District Court of Columbia – vom 18.11.1969
63 Montecatini/Ziegler, „Agreement" vom 10. Juli 1969
64 Montedison/Studiengesellschaft Kohle mbH, „Settlement Agreement" vom 26. Sept. 1983
65 Du Pont/Ziegler, Interference-Verfahren 88 956, November 1957
66 Karl Ziegler, US PS 3,257,332 (SN 469 059), vom 21.07.1966, K. Ziegler, H. Breil, E. Holzkamp, H. Martin (Priorität 17.11./15./23.12.1953)
67 Du Pont/Ziegler, Interferences 88 956, Du Pont zieht den Anspruch zurück 13.12.1962
68 Du Pont/Ziegler, Interference 91 379, 14. Nov. 1960: Du Pont erhält Priorität 24.10.1967
69 E.I. Du Pont, de Nemours and Co, US PS 3,541,074 (SN 450 244, Beispiel 18,) vom 17.11.1970, A. W. Anderson, J. M. Bruce, N. G. Merckling und W. L. Truett (Priorität 16.08.1954)
70 US District Court for the District of Delaware, Studiengesellschaft Kohle /Dart, Civil Action 3952, Entscheidung vom 05.10.1982, Seite 38
71 E.I. Du Pont, de Nemours and Co, US PS 2,816,883 (SN 240 044) vom 17.12.1957, A.W. Larchar, D.C. Pease (Priorität 03. April 1947)
72 D.H. Hounshell, J.K. Schmith, JR, Science and Corporate Strategy, Du Pont 1902–1980, Cambrige University Press, New York, Seite 492–493

73 H. Meerwein, W. Burneleit, Ber. dtsch. chem. Ges. 61, 1840/1843 (1928) und W. Werle, Doktorarbeit Universität Marburg, 10. April 1937, Dissertations-Verlag G.H. Nolte, Düsseldorf, 1938, „Über die katalytische Zersetzung des Diazomethans und das Polymethylen", Erste Beobachtungen hierzu: H. v. Pechmann, Ber. 31, S. 2640, 2643 (1898)

74 H. Hoberg, K. Ziegler, Brennstoffchemie, Nr. 19/20, Bd. 39, S. 302–306, 15. Oktober 1958, „Über lineares Polymethylen und Polyethylen"

75 A.R. Plumley, Du Pont, an von Kreisler vom 25.06.1958

76 W.H. Salzenberg, Du Pont, Telegramm an Ziegler vom 02.07.1958

77 W.H. Salzenberg, Du Pont, an Ziegler vom 10.07.1958

78 W.H. Salzenberg, Du Pont, Telegramm an Ziegler vom 12.07.1958

79 Ziegler an W. Salzenberger, Du Pont, vom 26.06.1958

80 Briefvertrag Du Pont/Ziegler vom 6. August 1958

81 P.M. Arnold, Phillips Petroleum Company, an von Kreisler vom 25.07.1958

82 Zahlungen der Ziegler-Lizenznehmer in USA an Du Pont (Polyethylen): Monsanto, Lizenzvertrag vom 10.01.1955, ca. 16.000 US Dollar Union Carbide, Lizenzvertrag vom 23.11.1954, 133.000 US Dollar Dow Chemicals, Lizenzvertrag vom 22.11.1954, 1,28 Millionen US Dollar Esso, Lizenzvertrag vom 07.02.1955, 61.000 U S Dollar Koppers, Lizenzvertrag vom 22.07.1954, 570.000 US Dollar Hercules Powder, Lizenzvertrag 24.09.1954, 28.000 US Dollar

83 Vertrag Du Pont/Ziegler 08. Oktober 1958

84 E.I. Du Pont, de Nemours and Co, US PS 3,149,136 (SN 18520) vom 15.09.1964, J.M. Bruce, I.M. Robinson (Priorität 30.03.1960)

85 E.I. Du Pont, de Nemours and Co, US PS 3,180,837 (SN 239 377) vom 27.04.1965, J.M. Bruce, I.M. Robinson (Priorität 30.03.1960)

86 K. Ziegler, H. Gellert, H. Kühlhorn, H. Martin, K. Meyer, K. Nagel, H. Sauer und K. Zosel, Angewandte Chemie 64 (1952) S 323ff

87 K. Ziegler, H. Martin, K. Zosel, R. Rienäcker, E.G. Hoffmann, H. Hoberg, Über den Charakter der Aluminium-Kohlenstoff-Bindung im sogen. Aluminiumisoprenyl, 1967, insbesondere S. 2 und 22; ; siehe auch Brennstoff Chemie 50 (1969), Seite 217

88 John Mitchell Jr, Du Pont, „Analytical Studies of Organo-Aluminium Compounds", 19.08.1966

89 H. Martin an H. Winkler, Vorsitzender Richter am Oberlandesgericht Düsseldorf (Vorsitzender des Schiedsgerichts Studiengesellschaft/Farbwerke Hoechst) vom 31.05.1977 (Anlage)

90 Du Pont/Ziegler, Vertrag vom 31. Mai 1967

4
Innovation, Entwicklung des Marktes, Produktion

4.1
Zur Situation des Marktes

In der Mitte der fünfziger Jahre hatten sich der Umfang und die Bedeutung der Erfindung der Ziegler-Katalysatoren und ihrer möglichen Anwendungen etabliert, die Zahl der Abschlüsse an Lizenzverträgen einen ersten Höhepunkt erreicht. Dem Max-Planck-Institut in Mülheim waren erhebliche Lizenzvorauszahlungen zugeflossen. Man erwartete dort, dass sich nunmehr das Interesse der Industrie auf die Entwicklung eines brauchbaren Produktes konzentrierte. Der wirtschaftliche und anwendungstechnische Wert der Verfahrensprodukte stand sicherlich schon im Augenblick der Erfindung fest.

Die Motivation, die Bereitschaft zur Innovation, die wissenschaftlichen Erkenntnisse industriell umzusetzen, war nach den von Ziegler angebotenen Experimentalergebnissen vom Labortisch und aus ersten Versuchsanlagen vergleichsweise zögerlicher als bei den Konkurrenzprodukten, die bereits auf dem Markt waren. Das Hochdruck-Polyethylen-ICI-Verfahren[1] wurde kommerziell praktiziert und beherrschte den Markt. Hochdruck-Polyethylen genoss ein Anwendungsspektrum, das zunächst nicht auch nur teilweise auszuhebeln schien. Das zweite Konkurrenzprodukt, Polyethylen, hergestellt nach Verfahren der Phillips Petroleum, USA, wurde einschließlich des technischen Herstellungs-Know-how in Lizenz angeboten, erste Erfahrungen über die Eigenschaften dieses Produktes und der damit verbundenen Anwendungen wurden gleich mitgeliefert. Die Katalysatorkosten im Phillips-Verfahren waren eindeutig niedriger als bei der Herstellung von Ziegler-Polyethylen. Dies musste bei der Vergabe von Lizenzen an Schutzrechten, die das Ziegler-Polyethylen abdeckten, optimiert werden. Der Interessent hatte zunächst breite Erfahrungen zu sam-

---

[1] R.O. Gibson, E.W. Fawcett, 1933; GB PS 47590, 1937. J.C. Swallow, N.W. Perrin; J.C. Swallow erhielt die Swinborne-Medaille des „Plastics Institute".

meln, um die kommerzielle Produktion in Gang zu setzen und zusätzliche Forschung für die Herstellung, die Entwicklung und Marketing einer Produktpalette zu betreiben.

4.2
Das stürmische Lizenzgeschäft 1953–1972, Profitable zweite Hälfte 1970–1990

Nicht zuletzt war die genannte Konkurrenzsituation beim Polyethylen die Basis für moderate Lizenzbedingungen, die Ziegler seinen Lizenznehmern abverlangte. Andererseits war die Bereitschaft der ersten Lizenznehmer sehr groß, eine Möglichkeit zu erwerben, den Monopolmarkt des Hochdruck-Polyethylens zu durchbrechen und zusätzliche Investitionen für die Entwicklung eines qualitativ guten, neuen Produktes zu leisten. Es war der große Vorteil der Ziegler-Katalysatoren, dass sie eben für die Herstellung einer weiten Palette anderer Polyolefine anwendbar waren. So gab es eine beachtliche Zahl von Interessenten, die die Herstellung des Polyethylens, des Polypropylens und Polybutens, der Copolymeren aus Ethylen und Propen, der Terpolymeren aus Ethylen, Propen und einem Dien wie auch die Herstellung von Polydienen nebeneinander betreiben wollten. Allerdings war nicht voraussehbar, welches dieser weiteren Polymerprodukte sich auf dem Markt durchsetzen würde. Richtig war aber auch, dass es zu diesem Zeitpunkt für andere Produkte der Palette – außer Polyethylen – keine Konkurrenten gab. Thermoplastisches Polypropylen ließ und lässt sich nur mit Ziegler-Katalysatoren kommerziell herstellen. Dies ist über vierzig Jahre so geblieben, ein eindrucksvoller Glücksfall für die Produzenten wie auch für die Lizenzgeber. Im Laufe dieser Zeit überholte die Produktion des Polypropylens dann auch die des Polyethylens.

Aus der folgenden Tabelle sind die Lizenznehmer in chronologischer Reihenfolge der abgeschlossenen Verträge aufgelistet. Die Ausweitung des Produktionsprogrammes und der Beginn der ersten laufenden Lizenzabgabe, d. h. also der ersten Verkäufe auf dem Markt sind ablesbar.

Lizenznehmer in chronologischer Reihenfolge

Lizenznehmer	Produkt PE = Polyethylen, PP = Polypropylen, PBu = Polybuten, CP = Co- bzw. Terpolymere, PB = Polybutadien, PiP = Polyisopren					Vertrag von	Beginn der 1. Zahlung aus Produk- tion/ Export oder Abfindung
Petrochemicals Ltd. Shell Chem. UK, GB	PE	PP	CP			1952/59	1957/59
Montecatini, IT	PE					1953	1957
Farbwerke Hoechst, DE	PE	PP	CP			1954/59/65	1957/60/66
Ruhrchemie, DE	PE	PP				1954	1957
Hercules Powder Co., US	PE	PP				1954/64	1958/64
Ameripol (Goodrich, Gulf Oil) , US	PE			PB	PiP	1954/58	1961/67
Koppers, US	PE					1954	1963
Dow Chemicals, US	PE	PP				1954/61	1961
Union Carbide, US	PE	PP	CP			1954/56	1957
DEA, Hibernia (Scholven) **Hüls**, Rheinpreußen, Mannesmann, Dynamit-Nobel, GBAG (über BWV), DE	PE	PP	CP	PB		1955/65/60	1957/64
Monsanto, US	PE					1955	1963
Du Pont, US	PE	PP	CP			1955/56	1966/64
Mitsui Chemicals Co. (Mitsui Toatsu Chem.), JP	PE	PP	CP			1955/60/92	1958/62/65
ESSO (EXXON), US	PE	PP	CP			1955	1960
Pechiney (Naphthachimie) FR	PE	PP	CP			1955/58	1958/62
Houilleres (Soc. Normande de Matieres Plastiques), FR	PE	PP	CP			1955/58	1960/62
Staatsmijnen, NL	PE	PP	CP			1955/68/73	1963/76
Koppers, AR	PE					1956	
Hoechst, AT	PE					1956	
Dow Uniquinesa S.A., ES	PE					1956	1972
BASF, DE		PP				1958	1962
Danubia Petrochem. (Linz AG), AT		PP	CP			1958/68	1961/76/70
ICI, GB		PP	CP			1959	1959
Svenska Esso, SE		PP				1960	1961
Stereo-Kautschuk-Werke (Hüls), FR				PB	PiP	1960	1964
Sumitomo Chem., JP		PP	CP			1960/91	1963/64/94
Mitsubishi Petrochem. Co., JP	PE	PP	CP			1960/93	1962/94
Rotterdamse Polyolefinen Maatschappij N.V., NL		PP	CP			1961	1961
Shell Int. Research. Maatsch., NL				PB		1961	
Polymer Corp. (GG), CA				PB	PiP	1961	1963

Lizenznehmer	Produkt PE = Polyethylen, PP = Polypropylen, PBu = Polybuten, CP = Co- bzw. Terpolymere, PB = Polybutadien, PiP = Polyisopren						Vertrag von	Beginn der 1. Zahlung aus Produktion/ Export oder Abfindung
	PE	PP	CP	PBu	PB	PiP		
Goodrich-Gulf, Montecatini, Shell, Ziegler, FR					PB		1961	1964
Japanese Geon (GG), JP					PB	PiP	1961	1966
Sociètè Nationale des Petroles d'Aquitaine, FR	PE						1963	
Hoechst, AU u. NZ	PE						1963	1967
Shell, AU u. NZ		PP					1963	1966
Paular, ES		PP	CP				1963	1968
Toyo Rayon, JP			CP				1964	
Novamont, US		PP					1964/67	1964
Goodyear Tire a. Rubber über Goodrich Gulf (GG), US						PiP	1964	1965
Esso, AR		PP					1964/69	1969
Shell Oil, US		PP	CP	PBu			1964/72/ 79/87	1964/74
Austr. Synthetic Rubber Co (GG), AU u. NZ					PB		1965	1967
Hoechst, IN	PE						1965	1968
Uniroyal (US Rubber), US			CP				1965/67	1967
Ube Industrie Inc. (GG), JP					PB	PiP	1966/94	1971/94
Safipol (Hoechst), ZA	PE						1966/71	1972
Kuck Tae Ind. Co. Ltd., JP		PP	CP				1967	
National Petrochem. (Solvay), US	PE						1967	1971
Copolymer Rubber Chem., US			CP		PB		1967/63	1969
Soltex (Solvay), US	PE	PP					1967/78	1975/78
Int. Synthetic Rubber (Shell), GB			CP				1969	
Soltex (Solvay), BR	PE						1969	
Hüls, ScholvenChemie, DE	PE						1969	1972
Solvay (Algerien), FR	PE						1969	1970
Chubu Chem., JP		PP					1970	
US Steel (Aristec), US	PE	PP					1970	1992
Dainippon Inc. and Chem. Inc., JP				PBu			1970	
SOI (Amoco), BE		PP					1970	1970/72
Diamond Shamrock (Arco Pol.), US		PP	CP				1970	1970/84
Kurashiki Rayon Co. Ltd. (GG), JP						PiP	1970	1972
Polysar Inc. (BF Goodrich), CA			CP				1970/81	1982

Lizenznehmer	Produkt PE = Polyethylen, PP = Polypropylen, PBu = Polybuten, CP = Co- bzw. Terpolymere, PB = Polybutadien, PiP = Polyisopren				Vertrag von	Beginn der 1. Zahlung aus Produk- tion/ Export oder Abfindung
Mitsui Petrochem. Industries, JP	PE	PP	CP		1971/69	1972/69
Compagnie du Polyisoprene Synthetic (GG), FR				PiP	1971	1973
Chisso Chem., JP		PP			1972	1974
Phillips Petroleum, US		PP	CP		1974/86	1974/86
SOI (Amoco, Avisun), US	PE	PP			1974/73	1976/73
Soltex Polymer Corp. (Solvay), CA	PE	PP			1975/81	1975/81
Showa Denko, JP		PP	CP		1975/94	1977
Exxon, CA		PP			1975	1978
Hercules, CA		PP			1976	1976
Allied (Solvay), US	PE	PP			1976	1978
ICI Holland BV, NL		PP	CP		1976	1979
Celanese (Hoechst), US	PE				1979	1980/83
Shell Ltd., CA		PP			1979	1981
Montefina S.P., BE		PP			1980	1982
Northern Petrochem. (Quantum), US		PP			1986	1986
Dart Industrie, US		PP			1987/88	
El Paso/Rexene, US		PP			1986	1987
Huntsman, US		PP			1987	1988
Idemitsu, JP		PP			1973/94	1994
Mitsubishi Kasei, JP		PP			1994	1994
Tonen, JP		PP			1994	1994
Tokuyama Soda, JP		PP			1994	1994
Tosoh, JP		PP			1994	
Asahi Chem., JP		PP	CP		1965/94	1995

AR = Argentinien, AU/NZ = Australien/Neuseeland, BR = Brasilien,
CA = Kanada, BE = Belgien, DE = Deutschland, FR = Frankreich,
GB = Großbritannien, IN = Indien, IT = Italien, JP = Japan,
NL= Niederlande, AT = Österreich, SE = Schweden, ES = Spanien,
ZA = Südafrika, US = USA

Zwischen 80 und 90 Lizenzen [1] wurden in dieser Zeit weltweit, d. h. in ca. zwanzig Ländern vergeben.

4.3
Ziegler-Polyolefine auf dem Markt

Das Rennen um die ersten Produkte auf dem Markt versprach den Produzenten hohe Gewinne. Die Ziegler-Polyolefine besaßen neue Eigenschaften: Vergleichsweise zum Hochdruckpolyethylen wiesen sie höhere Schmelztemperaturen auf und dadurch bedingt Verarbeitung und Anwendungsgrenzen bei höheren Temperatur- und Druckbereichen, zäher, formstabiler, bessere Isoliereigenschaften etc. Farbwerke Hoechst in Deutschland, Petrochemicals in Großbritannien, Pechiney (Naphthachimie) in Frankreich, Hercules Powder in den USA und Mitsui Chemicals in Japan waren die Pioniere, die bereits in den Jahren 1955–1958 die ersten Polyethylene zum Verkauf angeboten und den Markt getestet hatten. Dazu gehörte auch der Wiederverkauf von selbst erarbeitetem Know-how an nachkommende Interessenten. Vorher geleistete Vorauszahlungen an Ziegler sind auf diesem Weg teilweise oder ganz kompensiert worden.

Bei den Farbwerken Hoechst wurde 1957 eine Großanlage[2] für Polyethylen in Betrieb genommen, die Produkte zu 10 % als Pulver und zu 90 % als Granulat verkauft. In den USA eröffnete Hercules 1958 eine erste Produktionsanlage[2] [2] und im gleichen Jahr Mitsui in Japan[3]. In Frankreich beschloss Pechiney zu diesem Zeitpunkt eine Erweiterung der Polyethylenlizenz auf 24.000 t/a. Bis 1968 wurde die Kapazität der Anlagen bei Mitsui Petrochemicals (vier Produktionsanlagen) auf 72.000 t/a hochgefahren. Für Polypropylen entstand eine Anlage von 24.000 t/a.

Qualitätsmängel der ersten Polyethylen-Produkte, zu hohe Kristallinität und die daraus abgeleiteten Nachteile, wie Fließeigenschaften unter Druck, Sprödigkeit, sorgten für gefährliche Einbußen und Reklamationen. Erst die Überwindung dieser Mängel durch Einpolymerisieren weniger Prozente eines anderen Olefins – also Copolymerisation – und nicht zuletzt die Öffnung des Marktes durch die „Entdeckung" des Hula-Hoop-Reifens [3] aus Niederdruck-Polyethylen in den USA sorgten für eine Erholung des Marktes.

In der historischen Entwicklung der Polymeren war das Polypropylen das Produkt mit der am weitaus schnellsten wachsenden Kapazität. Auch hier mussten die Eigenschaften im Lauf der Zeit verbessert werden, die

---

2) Hoechst in Frankfurt, Kapazität 10.000 jatos, Handelsname „Hostalen", Hercules in Parlin, New Jersey, Kapazität 13.000 jatos, Handelsname für Polyethylen „Hi-Fax" und für Polypropylen „Pro-Fax". Der Versuch, die Anlage ein Jahr früher in Gegenwart von Ziegler zu eröffnen, hatte nur symbolischen Charakter im Zusammenhang mit der Pressemitteilung [4]. Der Zulieferer für das Ethylengas (Esso, New

Jersey) konnte den Liefertermin nicht einhalten.

3) Mitsui in Iwakuni, Kapazität 12.000 jatos, Handelsname „Hi-Zex". Die Preise in Japan lagen bei ca. DM 1,40 pro kg für Polyethylen und DM 1,50 pro kg für Polypropylen (vergleichsweise DM 1,05 pro kg Hochdruckpolyethylen). In Europa erzielte Ziegler-Polyethylen bis zu 1,90 DM/kg.

Elmer Hinner, President Forster, Karl Ziegler, Dave Bruce, Earp Jennings

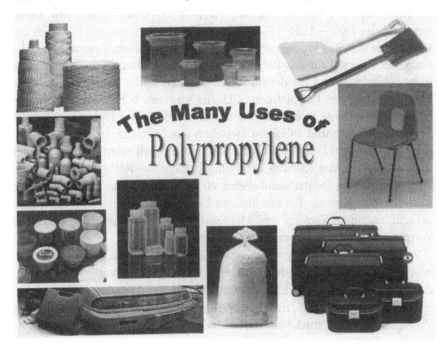

ersten Verarbeitungsprodukte waren instabil gegen Einwirkung von Hitze, Licht und Luft, und die zunächst gefundenen Anwendungsbereiche, die sich mit denen anderer bekannter Polymerer überschnitten, mussten sich auseinander konkurrieren. So etablierte sich das Polypropylen in der Anwendung bei Behältern aller Formen und Größe, Haushaltswaren, Spielzeug, Möbel (Stühle), Bodenbelägen (Freiluft-Teppichen), Fäden und Filmen, Verpackungen (Tüten) und Automobilteilen.

Es gab kaum einen Lizenznehmer, der es nicht fertig brachte, in die Produktion zu gehen, wobei die Produktionsstätten für ein Produkt – Polyethylen – zur Herstellung eines anderen – Polypropylen – ebenso verwandt werden konnten.

Auf der Weltausstellung in Brüssel 1958 errichteten die Farbwerke Hoechst eine Demonstrationsanlage aus Glas, in der das neue Polyethylen-Herstellungsverfahren werbewirksam veranschaulicht wurde. Ein Hinweis auf die Herkunft der Erfindung für dieses neue Verfahren ist trotz Zusicherung von Hoechst unterblieben. Auch auf der folgenden Achema in Frankfurt oder einer herausgegebenen Druckschrift [5] „From Petroleum to Hostalen" wurde kein Erfindername genannt, ein Ärgernis für Ziegler.

Bis zur ersten Hälfte der sechziger Jahre war die Qualität der angebotenen Produkte so weit entwickelt, dass sich jetzt das Spektrum der Anwendungen schnell verbreiterte.

Soweit in der auf den Vorseiten beschriebenen Liste der Lizenznehmer Lizenzverträge die Herstellung von Polypropylen einschlossen bzw. betrafen, sind die früh – 1954–1955 – abgeschlossenen Verträge allgemein auf Polyolefine von Ziegler abgestellt worden, d. h. zu einem Zeitpunkt, als die Frage der Priorität für das Polypropylen zwischen Montecatini und Ziegler nicht geklärt war und Ziegler im festen Glauben seiner Unabhängigkeit die Polymerisation von Polyolefinen in Lizenz vergeben hatte. Durch die ersten beiden Poolverträge zwischen Montecatini und Ziegler (vgl. Kap. II, [140, 145]) sind Rechte und Pflichten zwischen den Vertragspartnern bezüglich der Vergabe von Lizenzen auf der Basis so geregelt worden, dass Ziegler unabhängig von der Klärung der Prioritätsfrage das Recht hatte, Lizenzen auf Polyolefine in Deutschland alleine zu vergeben, Montecatini das gleiche Recht in Italien besaß. Für alle übrigen Länder hatte Montecatini das Vergaberecht, nachdem Zieglers und Montecatinis Schutzrechte unter den Pool-Verträgen zusammengefasst worden waren.

Zieglers Wunsch, bei der gegebenen Lage der Schutzrechtsanmeldungen weltweit einen starken Industriepartner zu gewinnen, dessen Gewicht auf dem internationalen Markt, insbesondere bei der Vergabe von Lizenzen, anerkannt schien, war mit der Wahl Montecatinis trotz vertraglicher Zwangssituationen zunächst erfüllt.

Montecatini hatte sich verpflichtet, Ziegler-Lizenznehmern, deren Vertrag bereits allgemein Polyolefine umfasste, jetzt nachträglich auch eine Montecatini-Pool-Polyolefinlizenz [6] zu „angemessenen" Bedingungen zu geben (s. Kap. II, Seite 81–85). Ziegler wies pflichtgemäß seine älteren Lizenznehmer auf diesen Sachverhalt hin.

4.4
Montecatinis Pool-Polyolefin-Lizenzen

Ohne den patentrechtlichen Aspekt bezüglich der Priorität von G. Natta zu prüfen, wechselten Lizenzinteressenten nach 1955 ihre Reiseroute nach Mailand. Es dauerte aber bis zu den ersten sechziger Jahren, dass Montecatini sich entschloss, für die Herstellung von Polypropylen Pool-Lizenzen zu erteilen [7]. Montecatini suchte sehr sorgfältig und lange nach geeigneten Interessenten, die nicht nur bereit waren, eine vergleichsweise größere laufende Lizenzabgabe zu zahlen, sondern auch bereit waren, zusätzliche Montecatini-Schutzrechte für die Weiterverarbeitung in Lizenz zu erwerben und für die Benutzung auch zusätzliche Lizenzabgaben zu leisten.

Schließlich waren die hohen Forderungen Montecatinis nur nach Erteilung von Schutzrechten durchzusetzen. Interessenten waren nicht bereit, wie einige Jahre früher mit Ziegler, Lizenzverträge ohne gültige Schutzrechte abzuschließen. Die Patenterteilung aus den ersten Kombinationsanmeldungen Montecatini/Ziegler erfolgte nach Ländern zu unterschiedlichen Zeiten (siehe Kapitel III, Seite 120, Fußnote 21).

Die Verzögerung sorgte für erhebliche Einbußen, die möglicherweise größer waren als die dann festgelegten höheren laufenden Lizenzabgaben.

Die Zahl der Montecatini-Lizenznehmer bis 1969 war wesentlich kleiner als die der Ziegler-Lizenznehmer, und das lag nicht nur an den härteren Bedingungen, sondern auch daran, dass eine große Zahl von Interessenten Zweifel an der Durchsetzbarkeit der Prioritätsansprüche von Montecatini hatte. Montecatini verhandelte zunächst in Europa, dann in Japan und schließlich in den USA.

Die Grenze zwischen der Akzeptanz der Bedingungen von Montecatini einerseits und der Bereitschaft zu einer streitigen Auseinandersetzung über die Prioritätsfrage andererseits verlief geographisch unterschiedlich. Die letztere Alternative wurde mehrheitlich in den USA gewählt und führte zu gerichtlichen Auseinandersetzungen über zwanzig Jahre. Die chemische Großindustrie war sich ihrer finanziellen Macht bewusst und scheute sich nicht, den Einsatz großer finanzieller Mittel zu wagen und eventuelle Gegenforderungen durch Rückstellungen zu sichern. Die Zinsbilanz von einerseits vergleichsweise niedrigeren Schadenersatzzinsen bei Verlust des Streites und andererseits der Marktzinsen auf Rückstellungen ging immer zu Gunsten des Verletzers aus, es sei denn, dass der Kläger den Vorsatz des Verletzers nachweisen konnte und damit eine Bestrafung in Höhe des Faktors 2 oder 3 der Schadenssumme erhoffte. Die gerichtlichen Auflagen hierzu sind in den USA kaum zu erfüllen. Europäische und japanische Interessenten entschieden sich mehrheitlich dafür, die Bedingungen von Montecatini anzunehmen. Die rechtmäßige Ausübung einer Lizenz sorgte eben doch für beschwerde- und risikofreie Produktion. Eine Übersicht der bis 1969 von Montecatini abgeschlossenen Lizenzverträge [7] über die Herstellung von Polypropylen sei hier angeschlossen.

Lizenznehmer	Vertrag von	Patent-Erteilung
Polymer S.p.A., IT		1955/577
Du Pont, US	1956	1963
Naphtachimie SA, FR	1958	1957/60
Petrochemie Schwechat, AG, AT	1958	1957/58
Société Normande des Matières Plastiques, FR	1958	1957/60
I.C.I., GB	1959	1959/60
Shell Chemicals U. K. Ltd., GB	1959	1959/60
Esso Chemical AB, SE,NO, DK	1960	1960
Mitsubishi Petrochemical Co. Ltd., JP	1960	1957/59
Mitsui Chemicals Inc., JP	1960	1957/59
Sumitomo Chemical Company, JP	1960	1957/59
Dow Chemical Co., US	1961	1963
Rotterdamse Polyolefinen Maatschappij, BE, LU, NL	1961	1955/63
Paular SA, ES	1963	1955
Shell Research Ltd., AU/NZ	1963	1957/58
Esso Quimica, AR	1964	1958/63
Hercules Incorporated, US	1964	1963
Novamont Corporation, US	1964/67	1963
Shell Oil Company, US	1964	1963
Kuck Tae Ind. Co. Ltd., KR	1967	

AR = Argentinien, AU/NZ = Australien/Neuseeland, BE = Belgien,
DK = Dänemark, FR = Frankreich, GB = Großbritannien, IT = Italien,
JP = Japan, KR = Südkorea, LU = Luxemburg, NL= Niederlande,
NO = Norwegen, AT = Österreich, SE = Schweden, ES = Spanien,
US = USA

4.5
Forschung und Produktion

Eine Flut von Patentanmeldungen, insbesondere der Lizenznehmer selbst, beschäftigte die nationalen Patentämter in den Industrieländern. Der Wert dieser Verbesserungsanmeldungen war objektiv kaum einzuschätzen. Jeder Interessent versuchte einen zusätzlichen, beherrschenden Schutz zu erlangen, um die Konkurrenz zu dominieren. Aus der großen Zahl der Verbesserungsvorschläge sollen hier drei hervorgehoben werden.

E.J. Vandenberg [8], Hercules Powder, fand bei erster Beschäftigung mit Ziegler-Katalysatoren nach Abschluss des Lizenzvertrages mit Ziegler, dass man durch wechselnde Mengen an zugesetztem Wasserstoff während der Polymerisation die Kettenlänge (Polymerisationsgrad) der Polymeren beeinflussen kann. Auch ICI, Großbritannien erhielt Schutzrechte im gleichen Bereich [9]. Die Prioritätsdaten der ersten Schutzrechte beider Firmen lagen so eng beieinander, dass man weltweit mit Konflikten rechnen musste, die sich dann auch entwickelten. In den verschiedenen Ländern wurde das Problem unterschiedlich gelöst.

Die Methode erwies sich als eine Verbesserung der martinschen Befunde, wonach man das Verhältnis der beiden Katalysatorenkomponenten – Organoaluminiumverbindung und Titanverbindungen – variieren musste, um gewünschte Kettenlängen der Polymeren einzustellen.

Der zweite Fall betraf die Verbesserung der Aktivität der für die Katalysatorbildung notwendigen Titanchloridpräparate. Die Partikelgröße des von der Firma Stauffer angebotenen festen Titantrichlorids ließ sich durch Vermahlen verringern und damit die zugängige Oberfläche wesentlich vergrößern. Man kann auch die poröse Struktur des Titantrichlorids und damit die Aktivität im gewünschten Fall verbessern, wenn man das bei der Herstellung des Titantrichlorids zwangsläufig gebildete und eingeschlossene Aluminiumchlorid entfernt. Die Untersuchungen wurden bei der Esso Development Company in Linden, New Jersey, USA [10], durchgeführt. Die Firma Stauffer erhielt trotz langjährigen Bemühens keine Lizenz auf die Herstellung des verbesserten Produktes. Eine Lizenzgebühr an einem Produkt (Titantrichlorid), das nur in kleinsten, katalytischen Mengen bei der Polymerisation Verwendung findet, ist verständlicherweise uninteressant. Man muss die Anwender des Titantrichlorids und Hersteller von Polypropylen interessieren, um über den Preis des Polypropylens, eines Massenproduktes, attraktive Lizenzgebühren einzunehmen.

Die dritte hervorzuhebende Entwicklung betraf die Verwendung von inerten Trägermaterialien, auf die die flüssige oder gelöste Titankomponente aufgezogen wurde, wonach man die Aluminiumkomponente für die Katalysatorbildung meist in Gegenwart des zu polymerisierenden Olefins zufügte [11]. Hierzu wird später berichtet (s. Seite 171, Fall 7).

1963 wurde in den USA das erste Stoffschutz-Patent [12] für Ziegler-Katalysatoren erteilt, und im gleichen Jahr erhielt Montecatini Stoffschutzansprüche [13, 14] für so genanntes isotaktisches Polypropylen zuerkannt.[4] Die Verhandlungsposition für Montecatini/Ziegler bei der Vergabe von Lizenzen erfuhr durch die neue Situation eine wesentliche Stärkung. Hinzu kam im gleichen Jahr die Verleihung des Nobel-Preises für Chemie an Ziegler und Natta, die internationale Anerkennung der Qualität der Erfindung.

Bereits zu dieser Zeit, also 1963, gab es vor allem in den USA Produktionsanlagen, die ohne Lizenzvertrag betrieben wurden. Ähnliche Komplikationen zeichneten sich in Japan ab [15]. Durch die oben beschriebene Erteilung einiger Stoffschutzpatente war die Basis für Verletzungsklagen gegeben.

Nachdem kommerzielle Anlagen für die Herstellung von Polyethylen und Polypropylen geplant und realisiert worden waren, interessierte sich die Industrie weltweit für weitere Verwendungsmöglichkeiten der Ziegler-Katalysatoren. Die Ziegler-Schutzrechte [16] enthielten auch den Schutz der Herstellung von Copolymeren, d. h. Mischpolymerisaten aus zunächst Ethylen und Propen oder Buten und Ethylen, und dies unbegrenzt in jedem Mischungsverhältnis.

Die ersten beiden Pool-Verträge mit Montecatini schlossen die Regelungen über die Behandlung von Lizenzen an Polypropylen und höheren Olefinen ein. Bezüglich der Copolymeren hatte Ziegler bei ethylenreichen Copolymeren das Verfügungsrecht für sich behalten. Ende 1955 reichte Montecatini eine Patentanmeldung [17] über die Herstellung von Copolymeren mit Weiterverarbeitung auf Elastomere ein. Eigentlich musste in dieser Situation die Abhängigkeit der Montecatini-Anmeldung von der prioritätsälteren Ziegler-Anmeldung anerkannt sein. Montecatini stellte aber die neue Entwicklung als etwas völlig Neues heraus und beanspruchte die Rechte für sich allein.[5] Mitte 1958 einigten sich beide Parteien im so genannten dritten Pool-Vertrag [18] auf eine sehr komplizierte Regelung. Danach erzwang Montecatini, dass ihr nach Einreichen der neuen Anmeldung das alleinige Verfügungsrecht zustehen sollte, auch wenn die Mischpolymeren reich an Ethylen waren. Ein Konflikt war unvermeidbar.

4) US PS 3,112,300, „ ... isotactic polypropylene ... insoluble in boiling n-heptane"; US PS 3,112,301, „ ... Polypropylene ... insoluble in boiling ethyl ether ... which consist prevailingly ... of isotactic macromolecules being insoluble in boiling n-heptane ..."; beide erteilt 26.11.1963.

5) In Ländern mit patentamtlicher Prüfung hatte die Montecatini-Anmeldung einen schweren Weg vor sich. So wurde das deutsche Schutzrecht auf eine katalytische Mischung aus Vanadium- mit Alkylaluminium-Verbindungen, deren Alkylgruppen mindestens vier Kohlenstoffatome enthalten, eingeschränkt.

Immerhin gestand Montecatini Ziegler zunächst 70 % der Lizenzeinkünfte aus Verträgen über die Herstellung von Mischpolymerisaten, aus denen Elastomere hergestellt werden sollten, zu, während Einkünfte aus Verwendungsschutzrechten für Elastomere Montecatini allein zustehen sollten. Hierzu gehörte auch, dass aus bereits bestehenden Ziegler-Lizenzverträgen 30 % der Lizenzabgaben für Produkte abgeführt werden sollten, die nach dem Prioritätsdatum der „Elastomeren"-Anmeldung Montecatini verkauft worden sind.

Zu dieser Zeit gab es bereits einen Vertrag Ziegler/Du Pont [19]. Die Definition der Produkte enthielt das Merkmal, dass die Copolymeren mindestens 50 Mol% Ethylen enthalten sollten, und diente Ziegler als Rückversicherung, allein einen solchen Vertrag abschließen zu dürfen. Montecatini konnte dem schlecht widersprechen. Zum Konflikt kam es erst, als der gerade erwähnte Du Pont-Vertrag 1962 von Ziegler einseitig erweitert wurde [20]. Zwar ist der Ethylengehalt bei „wenigstens 50 Mol%" geblieben, aber die weiteren Komponenten, die mit dem Ethylen mischpolymerisieren sollten, waren als „at least one other copolymerizable substance" definiert. Da die Produkte laut Vertrag nicht als Elastomere gekennzeichnet waren, handelte es sich nach Zieglers Auslegung um ethylenreiche Mischpolymerisate, und es musste Ziegler gleichgültig sein, welche weiteren Komponenten neben Ethylen einpolymerisiert werden sollten.[6]

Nun meldeten sich Ziegler-Lizenznehmer, wie Staatsmijnen [21] und Hoechst, mit dem Hinweis, dass ihre jeweiligen Lizenzverträge die Herstellung von Copolymeren schlechthin beinhalteten, und eine weitere Lizenz auf Elastomere von Montecatini nicht erforderlich sei. Zumindest in Deutschland sei der wichtige Teil der Copolymeren (40–60 % des einen wie des anderen Olefins) durch die Ziegler-Anmeldung abgedeckt [22]. Die Erwähnung „elastomere" als Eigenschaftsmerkmal in der Patentanmeldung sei nicht notwendig [23]. Montecatini bestritt dies und bot nicht-ausschließliche Lizenzen an elastomeren Copolymeren an. Auch BASF, die Chemischen Werke Hüls und Mitsui Chemical traten als Interessenten auf. Die finanziellen Forderungen Montecatinis für eine Lizenz waren extrem hoch [24]. So sollten Farbwerke Hoechst und Chemische Werke Hüls für eine Lizenz auf dem Elastomerengebiet je DM 1.5 Millionen Vorauszahlung leisten, für Fasern weitere je DM 2 Millionen, keine Exportrechte erhalten sowie laufende Lizenzabgaben von 3–5 % zahlen. Ein Lizenzabschluss wurde zunächst nicht erreicht.

---

6) Du Pont vertrieb unter diesem Vertrag ein Produkt mit dem Handelsnamen „Nordel", ein Terpolymer aus Ethylen, Propen und Ethylidennorbornen.

Inzwischen war die Forschung auf dem Gebiet der Mischpolymeren wei-terentwickelt worden. Der Firma Dunlop in Großbritannien gelang es schon frühzeitig, eine patentrechtliche Priorität [25] zur Herstellung von Ethylen-Propen-Dien-Terpolymeren mithilfe von Ziegler-Katalysatoren zu etablieren. Die Eigenschaften der Terpolymeren hingen weitgehend von der Wahl der dritten Komponente, des Diens, ab.[7] Die Produkte sind auf dem Gummisektor als Konkurrenzprodukte zum Kautschuk verwendbar. Montecatini gewann Dunlop [26], zusammen mit Ziegler, unter Beteiligung an den Einkünften die Herstellung von Terpolymeren zu lizenzieren, Verteiler-schlüssel der Einnahmen: Dunlop 28,4 % Montecatini 40,65 % und Ziegler 30,95 %.

Die drei Eigentümer des Patentpaketes vergaben 1965 eine Ethylen-Pro-pen-Dien-Lizenz (EPT) an Mitsui Petrochemical und Sumitomo Chemical in Japan, hatten aber Probleme, eine Genehmigung durch die Regierungs-behörde, MITI [27], zu bekommen, weil weitere Interessenten, Mitsui Che-mical, Mitsubishi und Asahi, sich meldeten, MITI aber nicht mehr als zwei Lizenzen genehmigen wollte. Das Montecatini-Copolymeren-Patent war in Japan noch nicht erteilt, ein weiteres Hindernis [29]. Mitsui Chemical und Mitsubishi erhielten „als Trost" eine Copolymerenlizenz [30] mit dem Recht, Ethylen/Propen-Copolymere für plastische Zwecke zu verwenden.

Rechte und Pflichten für die Verwertung von Schutzrechten im Bereich Elastomere zwischen Ziegler und Montecatini waren bis dahin generell nicht geregelt. Ein vierter „Pool-Vertrag" [31] musste her. Der Verteilungs-schlüssel aus der Verwertung war zwar festgelegt (70 Montecatini/30 Zieg-ler), Montecatini suchte aber nach Möglichkeiten, den Anteil Zieglers wei-ter zu drücken. Man kam überein, dass die Schutzrechte auf dem Polymeri-sationsteil mit 60 % zu bewerten seien, die Weiterverarbeitung mit den restlichen 40 %, sodass Ziegler bei Vergabe einer Pool-Lizenz unter Ein-schluss aller verfügbaren Schutzrechte lediglich 30 % von 60 % erhalten sollte. Begründet wurde diese Lösung mit der großen Zahl der Weiterverar-beitungs- bzw. Verwendungsschutzrechte, nicht mit dem Inhalt und der Bedeutung der einzelnen Schutzrechte, die Montecatini bis dahin angemel-det hatte. Da Montecatini das Lizenzvergaberecht für sich weiter bean-spruchte, konnte sie verhindern, dass nur Polymerisationsschutzrechte lizenziert wurden. Sie war natürlich interessiert, einen Rückfluss aus den Verwendungsschutzrechten zu erzielen.

Damit war der Weg frei, Lizenzen mit oder ohne Dunlop-Schutzrechte auch an europäische Interessenten, Farbwerke Hoechst, Chemische Werke

---

7) Bevorzugt werden Brücken-Ringverbindungen, so genannte endocyclische Verbindungen mit mindestens einer Doppelbindung und sieben bis zehn Kohlenstoffatomen, z. B. Bicyclopen-tadien oder Bicycloheptadien. Methyltetra-hydroinden (MTHI) erwies sich als dem Bicyclopentadien [28] überlegen.

Hüls [32] in Deutschland, Staatsmijnen [33] in den Niederlanden und International Synthetic Rubber [34] in Großbritannien, zu vergeben, ein beachtliches Ergebnis. Die alten Lizenznehmer Zieglers hatten wohl ihre ursprüngliche Auffassung aufgegeben, wonach eine Montecatini-Lizenz im Hinblick auf die von ihnen bereits erworbene Lizenz an Ziegler-Rechten nicht erforderlich sei.

Weitere laufende Zahlungen gab es aber nicht. Der Markt wurde zunächst durch Importe mit bescheidenem Ergebnis getestet [35]. Schließlich übertrug Farbwerke Hoechst den Vertrag 1970 auf die Chemischen Werke Hüls.

Zurück in die frühen sechziger Jahre. Nach Erwerb von Lizenzen für die Produktion von Polypropylen drängten die japanischen Interessenten, mit schnell wachsenden Kapazitäten den Export zu aktivieren. Ein Export japanischer Polyolefine nach Europa war nicht gestattet [36], obwohl Ziegler empfahl, den Export in Länder zeitlich limitiert zu erlauben, solange dort kein Lizenznehmer existierte. In Europa konnte die Nachfrage nach den neuen Produkten nicht befriedigt werden, trotzdem weigerte sich z. B. Höchst, Mitsui-Produkte zum Wiederverkauf zuzulassen, da die Qualität nicht vergleichbar sei mit der der Produkte der Farbwerke Hoechst. Die gleiche Haltung nahm Hercules in den USA [37] ein. Eine vertragliche Regelung über den Export von Japan in die USA wurde dennoch Ende 1968 getroffen [38]. Inzwischen verhandelte Montecatini mit den drei Polypropylen-Lizenznehmern in Japan über eine Reduktion der laufenden Lizenzabgabe für Produktionen [39] über 60.000 t auf 3,5 %, und 2 % über 100.000 t. Für exportierte Mengen wurden 5 % und für Filme und Fäden zusätzlich 3,5 % verlangt, ein sicherlich beachtenswerter merkantiler Erfolg von Montecatini.

Weltweit explodierten die Polyolefine-Märkte mit teilweise zweistelligen Zuwachsraten. Anfang der siebziger Jahre liefen die ersten Ziegler-Schutzrechte – Laufzeit z. B. in Deutschland 18 Jahre von der Anmeldung – ab. Die folgende Aufstellung über Verkaufsmengen unter in- und ausländischen Lizenzen der Studiengesellschaft Kohle mbH als Lizenzgeberin für Ziegler ist nicht ganz repräsentativ für den Weltmarkt, da nur solche Produktionszahlen aufgeführt sind, aus denen laufende Lizenzabgaben entrichtet worden sind. Der Markt verlagerte sich von Europa und Japan in die USA, weil dort die Laufzeit der relevanten Patente – 17 Jahre vom Datum der Erteilung – bis mindestens 1980 reichte.

Verkaufsmengen unter in- und ausländischen Lizenzen der
Studiengesellschaft Kohle mbH in jato (1972–1978)

Produkt	Jahr	USA	Europa	Japan	Andere	Summe
PE	1972	251.162	293.158	200.000		744.320
	1973	241.067	640.708	176.280	–	1.058.055
	1974	176.875	639.168	20.059	–	836.102
	1975	76.840	320.364	17.641	–	414.845
	1976	127.170	73.710	10.706	–	211.586
	1977	189.211	71.207	–	–	260.418
	1978	189.270	70.737	–	–	260.007
PP	1972	166.930	234.028	258.339	–	659.297
	1973	768.168	326.330	284.886	–	1.379.384
	1974	789.875	199.292	223.091	–	1.212.258
	1975	632.023	143.432	179.166	–	954.621
	1976	449.545	121.005	295	–	570.845
	1977	425.318	73.117	25	–	498.460
	1978	531.143	100.183	10	4.418	635.754
CP	1972	64.014	–	134.345	–	198.359
	1973	110.659	–	149.097	–	259.756
	1974	115.797	–	123.349	–	239.146
	1975	80.115	–	97.584	–	177.699
	1976	83.040	–	–	–	83.040
	1977	92.567	–	–	–	92.567
	1978	29.060	–	35	–	29.095
PBu	1972	–	729	–	–	729
	1973	–	995	–	–	955
	1974	–	–	–	–	–
PD	1972	145.913	45.366	114.459	5.060	310.798
	1973	225.228	74.457	92.033	5.494	397.212
	1974	223.691	74.082	97.537	5.588	400.898
	1975	174.039	72.313	88.449	3.423	338.224
	1976	169.794	45.417	63.331	3.841	282.383
	1977	169.222	20.367	31.615	996	222.200
	1978	139.463	–	–	–	139.463

PE = Polyethylen, PP = Polypropylen, PBu = Polybuten, CP = Co- bzw.
Terpolymere, PD = Polydiene

4.6
Erste „neue", so genannte unabhängige Katalysatoren

Anfang bis Mitte der sechziger Jahre entwickelte sich der Markt für Poly-ethylen und Polypropylen mit neuen Produktionsstätten. Neue Märkte ent-standen weltweit und stießen bei einigen Produzenten an Absatzgrenzen, die nicht zuletzt durch die restriktive Lizenzpolitik von Montecatini verur-sacht wurden. Die Motivation, entweder unabhängige Katalysatoren für die gleichen Produkte zu finden oder aber die Schutzrechtslage zu ignorieren, wurde kultiviert. Es gab eine Reihe von Fällen, die für Unruhe gesorgt hat-ten, die aber auch von der chemischen Seite her interessante Diskussionen auslösten. Wenn nur einer der betrachteten Fälle zum Erfolg geführt hätte, wäre ein wesentlicher Teil des Lizenzgeschäftes der Studiengesellschaft ein-gebrochen. Zunächst wurden von Interessenten die Grenzen des Patent-schutzes für Ziegler „abgeklopft" [40].

Dabei ging es um die Eignung einer bestimmten Organo-Aluminium-komponente ($EtAlCl_2$) bei der Katalysatorpräparation, deren Verwendung zwar in zwei deutschen Prioritätsanmeldungen Zieglers genannt und bean-sprucht [41], in den folgenden Auslandsanmeldungen aber wegen ver-gleichsweise schwächerer Wirkung als weniger aussichtsreich gestrichen worden war (vgl. Kap. III, Seite 118, Abs. 1).

Die Entwicklung soll nun in Fallbeispielen geschildert werden:

Fall 1: In den Niederlanden besaß die Firma Staatsmijnen in Geleen eine Ziegler-Lizenz zur Herstellung von Polyethylen. Montecatini hatte eine Pool-Exklusivlizenz zur Herstellung von Polypropylen an die Konkurrenz, Rotterdamse Polyolefinen Maatschappij, vergeben. Staatsmijnen hatte große Mengen an Propen zur Verfügung und begehrte von Montecatini eine Lizenz zur Umwandlung in Polypropylen. Montecatini musste ablehnen. Beginnend mit 1964 bis Mitte 1966 [42] fanden Diskussionen hierzu statt. Staatsmijnen untersuchte die Patentsituation in den Niederlanden und präsentierte einen eigens entwickelten Katalysator [43], mit dem sie beanspruchte, von Ziegler unabhängig zu sein. Es handelte sich dabei um die Behauptung, dass man die Aluminiumverbindung in den Ziegler-Schutzrechten durch ein Ethylaluminiumdichlorid, das in den Niederlan-den nicht unter die Ansprüche der Ziegler-Schutzrechte fiel, ersetzte, wobei aber jetzt die zwingende Gegenwart eines Ethers in bestimmten Mengen-verhältnissen zur Aluminiumverbindung vorgesehen war (Ethylalumini-umdichlorid zu Ether wie 1:0,8 bis 1:1,5). Aus einem klassischen Zweikom-ponenten-Ziegler-Katalysator wurde also jetzt ein so genannter Dreikompo-nenten-Katalysator, der nicht unter Ziegler-Schutzrechte fallen sollte.

Im Max-Planck-Institut für Kohlenforschung in Mülheim wurde die Chemie dieser Kombination untersucht. Dabei stellte sich heraus, dass der Katalysator nach Staatsmijnen nur dann maximal funktionierte, wenn ein Unterschuss an Ether im Verhältnis zum Ethylaluminiumdichlorid zum Einsatz kam. Dann und nur dann bildete sich aber über eine so genannte Disproportionierung eine äquivalente Menge an Diethylaluminiumchlorid, eine aktive Aluminiumverbindung gemäß Ziegler-Schutzrechten.[8] Die Abhängigkeit der Staatsmijnen-Variante war erwiesen.

1972 versuchte Staatsmijnen noch einmal eine Lizenz zur Herstellung von Polypropylen von Montecatini zu bekommen. Jetzt wurde eine Lösung gefunden, wonach die Rotterdamse ihre Exklusivität für die Polypropylen-Herstellung aufgab. Eine finanzielle Kompensation von Montecatini und Ziegler an die Rotterdamse „versüßte" das Arrangement. Staatsmijnen ging 1976 in die Polypropylen-Produktion.

Fall 2: Die Pool-Verträge zwischen Montecatini und Ziegler berechtigten Ziegler, Lizenzen auf die Herstellung von Polypropylen in Deutschland allein zu vergeben. Anders als die früheren Lizenzverträge von Ziegler schlossen die jetzt vergebenen Lizenzen einen Export z. B. des Polypropylens nicht ein. Die Farbwerke Hoechst waren also gezwungen, ihre Produktion in Deutschland abzusetzen, eine Behinderung, die daher rührte, dass Montecatini versuchte, die Exportmärkte nicht nur zu kontrollieren und zusätzliche Einnahmen zu garantieren, sondern auch dritte Lizenznehmer für z. B. Polypropylen zumindest zeitweise vor Konkurrenz in deren Ländern zu schützen. Die Diskussion um die Liberalisierung der Märkte kam erst sehr viel später in Gang.

1964 versuchten die Farbwerke Hoechst AG, Montecatini zur Öffnung der Märkte zu bewegen, und drohten, mit einem von ihr entwickelten angeblich unabhängigen Katalysator die Polymerisation von Propylen zu betreiben. Verletzer wie Avisun konnten, so Hoechst, in allen Ländern verkaufen. „Hoechst" offenbarte Ziegler die Natur des neuen Katalysators und seine Herstellung. Danach wurde auch in diesem Fall Ethylaluminiumdichlorid, jetzt aber durch Zusatz von Kaliumacetat abgewandelt, und gemischt mit Titantrichlorid gewählt. Auch hier fand eine Disproportionie-

---

8) 2 $EtAlCl_2 + R_2O \rightarrow AlCl_3 \cdot OR_2 + Et_2AlCl$. Das $AlCl_3 \cdot$ Etherat konnte in einzelnen Fällen schon bei Raumtemperatur als Kristallisat isoliert werden. In der überstehenden Lösung wurde Et_2AlCl gefunden. $TiCl_3$, das von Staatsmijnen für die Herstellung des Polymerisationskatalysators empfohlen war, enthielt von der Herstellung her ($TiCl_4$ + Al) erhebliche Mengen $AlCl_3$. Mit dem vorgenannten Ether wurde ein Teil des $AlCl_3$ herausgelöst. Die größere Affinität des $AlCl_3$ zum Komplexbildner Ether vergleichsweise zu der des $EtAlCl_2$ sorgte für einen weiteren Unterschuss an Ether im Verhältnis zum $EtAlCl_2$ und damit zur Disproportionierung in oben angezeigter Weise. Die Polymerisationsgeschwindigkeit und Ausbeute durchlief bei einem OR_2:Al-Verhältnis von 0.8–0.9 ein Maximum. Die Verwendung von $TiCl_3$, das aus $TiCl_4$ mit H_2 anstelle von Al hergestellt war, sorgte dann auch für praktisch inaktive Katalysatoren. Des Weiteren konnte festgestellt werden, dass bei einem Überschuss an Ether der Katalysator unabhängig vom gewählten $TiCl_3$-Präparat versagte.

rung statt, wobei die in den zieglerschen Grundpatenten geschützte Organoaluminiumkomponente Et_2AlX gebildet wurde, die für die wirksame Polymerisation des Propens zusammen mit Titanchlorid verantwortlich zu machen war [44].[9]

Ziegler warnte Hoechst, denn inzwischen hatten auch Experten von Montecatini den chemischen Sachverhalt durch eigene Versuche erhärtet. Es blieb zunächst bei der Lizenzsituation, wonach Hoechst ein Export nur im beschränkten Umfang gewährt wurde (Osteuropa, Balkan, Südamerika). Aber selbst dieses Recht zog Montecatini 1960 zurück.

Fall 3: Eastman Kodak, USA, erhielt mehr als 70 erteilte Patente, die sämtlich sich mit Zusätzen oder Abwandlungen von Ziegler-Katalysatoren befassten. Unter ihnen fand sich auch die Beschreibung der Kombination aus Titantrichlorid, Ethylaluminiumdichlorid und einem Donator. Ziegler vermutete, dass Eastman Kodak[10] seine Schutzrechte mithilfe dieser Katalysatorkombination zu umgehen versuchte. Wie später zu berichten sein wird, hatte Eastman Kodak schließlich eine andere, mehr versprechende Kombination gewählt.

Fall 4: Im Herbst 1962 erschien in der „Kunststoffwirtschaft" [45] eine Pressemitteilung, in der die Avisun Corp. (eine Tochterfirma der Sun Oil) in Philadelphia im Zusammenhang mit der Erteilung eines US-Patentes an die Hercules Powder Co. darauf hinwies, dass die dort publizierten Katalysatorsysteme „Ziegler-Katalysatoren" seien und sich von den von Avisun entwickelten Katalysatoren unterschieden, sodass das Avisun-Verfahren nicht als Patentverletzung einzuschätzen sei.

Avisun war auf dem Polypropylen-Markt in Erscheinung getreten, als sie in Japan Mitte 1961 eine Lizenz an die Shin Chisso vergeben hatte. Montecatini hatte Klage in Japan erhoben [46].

Die Gerüchte über die Zusammensetzung des Avisun-Katalysators blühten. Zunächst wurde der Zusatz von Indiumchlorid zu einer „nicht funktionierenden" Kombination (vermutlich) von Alkylaluminiumhalogenid und Titantetrachlorid angenommen. Nach Versuchen von Martin war aber der Indiumchlorid-Effekt nicht nachweisbar [47].

---

9) $2\ EtAlCl_2 + 1\ KOOCCH_3 \rightarrow KAl(OOCCH_3)Cl_3 + Et_2Al\ Cl$ – Die Diethylaluminiumverbindung lässt sich, gelöst in dem organischen Lösungsmittel, nachweisen und ist kaliumfrei. Die gebildete Kaliumverbindung scheidet sich als unlöslicher Teil ab. Die Lösung ist zusammen mit $TiCl_3$ polymerisationswirksam, der Bodensatz nicht.

10) Als Donator wurde dabei unter anderem eine Verbindung der Zusammensetzung $(Me_2N)_3PO$ [49] bevorzugt, die – wie Versuche

im Max-Planck-Institut belegten – Ethylaluminiumdichlorid zur Disproportionierung unter Bildung von Aluminiumtrichlorid und Diethylaluminiummonochlorid trieb, wobei die Phosphorverbindung als am Aluminiumchlorid komplexiert wieder gefunden wurde. Den unlöslichen Komplex konnte man vor Zugabe der Titanverbindung aus der Mischung isolieren. Wie in den vorgenannten Fällen lief diese Reaktion bevorzugt ab, wenn der Donator im molaren Unterschuss angeboten wurde.

Inzwischen exportierte Avisun Polypropylen nach Deutschland. In einer Probe des Polymeren wurden Spuren einer Titanverbindung festgestellt [48]. Montecatini versuchte eine Vergleichsvereinbarung mit Avisun dahingehend zu erreichen, dass Avisun nicht mehr Polypropylen in Länder mit gültigen Pool-Schutzrechten exportierte, ihre vertragliche Verbindung mit Chisso unterbrach und als Gegenleistung in den USA eine Pool-Lizenz erhalten sollte. Avisun drückte ihre Überzeugung aus, dass ihr Drei-Komponentenkatalysator aus Ethylaluminiumdichlorid, Titanhalogenid und einer dritten, noch nicht offenbarten Komponente unabhängig von Ziegler sei. Es verdichtete sich die Vermutung, dass die dritte Komponente ein Tetraethoxysilan sei [50]. Hierzu wurden Versuche durchgeführt und das Reaktionsprodukt aus der Aluminiumverbindung und der Siliziumverbindung isoliert und charakterisiert [51] (siehe auch Fußnote Kap. III, Seite 112). Anfang 1964 berichtete von Kreisler dem Leiter der Patentabteilung der Sun Oil Co., Herrn Church, dass die chemischen Untersuchungen durch Martin zwar noch nicht abgeschlossen seien, dass aber das entsprechende deutsche Ziegler-Schutzrecht durch die Avisun-Katalysatoren verletzt würde [52]. Zunächst wollte Montecatini mit Avisun weiter verhandeln.

Die Situation eskalierte, Avisun exportierte in die Niederlande. Dort war inzwischen ein gültiges Pool-Patent erteilt [53].

Versuche, auch nach Übergabe der Experimentalergebnisse[11] Avisun zu überzeugen, eine Lizenz zu erwerben, schlugen fehl, ein kleiner Vorgeschmack amerikanischer Angriffslust [54]. Im Gegenteil, Avisun offenbarte Montecatini offiziell die Zusammensetzung der Katalysatorkomponenten und drückte ihre Erwartung aus, dass anerkannt werden müsse, dass diese Kombination in Ziegler/Montecatini-Schutzrechten nicht abgedeckt sei [55]. Der Drei-Komponentenkatalysator von Avisun wurde in einem inzwischen erteilten indischen Patent [56] beschrieben. Es handelte sich tatsächlich um den Zusatz von Alkyldisiloxanen oder Alkoxysilanen als dritte Komponente zu der Mischung von Ethylaluminiumdichlorid und Titantrichlorid.

Von der Firma Brenntag, einer Tochtergesellschaft der Stinnes AG, dem deutschen Importeur des Avisun-Poylpropylens, wurde bekannt, dass das importierte Produkt tatsächlich mithilfe des beschriebenen Katalysators speziell für den Export hergestellt war, wegen der erhöhten Verfahrenskosten aber nicht genügende Produktionsmengen zur Verfügung gestellt werden konnten [58].

11) Versuchsprogramme von Martin, zum Teil in Gegenwart eines niederländischen Gutachters, Herrn Dr. Napjus, vom Kunststoffeninstitut T.N.O., Delft, führten erneut zu dem Ergebnis, dass das Cl/AL-Verhältnis in der Mischung vor Zugabe der Titankomponente auf 1,4–1,7 sank, d. h. reines EtAlCl$_2$ gar nicht mehr vorlag. Später waren diese Versuche bei TNO nachgearbeitet und das Ergebnis bestätigt worden [57].

Zu Beginn 1965 teilte Montecatini mit, dass die Verhandlungen mit Avisun gescheitert seien, im Wesentlichen weil Avisun sich weigerte, die üblichen Lizenzbedingungen anzunehmen [59].

Avisun verstärkte ihre Bemühungen, die Erteilung der Schutzrechte von Montecatini und Ziegler zu verhindern. Erst 1970 kam es zu einem Vergleich auf breiter Basis über die in zahlreichen europäischen Ländern laufenden Einspruchsverfahren und Nichtigkeitsklagen.[12] Inzwischen wurde auch ein niederländisches Patent der Avisun erteilt [60]. In Österreich verzichtete Avisun auf den Import [61].

Nicht nur die Wahl des Ethylaluminiumdichlorids war Ausgangspunkt für Umgehungsversuche der Ziegler-Schutzrechte, auch Verbesserungen im Bereich der Katalysatorpräparation durch bereits lizenzierte Firmen wie Hoechst oder Hercules waren Auslöser für Drohungen von Nicht-Lizenznehmern, solche Verbesserungen zu nutzen, falls eine Lizenz von Ziegler nicht erreichbar erschien.

Fall 5: Die Asahi Chemical in Japan bemühte sich um eine Lizenz an japanischen Patenten der Firmen Hoechst [62] und Hercules [63]. Hoechst und Hercules erklärten ihre Schutzrechte als von Ziegler abhängig, sodass eine Lizenz nur mit Zustimmung von Ziegler erhältlich sei. Asahi erklärte die fraglichen Patente als unabhängig von Ziegler.[13] Ziegler empfahl seinem Exklusivlizenznehmer in Japan, der Mitsui Chemical, an Asahi eine Unterlizenz zu vergeben, weil Asahi möglicherweise bei Ablehnung des Lizenzbegehrens sich eine Phillips-Lizenz besorgen würde [64]. Mitsui [65] lehnte die Wünsche Zieglers ab unter Hinweis, dass Mitsui Petrochemical als bereits produzierender Unterlizenznehmer keine Konkurrenz dulde, da die Produktionskapazität gerade erweitert worden sei [66] (48.000 t in Ciba und gleich große Anlage in Otake).

Es wurde ein Gutachter, Patentanwalt Tanabe, geworben, der zu dem Ergebnis kam, dass die von Hoechst und Hercules geschützte Katalysatorvariante unabhängig von Ziegler sei.[14] Asahi drohte mit einer Nichtigkeitsklage.

---

12) Vgl. Kap. III, Seite 120, Abs. 4 – Seite 122, Abs. 1.

13) Es handelt sich bei der Katalysatorherstellung aus $TiCl_4$ + Et_2AlCl darum, das dabei entstehende unlösliche Reaktionsprodukt ($TiCl_3$) auf 60–100 °C zu erhitzen, zu waschen und das so getemperte $TiCl_3$ (Umwandlung des β-$TiCl_3$ in α-$TiCl_3$, also Änderung der Kristallstruktur) erneut mit Et_2AlCl umzusetzen.

14) Die Auffassungen von Patentanwalt Tanabe wurden durch von Kreisler kommentiert: Bei Ziegler Überschuss von Aluminiumalkyl in der Katalysatormischung, von Kreisler: Ziegler-Rechte nicht auf Überschuss beschränkt. Ziegler arbeitet bei 70–90 °C einstufig, Asahi zweistufig. Von Kreisler: Keine Unabhängigkeit. Asahi benutzt nur den Niederschlag der ersten Stufe, um sie zu verändern, Ziegler verwendet die ganze Reaktionsmischung. Ziegler benutzt nur eine Titanverbindung, Asahi eine feste Lösung $TiCl_3/AlCl_3$. Von Kreisler: Auch diese feste Lösung fällt unter die Definition „Titanverbindung".

Auch eine reizvolle finanzielle Ausstattung für den Erwerb einer Lizenz durch Asahi konnte Mitsui Petrochemical und Mitsui Chemical nicht erweichen [67]. Dort verließ man sich darauf, dass Asahi bei diesem hohen Risiko keine Produktion von Polyethylen einrichten würde. Mitsui Petrochemical lehnte eine Unterlizenz für Asahi formell ab [68].

Fall 6: Es gab aber auch Ergebnisse der Industrieforschung, die darauf abzielten, zu Beginn der Katalysatorherstellung Ausgangssubstanzen zu verwenden, die frei waren von Organoaluminiumverbindungen. Die Wacker Chemie bemühte sich zusammen mit der britischen ICI [69], solche Katalysatormischungen und ihre Anwendungen in Lizenz zu vergeben. Es handelte sich dabei um die Verwendung spezieller Siliziumverbindungen, z. B. $HSiR_3$ und Methylwasserstoffpolysiloxane [70], die zusammen mit Titantetrachlorid und Aluminiumtrichlorid wirkungsvolle Polymerisationskatalysatoren bilden sollten. Dabei wurden die polymeren Siliziumverbindungen in einer ersten Stufe mit Aluminiumtrichlorid umgesetzt und das Reaktionsprodukt mit Titantetrachlorid versetzt. Zwischen 1957 [71] und 1961 wurden die verschiedensten Varianten in Schutzrechten offenbart. Verdächtig war in allen Fällen die zwingende Gegenwart von Aluminiumchlorid.[15)]

Eine Produktion von Polyolefinen auf Basis solcher „Wacker-Katalysatoren" ist nie bekannt geworden. Ein gerichtliches Vorgehen seitens Ziegler war daher nicht notwendig.

Eine andere Variante des gleichen oder ähnlichen Systems ließ sich die Solvay & Cie patentrechtlich schützen. Anstelle der vorher beschriebenen Siliziumverbindungen kam eine Kombination aus Zinntetrabutyl und Aluminiumtrichlorid zur Anwendung [72].[16)] Auch hier konnte die Bildung von Ziegler-Katalysatoren sichergestellt werden.

In Italien war bekannt geworden, dass Solvay diesen Katalysator für eine Produktion von Polyethylen benutzte. Montedison – Montecatini war seit 1966 mit der Firma Edison fusioniert – erwog, Mitte 1968 eine Verletzungs-

---

15) So gelang Martin auch der Nachweis, dass die Reduktion von Titantetrachlorid nur in Gegenwart von Aluminiumtrichlorid, nicht aber mithilfe der reinen Siliziumverbindungen unter den gegebenen Bedingungen möglich war. Der Wasserstoff der H-Polysiloxane ist durch Hydrolyse nicht abspaltbar, wohl findet man wesentliche Mengen des verfügbaren Wasserstoffs, wenn die Hydrolyse in Gegenwart von Aluminiumtrichlorid stattfindet, ein deutlicher Hinweis, dass eine Übertragung des Wasserstoffs auf die Aluminiumverbindung stattgefunden hatte.

16) Der Nachweis, dass hierbei zunächst Butylaluminiumverbindungen gebildet werden, war relativ leicht zu führen, da das reine Zinntetrabutyl hydrolysebeständig, das Auftreten von Butan bei der Hydrolyse also von gebildeter Butylaluminiumverbindung herrühren musste. Die notwendige Reduktion von Titantetrachlorid bei der Katalysatorbildung gelang dann auch erst, wenn neben Zinntetrabutyl auch Aluminiumtrichlorid zugegen war. Die Erfinder dieses Katalysatorsystems setzten dann noch an geeigneter Stelle und in geeigneter Menge Ether zu, um bei einer Disproportionierung etwa gebildeten Butylaluminiumdichlorids im Sinne der unter Fall 1 beschriebenen Reaktion möglichst reichlich Dibutylaluminiumchlorid zu erhalten.

klage gegen Solvay anzustrengen. Ziegler wollte sich an dieser Klage nicht beteiligen [73], da seine italienischen Schutzrechte in diesem Bereich 1969 ausliefen. Eine Information über die Kapazität der infrage stehenden Solvay-Produktionsanlage war nicht genau. Man sprach von 11.000 t/a Polyethylen [74].

Fall 7: Zu Beginn der sechziger Jahre befasste sich die industrielle Forschung u. a. mit der technologischen Optimierung des Polymerisationsverfahrens in Richtung auf die Verwendung von so genannten Trägerkatalysatoren. Die kostspielige Entfernung der Katalysatorreste aus dem Polymerprodukt wurde durch den Einsatz großflächiger inerter Trägermaterialien ersetzt, auf die das flüssige Titantetrachlorid in sehr dünner Schicht aufgezogen wurde. Die erforderliche Menge an Titanhalogenid konnte dabei vergleichsweise zu dem Titantrichlorid-Verfahren erheblich gesenkt werden. Nur die Oberflächen, besetzt mit Titanhalogenid, waren ja der Bildung eines Katalysators zugängig. Als Konsequenz dieser Verfahrensmodifikation konnte auf die Katalysatorwäsche verzichtet werden. Allerdings wurde jetzt auf Aluminiumtriethyl als Organometallkomponente im Katalysator zurückgegriffen. Der so entwickelte Katalysatortyp war später in den achtziger Jahren die Grundlage für dann entwickelte so genannte „High-Speed-Katalysatoren", die insbesondere Teile der amerikanischen Industrie in den neunziger Jahren zur Anwendung brachten (vgl. Seite 258 ff.). Patentschutzfähige Ergebnisse erzielte u a. die Firma Solvay & Cie in Brüssel. Als inerte Träger waren zunächst Phosphate des Calziums [75], Strontiums und Bariums bevorzugt, später Tonerde [76] und schließlich Magnesiumverbindungen vom Typ Magnesiumoxichlorid [77, 78], Magnesiumalkoholate [79] und -oxid [80].

Solvay bemühte sich, weltweit die neue Technologie in Lizenz zu verkaufen, stieß aber auf große Bedenken der interessierten Industrie wegen einer möglichen Abhängigkeit von Ziegler-Schutzrechten und der damit verbundenen Unsicherheit, eine Verletzungsklage seitens Zieglers durchstehen zu müssen. Es kam zu langjährigen Verhandlungen über eine friedliche Lösung des Problems, die dazu führten, dass Solvay eine Ziegler-Lizenz [81] erwarb mit dem Recht, Unterlizenzen zusammen mit der von ihr entwickelten Trägertechnologie zu vergeben, eine für alle Teile profitable Lösung.

Fall 8: In der Zeit nach 1962 waren dann über die Wirkung von Natriumhydrid als Reduktionsmittel für Titanchloride im Zusammenhang mit Polyolefinkatalysatoren Gerüchte bekannt geworden, die von den Firmen Avisun und Shin Chisso sowie Tokoyama Soda [82] ausgestreut waren, wonach die Kombination aus Natriumhydrid und Titantetrabromid und Propen oder Natriumhydrid zusammen mit Aluminiumtrichlorid in Kombination mit Titantetrachlorid oder Natriummetall plus Wasserstoff und Titantri-chlorid für die Polymerisation von Propen als Umgehung von Ziegler-Kata-lysatoren Interesse gefunden hätten [83].

Der Verdacht lag auch hier nahe, dass bei Gegenwart von Propen Natri-umpropyl bzw. Propylaluminiumverbindungen entstehen, d. h. Organome-tallverbindungen, deren Verwendung durch die Ziegler-Schutzrechte vor-weggenommen war. Erste Ansätze aus einem Versuchsprogramm im Max-Planck-Institut für Kohlenforschung in Mülheim bestätigten diese Annahme. Eine konsequente Weiterführung wurde aber nicht betrieben, da sich kein Interessent fand, diese wenig wirksamen Katalysatorkombinatio-nen kommerziell einzusetzen.

Fall 9: Die französische Firma Safic-Alcan in La Garenne-Colombes importierte Kautschuk von der italienischen Firma Anic, Tochterfirma der ENI, mit Sitz in Ravenna und verkaufte dieses Produkt als „Europrene Cis" in Frankreich. Anic besaß eine Herstellungs-Lizenz für das Rohprodukt „1,4-cis-Polybutadien" von Phillips Petroleum, USA[17] (Kapazität der Anlage 10.000 t).

Die Untersuchung einer Kautschukprobe aus der Produktion der Safic Alcan in Shell Laboratorien der Shell Internationale Research Maatschappij im Jahr 1963 [84] ergab einen bedeutenden Gehalt an Aluminium, Titan und Jod sowie eine Zusammensetzung von 89,8 % cis-1,4, 5,9 % trans-1,4 und 4,3 % trans-1,2-Polybutadien.

Nach Erfahrungen der Goodrich Gulf entsprach diese Zusammenset-zung einem Polybutadien, das mit einem Katalysator aus Aluminiumtrial-kyl und Titantetrajodid herstellbar ist [85]. Goodrich Gulf und Ziegler ent-schlossen sich, Safic Alcan und Anic zu verklagen. Maitre Mathély, Paris, übernahm die Vertretung. Die Klage basierte auf französischen Patenten von Ziegler [86] und Goodrich Gulf [87]. Das Ziegler-Schutzrecht schützte einen Polymerisations-Katalysator, der sowohl Aluminiumtrialkyl als auch Titanjodid einschloss (Priorität 1953). Die Katalysatoren waren – in Frank-reich möglich – stoffgeschützt. Das Goodrich Gulf-Schutzrecht umfasste die Polymerisation von Butadien zu 1,4-Polybutadien mithilfe von Ziegler-Katalysatoren, wobei die selektive Wirkung der Katalysatoren zur Herstel-lung von trans-1,4- und Mischungen aus trans-1,4- und cis-1,4-Polybuda-dien beschrieben war. Der cis-Anteil konnte bis auf 50–70 % ausgebaut wer-den. Wenn das Gericht anerkannte, dass Goodrich Gulf die Ersten waren, die mit Ziegler-Katalysatoren selektiv Polybutadien hergestellt hatten, und Phillips diese Selektion dahingehend verbessert habe, den hohen Gehalt an cis-1,4-Polybutadien weiter zu optimieren, so musste Phillips von Goodrich Gulf abhängig sein.

17) Siehe Kap. II, Seite 89, Abs. 2.

Vor der dritten Kammer des „Tribunal Civil de la Seine", Paris, wurde Mitte Juni 1965 verhandelt. Die Gegner verwiesen darauf, dass das Ziegler-Patent auf die Polymerisation von Ethylen begrenzt sei, eine Anwendung von Diolefinen sei an keiner Stelle erwähnt, und gemäß dem Patent von Goodrich Gulf seien nur Gemische aus trans und cis-Polybutadien herzustellen, aber nur das cis-Polybutadien hätte Kautschukeigenschaften und sei industriell zu verwerten. Mathély erwiderte, dass nach Ziegler-Schutzrecht außer Ethylen auch Gase oder Gasgemische geeignet seien, die aus Crack-Prozessen herrührten, also eine Copolymerisation von Ethylen und Butadien stattfände. Dieses Argument hatten die Gegner selbst im Zusammenhang damit geliefert, dass neben Ethylen „allenfalls" Gasgemische aus Crack-Reaktionen, die neben Ethylen auch etwas Butadien enthalten könnten, als Ausgangsolefine geeignet seien. Weiterhin habe Phillips in ihrem eigenen Patent belegt, dass nach einem Vergleichsversuch mit Katalysatoren von Goodrich Gulf 67,5 % 1,4-cis-Polybutadien zu erhalten sei.

Phillips verwies auf das Ziegler-Montecatini-Poolpatent 1,138,290 in Frankreich für die Polymerisation von höheren Olefinen, ein Beweis, dass das in der Klage befindliche Ziegler-Schutzrecht nur für Ethylen gedacht war. Und weiter, dass 1,4-trans-Polybutadien dem Balata ähnele (tatsächlich handelt es sich beim Balata um 1,4-trans-Polyisopren, ein wenig elastisches, hartes Produkt), eine industrielle Verwendung allenfalls in anderer Richtung habe.

Das „Tribunal" fällte ein Urteil am 16.06.1966 gegen Anic und Safic-Alcan. Beide Parteien gingen in die Berufung vor dem Appellationsgericht in Paris („Cour d'Appel de Paris, 4ème Chambre"). Der Berufungsklage war Phillips Petroleum beigetreten, sozusagen um „ihren Kunden beizustehen" [88].

Im von Phillips genutzten Katalysatorsystem wurden zunächst Aluminiumtrialkyl und Dijodbuten vermischt – dabei entstand, wie nachgewiesen (vgl. Seite 198, Fußnote 10), Dialkylaluminiumjodid – und die Mischung mit Titantetrachlorid versetzt. Das System wurde in einem Phillips-Patent in Frankreich [89][18)] beansprucht.

18) Vier französische Patente von Phillips schützten die unterschiedliche Katalysatoren:
1,231,993 Aluminiumtrialkyl, $TiCl_4$ **und** TiJ_4
1,247,307 Aluminiumhydrid oder Organoaluminiumverbindung + Tri- oder Tetrahalogenid des Titans (auch TiJ_4)
1,259,291 Aluminiumtrialkyl + Titanhalogenid + Jod
1,426,111 Titanhalogenid + Aluminiumalkyl + 1,4-Dijodbuten
Der 1,4-cis-Gehalt im Kautschuk war nicht unbedingt ein Maß für die Qualität des Produktes, Voraussetzung war aber, dass der Mindestgehalt über 50 % lag. Das Firestone-Produkt (Lithium-Katalysator) enthielt ca. 50 % 1,4-cis, aber praktisch kein 1,2-Produkt, das Phillips-Produkt (Titanjod-Katalysator) 93–95 % 1,4-cis, praktisch kein 1,2-Produkt. Goodrich Gulf (Titanchlorid- und Kobalt-Katalysator) waren die ersten, die 1,4-Produkte entwickelt hatten. Phillips hatte das Produkt durch Erhöhung des cis-1,4-Anteils verbessert, sollte aber von Ziegler und Goodrich Gulf abhängig sein. Die drei Produkte konkurrierten auf dem Markt.

Im Dezember 1968 erließ das Gericht [90] eine Entscheidung zugunsten von Ziegler und Goodrich Gulf, wobei es anerkannte, dass das Ziegler-Patent einen Katalysator offenbare, der außer Ethylen auch andere Olefine, z. B. Butadien, polymerisieren könne, und dass das Goodrich Gulf-Patent einen 1,4-Kautschuk aus Polybutadien mit 60–70 % cis-Anteil offenbare, und weiterhin, dass die Entgegenhaltungen nicht relevant seien. Gegen dieses Urteil riefen die unterlegenen Parteien im März 1969 das Cassationsgericht [91] an (Cour de Cassation, Paris).

Fünf Monate später [92] signalisierten die Gegner Vergleichsbereitschaft. Die Diskussion über die Höhe der Schadenssumme zwischen den Gewinnerparteien zog sich in die Länge [93]. Es handelte sich um den Export von 1000 t mit einem Lizenzabgabewert von ca. 120.000,– Franc. Der Vergleich wurde im Mai 1970 von allen Parteien unterschrieben. Da Shell und Montedison sich an den Klagekosten beteiligt hatten, stand ihnen auch ein Anteil am Gewinn in gleicher prozentualen Höhe zu. Ziegler [94] erhielt 8.400,– FFr. Der Sinn der Klage war, Phillips Petroleum zu treffen, zu bremsen, eine Warnung zu etablieren, weniger der materielle Erfolg.

Fall 10: Neben der indirekten Aktivität von Phillips Petroleum, USA, in Europa über Lizenznehmer und Importeure Polybutadien-Kautschuk zu vertreiben, versuchte Phillips Petroleum auch den direkten Verkauf in Europa zu forcieren. Bereits 1962 veröffentlichte die Phillips Petroleum International AG, ein Vertreter für Phillips-Erzeugnisse in Zürich, ein Werbeblatt in Fachzeitschriften [95] und warb für einen „neuen, revolutionären Phillips-cis-4-Rubber". Nach Auskunft der Goodrich Gulf Chemicals [96] stellte Phillips Petroleum dieses Produkt mithilfe von Ziegler-Katalysatoren aus Titantetrajodid und Trialkylaluminium her und bot es in Deutschland, der Schweiz und Österreich an. In Deutschland besaß Ziegler neben seinen eigenen Schutzrechten auch die der Goodrich Gulf auf diesem Gebiet.[19]

In Frankreich warb Phillips in gleicher Weise [97]. Darüber hinaus erhielt die Firma Michelin 1961 in Frankreich eine Lizenz von Phillips für die Herstellung von 1,4-cis-Polybutadien in Bassens in der Nähe von Bordeaux. Es sollte eine 20.000 t/a Anlage [98] errichtet werden.

Goodrich Gulf, Shell, Montecatini und Ziegler beschlossen, eine Nichtigkeitsklage gegen Phillips-Schutzrechte [99] sowie eine Verletzungsklage [100] gegen Phillips in Frankreich anzustrengen.

Die Klagen wurde im Herbst 1967 eingereicht. Die Vertretung übernahm wieder Maitre Mathéley. Phillips wurde von Maitre Foyer, ehemaliger französischer Justizminister, vertreten. Grundlage waren wieder das französische Ziegler-Patent [101] und das französische Patent von Goodrich Gulf

---

[19] Siehe Kapitel II, Seite 92, Abs. 4.

[102]. Auch das Gericht in Paris war das gleiche. Die Diskussion vor dem Gericht [103] konzentrierte sich auf eine verfeinerte Argumentation, wonach das Polybutadien nach Goodrich Gulf-Patent zwar eine 1,4-, aber nur trans-Konfiguration habe, „allenfalls" eine Mischung aus trans und cis mit bis zu 50 % cis, während Phillips Polybutadien mit 85 % 1,4-cis für sich in Anspruch nehme, weiterhin dass das Halogen am Titan von Bedeutung sei, wobei Jod eine besonders hohe Selektivität in Bezug auf 1,4-cis-Polybutadien aufwiese.

Im Dezember 1967 wurde die Klage [104] vor dem Gericht verhandelt. Danach hatte Phillips zunächst mit einer Mischung aus Aluminiumtrialkyl und Titantetrajodid gearbeitet. Die Methode wurde abgewandelt: Eine Mischung aus Titantetrachlorid und Titantetrajodid mit Alkylaluminium-verbindung kam zur Anwendung. Schließlich wurde das Titantetrajodid durch freies Jod ersetzt, in Mischung mit Titantetrachlorid und Aluminiumtrialkyl als Katalysator eingesetzt. Die zuletzt 1967 angewandte Methode sah eine Mischung aus Aluminiumtrialkyl und Titantetrachlorid unter Zusatz von Dijodbuten vor (vgl. Fußnote 18, Seite 173).

In der Verhandlung [105] wurde seitens Phillips weiterhin belegt, dass das Phillips-Produkt nach Analyse aus 95 % 1,4- und zu 87 % aus 1,4-cis-Polybutadien bestehe. Es enthielt Aluminium, Chlor, Jod und Titan. Danach waren aber Katalysator und Produkt vom Schutz des Ziegler- und Goodrich Gulf-Patentes abhängig. Die Gegner bestanden darauf, dass ein 1,4-cis-Polybutadien-Produkt nach den Beschreibungen des Ziegler- und Goodrich Gulf-Patentes nicht herstellbar sei.

Nach den vorherigen Urteilen musste Phillips unterliegen, auch in der von ihr angestrengten Beschwerde [106]. Auf über 99 Seiten setzte sich das Gericht mit dem Sachverhalt auseinander, wobei wieder von Bedeutung war, dass die beschriebenen Ziegler-Katalysatoren nicht nur für Ethylen allein, sondern auch für mit Butadien verunreinigtem Ethylen brauchbar seien. Aber auch die Benutzung des geschützten Ziegler-Katalysators durch einen Dritten, selbst wenn diese Verwendung neu war, verletze das Ziegler-Schutzrecht, also auch die Benutzung des Katalysators für die Polymerisation von Butadien [107]. Der Gesichtspunkt, dass für Ziegler zunächst zwar Ethylen von Bedeutung war, sein Katalysatorsystem aber den Wert eines allgemeinen Mittels habe, dessen Verwendung die Polymerisation von anderen Olefinen, auch Butadien, decke, sollte im Verlauf der Geschichte noch von weiterer Bedeutung sein und andere Gerichte beschäftigen.

Die Verwendung von Jodverbindungen ebenso wie die Wahl des Mengenverhältnisses Aluminiumverbindung zu Titanverbindung war sicherlich eine Verbesserung aber keine grundsätzlich neue Erfindung. Interessant war, dass das Gericht die Argumente der Firma Phillips in Bezug auf das

Abkommen Goodrich Gulf/Phillips zum US-Patent[20] von Phillips Petroleum nicht anerkannte mit dem Hinweis, dass die Rechtsfindung in den USA und Frankreich unterschiedlich seien. Phillips Petroleum wurde auf Unterlassung und zu Schadenersatz verurteilt.

Ein Versuch von Phillips Petroleum, die Rechtsgültigkeit des Urteils vor dem „Cour de Cassation" [108] abzuwenden, scheiterte am 14.04.1972.

Es schloss sich der Versuch einer Regelung für einen Schadenersatz an. Die ursprünglich optimistischen Zahlen über den Verkauf des Polybutadiens in Frankreich durch Phillips Petroleum reduzierten sich auf eine insgesamt zu erwartende Schadenersatzsumme von etwa einem Drittel einer Million F.Fr. [109]. Nach insgesamt fünf Jahren einigten sich die Parteien darauf, dass Phillips Petroleum eine Schadenersatzsumme [110] in Höhe von F.Fr. 300.000 zu zahlen hatte.

Es gab Stimmen zu jener Zeit, die besagten, dass eine amerikanische Firma keine Chance habe, in Frankreich in einem Patentverletzungsprozess gegen einen europäischen Kläger zu obsiegen. Hinzu kam, dass der europäische Kläger, Ziegler, in Frankreich zahlreiche Lizenzen vergeben hatte.

Was mochte aber nun passieren, wenn ein französischer Produzent, Michelin, mit einer Lizenz eines amerikanischen Unternehmens, Phillips Petroleum, ein Ziegler-Schutzrecht in Frankreich verletzte?

Bei einer Jahresproduktion durch Michelin von ca. 20.000 Tonnen und einem Verkaufspreis von F.Fr. 2,17/kg [111] errechnete sich eine Lizenzabgabe von ca. DM 1 Million. Bei einer Laufzeit des infrage kommenden Ziegler-Patentes konnte man eine Gesamtlizenzzahlung von DM 5 Millionen erwarten [112]. Die Motivation, gegen Michelin vorzugehen, war gegeben. Bei der damaligen Rechtslage, nach der die französischen Gerichte entschieden hatten, dass das Phillips-Verfahren die Patente von Ziegler und Goodrich verletze, konnte man optimistisch über den Ausgang einer Klage gegen Michelin sein.

Die Klage wurde 1973 eingereicht. Die französischen Patente 1,197,613 und 1,235,303 von Ziegler sowie 1,139,418 von Goodrich lagen der Klage zugrunde. Bei der Behandlung der Argumente beider Seiten wies das Gericht [113] die Argumentation von Michelin zurück, wonach erstens die Reduktion von Titantetrachlorid mithilfe von Aluminiumpulver bekannt sei. Das Gericht fand, dass der Ziegler-Katalysator durch Reduktion des Titans mit Organometallverbindungen erfolge. Zweitens, so Michelin, hätten Hall und Nash[21] 1937 bereits die Bildung von Aluminiumtriethyl aus Aluminiumchlorid, Aluminium und Ethylen beschrieben. Das Gericht wies

---

20) US PS 3,178,402, siehe Kap. II, Seite 89, Absatz 2–4 [157].

21) Zu Hall und Nash sowie M. Fischer, BASF, siehe Kap. I, Seite 23 und Kap. III, Seite 102, Abs. 1 Fußnote 2.

darauf hin, dass diese Angabe als zweifelhaft beschrieben und die Aluminiumverbindung als „in Spuren" entstanden angegeben war. Drittens hatten Gaylord und Mark 1959 die Ansicht vertreten, dass das Fischer-Verfahren die In-situ-Bildung von Ziegler-Katalysatoren enthalte. Das Gericht hielt diese Ansicht für rein hypothetisch. Viertens hatten Hopff und Balint [114] 1970 Experimente im Zusammenhang mit dem Fischer-Patent durchgeführt, wonach sich unter den Bedingungen von Fischer Aluminiumtriethyl gebildet habe. Das Gericht kam zu dem Schluss, dass nach Prüfung der Balint-Versuche sich herausstelle, dass Balint vergleichsweise größere Mengen Aluminium benutzt und eigentlich nur in einem Versuch aus sechs weiteren die Bildung von Aluminiumtriethyl bewiesen habe.

Das Gericht befand abschließend, dass der Ziegler-Katalysator ein neues Produkt sei, kam aber zu dem Schluss, dass das Patent von Goodrich nicht die Bildung von überwiegend cis-1,4-Polybutadien beschreibe. Die Grenzen des Goodrich-Patentes bezüglich der Polymerisation von Butadien lägen bei entweder trans- oder bei 1,4-Polybutadien bestehend aus 50 % cis und 50 % trans, so das Gericht. Proben aus der Anlage in Bassens, dort hergestellt mit einem Katalysator aus Triisobutylaluminium, Titantetrachlorid und Diethylaluminiumjodid wiesen einen cis-1,4-Gehalt von 92 % auf. Die Struktur war sicherlich insgesamt 1,4 gemäß Goodrich-Patent, aber eben überwiegend cis. Die zusätzlichen Argumente von Michelin, dass Ziegler zwei und Michelin drei Komponenten für die Herstellung des Katalysators benutze, wies das Gericht auf der Basis zurück, dass zwei Produkte durchaus in ihrer Wirkung äquivalent dem Einsatz von drei Komponenten seien, ebenso das Argument, dass die Michelin-Katalysatoren homogen während Ziegler-Katalysatoren heterogen seien. Ziegler habe seine Katalysatoren nicht auf heterogene beschränkt.[22]

Das Gericht, das gleiche wie in den vorgenannten Fällen, Ziegler/Goodrich gegen „Phillips" und „Anic/Safic-Alcan", kam zu dem Schluss, dass der Michelin-Katalysator ein Äquivalent des Ziegler-Katalysators in seiner bevorzugten Form darstelle und allenfalls eine Verbesserung sei. Der Schadenersatz sollte durch Expertengutachten ermittelt werden. J.C. Combaldieu wurde beauftragt, durch ein Gutachten den Schaden festzustellen. Als Konsequenz des Urteils wurden aber nicht der Wert des Polybutadiens, sondern die Herstellungskosten des Katalysators und sein Marktwert zugrunde gelegt, und dies bis zum Ablauf des französischen Ziegler-Patentes. Die Kosten des Verfahrens teilten sich Michelin und BF Goodrich hälftig.

---

[22] Hinweis auf Seite 3, Spalte 2, Zeile 3, des Ziegler-Patentes: Homogener Polymerisationskatalysator.

Die Festsetzung der Höhe des Schadenersatzes ermittelten die Parteien gegen den Widerstand von Michelin. Es dauerte mehrere Jahre bis Herr Combaldieu – inzwischen zum Präsidenten des Patentamtes ernannt – sein Gutachten [115] ablieferte. Ende 1985 entschied das Gericht [116], dass der Studiengesellschaft Kohle nicht ganz 10 Millionen FFr. zuzuerkennen sei. Die Kalkulation, die zu diesem Wert führte, hatte zunächst den Preis der Katalysatorkomponenten zur Grundlage. Das Gericht legte dann eine Lizenzgebühr von 15 Prozent fest, aus der bei einer zehnprozentigen Verzinsung bis Ende 1984 die oben aufgeführte Summe zu errechnen war.

Die vom Gericht angestrebte Lösung stellte einen Kompromiss dar, die Schadenersatzsumme aus einer erhöhten Lizenzabgabe auf Basis des Wertes der benutzen Katalysatormenge einerseits und der mit dem Katalysator erzeugten Menge an Polybutadien andererseits zu errechnen. Der aufgezeigte Kompromiss sollte der Tatsache Rechnung tragen, dass ja nur das Katalysatorpatent von Ziegler, nicht aber die Herstellung von Polybutadien nach dem Patent von BF Goodrich verletzt war, dass aber der Katalysator einen höheren Wert besaß als lediglich die Summe der Marktpreise der einzelnen Katalysatorkomponenten. Ohne Zweifel war das Gericht Michelin sehr weit entgegengekommen. Es blieb, dass einer der größten Reifenhersteller in Europa Ziegler-Katalysatoren benutzte, um Spitzenprodukte auf dem Reifensektor herzustellen.

Später wird zu berichten sein, dass die Auseinandersetzung zwischen Ziegler und Phillips Petroleum in den USA zu einem anderen Ergebnis führte (vgl. S. 199).

Das Resultat der Klage gegen Michelin konnte nicht befriedigen, insbesondere deshalb nicht, weil einige Jahre vorher in der Klage gegen Phillips Petroleum in Frankreich auch das Patent von Goodrich als verletzt entschieden worden war. Ein Versuch, die Entscheidung in der Sache Michelin durch das Beschwerdegericht auch zugunsten von BF Goodrich abzuwandeln, also eine weitere Revision beim obersten Zivilgericht, dem Cour de Cassation, zu erreichen, schlug fehl. 1988 wurde das vorher ergangene Urteil bestätigt [117].

Fall 11: In Deutschland entwickelte sich Anfang der siebziger Jahre ein Konflikt zwischen Ziegler und Hoechst über die Benutzung von so genanntem „Isoprenylaluminium" als Katalysatorkomponente bei der Herstellung von Polyethylen. Der Stoff hatte im Zusammenhang mit Du Pont, USA, in der ersten Hälfte der sechziger Jahre eine Rolle gespielt.[23] Hoechst argumentierte, dass die von ihnen benutzte Aluminiumverbindung nicht die in den Schutzrechten Zieglers beschriebenen Eigenschaften besäße.

---

23) Vgl. Kap. III, Seite 140–142, insb. Seite 142, Abs. 4.

Der Lizenzvertrag der Studiengesellschaft Kohle mbH (Ziegler) mit den Farbwerken Hoechst AG sah auch in der gültigen Fassung von 1962 [118] vor, dass bei Streitigkeiten zwischen den Parteien anstelle des ordentlichen Rechtsweges ein Schiedsgericht die Entscheidung treffen sollte. In der Klageschrift [119] von Juli 1976 vor diesem Schiedsgericht verwies die Studiengesellschaft Kohle auf zwei deutsche Schutzrechte der Firma Du Pont [120], USA, über die die Studiengesellschaft Kohle verfüge. Das erste Schutzrecht behandelte die Herstellung von polymeren Organoaluminiumverbindungen, das zweite die Polymerisation von Olefinen unter Verwendung von u. a. der polymeren Aluminiumverbindungen des ersten Schutzrechtes. Die Chemie zu den polymeren Aluminiumverbindungen und die Eigenschaften dieser Produkte war bereits ausführlich behandelt und im Laufe des Schiedsgerichtsverfahrens von Martin ergänzt worden [121].

Das Isoprenylaluminium wurde nach der Vorschrift des erstgenannten Schutzrechtes von der Firma Schering im Rahmen eines Lizenzvertrages [122] mit der Studiengesellschaft Kohle aus dem Jahr 1957 seit Anfang der siebziger Jahre hergestellt und für die verkauften Produkte wurden Lizenzabgaben gezahlt. Hoechst war der Hauptkunde für dieses Produkt, das nach dem oben erwähnten zweiten Patent in der Produktion von Polyethylen zum Einsatz kam. Damit war die Grundlage für die Verletzungsklage gegen Hoechst gegeben.

Aus der von Hoechst für die Herstellung von Polyethylen an Studiengesellschaft Kohle bezahlten jährlichen Lizenzabgabe Ende der sechziger Jahre konnte man für die Zeit 1971 bis 1976 (Ablauf der beiden Du Pont/Ziegler-Patente) die jetzt geforderte Lizenzabgabe abschätzen und eine Forderung der Studiengesellschaft Kohle an Hoechst von ca. DM 18 Millionen errechnen. In den folgenden neun Jahren tagte das Schiedsgericht (drei Schiedsrichter) unter Vorsitz des Vorsitzenden Richters am Oberlandesgericht i. R., Heinz Winkler, Düsseldorf, mehrmals jährlich. 1977 erklärte Prof. Dr. H.J. Sinn, Universität Hamburg, sich bereit, die vom Vorsitzenden des Schiedsgerichtes erbetene Erstellung eines neutralen Gutachtens nach Einverständnis des Schiedsgerichtes vorzunehmen und die Fragen des Gerichtes zu beantworten. Danach waren die von Schering unter der Bezeichnung „IPRA" (Isoprenylaluminium) an Hoechst gelieferten Produkte zähviskose, honigartige Substanzen, die mehrere Aluminiumatome im Molekül enthielten (polymer), verbesserte Hydrolysebeständigkeit aufwiesen und in denen sich ungesättigte Anteile nachweisen ließen, Merkmale, die im ersten Du Pont/Ziegler-Schutzrecht beschrieben waren. Die Produkte waren nach dem genannten Du Pont/Ziegler-Schutzrecht herstellbar. Ein über hundert Seiten umfassendes Gutachten [123] wurde dem Schiedsgericht vorgelegt und im Jahr 1980 vor dem Schiedsgericht sowie den Parteivertretern mehrfach diskutiert. Anfang 1981 legten beide Parteien unter Berücksichtigung der Ergebnisse des Gutachtens dem Gericht Anträge vor. Ein weiterer Termin, vom Vorsitzenden für März 1981 vorgeschlagen, nahmen die Parteien aber nicht mehr wahr, weil parallel gelaufene Vergleichsverhandlungen unmittelbar vor dem Abschluss standen [124, 125], wonach Hoechst sich bereit erklärte, einen hohen Anteil der geforderten Summe an die Studiengesellschaft Kohle zu zahlen. Alle Streitigkeiten waren beigelegt.

Die chemischen Untersuchungen, deren Ergebnis in den ersten sechziger Jahren dazu führten, dass Du Pont anerkannte, dass der Stoff „Isoprenylaluminium" ein Aluminiumtrialkyl im Sinne des Lizenzvertrages Du Pont/Ziegler sei und seine Benutzung ohne Lizenz eine Verletzung der Ziegler Grundschutzrechte darstellte, führten jetzt bei Erweiterung der Experimentalergebnisse dazu, dass eine Lizenzabgabepflicht seitens Hoechst für die länger laufenden, von Ziegler übernommenen Du Pont-Schutzrechte in Deutschland erstritten werden konnte.

4.7
Die Zäsur zwischen Montecatini und Ziegler in den USA

Ende der sechziger Jahre zeichnete sich in den USA ab, dass Natta/Montecatini die Priorität der ersten italienischen Anmeldung zur Herstellung von Polypropylen gegen Ziegler nicht durchsetzen konnte [126] (vgl. Seite 136). Das amerikanische Patentamt entschied im September 1969, dass Ziegler die Priorität zuzuerkennen war.[24] Mit Genugtuung beglückwünschte Ziegler seine US-Anwälte und Martin [127], war doch ein zehnjähriger Kampf zu seinen Gunsten entschieden worden. Montecatini strebte seit Mitte 1968 bereits eine vertragliche Trennung von Ziegler an. Eine Kündigungsklausel in den Pool-Verträgen gab es nicht. Es musste also ein Ablösungsvertrag [129] verhandelt werden. Im Sinne der Beratungsziele der amerikanischen Montedison-Anwälte sollten bestehende vertragliche Bindungen zwischen Montedison und Ziegler von Anfang an als nichtig erklärt werden. Dem widersprach Ziegler vehement. Im Vertrag [130] vom Juli 1969 wurde die Trennung in den USA per 30.06.1968 paraphiert und besiegelt.

24) Interference-Verfahren 90 833 und Entscheidung [128]: „Priority of invention of the subject matter of the count in issue is awarded to Karl Ziegler, Heinz Martin, Heinz Breil and Erhard Holzkamp".
Count:
„The process for homopolymerizing propylene to form polymers that are solid at normal temperatures which comprises (1) forming a catalyst by mixing a halide of a metal selected from the group consisting of titanium, vanadium and zirconium in which the metal has a valence higher than 3 and an aluminum alkyl and (2) only then contacting said catalyst with propylene".

US-Anwälte von Montecatini hatten diese Trennung verlangt, da sie für das Erreichen der gesetzten, prozessualen Ziele ein Zusammengehen zwischen Montecatini und Ziegler in den USA nicht vertreten konnten. In zahlreichen Schriftstücken bezichtigten sie Ziegler einer betrügerischen Vorgehensweise im bisherigen Patenterteilungsverfahren [131]. Trotz der Beteuerung von Montecatini gegenüber Ziegler, dass für das „gemeinsame" Ziel das Verlangen der amerikanischen Montecatini-Montedison-Anwälte nur auf die USA beschränkt sei und für die übrige Welt keine Bedeutung habe, verwahrte sich Ziegler gegen solche Vorwürfe. Montecatini folgte den Empfehlungen ihrer Anwälte, um vor ordentlichen Gerichten die Entscheidung des amerikanischen Patentamtes rückgängig zu machen. Es war die deutliche Absicht Montecatinis, diese weiterführende Klage zumindest in der Schwebe zu halten [132], trotz hohen Risikos.

Als Konsequenz des Vertrages vom Juli 1969 mussten Rechte und Pflichten aus gemeinsamen Lizenzverträgen in den USA auseinander dividiert werden. Dabei handelte es sich auf dem Gebiet des Polypropylens um Verträge mit Hercules, Dow Chemical, Shell Oil und Novamont sowie Esso, Goodrich Chemical, Du Pont und auf dem Terpolymerengebiet um Verträge mit United States Rubber Corp. (Uniroyal) und Copolymer Rubber and Chemical Corp. (CRCC), und dies nur insoweit wie Lizenzabgaben geflossen waren. Es kam zu einer Verteilung der aufgelaufenen Zahlungen und für die Zukunft die Anweisung an die Lizenznehmer, mit Ziegler getrennte Lizenzverträge abzuschließen. Einmal gezahlte Lizenzzahlungen sollten bei den Empfängern bleiben. Dabei stellte sich interessanterweise heraus, dass bei der Produktion von Terpolymeren durch Uniroyal bzw. CRCC nur Ziegler-Schutzrechte benutzt worden waren, und daher Lizenzabgaben nur an Ziegler zu leisten gewesen wären. Auch die Protestaktionen von Montedison gegen Ziegler zum Terpolymeren-Vertrag Ziegler/Du Pont wurden zurückgenommen.

Fünfzehn Jahre, 1954–1969, hatten Montecatini und Ziegler ihre gemeinsame Lizenzpolitik betrieben, mehr schlecht als recht. Nicht von ungefähr kam von Orsoni, dem Direktor für technische Entwicklung, Montedison, ein Geburtstagsgeschenk an Ziegler: ein Dolch, antik, aus Bronze [133].

Weitere Konsequenzen aus der Entscheidung des US-Patentamtes waren, dass einerseits Montedison vor einem zivilen Gericht (District Court) [134] vergeblich versuchte, die Prioritätsfrage in ihrem Sinn zu lösen, und andererseits, dass Ziegler ein US-Patent [135] erhielt, das ihm den Schutz der Polymerisation von Propen und höheren Olefinen bot (vgl. Seite 136, Abs. 4).

Die Klage wurde 1983 verglichen, wobei ein zweites Interference-Verfahren zwischen Montedison/Ziegler[25] in den Vergleich einbezogen wurde. Die Erklärung Montecatinis enthielt: „Abandon the contest as to all counts ...". „such dismissal is not a concession of priority by either party to the other ... and further ... is not an admission of misconduct ... by either party ..." Für diesen Vergleich zahlte Montedison 1 Million US $ „in full payment for all past royalties due by Montedison to SGK (Studiengesellschaft Kohle) under all of SGK's presently issued US patents" [136]. Die Höhe der von Montedison an Ziegler/Studiengesellschaft gezahlten Schadenersatzsumme war eher symbolisch als repräsentativ für die von Montedison bis dahin eingenommenen Beträge.[26]

Soweit zur Klärung der Priorität der Verfahrensansprüche zur Herstellung von Polyolefinen zwischen Natta und Ziegler. Von Anfang der siebziger Jahre bis zum Ablauf der US-Schutzrechte vergab die Studiengesellschaft Kohle Lizenzen für die Herstellung von Polyolefinen in großer Breite (vgl. Tabelle Seite 151–153). Aber auch auf dem Gebiet der Stoffschutzansprüche, also Schutz des neuen Stoffes „Polypropylen" vollzog sich eine Änderung des Bildes.

Gegen die 1963 erteilten US-Patente Montecatinis zum Stoffschutz „isotaktisches Polypropylen" hatten die Parteien, Phillips Petroleum, Du Pont, Standard Oil of Indiana und Hercules vor dem Amerikanischen Patentamt ein Interference-Verfahren [137][27] angestrengt (vgl. Seite 133, Abs. 4, Seite 37, Abs. 2 – Seite 38, Abs. 2, und Seite 193, Fußnote 1), weil sie glaubten, dass diese Schutzrechte zu Unrecht erteilt worden waren, und ihre eigenen Prioritätsdaten früher lagen als die von Natta [138]. Ziegler war an diesem Verfahren nicht beteiligt. Der Stoffschutz für Ziegler-Katalysatoren erschien ausreichend zur Durchsetzung der Interessen.

4.8
Rückschau

Genugtuung befällt den Betrachter auch heute noch. Eine ideale Situation für beteiligte Erfinder, Patentjuristen, Vertragsjuristen und Kaufleute: Das

25) Interference 99478, count (Anspruch): „Method for the polymerization of alpha-olefins, which comprises contacting such **olefin** with a catalyst formed from an organometal component comprising an aluminium trialkyl and a heavy metal component comprising a compound selected from the group consisting of salts and the freshly precipitated oxides and hydroxides of metals from the Groups IV–B, V–B and uranium, and recovering a high-molecular polymer formed".

26) Vgl. Kapitel III, Seite 136, Abs. 5–7.

27) Anspruch: „Normally solid polypropylene, consisting essentially of recurring propylene units, having a substantial crystalline polypropylene content." (Vgl. Seite 1, Abs. 3 – Seite 2, letzter Abs.)

Monopol einer Erfindung, der beruhigende Besitz eines Pakets von erteilten Schutzrechten weltweit, der Umsatz von zahlreichen Lizenzverträgen in Form einer prosperierenden und wachsenden industriellen Verwertung und ein ungebrochener Nachfrageboom von Interessenten, dazu unübersehbar, vielfältige Forschungstätigkeit und als Krönung die Verleihung des Nobelpreises an Ziegler.

Dagegen schienen die Mühen der ersten Verletzungsklagen in Europa, das Konkurrenzgerangel der Lizenznehmer über unterschiedliche Bedingungen unbedeutend zu sein.

Schließlich wurde die Dekade 1960–1970 dadurch erfolgreich beendet, dass der Prioritätsstreit um das Polypropylen zwischen Natta und Ziegler zumindest in den USA – nur dort stand er zur gerichtlichen Entscheidung an – zugunsten von Ziegler entschieden war.

Bei der Würdigung in späteren Beiträgen ist der letzte Teil stets verdrängt worden, ob aus Unkenntnis über den Ausgang der Auseinandersetzung oder aus anderen Gründen bleibt ungeklärt. Vorherrschend war die Meinung – als Tatsache nicht zu widerlegen – dass Natta vor Martin festes kristallines und thermoplastisches Polypropylen hergestellt habe. Dass er die Voraussetzungen hierzu durch Information über die Zusammensetzung des Katalysators vorher aus Mülheim erhalten hatte, spielte aber eine entscheidende Rolle bei der Beurteilung der Prioritätsdaten durch Gerichte. Über die Versuchsergebnisse von einerseits Natta, Chini, Pino und Mazzanti und andererseits Ziegler, Martin ist vor August 1954 nichts ausgetauscht worden. Die legale Kombination der Prioritätsdaten und Inhalte der dazu gehörenden Patentanmeldungen für den Ziegler-Katalysator und die Herstellung von Polypropylen im Max-Planck-Institut war nicht zu schlagen. Das Verdienst Zieglers und seiner Mitarbeiter lag also nicht nur in der Entdeckung der Ziegler-Katalysatoren und ihrer Anwendung bei der Polymerisation von Ethylen zu linearen, kristallinen Polymeren hoher Dichte. Gerade der folgende erfolgreiche Kampf und die Auseinandersetzung mit Natta und Montecatini war ein wichtiger Teil in Zieglers Leben und Wirken. Der außerordentliche materielle Erfolg des Instituts war bis dahin schon beachtlich, erhielt aber durch die Lösung der Problematik zwischen Natta/Montecatini und Ziegler in den USA einen weiteren Impuls für die kommenden fünfundzwanzig Jahre. Ziegler und die Studiengesellschaft Kohle hatten ihre Handlungsfreiheit wiedererlangt.

Bleibt noch zu erwähnen, dass im Jahr 1969 Ziegler als Direktor des Institutes emeritiert wurde, nicht aber als Geschäftsführer der Studiengesellschaft Kohle. Hinzu kamen satzungsgemäß der neue Direktor, G. Wilke, und Martin, der 1970 zum Geschäftsführer bestellt wurde.

Die Welt der Polyolefine schien in Ordnung. Zu dieser Zeit existierten in den USA aber mindestens drei großtechnische Produktionsanlagen für Polypropylen, die zu Firmen gehörten, die eine Lizenz von Ziegler nicht hatten und auch nicht begehrten: Phillips Petroleum, Eastman Kodak und Rexall (später Dart).

Literatur

1 Lizenzverträge in der Zeit von 1952–1994
2 Hercules an Ziegler vom 28. Juli 1958
Hercules an Ziegler vom 17.05.1957;
Ziegler: Bemerkungen zur Eröffnung der ersten Hercules-Polyethylenanlage („Hifax") in Parlin, New Jersey, 18.06.1957 und Pressenotiz vom 18.06.1957
3 Hercules an Ziegler vom 1. Okt. 1958
4 Hercules an Ziegler vom 05.11.1957
5 Reerink an Ziegler vom 11.07.1958 mit Druckschrift
6 Montecatini – Societa Generale per La Industria Mineraria e Chimica, Milano,/ Prof. Dr. Karl Ziegler, Vertrag vom 24. Januar 1956 (Kap. II, [145])
7 Montecatini, Memorandum vom 25.09.1969, Anlage C
8 Hercules Powder Co., US PS 3,051,690 (SN 525 364), vom 28.08.1962, E. J. Vandenberg, (Priorität 29.07.1955); Zusatz von Wasserstoff bei der Polymerisation von olefinisch ungesättigten Kohlenwasserstoffen, entspricht BE PS 549 910; DAS 1,420,503; FR PS 1,161,078 und JP PS 262,342.
9 ICI, Belgisches Patent 548 394 vom 05.12.1956 (Priorität Großbritannien 06.06.1955 und 22.05.1956: Polymerisation von Ethylen und Copolymeren in Gegenwart von Wasserstoff). Schon bei der Hochdruckpolymerisation von Ethylen war der Zusatz von Wasserstoff zu gleichem Zweck beschrieben.
10 Esso Research and Engineering Co., US PS 3,032,510, (SN 745 124) vom 01.05.1962, E. Tornqvist, A.W. Langer (Priorität 27.06.1958)

US PS 3,128,252, (SN 578 198) vom 07.04.1964, E. Tornqvist, C. W. Seelbach, A. W. Langer (Priorität 16.04.1956)
US PS 3,252,960, (SN 578 198, Priorität 16.04.1956; Ausscheidung SN 290 229, Priorität 24.06.1963), 24.05.1966); US PS 3,130,003 (SN 19 176, Priorität 01.04.1960), 21.04.1964, In Deutschland DAS 1,269,101, publ. 30.05.1968; US PS 3,814,743, (SN 151 522, Priorität 10.11.1961, SN 412 287, Priorität 13.11.1964), 04.06.1974, in Deutschland DAS 1,420,367 , publ. 26.02.1970
US District Court Dallas, Texas, Ziegler ./. Phillips Petroleum, Civil Action No. 3-2225-B, Zeugenaussage H. F. Mark vom 24.05.1971, Seiten 179, 183, 185, 186, 236
11 Solvay & Cie, Brüssel, DAS 1,420,744 (Priorität 07.05.1956) publ. 28.11.1968, G. Pirlot, F. Bloyart, N. Denet, „Katalysator: SnBu$_4$ + AlCl$_3$ + TiCl$_4$"
Solvay & Cie, Brüssel, AT PS A 8299/63 (Priorität 22.10.1962), publ. 15.12.1965, „Katalysator: TiCl$_4$ + SnBu$_4$ + AlCl$_3$ + Bu$_2$O" (NL PS 127 683)
12 Karl Ziegler, US PS 3,113,115, (SN 770,413) K. Ziegler, H. Breil, E. Holzkamp, H. Martin, vom 03.12.1963; „Polymerization Catalysts"
CIP aus SN 482 412 (Priorität 19.1.1954, 13.12.1954, 11.12.1954); SN 527 413 (Priorität: 16.08.1954); SN 514 068 (Priorität 03.08.1954), siehe Kap. III, Lit. [54]
13 Montecatini Societa Generale per La Industria Mineraria e Chimica, US PS 3,112,300, (SN 514 099 und SN 701 332) vom 26.11.1963, G. Natta, P. Pino und

G. Mazzanti, (Priorität 08.06.1954 und 27.07.1954)

14 Montecatini Societa Generale per La Industria Mineraria e Chimica, US PS 3,112,301, (SN 514 099 und 732 808) vom 26.11.1963, G. Natta, P. Pino und G. Mazzanti (Priorität 08.06.1954 und 27.07.1954)

15 Montecatini an Ziegler vom 17.04.1970

16 Karl Ziegler, DBP 1,268,392 vom 29.10.1969 K. Ziegler, H. Martin, E. Holzkamp, H. Breil (Priorität 03.08.1954)

17 Montecatini Societa Generale per La Industria Mineraria e Chimica/Ziegler,. DBP 1 293 453 (Italienische Patentanmeldung Az. 18119, Priorität 23.12.1955) vom 15.01.1970, G. Natta, G. Mazzanti, G. Boschi

18 Montecatini – Societa Generale per La Industria Mineraria e Chimica, Milano,/ Prof. Dr. Karl Ziegler, Vertrag vom 7./10. Juli1958 (vergl. Kap.II, [167]), 3. Pool-Vertrag

19 Du Pont/Ziegler, Vertrag 1956 (vergl. Kap. II, [91])

20 Du Pont/Ziegler, Vertrag vom13.12.1962

21 Bericht von Kreisler über Besprechung mit Staatsmijnen vom 01.04.1965 Montecatini an Ziegler vom 12.04.1965 Staatsmijnen an AfO vom 20.05.1965

22 von Kreisler an Ziegler vom 29.06.1961 mit Bericht über die Besprechung mit Eishold, Farbwerke Hoechst, am 23. und 24. Juni 1961

23 Hoechst an von Kreisler vom 03.08.1965

24 von Kreisler an Ziegler vom 14.02.1959 mit Vertragsentwürfen

25 Dunlop Rubber Co., GB PS 880 904 vom 13.08.1964, St. Adamek, E. A. Dudley, R. Th. Woodhams, (Priorität 17.07./ 16.11.1957)

26 Montedison an von Kreisler vom 19.10.1964

27 von Kreisler: Bericht über die Besprechung mit Montecatini in Mailand am 22./23.03.1967

28 E. I. du Pont de Nemours Co., US PS 3,093,621 (SN 18 263) vom 11.06.1963, Edward K. Gladding (Priorität 29.03.1960)

29 Montecatini an Martin vom 26.06.1969: Liste der japanischen Schutzrechte (Dunlop, Montecatini) im Bereich EP-Rubber. Dunlop hatte sieben Schutzrechte angemeldet, vier erteilt. Prioritätsdaten zwischen 7/1957 und 5/1963. Montecatini/ Ziegler-Schutzrechte mit Priorität bis 01.01.1965 (82 Schutzrechte)

30 Montecatini an Ziegler vom 28.04.1964

31 Montecatini – Societa Generale per La Industria Mineraria e Chimica, Milano/ Prof. Dr. Karl Ziegler Vertrag vom 04.12.1964/07./14.01.1965 (4. Pool-Vertrag)

32 Montecatini/Ziegler/Hoechst, Vertrag vom 22.07./22.09.1965, einschließlich deutscher Dunlop-Schutzrechte und Vertrag vom 05.09./18.09./29.11.1968, Abfindung über 250.000 t Kapazität (zusammen mit Chemischen Werken Hüls.

33 Montecatini Edison S.p.A und N.V/ Nederlandse Staatsmijnen „EP Rubber Patent License Agreement" vom 07.08./ 31.08./11.09./27.11.1968

34 Montecatini Edison S.p.A/ International Synthetic Rubber Co., „EP Rubber Patent License Agreement" vom 28.01./06./ 11.02.1969

35 Orsoni/de Varda an Ziegler vom 21.11.1961 von Kreisler an Ziegler vom 19.12.1961 Ziegler an Montecatini vom 18.06.1962

36 Ziegler an von Kreisler vom 31.07.1962

37 von Kreisler an Ziegler, Bericht über die Besprechung vom 15.10.1959

38 Ziegler/Mitsui Toatsu Chem. Inc. Vertrag vom 10.12./16.11.1968

39 Montecatini, Memorandum vom 25.09.1969 über ein Treffen mit Vertretern von Mitsui Toatso Chemicals, Mitsubishi Petrochemical und Sumitomo Chemical

40 H. Martin: Zusammenstellung der Versuchsprogramme,

41 Karl Ziegler, DBP 1 012 460, vom 05.08.1960, K. Ziegler, H. Breil, E. Holzkamp, H. Martin, (Priorität 19.01.1954) und Karl Ziegler, DBP 1 257 430, vom 17.12.1973, K. Ziegler, H. Breil, H. Martin, E. Holzkamp, (Priorität 03.08.1954)

42 K. Ziegler: „Zur Kenntnis der Systeme Äthylaluminiumdichlorid + Dialkyläther + Titantrichlorid" (Polypropylen-Katalysatoren der Staatsmijnen), 29.09.1964
Martin an Pirani vom 26.11.1964
Bericht über die Besprechung mit Staatsmijnen, Montecatini und Ziegler in Geleen am 26. und 27.04.1965
Martin an Montecatini vom 20.05.1965
Bericht über die Besprechung zwischen Ziegler/Montecatini und Staatsmijnen in Mülheim an der Ruhr am 20. und 21.09.1965
K. Ziegler/H. Martin: „Zur Frage des wirksamen Anteils im Katalysatorsystem gemäß Belg. Pat. 639.173 der Staatsmijnen"

43 Stamicarbon N. V., BE PS 639.173, (Priorität 26.10.1962) 1964

44 Protokoll einer Besprechung in Mailand am 6. und 7.4.1964
Ziegler an Hoechst vom 15. Mai 1964
Hoechst an Ziegler vom 19. Mai 1964
Hoechst an Ziegler vom 1. Juni 1964
Montecatini an Martin vom 1. Juni 1964
Ziegler an von Kreisler vom 6. Juni 1964
Martin an von Kreisler vom 8. Juni 1964
Protokoll einer Besprechung vom 11. bis 16.6.1964 in Mailand

45 Kunststoff-Wirtschaft-Euwid KD Nr. 37 v. 12.9.62

46 Ziegler an von Kreisler vom 31.05.1961

47 von Kreisler an Montecatini vom 18.10.1962

48 von Kreisler: Bericht über Besprechung v. Kreisler mit Eishold/Hoechst am 29.05.1963

49 Eastman Kodak Co, NL PS 237,479, (SN 724,909, Priorität vom 31.03.1958) vom 16.11.1964, „$(Me_2N)_3P=O$ als dritte Komponente in $Cl_2AlEt/TiCl_4$"; siehe auch BE PS 577,214

50 Montecatini an von Kreisler am 24.10.1963

51 Bericht über eine Besprechung Ziegler/Kreisler am 21.11.1963

52 von Kreisler an Sun Oil Co. vom 24.01.1964

53 Montecatini – Societa Generale per La Industria Mineraria e Chimica, Milano/Prof. Dr. Karl Ziegler, Niederländisches Pool-Patent 105 814, vom 15.06.1959 (ital. Priorität vom 08.06.1955)

54 von Kreisler an Ziegler vom 06.06.1964, Avisun an Orsoni 20.02.1964 und de Varda an Avisun 28.01.1964

55 Martin an Pirani vom 16.05.1964, Pirani an Martin vom 22.05.1964 und Martin an Pirani vom 08.06.1964

56 Indisches Patent Nr. 80 110, Avisun

57 Kunststoffeninstituut T.N.O., Delft, Rapport Nr. 107/'64 vom 22. Juni 1964

58 Brief Ziegler an Pirani vom 09.01.1965

59 Ziegler/Martin an von Kreisler vom 04.05.1965

60 Avisun Corp., Niederländisches Patent Nr. 122 498, vom 15.06.1967, (US Priorität vom 19.04./14.07.1961)

61 Montecatini an Österreichische Stickstoffwerke AG vom17.03.1966

62 Farbwerke Hoechst AG, Japanisches Patent 262 108, vom 30.01.1960 (Priorität 09.02.1955 Deutschland); Japanisches Patent 287 577 vom 31.01.1959 (Priorität 06.10.1955 Deutschland)

63 Hercules Powder Co. Japanisches Patent 260 775; Japanisches Patent 262 342 vom 26.01.1960, .E. J. Vandenberg, (Priorität 29.07.1955, USA vergl. FR PS 1.161.078); Japanisches Patent 278 961 vom 09.05.1960, E. J. Vandenberg, (Priorität 29.07.1955 USA, vergl DAS 1,049,584) und Japanisches Patent 293 499
Gutachten Patentanwalt S. Sagara vom 31.08.1964

64 von Kreisler an Mitsui vom 30.07.1964

65 Mitsui Chem. Co. an Ziegler vom 12.02.1965

66 von Kreisler: Bericht über Besprechung mit Mitsui Chemical, Mitsui Petrochemical und Asahi vom 10.12.1964

67 von Kreisler an Mitsui Chemical vom 8.12.1964

68 Mitsui Chemical an von Kreisler vom 19.02.1965

69 Gutachten von Kreisler vom 13.03.1968, Seite 6: Wacker-Chemie/ICI, Japanisches Patent 282,694

70 Wacker-Chemie GMBH, München, NL PS 135,973 vom 15.12.1972, (deutsche Priorität 11.12.1957) Methylwasserstoffpolysiloxane + TiCl$_4$ Wacker-Chemie GMBH, München, DAS 1,545,194, publ. 22.01.1970, G. Piekarski, R. Strasser, A. Hundmeyer, Katalysator: AlCl$_3$/Methylwasserstoffpolysiloxan/TiCl$_4$

71 von Kreisler: Gutachten vom 13.03.1968, Seite 8, zu Wacker-Chemie, Japanisches Patent 301,403 (deutsche Priorität 11.12.1957); Seite 10–12 zu Wacker-Chemie, japanisches Patente 413,511 und 431,180 (deutsche Priorität 17.05.1961); Seite 14 zu ICI, japanisches Patent 444,306, (Priorität Großbritannien 29.6./4.12.1961), NL PS 280 329 , publiziert 10.12.1964

72 H. Martin: Experimentalbericht vom 24.06.1968

73 Ziegler an Montecatini vom 24.06.1968

74 Solvay & Cie, Italienisches Patent 705 475

75 Solvay & Cie, FR PS 1,306,453 vom 03.09.1962 (Priorität 18.11.1960); FR PS 1,302,622, (Priorität 18.11.1960)

76 Solvay & Cie, DOS 1,520,792, publiziert 22.01.1970, R. van Weynbergh, L. Schmitz (Priorität 06.02.1962)

77 Solvay & Cie, DOS 1,520,877; publiziert 15.01.1970, P. Dassesse, R. Dechenne (Priorität 01.08.1963/03.03.1964) und DOS 1,542,452; publiziert 16.04.1970, A. Delbrouille, R. Speltinchx (Priorität 25.06.1965)

78 Solvay & Cie, AT A 6573/64, publiziert 15.03.1967 (Priorität 01.08.1963) – „Mg(OH)Cl als Träger für TiCl$_4$/AlR$_3$"

79 Solvay & Cie, D0S 2,000,566, publiziert 12.11.1970 A. Delbrouille, J. L. Derroitte (Priorität 06.01.1969)

80 Solvay & Cie, DOS 1,745,414, publiziert 16.03.1972, A. Delbrouille, H. Toussaint (Priorität 21.10.1966/01.09.1967); DBP 1,938,461, publiziert 06.05.1970, J. Stevens, R. Weynbergh (Priorität 26.08.1968)

81 Optionsvertrag Prof. Dr. Karl Ziegler/Solvay & Cie vom 24.06.1967 Lizenzvertrag Prof. Dr. Karl Ziegler/Solvay & Cie vom 24.06./15.11.1967

82 Japanische Patentanmeldung 36.532/60 vom 23.08.1961; 30.701/60 vom 07.07.1962

83 Tokoyama Soda, Japan, DOS 1,520,974, publ. 29.01.1970, K. Machida, T. Kimihira, I. Tokuyamashi, – „TiCl$_4$ + Na + H$_2$"

84 Shell International an Harlé und Léchopiez vom 25.05.1964 (Vertreter von Ziegler in Paris)

85 B.F. Goodrich, C.J. Caman, N. W. Shust: Bericht vom 26.06.1979 „Importance of Molecular Structure Features other than Crystallinity on Properties of Poly(butadiene) Vulcanizates"

86 Karl Ziegler, FR PS 1,235,303, vom 30.05.1960, K. Ziegler, H. Breil, E. Holzkamp, H. Martin, (Priorität 17.11.1953)

87 Goodrich-Gulf Chemicals Ind., FR PS 1,139,418 vom 01.12.55/01.07.57, S.E. Horne, C.F. Gibbs, V.L. Folt, E.J. Carlson, (Priorität 02.12.54, 21.04.55)

88 von Kreisler: Bericht über die Besprechung am 09.03.1968 in Paris der Patentanwälte von Ziegler, Goodrich-Gulf und Shell

89 von Kreisler an Ziegler vom 22.05.1968.

90 Cour D'Appel De Paris, 4ème Chambre: Urteil vom 18.12.1968

91 Cour de Cassation vom 29.03.1969

92 von Kreisler an Ziegler und Goodrich Gulf vom 29.08.1969

93 von Kreisler an Ziegler 02.10.1969

94 Ziegler an Montecatini und Shell 08.01.1971

95 Gummi, Asbest, Kunststoffe Januar 1962

96 Goodrich an Ziegler 21.02.1962

97 Shell International Chemical an von Kreisler vom 03.05.1962

98 Montecatini an von Kreisler vom 05.04.1962

99 Phillips Petroleum, Französisches Patent 1,247,307 vom 24.10.1960, R. P. Zelinski, D. R. Smith, G. Nowlin, H. D. Lyons (Priorität USA 17.10.1955, 16./20./ 30.04.1956) „Polymerisation von konjugierten Dienen mit einem Katalysator aus u. a. Organoaluminiumverbindung und einem Tri- oder Tetrahalogenid des Titans"

100 von Kreisler an Chemische Werke Hüls 14.05.1962

101 Karl Ziegler, FR PS 1,235,303, vom 30.05.1960, K. Ziegler, H. Breil, E. Holzkamp, H. Martin, (Priorität 17.11.1953)

102 Goodrich-Gulf Chemicals Inc., FR PS 1,139, 418, publ. 01.07.1957, S. E. Horne, C. F. Gibbs V.I. Folt, E. J. Carlson, (Priorität 02.12.1954/21.04.1955) „1,4-Polybutadien" (vergl. Lit 87)

103 Brief von Kreisler an Ziegler 24.11.1967

104 von Kreisler an Dinklage vom 07.12.1967

105 Goodrich Gulf und Ziegler/Phillips Petroleum, von Kreisler: Bericht über Verhandlung vor der 3. Zivilkammer in Paris am 5. und 6. 12. 1967

106 von Kreisler an Ziegler 15.01.1970 Ziegler und Goodrich Chemical/Phillips, Urteil Cour d'Appel De Paris, 4ème Chambre, vom 24.11.1969

107 Ziegler und Goodrich Chemical/Phillips, Urteil Cour d'Appel De Paris, 4ème Chambre, vom 24.11.1969, Seite 62 ff.

108 Ziegler und Goodrich Chemical/Phillips, Cour de Cassacion (Nr. 70-10.073) Urteil vom 14.04.1972

109 von Kreisler an Martin vom 11.06.1975

110 Ziegler und Goodrich Chemical/Phillips, Vergleichsvertrag „Accord Transactionnel" vom Januar 1977

111 „European News", 10. April 1970

112 von Kreisler: Bericht über Besprechung mit Bean, B.F. Goodrich, am 13.05.1970

113 Studiengesellschaft Kohle mbH und B. F. Goodrich /Michelin Cie., Cour D'Appel De Paris, 3ème Chambre, Urteil vom 26. Mai 1981

114 H. Hopff and N. Balint, Polymer Preprints, Vol. 16, 324–326, April 1975 H. Hopff and M. Balint, Applied Polymer Symposium No. 26, 19–20 (1975)

115 J. C. Combaldieu: Gutachten zum Schadenersatz Studiengesellschaft Kohle mbH und B. F. Goodrich /Michelin Cie., „Le Rapport D'Expertise" vom 15. Juli 1984

116 Studiengesellschaft Kohle mbH/Michelin Cie., Cour D'Appel De Paris, 4ème Chambre, Urteil vom 26.11.1985

117 Studiengesellschaft Kohle mbH/Michelin Cie., Cour de Cassation, Urteil vom 07.06.1988

118 Studiengesellschaft Kohle mbH /Farbwerke Hoechst AG, Lizenzvertrag vom 08.01./01.02.1962, Artikel XI

119 Studiengesellschaft Kohle mbH ./. Hoechst AG, Klageschrift vor dem Schiedsgericht vom 29.07.1976

120 Du Pont,USA, DBP 1 183 084 vom 14.05.1969, Erfinder J. M. Bruce, I. M. Robinson (US Priorität 22.01.1957) sowie DBP 1 595 074 vom 19.04.1973, gleiche Erfinder, gleiche Priorität

121 Studiengesellschaft Kohle mbH ./. Hoechst AG, Schreiben Martin an Winkler, (Vorsitzender Richter am Schiedsgericht) vom 14.10.1977 nebst Anlagen; vom 02.11.1977; vom 25.08.1978 mit Anlagen und 14.12.1978 mit Anlagen (einschließlich Strukturvorschläge)

122 Schreiben Schering vom 29.02.1972, Seite 2, und Lizenzabrechnung vom gleichen Datum und Zusatzvereinbarung zwischen Studiengesellschaft Kohle und Schering zum Isoprenylaluminium vom 16./23.06.1975

123 Studiengesellschaft Kohle mbH ./. Hoechst AG, Schiedsgerichtsverfahren: Gutachten Sinn vom 19.09.1979

124 Winkler an die Parteien vom 16.02. und 04.03.1981

125 Studiengesellschaft Kohle mbH/Hoechst AG, Schiedsgerichtsverfahren: Vergleichsvertrag vom 12.03.1981

126 von Kreisler an Martin vom 13.08.1968

127 Burgess, Dinklage and Sprung, Inteference 90 833, Telegramme an Ziegler und Martin vom 18.09.1969 und Telegramme Ziegler an Anwälte in New York und Martin vom 19. bzw. 18.09.1969

128 Ziegler, Martin, Breil, Holzkamp/Baxter, Merckling, Robinson und Stamatoff/ Natta, Pino, Mazzanti, Interefence-Verfahren 90 833, Urteil „Board of Patent Interferences" im US-Patentamt vom 15.09.1969

129 Ziegler an Montedison vom 08.08.1968

130 Montecatini Edison S.p.A./Ziegler, Vertrag vom 10.07.1969

131 Montecatini an von Kreisler vom 21.03.1968, von Kreisler an Ziegler vom 25.03.1968, Montecatini an Ziegler vom 30.07.1968, Aktennotiz von Kreisler vom 12.03.1968

132 Montedison/Studiengesellschaft Kohle mbH, District Court for the District of Columbia, Civil Action 3291/69 vom 18.11.1969

133 Ziegler an Orsoni vom 14.03.1959

134 siehe Lit. [132] und Seite 136, letzter Abs

135 US PS 3,826792, vergl. Kap. III Ref. 61

136 Montedison/Studiengesellschaft Kohle mbH, District Court for the District of Columbia, Civil Action 3291/69, Vergleichsvertrag vom 26.09.1983

137 Montecatini,Phillips Petroleum, Du Pont, Standard Oil of Indiana und Hercules, Interference-Verfahren 89,634 , 1958

138 Relevante US-Patentanmeldungen Phillips Petroleum (Hogan et al) 558 530, 11.01.1956
Du Pont (Baxter et al) 556 548, 30.12.1955
Montecatini (Natta et al) 514 099, 08.06.1955
Hercules (Vandenberg) 523 621, 21.07.1955
Standard Oil of Indiana (Zletz) 462 480, 15.10.1954

5
Die amerikanische Herausforderung

Es wurde bereits erwähnt, dass die gesetzliche Laufzeit von Patentschutzrechten in den USA unterschiedlich im Vergleich zu Deutschland geregelt
war. Die siebzehnjährige Laufzeit von Schutzrechten in den USA begann
mit der Erteilung eines Patentes und nicht mit dem Einreichen der Anmeldung beim Patentamt. War die Zeit zwischen Anmeldung und Erteilung
sehr lang – wie in den vorliegenden Fällen –, so konnte die Industrie auch
ohne Lizenzvertrag unbehelligt, aber nicht ohne Risiko bis zum Erteilungstag produzieren. Einige Produktionsstätten wurden nach der Erteilung von
Schutzrechten an Ziegler ohne Lizenz weiter betrieben. Man wollte erst
den Wortlaut und den Umfang der erteilten Schutzrechte prüfen, ehe man
sich verpflichtet fühlte, Lizenzabgaben zu zahlen. Das Klima wurde rauer.
Lizenznehmer erinnerten sich an ihre vor Jahren geleisteten hohen Vorauszahlungen und strebten eine möglichst frühe Amortisation an. Die Zeit des
Verkaufs von Monopolrechten zu hohen Preisen an amerikanische Interessenten wurde abgelöst von der Forderung der Lizenznehmer nach Unterbindung unlizenzierter Konkurrenz.

Aber nicht nur die unterschiedlichen gesetzlichen Regelungen hinsichtlich der Laufzeit von Schutzrechten bestimmten eine neue Situation im
US-Lizenzgeschäft, auch die Anwendung des angelsächsischen Rechtes verlangte Umdenken und Beratung durch amerikanische Anwälte. Von 1963 –
dem Jahr der Erteilung des ersten amerikanischen Ziegler-Patentes – bis
1995 – dem Jahr des Ablaufes des letzten von Produzenten genutzten Ziegler-Patentes – löste eine Auseinandersetzung die andere ab, überwiegend
im Bereich Polypropylen, im Einzelfall zum Teil mit Laufzeiten von weit
über zehn Jahren bis zur Entscheidung. Ziegler und die Studiengesellschaft
sahen sich einer ständigen Konfrontation mit unlizenzierten Produzenten
ausgesetzt. Nur die Größe des amerikanischen Marktes veranlasste Ziegler
und Martin als für das Institut Handelnde und A. von Kreisler, A von Kreisler jr., R. Dinklage, A. Sprung und N. Kramer als für das Institut anwaltlich

Tätige, um nur die meist engagierten Personen zu nennen, über Jahre durchzuhalten.

Unvergleichlich größer als in Europa war der zeitliche und finanzielle Aufwand in den USA, Lizenzeinnahmen zu sichern und zu erschließen. Hinzu kam eine vergleichsweise deutlich unterschiedliche Mentalität in der Praxis amerikanischer Geschäftätigkeit und Rechtsordnung, eine Mischung aus neuenglischer Pilgerfrömmigkeit – Garantie für faires und korrektes Verhalten – und wildwestlicher Pokerbereitschaft – Garantie für zielstrebige Gewinnsucht. Gewürzt wurde das Verhalten durch das Gefühl der Überlegenheit des reichen Amerikaners gegenüber einem deutschen Hochschulprofessor, über dessen Titel sie witzelten (Herr Doktor, Professor, Direktor) und dessen vermeintliche geschäftliche Weltfremdheit man glaubte, schnell für sich ausnutzen zu können.

5.1
Hercules, Esso, Phillips, Dart suchen Vorteile

Hercules Powder hatte die Produktion von Ziegler-Polyethylen und -Polypropylen 1958 in Gang gesetzt und die vertragsgemäß an Ziegler zu zahlende Lizenzabgabe auf ein Sperrkonto eingezahlt, da das erste Ziegler-Patent in den USA ja erst Ende 1963 zur Erteilung kam und die Zahlungsverpflichtung mit der Erteilung eines ersten benutzten Schutzrechtes verbunden war. Der Versuch Zieglers, über seinen Anwalt von Kreisler eine frühere Zahlung an ihn wenigstens teilweise zu erreichen, schlug fehl [1]. Auch eine vorsichtige Drohung, einen Export von Ziegler-Polyethylen der Mitsui/Japan in die USA einzurichten, zeigte zunächst keine Wirkung [2]. Allerdings wurden nunmehr Lizenzgebühren für Verkäufe von Produkten in Länder mit erteilten Patenten mit Ziegler abgerechnet, ein Teilerfolg [3]. Ende 1962 bot Hercules eine Abfindungszahlung für Polyethylen in Höhe von $ 1 Million an. Hercules hatte entschieden, sich auf die Herstellung von nur noch Polypropylen zu konzentrieren. Aus der vertraglichen Restlaufzeit für Polyethylen bis 1971 und den Produktionsdaten konnte man den Wert der Lizenz etwa errechnen und einen Gegenvorschlag in Höhe von $ 1,5 Millionen abgeben [4]. Man traf sich bei $ 1,2 Millionen, wobei die zusätzliche Abrechnung für den Export beibehalten werden sollte [5].

Im Jahr 1963 erhielt Montecatini die Erteilung von US-Stoffschutzansprüchen für „isotaktisches Polypropylen".[1] Im Frühjahr 1964 löste Hercules das Sperrkonto auf und zahlte an Ziegler die angelaufenen Lizenzabgaben (1957–1963) aus [6]. Unmittelbar danach verhandelte Hercules mit Montecatini einen Polypropylen-Lizenzvertrag, der neben dem Vertrag mit Ziegler die einspruchsfreie Produktion garantieren sollte. Bei den damals gegebenen Rechtspositionen (u. a. Poolverträgen) erreichte Montecatini die Zahlung von außerordentlich hohen Lizenzabgaben, eine Staffel zwischen 5 und 3,5 % vom Nettoverkauf. In parallelen Verhandlungen mit Ziegler wurden die Lizenzgebühren in harten Auseinandersetzungen auf die Staffel 1,2, 0,9 und 0,6 % gesenkt, wobei eine Untergrenze von 0,73 % insgesamt nicht unterschritten werden sollte. Gegen diese Konzession wurde aber die bis dahin begrenzte Zahlungsfrist von 15 Jahren, beginnend mit dem Zeitpunkt der ersten Verkäufe, aufgehoben und ebenso eine obere Kapazitätsgrenze fallen gelassen, d. h. Hercules hatte bis zum Ende der Patentlaufzeit zu zahlen, wenn auch zu vergleichsweise niedrigeren Sätzen als andere Lizenznehmer [7]. Die im ersten Quartal 1967 verkaufte Menge an Polypropylen erreichte damals 40[2], die im Jahr 1967 exportierte Menge 7 Millionen pounds [8].

Analoge Verhandlungen führte Montecatini mit der **Esso** Research and Engineering Company in Linden, New Jersey. Trotz der Verpflichtung von Montecatini gegenüber Ziegler, einfache Lizenzen in den USA u. a. an Esso Research zu vergeben (Pool-Vertrag vom 24.01.1956), scheiterten die Verhandlungen nach zweijähriger Dauer an den hohen Forderungen Montecatinis. Ende 1965 verklagte Montecatini Esso Research [9] wegen Verletzung der Polypropylen-Stoffschutzansprüche [10] durch die Esso-Tochter Humble Oil. Darüber hinaus war der von Humble Oil benutzte Katalysator für die Propenpolymerisation eine Mischung, wie sie im Ziegler-Schutzrecht [11] geschützt war.

1) US PS 3,112,300 und 3,112,301 (vgl. Kap. IV, Seite 160, [13, 14]). Parallel lief im US-Patentamt ein Interference-Verfahren (No. 89634, Kap. IV, S. 182, [137]), an dem fünf Parteien die Priorität für einen Stoffschutz „Normally solid polypropylene, constisting essentially of recurring propylene units, having a substantial crystalline polypropylene content". beanspruchten. Erst 1971 entschied das US Patentamt zugunsten von Natta. Der Sieg war nicht von langer Dauer. Die unterlegenen Parteien: Standard Oil of Indiana, Phillips Petro-

leum, Du Pont und Hercules (Ziegler war nicht beteiligt) strengten gegen die Entscheidung eine Zivilklage (Civil Action 4319, vgl. Kap. I, Seite 2, Lit. [3]) an, die schließlich 1980/ 81 für Phillips Petroleum erfolgreich war. Da die Klage von 1971 bis 1981 mit größtem Aufwand betrieben wurde, genoss Montecatini nur sehr eingeschränkt den Erfolg der US-Schutzrechte. Die oben genannten Patente waren zum Zeitpunkt der Entscheidung (1981) bereits abgelaufen.

2) 1/69 – 58 Mill. pounds, 4/69 – 68 Mill. pounds.

Esso stellte die Zahlungen an Ziegler ein. Sie durfte dies, wenn von dritter Seite Klage wegen Verletzung eines Patentes Dritter erhoben wurde.[3] Es entstand eine skurrile Situation. Ziegler hatte sich in den Pool-Verträgen verpflichtet, Kosten für die Verteidigung von Schutzrechten des Pools mitzutragen.[4] Ziegler beteiligte sich also an den Klagekosten der Klage Montecatini gegen Esso auf beiden Seiten, ohne an der Klage selbst beteiligt zu sein.

5.1.1
Verletzungsklage Ziegler gegen Phillips Petroleum

Über das Jahr 1966 verteilt, drängte Montecatini Ziegler, ebenfalls eine Klage zu führen [12]. Es wurde Phillips Petroleum ausgesucht, weil diese Firma gleich zweimal Ziegler-Katalysatoren ohne Lizenz benutzte: Bei der Herstellung von Polybutadien mithilfe von Titantetrachlorid/Aluminiumtriethyl-Katalysatoren – unter Zusatz von elementarem Jod – und bei der Herstellung von Polypropylen mithilfe von Titanhalogenid/Diethylaluminiumchlorid – als Titanverbindung wurde Titantrichlorid[5] angewandt. Die von Ziegler über von Kreisler an Phillips Petroleum angebotenen Lizenzen [13] wurden abgelehnt. Phillips erklärte verbindlich, Ziegler-Schutzrechte nicht zu verletzen [14], da man das Katalysatorsystem des Ziegler-Patentes nicht benutze [15]. Auch eine angestrebte Verhandlung in New York wurde von A. Young, Phillips, als nicht aussichtsreich abgelehnt. Phillips hatte entschieden, keine Lizenz zu nehmen.

Der Hinweis auf die gewonnenen Klagen in Frankreich zeigte keine Wirkung.[6] 1967 wurde die Klage gegen Phillips Petroleum beim „District Court of the Northern District of Texas in Dallas", dem Sitz der Produktionsanlagen, eingereicht [16].

Ein Chemiker konnte bei dem Studium der gegnerischen Argumentation nur staunen. Da nahm Phillips Petroleum für sich in Anspruch, jeweils einen Ziegler-Katalysator nicht zu benutzen, wenn einmal Butadien mit einem Katalysator aus Aluminiumtriethyl und Titantetrachlorid (US P 3,257,332; '332-Patent, vgl. Kap. III, [66]), durch Zugabe von elementarem Jod „verbessert", und zum anderen Propen mit einem abgeänderten Katalysator aus Diethylaluminiumchlorid und Titantrichlorid (US P 3,113,115; '115-Patent, Kap. III, [54]), das noch etwas Aluminiumtrichlorid von seiner Herstellung enthielt, polymerisiert wurde. Eine große Zahl von weiteren

---

3) Lizenzvertrag Esso/Ziegler 1956, § XI.
4) Pool-Vertrag vom 27.08.1955, § 11.
5) In Form einer $TiCl_3 \cdot 1/3\ AlCl_3$-Komplexverbindung, die bei der Herstellung (Reduktion)

aus $TiCl_4$ mit Al-Pulver zwangsläufig entstand (Lieferant: Stauffer).
6) Vgl. Kapitel IV, Seiten 172–178.

Argumenten kam zwar hinzu, sie brachten aber nur wenig Neues. Letztlich ging es darum, die Gültigkeit der Ziegler-Schutzrechte anzugreifen.

Die Prozessordnung in den USA unterscheidet sich bezüglich verfahrensrechtlicher Eigentümlichkeiten von der in Deutschland. Der zuständige Richter legt zwar einen groben Zeitplan nach Vereinbarungen mit den Parteien vor, der auch mehrfach verschoben und geändert werden kann. Im Vorverfahren, „Discovery" bezeichnet, befragen sich aber die Parteien gegenseitig mithilfe von Fragekatalogen (Interrogatories) zu den letzten technischen, vertragsrechtlichen und chemischen Details, Argumenten und Begründungen. Die Parteien sind verpflichtet, alle als relevant bezeichneten Dokumente dem Gegner vorzulegen. Im vorliegenden Fall waren es Tausende. Von Klage zu Klage stieg diese Zahl naturgemäß, da bei gleichartiger Argumentation auf die Dokumentation der Vorklagen zurückgegriffen wurde und neue Argumente zu belegen waren.

In der nächsten Phase werden Angehörige beider Parteien vom eigenen Anwalt in einer direkten mündlichen Befragung in Gegenwart der gegnerischen Anwälte und anschließend über ein Kreuzverhör durch den gegnerischen Anwalt befragt, wobei ein Gerichtsstenograph mit Richterfunktion jedes gesprochene Wort zu Protokoll nimmt. Die Prozedur kann an jedem beliebigen Ort statt finden und Wochen dauern, ist also zeitlich und auch örtlich nicht beschränkt, ein Paradies für Anwälte. Der dabei stumm sitzende Anwalt verdient immer mit. Da qualifizierte, erfahrene Anwälte zum Zuge kommen, erreichen die Kosten schwindelnde Höhen. Sicherlich musste der eigene Anwalt darauf achten, dass im Kreuzverhör die Regeln beachtet werden, zum Schutz des eigenen Zeugen. So zielte manche Frage im Kreuzverhör daraufhin, mehr zu erfahren, als zulässig war.

Die ganze Prozedur wiederholt sich im Gerichtssaal noch einmal, denn der Richter möchte die Argumentationen der beiden Seiten nicht nur lesen (Pretrial Brief), sondern auch hören. Wieder wird jedes Wort im Gerichtssaal protokolliert, der täglich dokumentierte Report zwei oder drei Stunden nach Beendigung des Gerichtstages in geschriebener Form den Anwälten ins Hotel geliefert. Das Protokoll wird dort kritisch gelesen und Fragen bzw. Klarstellungen für das Kreuzverhör des nächsten Tages vorbereitet. Vor Mitternacht war an Ruhe nicht zu denken.

Jede Partei bemüht wenigstens einen Experten, der unter Eid die fachlich begründete Ansicht in die protokollierte Beweisaufnahme einbringt. Man muss sich fragen, wie denn ein Richter bei den Aussagen der vereidigten Experten beider Parteien einen Meineid verhindern soll. Entweder unterbricht er die Aussage oder aber eine Falschaussage wird nicht geahndet. Hier ist das Feingefühl des Richters gefordert.

Im vorliegenden Fall dauerte die Beweisaufnahme bis zur Verhandlung im Gerichtssaal zweieinhalb Jahre, eine vergleichsweise kurze Zeit im Hinblick auf die in den nächsten Jahren folgenden Auseinandersetzungen. Im Mai 1970 leitete die Richterin, Sarah Hughes[7], eine liebenswürdige Dame von weit über siebzig Jahren, die Verhandlung. Hermann F. Mark[8], „Polymerpapst" aus Brooklyn, New York, überzeugte als Zieglers Experte in seiner Argumentation. Es gehörte jedoch zum Geschick des gegnerischen Anwalts, einem chemischen Laien wie der Richterin die „fundamentalen" Unterschiede des Phillips-Katalysators, verglichen mit dem Umfang des Ziegler-Katalysators, selbstdienlich klarzumachen und sie damit zu überzeugen, dass Phillips etwas „völlig Neues" in der Hand hatte. Der Richterin kam es darauf an, die Beweisaufnahme sehr penibel zusammenzutragen, wohl wissend, dass der Verlierer bei dem Umfang der Konsequenzen aus einem Urteil an die Beschwerdeinstanz appellieren würde.

Am 22. Juni 1971 fällte sie eine Entscheidung [17], wonach sie die beiden, in die Auseinandersetzung eingebrachten Ziegler-Schutzrechte als „good and valid in law" erklärte, jedoch keines dieser Schutzrechte durch Phillips Petroleum verletzt sah. In ihrer Begründung erkannte sie die Bedeutung der Patente an und erklärte, dass Phillips Petroleum keine Vorveröffentlichung überzeugend dargelegt habe, aus der der Inhalt der beiden Ziegler-

---

7) Die Richterin war acht Jahre zuvor öffentlich bekannt geworden, als sie nach dem Attentat auf den US-Präsidenten J.F. Kennedy dem Nachfolger, L.B. Johnson, den Amtseid abnahm.

8) Prof. Dr. H.F. Mark, Direktor Polytechnic Institute, Brooklyn, New York.

Schutzrechte abzuleiten gewesen wäre.[9] Das US-Patent 3,257,332 ('332) sei aber lediglich auf die Polymerisation von Ethylen beschränkt und sei eben nicht breit genug, um das Katalysatorsystem, wie in der Polybutadien-Produktionsstätte in Borger (Phillips) benutzt, einzuschließen. Das US-Patent 3,113,115 ('115) so auszulegen, dass auch Polypropylen eingeschlossen sei, würde bedeuten, die Grenzen der Ziegler-Erfindung zu überschreiten.

Die Richterin anerkannte und bestätigte die Bedeutung der Ziegler-Katalysatoren und auch den kommerziellen Erfolg einschließlich der Eröffnung eines neuen Bereiches in der Chemie, aber sie hielt sich strikt an den Text der in die Klage eingebrachten Ziegler-Schutzrechte und übernahm, dass nach '332-Patent der Katalysator aus zwei und nicht aus drei Komponenten und vor Kontakt mit dem Ethylen hergestellt war, während bei Phillips Petroleum die Herstellung von Polybutadien-Kautschuk mithilfe eines

---

9) Es handelte sich im Wesentlichen um drei Literaturzitate, mithilfe derer Phillips versuchte, die Ziegler-Schutzrechte als nicht rechtsbeständig zu klassifizieren. Die erste Entgegenhaltung war das hinreichend bekannte Max-Fischer Patent DE PS 874 215 (vgl. Kap. I, Seite 8, 21–23, Lit. [30, 136]; Kap. III, Seite 102, Lit. [5], Seite 103–106, 118, u. Kap. IV, Seite 177). Es wurde die Argumentation aus dem deutschen Patenterteilungsverfahren übernommen, wonach unter den Bedingungen des Max Fischer-Patentes Aluminiumtriethyl, die jetzt geschützte Ziegler-Katalysatorkomponente, sich gebildet haben müsse. Pikanterweise verwies Phillips auf das von Gaylord und Mark herausgegebene Buch [18], in dem die Autoren (H.F. Mark war jetzt Parteigutachter für Ziegler, s.o.) zu Fischer erklärten: „This process appears to contain the necessary ingredients for the in situ preparation of a Ziegler catalyst and undoubtedly involves the formation of aluminum triethyl by the reaction at elevated temperatures and under pressure of ethylene and the powdered aluminum. The aluminum alkyl then reacts with the titanium tetrachloride in the usual manner". Ein tödliches Eigentor, wenn, ja, wenn H.F. Mark nicht sehr viel später, aber noch rechtzeitig den Fehler in seiner Publikation festgestellt und die gesamte Aussage als Zeuge vor der Richterin widerrufen hätte [19]. Bei den von Fischer vorgegebenen Mengenverhältnissen von Titantetrachlorid, Aluminiumtrichlorid und Aluminium-Pulver konnte weder Aluminiumtriethyl noch Diethylaluminiumchlorid entstehen. Die Gegenwart von möglichem Ethylaluminiumdichlorid konnte nicht nachgewiesen werden.

Bei der zweiten und dritten Entgegenhaltung handelte es sich um zwei US-Patente aus den Jahren 1936/42. Dort beschrieben A.J. van Peski [20] und V. Ipatjeff [21] jeweils so genannte Alkylierungsreaktionen unter Verwendung von Katalysatoren, die theoretisch im Grenzbereich der Kombinationsmöglichkeiten auch Ziegler-Katalysatoren einschließen konnten. Über eine Polymeriationswirkung einer oder mehrerer Katalysatorkombinationen zu Hochpolymeren wurde nichts gesagt. Mark hatte als Zeuge hierzu Berechnungen geliefert, wie viele der beschriebenen Katalysatorkombinationen theoretisch in den Bereich des Ziegler-Patentes '115 fallen könnten. Die Berechnung überzeugte die Richterin im oben beschriebenen Sinn [22].

Dreikomponenten-Katalysators[10], in Gegenwart des zu polymerisierenden Butadiens gebildet, zur Anwendung kam. Die Zugabe von Jod als dritte Komponente[10] war erforderlich, um die Polymerisation selektiv zum cis-1,4-Polybutadien zu führen. Dass das Jod zu diesem Zeitpunkt längst mit Aluminiumtriethyl reagiert hatte, als freie Komponente gar nicht mehr vorlag, war für die Richterin unverständlich.

Das '115-Patent behandele zwar allgemein Polymerisationskatalysatoren, die Beschreibung erwähne aber nur die Polymerisation von Ethylen oder Copolymeren aus viel Ethylen und wenig Propen. Der Kontakt mit dem Monomeren erfolge auch hier erst, nachdem der Katalysator aus zwei Komponenten gebildet sei. Außerdem sei Titantrichlorid nicht erwähnt, schon gar nicht der Komplex aus Titantrichlorid/Aluminiumtrichlorid. Letzteres sei kein Äquivalent zu Titantetrachlorid. Die Richterin wurde auch nicht beeindruckt durch die Tatsache, dass eine der beiden Phillips-Polypropylen-Anlagen (Monument in LaPorte, Texas[11]) von der Firma Diamond Shamrock 1967 übernommen wurde, also bei Klagebeginn, und dass Diamond Shamrock 1970 für diese Anlage den Erwerb einer Lizenz von Ziegler [24] für notwendig erachtete, ehe das Dallas-Urteil vorlag. Die zweite Anlage von Phillips Petroleum (Adams Terminal) wurde mit gleichen Katalysatoren und gleicher Technologie betrieben.

Der Schock, den dieses Urteil verursachte, saß tief, und Ziegler sah das Ende des profitablen Lizenzgeschäftes gekommen. Keiner seiner Lizenznehmer würde auch nur einen Cent unter den bestehenden Lizenzverträgen weiterhin zahlen. Bei der gegebenen Begründung des Urteils konnte eine Konsequenz sicher gezogen werden: Gegen das Urteil musste Beschwerde eingelegt werden [25].

---

10) Zeugenaussagen H. Martin, H.F. Mark, Mai 1971 [23]: Versuche Martins hatten ergeben, dass elementares Jod (auch in Form von Dijod-buten, aus Jod und Butadien) unter den Bedingungen der technischen Anlage von Phillips in Borger in wenigen Sekunden mit $AlEt_3$ zu Et_2AlJ und EtJ abreagiert, und dies ehe das Reaktionsgemisch mit $TiCl_4$ in Kontakt kommt. (Darüber hinaus reagiert Jod nicht mit $TiCl_4$.) Überschüssiges $AlEt_3$ reduziert das $TiCl_4$ dann in 30–40 Sekunden bei 5 °C und auch schneller als Et_2AlJ (nach 3,5 min. sind 20 % des $TiCl_4$ noch nicht abreagiert). Von den ursprünglich eingesetzten 6 $AlEt_3$ pro 1 $TiCl_4$ sind 3–4 $AlEt_3$ noch nicht verbraucht (1 $AlEt_3$ reagiert mit Jod, 1,5 weitere mit $TiCl_4$). Elementares Jod oder TiJ_4 zeigen die gleiche Wirkung hinsichtlich der prozentualen Menge an gebildetem cis-1,4-Polybutadien.

11) Phillips betrieb diese Anlage 1963–1968 über die Tochterfirma Alamo Corp. (50/50Phillips/National Distillers), danach „Alamo" liquidiert. Diamond Shamrock entschied, mit Rückendeckung durch Phillips in das Polypropylen-Geschäft einzusteigen. Der Vertrag mit Phillips Petroleum enthielt eine Klausel, dass Diamond Shamrock von Schadenersatzforderungen Dritter frei gehalten würde (hold harmless clause). Trotzdem konnte Diamond Shamrock die an Ziegler gezahlte Vorauszahlung im Hinblick auf die Klage Phillips/Ziegler von Phillips nicht zurückfordern, die Lizenz war ohne Einverständnis von Phillips erworben worden. Der Vertrag Ziegler/Diamond Shamrock war das erste so genannte „Standard Polypropylene License Agreement", eine konsequente Harmonisierung der Lizenzbedingungen von Ziegler, insbesondere für seine US-Lizenznehmer.

Zwei Jahre später, im April 1973, fällte das Beschwerdegericht in New Orleans eine Entscheidung [26], in der es das Urteil Sarah Hughes bezüglich des Polybutadiens bestätigte, in Bezug auf das Polypropylen aber nicht, d. h. das Ziegler-Patent '115 wurde als verletzt eingeschätzt. Die Gültigkeit beider Patente wurde ebenfalls aufrechterhalten. Einige Passagen des 44-seitigen Urteils sind bemerkenswert und sollen kurz festgehalten werden. Zunächst klassifizierten die Richter das '115-Patent als „Pionier-Patent":

> „Under the doctrine of equivalents, the broadest protection is reserved for 'pioneer' or 'generic' patents. A pioneer patent is 'a patent covering a function never before performed, a wholly novel device, or one of such novelty and importance as to mark a distinct step in the progress of the art, as distinguished from a mere improvement or perfection of what had gone before.'"

Als Folge dieser Definition waren die Richter der Ansicht, dass die Beschreibung des '115-Patentes eine Begrenzung des Gebrauchs der Katalysatoren auf ein Monomeres, Ethylen, nicht vorsähe, dass es durchaus die Polymerisation von Propen einschließe. Das Patent schließe aber auch unzweifelhaft die Verwendung von Titantrichlorid ein.[12] Titantrichlorid sei ein Titansalz im Sinne der gegebenen Definition. Nirgendwo sei aber das Hinzufügen von Aluminiumtrichlorid als eine fundamentale Änderung der Polymerisationswirkung der Ziegler-Komponenten beschrieben:

> „Here, the evidence is clear that Phillips is an infringing improver"

Die Ziegler-Beispiele schlössen nicht aus, dass die Ziegler-Katalysatorkomponenten in Gegenwart des zu polymerisierenden Monomeren gemischt würden. Das '115-Patent gestatte beide Wege.

Ganz anders die Einschätzung des '332-Patentes. Kein Pionierpatent, kein überzeugender Nachweis, dass die beanspruchten Komponenten des Katalysators tatsächlich im Phillips-Verfahren vorgelegen haben. Die Gegenwart von Jod verursache eine komplizierte Reihe von Reaktionen, und schließlich sei die Polymerisation von Butadien nicht offenbart und im '332-Patent auch nicht beabsichtigt. Vielmehr sei die Lehre des '332-Patentes ein Katalysatorsystem ausschließlich für die Polymerisation von Ethylen. Der Katalysator-Stoffschutz reiche hier nicht aus, um einen „all use" geltend zu machen. Im Übrigen habe die Beweisaufnahme erbracht, dass Butadien sich in seiner chemischen Reaktionsfähigkeit sehr vom Ethylen unterscheide.

12) Siehe Kap. II, Seite 80, letzter Abs., und Kap. III, Seite 116, Absatz 3 und 4.

Dieser Teil des Urteils ist sicherlich unbefriedigend, weil der Pioniercharakter ursprünglich in der Wirkungsweise des Aluminiumtrialkyl/Titanhalogenid-Katalysators gegeben und die Kombination Diethylaluminiumchlorid/Titanhalogenid als Zusatzerfindung eingeschätzt worden war. Einen Katalysator-Stoffschutz für alle beliebigen Anwendungen ohne einen entsprechenden Hinweis in der Offenbarung des infrage stehenden Patentes gibt es danach nicht.

Phillips zahlte einen Schadenersatz in Form eines siebenstelligen Dollarbetrages für die vergangene Polypropylenproduktion und unterschrieb einen Lizenzvertrag mit der Studiengesellschaft. Montecatini war in diesem Bereich, Herstellung von Polyolefinen, nach der Interference-Entscheidung[13] 1969 zugunsten von Ziegler nicht mehr beteiligt und konnte in Anbetracht der Zivilklage von Phillips gegen Montecatini den Stoffschutz Polypropylen nur begrenzt durchsetzen.

Ziegler verlor die Phillips-Variante für die Herstellung von cis-1,4-Polybutadien. Anders als in Frankreich gab das US-Gericht Phillips freie Hand in der Produktion von cis-1,4-Polybutadien mit Titankatalysatoren. Über die Herstellung von cis-Polybutadien[14] mit Ziegler-Katalysatoren auf Basis von kobalthaltigen Katalysatoren ist früher schon berichtet worden. Hier ließ sich Goodrich Gulf auf eine gerichtliche Auseinandersetzung mit Ziegler nicht ein. Sie respektierte den Pioniercharakter der Zieglerkatalysatoren.[15]

5.1.2
Hercules zwingt Ziegler, Dart zu verklagen

Das erstinstanzliche Urteil von Dallas war noch nicht gesprochen, als im Mai 1969 Hercules in einem Brief Ziegler darauf aufmerksam machte, dass die Firmen Diamond Shamrock Corporation und Dart Industries Zieglers US-Katalysatorpatent verletzten. Der Leiter der Polymerproduktion, Giacco, forderte Ziegler auf, die Verletzung im Sinne des Lizenzvertrages zu unterbinden, d. h. innerhalb von sechs Monaten [28]. Die alte Freundschaft zu Hercules als einem der Pioniere bei der industriellen Umsetzung der Ziegler-Chemie würde, so glaubten Ziegler und sein deutscher Anwalt, A. von Kreisler, Verständnis wecken, eine längere Zeitspanne auch über die sechs Monate hinaus für eine angemessene Regelung zugestanden zu bekommen, d. h. einerseits bei den so genannten Verletzern auf dem Verhandlungsweg den Abschluss eines Lizenzvertrages zu erreichen und andererseits den Nachweis für die Verletzung von Hercules zu fordern [29].

13) Siehe Kap. IV, Seite 180–182.
14) Vergleiche auch Kap. II, Seite 92, Absatz 3.
15) Siehe Kap. II, Seite 90/91 und Seite 92/93, siehe auch Vertrag mit Goodrich Gulf „Basis of Agreement", 06.08.1958, Artikel II, Seite 6: „Goodrich Gulf recognizes that operation under its patent rights … is not possible independently of Ziegler's patent rights." [27]

Zunächst antwortete der Präsident der Dart Industries Inc., R.M. Knight [30], die Anfrage von Kreislers dahingehend, dass ein von Montecatini bereits vorliegendes Angebot für eine Lizenz unter Zieglers US-Patenten abschlägig beschieden worden sei, wonach Dart für ihre Produktionsanlagen keine Lizenz benötige. Er nahm zur Kenntnis, dass Ziegler und Montecatini ihre vertraglichen Bindungen beendet hätten, und war der Meinung, dass ein Treffen mit von Kreisler nicht notwendig sei. Von Kreisler hakte nach und erwartete eine detaillierte Begründung, warum der von Dart benutzte Katalysator unabhängig sei [31]. Inzwischen verlängerte Hercules die vertraglich gesetzte Frist [32]. Im Januar 1970 bat von Kreisler um weitere Verlängerung, Hercules akzeptierte [33], und im Juni, weit nach der zugestandenen Verlängerung, schickte Hercules die von Sprung mit Vollmacht von Ziegler geforderten Proben aus der Produktion von Diamond Shamrock und Dart [34].

Das analytische Ergebnis der von Ziegler bei der Gesellschaft für Kernforschung GmbH in Karlsruhe veranlassten Untersuchung der Polypropylenproben ergab[16], dass in der Probe von Dart Aluminium und Titan neben anderen Elementen wie Chlor, Brom, Jod, Natrium, Mangan, Vanadin und Kupfer nur in Spuren, in der Probe von Diamond Shamrock Titan und Aluminium erwartungsgemäß in vergleichsweise wesentlich höheren Mengen gefunden wurden, ein nicht eindeutiges Ergebnis, was die Behauptung von Hercules betraf [35].

Im September 1970 stellte Hercules die Zahlung ein. Ziegler wehrte sich und regte eine freundschaftliche Diskussion zur Lösung der anstehenden Fragen an [36]. Das Problem der Verletzung durch Diamond Shamrock war inzwischen dadurch gelöst, dass Diamond Shamrock einen Lizenzvertrag [37] unterschrieben hatte.

Ziegler verklagte Dart am 29. Juli 1970 in Wilmington, Delaware. Das Datum war deshalb von Bedeutung, weil Dart versuchte, Ziegler in Kalifornien zu verklagen, um den Gerichtsstand „Kalifornien" für sich zu retten [38]. Die Prozessordnung verlangt aber u. a., dass die Klage in schriftlicher Form dem Beklagten persönlich übergeben wird. Ziegler wich aus, indem er nonstop nach Hawaii in Urlaub flog. Der Überbringer der Klageschrift, Rechtsanwalt Helmut Mewes aus Düsseldorf, klingelte vergebens an Zieglers Gartentor. Dart bemühte sich dann, eine Geschäftätigkeit Zieglers in Kalifornien nachzuweisen, eine weitere Voraussetzung, die Klage nach Kalifornien zu holen. Eine hinreichende Geschäftätigkeit Zieglers gab es aber nicht.

---

16) Neutronenaktivierungsanalyse.

Ende 1970 entschied Richter Wright, dass die Klage in Wilmington verhandelt werde [39].

Da der Gegenstand der Klage gegen Dart praktisch der gleiche wie in der
Klage Ziegler gegen Phillips war, einigten sich die Parteien, nach der negativen Entscheidung von Dallas in der Klage Ziegler gegen Phillips Mitte
1971 dahingehend, dass die Beschwerdeentscheidung abgewartet werden
sollte [40], ehe weitere Zeit und Geld zu investieren waren. Danach war
aber die Interessenlage so, dass beide Parteien an einer Beilegung des Streites zu veränderten Konditionen nicht interessiert waren.

5.2
Zwischen Dallas und New Orleans

Bei der Beurteilung der Konsequenzen aus dem negativen Urteil von Dallas
gegen Ziegler hätte man generell die Entscheidung der zweiten Instanz von
New Orleans abwarten können, um eine rechtsverbindliche Entscheidung
vorliegen zu haben. Die unterschiedlichen Lizenzverträge in den USA ließen jedoch eine differenzierte Betrachtung der Konsequenzen bereits jetzt
zu.

Interessant in diesem Zusammenhang war der Vertrag mit der Firma
Novamont [41], der 100%igen Tochterfirma der Montecatini in den USA.
Novamont hatte nur das '115-Patent lizenziert, weil die Firma entschieden
hatte, nur dieses Patent zu benutzen. Die Dallas-Entscheidung enthielt die
Teilerklärung, dass das '115-Patent gültig sei. Ob das bei Novamont
genutzte Verfahren dem des Phillips-Verfahrens gleich war, blieb offen.
Sollte Novamont jetzt der Ansicht sein, das '115-Patent nicht zu benutzen,
so hatte sie vertragsgemäß die Möglichkeit zu kündigen. Novamont stellte
zunächst die Zahlungen ein [42], weil das Gericht die Benutzung eines
Katalysators, basierend auf Titantrichlorid als außerhalb der Grenzen des
'115-Patentes einschätzte. Ziegler verwies auf den bestehenden Vertrag [43]
und kündigte im Frühjahr 1972 [44].

Hercules hatte entschieden, dass das '115-Patent ihre Polypropylen-Produktion abdeckte und erklärte, dass zwischen dem Phillips-Verfahren und
ihrem eigenen keinerlei Analogie bestünde. Im Übrigen würde die Phillips-
Entscheidung erst nach einer Entscheidung des Beschwerdegerichtes Konsequenzen auslösen. Schließlich müsste dann – bei einer Bestätigung des
Dallas-Urteils – geprüft werden, ob andere Ansprüche von Ziegler-Anmeldungen und -Patenten in den USA nicht verletzt würden. Offen war, ob das
Einstellen von Lizenzabgaben durch Hercules im Hinblick auf die Dart-
Klage gestattet war oder nicht.

Ziegler wurde von seinen US-Anwälten empfohlen, den Vertrag mit Hercules zu kündigen [45]. Ziegler zögerte und wollte in seinem August-Urlaub keine Entscheidung treffen [46]. Nach Rückkehr bemühte er von Kreisler, mit dem Präsidenten von Hercules, W.C. Brown, Kontakt aufzunehmen, der ihm Verhandlungen über einen Kompromiss anbot [47]. Es kam zu einem Austausch von Argumenten in einer Besprechung zwischen Arnold Sprung und Giacco von Hercules. Dabei wurde erstmals über eine „Paid-up-Lizenz" für Polyolefine gesprochen. Hercules war sich bewusst, dass sie für den Fall, dass Ziegler die Beschwerde gewinnt, in einer schlechten Position war, wenn Ziegler den bestehenden Vertrag vorher gekündigt hatte [48]. Giacco gab ein erstes Angebot als Abfindung für Polypropylen und Copolymere bis 03.12.1980 (Ablaufdatum des '115-Patentes) über 600 Millionen pounds p.a., 1 % Lizenzabgabe darüber, Export 0,75 %, in Höhe von $ 1,25 Millionen [49] ab. Für die Zeit nach 1980 forderte Hercules eine Option mit Bedingungen nicht schlechter als die anderer zahlender Lizenznehmer.

Inzwischen befand sich Ziegler auf einer Schiffsreise um die Erde. Hercules lieferte jüngste Produktionszahlen, aus denen man für die infrage stehende Zeit bis 1980 eine zu fordernde Abfindungssumme von ca. $ 1,7 Millionen errechnen konnte. Nun mochte Ziegler die Details diskutieren und bat Martin, mit ihm Ende Februar die anstehenden Probleme in Hongkong zu besprechen [50]. Auf der Weiterfahrt von Hongkong nach Singapur wurde die weitere Vorgehensweise verabredet. Martin traf Sprung Anfang März in New York und verhandelte zusammen mit Sprung bei Hercules in Wilmington, Delaware. Es kam zu einer Einigung. Die Abfindungssumme sollte $ 1,6 Millionen betragen. Ziegler war erleichtert [51]. Ende April 1972 wurde die Verabredung verbrieft [52].

Shell hatte zwar ein Patentpaket lizenziert. Die Zahlung von Lizenzabgaben war aber auf die Anwendung des '115-Patentes für das von Shell benutzte Polypropylen-Herstellungsverfahren beschränkt. Im Hinblick auf die Dallas-Entscheidung konnte man erwarten, dass sie auf eine Reduktion der Lizenzabgaben drängte.

Shell wollte die Lizenzzahlungen ganz einstellen. Ziegler drohte mit Kündigung des Vertrages [53], die im März 1972 von Sprung im Auftrag von Ziegler erklärt wurde [54]. Shell reagierte verstört und wollte eine freundschaftliche Lösung [55]. Sprung regte unter Rücknahme der Kündigung an, dass Shell eine reduzierte Lizenzabgabe bis zur Entscheidung des Beschwerdegerichtes zahle [56]. Mitte 1972 unterschrieben Shell und Ziegler einen Briefvertrag [57], wonach Shell ein Achtel der fälligen Lizenzabgaben jetzt entrichtete.

Der Versuch von Shell, unter Ausnutzung der Situation einen weiteren finanziellen Vorteil über eine preiswerte Abfindung des ganzen Vertrages die sehr günstigen Abfindungsbedingungen von Hercules zu erreichen, schlug fehl [58]. Die geforderten Abfindungssummen bewegten sich für eine Kapazität von 3 Millionen pounds p.a. zwischen $ 2,3 und 2,5 Millionen, je nach durchschnittlich anzuwendendem Lizenzabgabesatz [59].

Nach der günstigen Beschwerdeentscheidung der fünften Kammer in New Orleans vom April 1973 setzte Shell unter dem so genannten „Standard Polypropylen License Agreement" die Zahlung fort. Die Zitterpartie war zu Ende.

Das Verhalten der Firma **Esso** vor und nach der Entscheidung von Dallas änderte sich nicht. Sie vertrat die Auffassung, dass der Lizenzvertrag von 1955 ihr gestattete, für die Herstellung von Polypropylen keine Lizenzabgaben an Ziegler abführen zu müssen, da sie von Montecatini wegen der Verletzung deren Stoffschutzpatentes „Isotaktisches Polypropylen" verklagt worden war.[17] Die Entscheidung von Dallas würde ihr ein weiteres Argument liefern, nicht zu zahlen. Sie zahlte aber auch nicht für die Produktion eines Terpolymeren-Kautschuks aus Ethylen, Propylen und Dien, weil sie auch in diesem Fall von der Firma Hercules wegen Verletzung eines von Hercules erworbenen Schutzrechtes der Firma Dunlop[18] verklagt worden war.

Lizenzabgaben flossen lediglich für die Herstellung und den Verkauf eines Ethylen/Propylen-Copolymeren-Gummis. Schließlich zog sie in der Abrechnung für Polypropylen – zur Abrechnung war sie verpflichtet – Zahlungen an Hercules für die Benutzung deren Vandenberg-Patentes (Kap. IV, [8]) ab. Hier braute sich eine Konfliktsituation größeren Ausmaßes zusammen.

Dow Chemical befasste sich praktisch ausschließlich mit der Herstellung von Polyethylen, sodass die Dallas-Entscheidung keine Relevanz hatte.

Diamond Shamrock hatte zwar einen Lizenzvertrag und die erste Rate der Vorauszahlung geleistet, aber es stand jetzt nach der Dallas-Entscheidung die Zahlung der zweiten Rate an. Sprung erinnerte an die Zahlung und drohte mit Kündigung des Vertrages [60, 61]. Ziegler fasste wieder Mut. Er beauftragte Sprung, den Lizenzvertrag [62] zu kündigen. Diamond Shamrock gab dem Druck nach und zahlte [63].

Die Analyse [64] der Lizenzsituation nach der Entscheidung des Beschwerdegerichtshofes in New Orleans im April 1973 war euphorisch in Bezug auf zukünftige Entwicklungen auf dem Gebiet des Polypropylens.[19]

---

17) Vgl. Seite 194, Abs. 1.
18) Kap. IV, Seite 162, Abs. 1, Lit. [25].

19) Ziegler zum fünfzigsten Geburtstag des Autors: „Hoffentlich sind Ihre Erfolge weiterhin so spektakulär wie in der letzten Zeit!"

Zunächst musste der formelle Ablauf der Klage gegen Phillips abgewartet werden: Die Beschwerdeentscheidung veranlasste das Gericht in Dallas zur Frage des Schadenersatzes tätig zu werden. Vorher versuchte Phillips beim obersten Gericht (Supreme Court), eine Änderung der Entscheidung zu erreichen, vergebens.

Der Vertrag **Diamond Shamrock**/Ziegler wurde erneut gekündigt [65]. Ein Jahr nach der Beschwerdeentscheidung hatte Diamond Shamrock die Zahlung nicht aufgenommen. Hinzu kam, dass Diamond Shamrock in der Zeit vor Abschluss des Lizenzvertrages produziert, aber nicht abgerechnet hatte. Formell trat jetzt die Studiengesellschaft Kohle mbH, Treuhandgesellschaft des Max-Planck-Instituts für Kohlenforschung an die Stelle des im August 1973 verstorbenen Karl Zieglers [66]. Im Mai 1974 einigte sich die Studiengesellschaft mit Diamond Shamrock über die Zahlung eines Schadenersatzes [67] für die Zeit 1967 bis 1970. Schließlich zahlte Diamond Shamrock nach voller Produktionsabrechnung.

Die Kündigung des Lizenzvertrages **Novamont** durch Ziegler erwies sich jetzt als sehr vorteilhaft, denn ein neu auszuhandelnder Vertrag konnte günstiger gestaltet werden [68]. Die Verhandlungen kamen nur schleppend in Gang, da Novamont massiv versuchte, Anspruch auf günstigere Bedingungen durchzusetzen.[20] Mühsame kleine Schritte führten Mitte 1974 zu einer Einigung, die dann eine Woche später wieder umgestoßen wurde. Die Studiengesellschaft beauftragte Sprung, das vorliegende Angebot zurückzuziehen, den vertragslosen Zustand zu erklären und mit weiteren rechtlichen Schritten zu drohen [71].

Die Frist zur Unterzeichnung wurde auf den 1. Juli 1974 verlängert. Jetzt unterschrieb Novamont den Lizenzvertrag für die Zukunft und einen Vertrag über den Schadenersatz aus der vergangenen Produktion von 1971 bis Juli 1974, wobei ein Zinssatz von 10 % den Schadenersatz verschönte. Die Kündigung Zieglers wurde annulliert, der alte Vertrag von 1967 durch den von 1974 [72] ersetzt. Die Studiengesellschaft hatte bis zur Mitte 1974 über $ 5 Millionen aufgrund des Urteils aus New Orleans eingenommen, eine ebenso komfortable wie notwendige Situation für die Aufgaben der Zukunft.

Die Entscheidung von New Orleans gab Ziegler auch die Basis, nunmehr **Esso** anzugreifen. Im März 1973 trafen sich Martin und Sprung mit Chasan, Leiter der Patentabteilung von Esso Research, um die relevanten The-

---

20) Dazu gehörte die Extrapolation der Abfindungsregelung mit Hercules auf die Produktionszahlen Novamont und die Forderung nach Vorlage weiterer Lizenzverträge zwischen Ziegler und US-Lizenznehmern zwecks Vergleich der Bedingungen [69]. Martin lehnte die Schlussfolgerungen Novamonts ab und bot Novamont und Montedison (Montedison unterstützte massiv die Belange ihrer Tochter Novamont [70]) Verhandlungen zur Lösung des Problems.

men anzusprechen. Die Argumentation: Es gibt keine Rechtfertigung, dass Esso Lizenzabgaben verweigert oder reduziert [73]. Als wirkungsvollstes Vorgehen erwies sich auch in diesem Fall, den Lizenzvertrag zu kündigen [74]. Das Management von Esso war irritiert, erbat eine Fristverlängerung [75] und setzte einen firmenfremden Anwalt, G.A. Mr. Burrell [76], ein, der Esso in Verhandlungen repräsentieren sollte.

Erst im Februar 1974, kam es zur Einigung [77], nachdem beide Parteien, immer im Hinblick auf eine Verletzungsklage als Alternative, hart miteinander umgegangen waren. Esso zahlte nicht nur eine für damalige Verhältnisse hohe Schadenersatzsumme, sondern verpflichtete sich auch, weitere laufende Lizenzzahlungen sofort zu leisten, wobei vonseiten der Studiengesellschaft Abstriche im Hinblick auf die beiden gegen Esso gerichteten Klagen gemacht wurden. Dabei war für den Ausgang der Klagen Vorsorge getroffen, dass ein sicherer Teil der zurückbehaltenen Lizenzabgaben nach Abschluss der Klagen zur Auszahlung kam. Im Jahr 1975 wurde der Streit zwischen Esso und Montedison verglichen [78], aber erst 1977, „nicht ohne richterlichen Druck" [79], dann aber mit Zinsen, löste Esso das Sperrkonto hierzu auf und zahlte vertragsgemäß [80] den Überschuss an die Studiengesellschaft.[21]

Standard Oil of Indiana, später **Amoco** Chemical, in Chicago interessierte sich nach dem erstinstanzlichen Urteil von Dallas für eine Lizenz zur Herstellung von Polypropylen und Polyethylen. Natürlich hoffte sie auf günstige Bedingungen unter der Dallas-Entscheidung gegen Ziegler. Ein Vertragsangebot 1972 seitens Ziegler wurde auf amerikanischer Seite nur sehr vorsichtig behandelt. Eigentlich wollte Amoco ihr US-Interesse mit einer Lösung für Importrechte nach Deutschland verbinden, da dort eine Klage Zieglers gegen einen unlizenzierten Import vorbereitet war [81]. Für Deutschland wurde eine einvernehmliche Vertragslösung unterschrieben [82].

In einem Gespräch mit A. Gilkes (Amoco) Anfang 1973 stellte sich dann heraus, dass das Interesse seitens Amoco sich auf eine Abfindung für Polypropylen konzentrierte [83].

In den USA zogen sich die Verhandlungen bis zum Frühjahr 1973 hin, als Amoco noch schnell vor der Beschwerdeentscheidung (New Orleans) in Sachen Ziegler gegen Phillips einen unterschriebenen Entwurf für ein Options- und Lizenzabkommen abliefern wollte, um günstige Bedingungen zu verbriefen. Die Option war zeitlich begrenzt bis zu sechs Monaten

---

21) Vor Erhebung der Klage hatte die Studiengesellschaft alle vertraglichen Beziehungen zu Esso gekündigt. Die Kündigung wurde auch nach dem Urteil formell nicht zurückgenommen, sodass nach Ende der Lizenzabgaben durch Esso dieser Zustand noch bestand [88]. Die Situation enthielt einen günstigen Hebel für die Studiengesellschaft, die verbliebenen Überschüsse aus der zweiten Klage zusammen mit einer ausgehandelten Abfindung einzufahren. 1979 zahlte Esso hierzu mehr als eine halbe Million Dollar [89].

nach der Beschwerdeentscheidung Ziegler gegen Phillips [84], Zeichen einer Sicherheitspolitik. Die Begleitbriefe waren einerseits auf den 09. bzw. 17.04.1973 [85] datiert, nicht ohne Absicht. Die Beschwerdeentscheidung datierte vom16.04.1973. Amoco legte Wert darauf, eine Option und nicht einen Lizenzvertrag sofort wirksam werden zu lassen.

Auf Wunsch von Ziegler wurde die Diskussion neu eröffnet [86] und löste damit zunächst Irritationen aus [87]. Nach Beruhigung der Szene möchte Amoco neben Polypropylen auch eine Lizenz für Polyethylen erwerben und trotzdem den von ihr unterschriebenen Optionsvertrag als rechtskräftig erklären. Sie schickte den Optionspreis [90], den Martin prompt zurückgab. Erst im März 1974 trafen die Parteien zusammen. Die Studiengesellschaft bot den Standard-Polypropylen-Lizenzvertrag, beginnend mit dem 01.01.1973, und einen Polyethylen-Lizenzvertrag mit 2 % Lizenzsatz an [91]. Beide Verträge wurden Mitte 1974 abgeschlossen, wobei die Studiengesellschaft in einem getrennten Schreiben versicherte, für die Verkäufe vor 1973 keine Lizenzabgabe einzufordern [92].

Eigentlich war die Situation in den USA damit soweit geklärt, dass Einkünfte aus Lizenzverträgen wieder gesichert schienen. Nicht gesichert war die Situation aber im Hinblick auf mindestens einen Verletzer, der sich bezüglich der Produktion von Polypropylen seit mindestens acht Jahren bedeckt hielt: Eastman Kodak.

5.3
Eastman Kodak

Zu Beginn der sechziger Jahre ging Eastman Kodak mit einer Investition von 18 Millionen Dollar in die kommerzielle Produktion von Polypropylen. Im Laufe der nächsten Jahre erschien das Produkt auf dem Markt und wurde über Montecatini Ziegler bekannt gemacht. Mitte und Ende 1966 bot Ziegler Eastman eine Lizenz unter seinem '115-Patent[22] an. Eastman lehnte ab, die Eastman-Katalysatoren seien durch das '115-Patent nicht abgedeckt. Alkylaluminiumhalogenide würden nicht benutzt. Ein Jahr später versuchte Ziegler, eine Lizenz unter seinem '332-Patent Eastman zu verkaufen.[23] Wiederum lehnte Eastman ab. Das gleiche Procedere wiederholte sich zwischen Januar und Juni 1970. Weitere Informationen wurden von Eastman nicht gegeben. Die Verwarnung Zieglers blieb bestehen.

Am 20. März 1974, etwa ein halbes Jahr nach Ende der Klage gegen Phillips, reichte die Studiengesellschaft Klage gegen Eastman in Texas ein [93].

---

22) US PS 3,113,115, erteilt 1963: Katalysatoren u. a. aus Diethylaluminiumchlorid und Titanhalogenid (vgl. Kapitel III, [54]).

23) US PS 3,257,332, erteilt 1966: Katalysator u. a. Aluminiumtriethyl und Titanhalogenide (vgl. Kapitel III, [66]).

Die Polypropylen-Produktion von Eastman stand in Longview, Texas. Beide Ziegler-Patente wurden von der Klägerin Studiengesellschaft als verletzt eingeschätzt.

Eastman antwortete mit einer Feststellungsklage im District von Delaware [94]. Erst jetzt wurde der von Eastman benutzte Katalysator bekannt: eine Suspension von Titantrichlorid, zunächst mit einer Lösung von Lithiumbutyl und danach mit einer Lösung von Aluminiumtriethyl versetzt [95]. Wegen des Einsatzes von Lithiumbutyl brachte Arnold Sprung im Auftrag der Studiengesellschaft zwei weitere Ziegler-Patente ('515[24)] und '162[24)], s. Kap. III, [54]) in die Klage in Texas ein [96].

Ende Juli 1974 erhielt die Studiengesellschaft ein Verfahrenspatent ('792[24)]), in dem u. a. die Polymerisation von α-Olefinen – also auch Propen – mit einem Katalysator aus u. a. Aluminiumtriethyl und Titanhalogenid geschützt war, zuerkannt. Auch dieses Schutzrecht wurde in die Klage eingebracht.

Unmittelbar nach Bekanntwerden der Ziegler-Katalysatoren 1955 und ihrer Anwendung realisierten die Forscher bei Eastman Kodak die Bedeutung der Ziegler-Katalysatoren. Zugleich begann Eastmann mit der Suche nach Katalysatorsystemen [97, 98], die vor allem in der Einschätzung der Eastman Anwälte [99] von später erteilten Ziegler-Schutzrechten nicht abgedeckt waren, obwohl Mitarbeiter von Eastman in ihrer Vernehmung Zweifel zum Ausdruck gebracht hatten [100].

H.J. Hagemeier (Eastman Kodak), Leiter der Forschung:

> „our work really begins with Ziegler and his discovery that you could make high density polyethylene at low temperature using a transition element halide ...“

und

> „The Ziegler discoveries were at once recognized by Kodak as probably the most significant development in the high polymer field in recent years“.

24) US PS 3,232,515, erteilt 25.01.1966: Katalysator u. a. aus Alkalimetallalkyl und Titanhalogenid; US PS 3,392,162, erteilt 09.07.1968: Verfahren zur Polymerisation von ethylenisch ungesättigten Kohlenwasserstoffen mit Katalysatoren u. a. Alkalimetallalkyl und Titanhalogenid; US PS 3,826,792, erteilt 30.07.1974: Verfahren zur Polymerisation von ethylenisch ungesättigten Kohlenwasserstoffen mit Katalysatoren u. a. Aluminiumtriethyl und Titanhalogenid (vgl. Kapitel III, [54], erteilt aufgrund des gewonnenen Interference 90833 gegen Montedison/Natta).

Es setzte sich bei Kodak ein Katalysatorsystem durch, das durch die Wahl der Ausgangsverbindungen und -bedingungen extrem erschien, vom Chemiker dennoch als von Zieglers Systemen abhängig eingeschätzt werden musste: Lithiumbutyl und Aluminiumtriethyl in äquivalentem Verhältnis in einem Mineralöl gemischt, mit violetten Titantrichlorid, aluminiumchloridfrei, d. h. durch Reduktion von Titantetrachlorid mit Wasserstoff gewonnen, zusammen auf 160 °C erhitzt und Propen unter 70 atm polymerisiert, wobei das gebildete Polymere in Lösung blieb. Der Kodak-Katalysator war in deren Einschätzung kostengünstiger als der vorher benutzte Katalysator aus Lithiumaluminiumhydrid und Titantrichlorid.

Richter Fisher fällte 1977 ein für die Studiengesellschaft enttäuschendes Urteil [101].[25] Er übernahm als Begründung praktisch die gesamte Liste der von Eastman behaupteten Fakten und Argumente [102]. Argumente der

25) Die wesentlichsten, für die Entscheidung bedeutendsten Argumente:

1. Der so genannte Eastman-409-Katalysator besteht aus drei Komponenten, Lithiumbutyl, Aluminiumtriethyl und „wasserstoffreduziertes α-Titantrichlorid" in einem Molekularverhältnis von 0.3:0.3:1.0 (Eastman-Patente, vgl. [97]). Zieglers Patente beschreiben Zweikomponenten-Katalysatoren.

2. Der Vorwurf der Verjährung wird anerkannt, da vom Zeitpunkt der Erteilung der Ziegler-Patente ('115 in 1963, '515, '332, '162 in 1966 und 1968) bis zur Klageerhebung zwischen 10 und fünf Jahren verstrichen waren, zu lange (sechs Jahre gesetzliche Verjährungsfrist).

3. Bedeutende Zeugen sind verstorben (Ziegler, von Kreisler sen., Toulmin – US-Anwalt Montecatinis).

4. Das '792-Patent wurde bis zur Erteilung 20 Jahre im Patentamt behandelt, für mindestens 8 Jahre war die Studiengesellschaft verantwortlich, absichtliche Verzögerung.

5. Das '332-Patent beansprucht einen Katalysator aus zwei Komponenten und ist auf die Polymerisation von Ethylen beschränkt. Polypropylen hat eigene, neue Eigenschaften, die sich vom Polyethylen unterscheiden (Struktur). Eastman stellt hochkristallines Polypropylen oder Copolymere (genannt „Polyallomer") her. Eastman benutzt 3-Komponenten-Katalysator, nicht beschrieben in '332. Dort ist lediglich $TiCl_4$ erwähnt. Eastmans „H-α-$TiCl_3$" mit neuer, kristalliner Struktur ist unlöslich in dem benutzten Lösungsmittel im Gegensatz zu Titantetrachlorid und ist auch deshalb kein Titanchlorid im Sinne des '332-Patentes.

6. '332 offenbart nicht den „Hochtemperatur-Prozess" von Eastman.

7. '792 beschreibt die Grenze der Molekularverhältnisse im Katalysator, Aluminiumverbindung zu Titanverbindung, als 1 bis 12:1 und als maximale Temperatur 150 °C. Diese Bedingungen sind außerhalb des Eastman-Verfahrens.

8. Die anfänglich in das Verfahren eingebrachten Ziegler-Patente '515 und '162 enthalten keine Beispiele für die Polymerisation von Propen. Die Katalysatoren bestehen wiederum aus zwei Komponenten (Alkalialkyle und Titanhalogenide). Komplexe aus Lithiumbutyl und Aluminiumtriethyl, die im Eastman-Katalysaor entstehen, sind im Ziegler-Patent '515 und '162 im Hinblick auf eine bessere Priorität des US-Patentes 2,905,645 von Anderson et al., Du Pont (August 1954, Ziegler-Priorität Dezember 1954) ausgenommen. Darüber hinaus sind die Ansprüche der Patente '515, '162 und ein Teil der Ansprüche von '792 ungültig.

9. Nattas US-Patent 3,582,987 mit italienischer Priorität vom 27.07.1954 ist früher als die Ziegler-Priorität vom 03.08.1954 und beschreibt die Polymerisation von Propen in gleicher Weise wie in Zieglers '792.

10. Nach Ansicht des Richters ist auch das US-Patent 2,867,612, Pieper et al, Bayer, mit deutscher Priorität vom 08.10.1954 älter als die Ziegler-Schutzrechte '515 und '162.

Klägerin, Studiengesellschaft, wurden nicht berücksichtigt.[26] Die Mitarbeiter der Polypropylenanlage in Longview, Texas konnten mit ihrem Texas-Richter zufrieden sein.

Klagen mit chemisch patentrechtlichem Hintergrund waren meist für Richter der unteren Gerichte wegen komplexer chemischer Zusammenhänge unbeliebt. Sie ließen die Parteien gewähren, ihre Beweismittel zu Protokoll („record") zu bringen.

Gegen das Urteil wurde Beschwerde erhoben und das Beschwerdegericht, das gleiche wie im Fall Phillips Petroleum, aber andere Richter, fällte sein Urteil im Mai 1980 [103]. Von der langen Liste der Argumente, die Richter Fisher für seine Urteilsfindung anführte, blieb nur wenig übrig. Den Richtern lagen jetzt nur noch die Ziegler-Patente '332 (Schutz des Katalysators aus Aluminiumtriethyl und Titanchlorid) und '792 (Schutz der Polymerisation von Olefinen, also auch Propen, mithilfe der vorher

---

26) Zu 1.:

Zwei der drei Komponenten nach Eastman reagieren vor Zugabe der Titankomponente zu einer Verbindung, Lithiumaluminiumtriethylbutyl. Der wirksame Katalysator bildet sich also aus zwei Komponenten.

Zu 2.:

Die Verjährungsfrist von sechs Jahren war erstens unterbrochen durch die Klage gegen Phillips von 1967–1973, da die Gültigkeit des '332-Patentes dort zur Entscheidung anstand, und zweitens durch Zieglers Angebote an Eastman von 1970.

Zu 3.:

Die verstorbenen Zeugen waren in der Vergangenheit mehrfach von verschiedenen Parteien vernommen worden. Keine der dort gemachten Aussagen zu gleichen Fragen, die jetzt anstanden, wurden vom Gericht berücksichtigt.

Zu 4.:

Die Verzögerung der Erteilung des '792-Patentes, wenn sie denn zu Lasten Zieglers ausgelegt wurde, war kein Nachteil für die beklagte Partei, da die Laufzeit des Patentes auf das Ablaufdatum des '332-Patentes eingeschränkt wurde („terminal disclaimer").

Zu 5.:

Das '332- und '792-Patent sind inhaltlich bezüglich der Katalysatoren identisch. '792 enthält darüber hinaus ein Beispiel für die Herstellung von Polypropylen. Das „H-α-Titantrichlorid", die von Eastman benutzte Titankomponente ist ein Titanhalogenid im Sinne der Ziegler-Ansprüche. Auch Titantetrachlorid

wird bei der Katalysatorbildung zu einem unlöslichen Titanhalogenid umgewandelt. „H-α-Titantrichlorid" ist ebenfalls aus Titantetrachlorid hergestellt worden und wurde von Eastman auf dem Markt zum Zweck der Katalysatorherstellung erworben.

Zu 6. und 7.:

Die hohe Temperatur und das unterschiedliche Molverhältnis der Katalysatorkomponenten im Eastman-Verfahren ist in den Klageschutzrechten eingeschlossen: Temperatur '792, Spalte 3, Zeilen 59–69, „Above 250 °C is not advisable" und zum Molverhältnis '792, Figuren 1–5 sowie Tabellen II–V und VII; Molverhältnis auch unter 1:1.

Zu 8.:

Komplexe aus Alkalialkylen (Lithiumbuthyl, Natriummethyl) und Aluminiumtriethyl (Aluminiumtrimethyl) waren sehr wohl in den Ziegler-Schutzrechten '332 und '792 als Katalysatorkomponenten enthalten. Die Schutzrechte waren prioritätsfrüher als das Du Pont US-Patent 2,905,645. Eine Beschränkung der Ansprüche ist dort niemals verlangt worden. Die Komplexe stammen aus einem Versuch vom Februar 1954 (vgl. Kapitel I, [123, 124]).

Zu 9. und 10.:

Die zitierten Patente sind keine wirksamen Entgegenhaltungen nach US-Patentgesetz. Nattas Beitrag in der unter 9. genannten Patentschrift war, dass Ziegler-Katalysatoren vergleichsweise wirksamer sind, wenn die Katalysatorkomponenten in Gegenwart der zu polymerisierenden Olefine gemischt werden.

genannten Katalysatoren) zur Beurteilung vor. Das Urteil: Die Patente sind gültig, aber von Eastman nicht verletzt.

Die Richter des Beschwerdegerichts erklärten explizit, dass es speziell für nicht naturwissenschaftlich gebildete Richter nicht leicht sei, den Umfang des '792-Patentes festzustellen. Sie anerkannten, dass Pionier-Patente breiten Schutz genießen, aber das Patent der Studiengesellschaft müsse im Wesentlichen das gleiche Resultat mit im Wesentlichen gleichen Mitteln in der gleichen Weise beschreiben. Dies träfe aber bei Vergleich des '792-Patentes mit der Verfahrensweise von Eastman nicht zu. Die Aussage war speziell auf den kristallinen Anteil im gebildeten festen Polypropylen gerichtet. Vergleichbare Zahlen waren bei den ersten Anmeldungen von Ziegler und Mitarbeitern nicht zu finden. Erst spätere Versuche unter Einsatz der Eastman-Komponenten – Aluminiumtriethyl und Titanchlorid ohne und mit Lithiumbutyl – lieferten gleiche kristalline Anteile, 70 %, im festen Polypropylen [104].

Unberücksichtigt blieb, dass im '792-Patent die Bildung von festem Polypropylen und seine Verwendung zur Herstellung von Folien und Filmen beschrieben war.

Zunächst enthielte das Eastman-Verfahren, so die Richter, als dritte Komponente Lithiumbutyl, das im '792-Patent nicht erwähnt sei.[27] Weiterhin benutze Eastman ein besonderes Titansalz, „wasserstoff-reduziertes α-Titantrichlorid". Auch dieses sei im '792-Patent nicht genannt.[28] Schließlich schätzte das Gericht die äußeren Bedingungen von Temperatur und Verhältnis der Katalysatorkomponenten zueinander als außerhalb der Bedingungen des '792-Patentes liegend ein, da im Letzteren solche Bedingungen als wenig effektiv beschrieben seien.[29]

27) Hierzu hatte die Klägerin, Studiengesellschaft Kohle, vorher vorgetragen: In der Klage gegen Phillips hatte das gleiche Gericht erklärt, dass das Hinzufügen von Aluminiumtrichlorid als dritte Komponente – Aluminiumchlorid komplexiert mit Titantrichlorid – keine fundamentale Änderung der Polymerisationswirkung des Katalysators nach '115 auslöse.
Im vorliegenden Fall komplexiert Lithiumbutyl, die dritte Komponente, mit Aluminiumtriethyl. Der gebildete Komplex ist zusammen mit Titantrichlorid bei 20–40 °C nur schwach, bei 160 °C zufrieden stellend polymerisationswirksam. Lithiumbutyl allein ist thermisch nur bis 80 °C beständig, wäre also allein bei 160 °C katalytisch nicht brauchbar [105, 106].

28) Im Fall Phillips Petroleum hatte das gleiche Gericht erklärt, dass das '115-Patent unzweifelhaft die Verwendung von Titantrichlorid einschließe. Titantrichlorid sei ein Titansalz im Sinne der gegebenen Definition. Die Definition der Titansalze im '115- und '792-Patent ist aber identisch [107].

29) Vgl. Fußnote Seite 210, „zu 6. und 7.".

Bei Vergleich der Herstellung von Polypropylen nach Eastman-Kodak-Propenpolymerisation mit der von Phillips – die Richter haben das nicht getan –, d. h. im vorliegenden Fall bei Vergleich der geltend gemachten Ziegler-Schutzrechte '332 und '792 einerseits mit '115 andererseits würde die Entscheidungsfindung in Phillips auch auf Kodak zutreffen [108].[30]

Zusammengefasst erklärten die Richter, dass der Eastman-Katalysator dem Verfahren des '792-Patentes nicht äquivalent sei.

Auf das '332-Patent wurde seitens des Gerichts nicht ausführlich eingegangen. In der Entscheidung gegen Phillips war es als auf die Polymerisation von Ethylen limitiert eingeschätzt worden.

Zwei weitere Argumente seitens Eastman wurden vom Gericht abgelehnt. Erstens: Der Vorwurf der Verjährung – Überschreitung der Sechsjahresfrist – vom Beginn der Kenntnis der Verletzung durch Eastmann bis zum Jahr der Klageerhebung war durch das Bemühen Zieglers (Lizenzangebote), zuletzt 1970, unterbrochen, aber auch durch die Klage gegen Phillips Petroleum, da dort eine Entscheidung über die Gültigkeit der Klagepatente zu erwarten war.

Bei der zweiten Argumentation handelt es sich um das US-Patent 3,582,987 [109] mit Priorität vom 27.07.1954, Erfinder G. Natta und Mitarbeiter, also einem Anmeldungsdatum einige Tage vor der Patentanmeldung Ziegler und Mitarbeiter zu der Polymerisation von Propen und anderen α-Olefinen, sowie das von Eastman vorgebrachte US-Patent 2,867,612, Pieper et al, Bayer AG, mit deutscher Priorität vom 08.10.1954. Hier folgte das Gericht der Auffassung der Studiengesellschaft, wonach eine Vorpublikation nicht mit dem Prioritätsdatum im Ausland, sondern lediglich mit dem entsprechenden US-Anmeldungsdatum wirksam werden könne, also mit dem 05.06.1955 bzw. Oktober 1955, im vorliegenden Fall also keine Bedeutung habe.

Es hätte wenig Sinn, sich weiter mit dem Urteil auseinander zu setzen. Eastman Kodak hatte einen Erfolg errungen, der für die Studiengesellschaft schmerzhaft war. Über die involvierte Chemie könnte man lange diskutieren. Der Grat, wann ein von einem Verletzer benutzter Katalysator noch gerade unter Ziegler Schutzrechte fiel und wann nicht, war äußerst schmal. Die subjektive Betrachtung chemisch komplizierter Vorgänge durch Laienrichter kann schlechterdings nicht objektiviert werden. Komplizierte Variationen der Katalysatorherstellung sind nicht voraussehbar. Für die Wirk-

---

30) Auf Seite 42 des Urteils des Beschwerdegerichts in Sachen Phillips ist ausgeführt (der Text würde auch zu Kodak passen): „The testimony is clear that the Phillips [Kodak] catalyst performs the same function (polymerization of propylene) in the same way (with a catalyst relying essentially on the Ziegler combination) but in a better fashion (more polymer and less undesirable by-products). This catalyst, though, does not avoid infringement. Without doubt, Phillips' [Kodak's] catalyst is an improvement, but an improver does not escape infringing the dominant patent just by improving it".

samkeit der Eastman-Katalysatoren war die Mischung eines Ziegler-Katalysators – Organoaluminiumverbindung und Schwermetallverbindung, im
konkreten Fall Organoaluminumverbindung und Titanhalogenide – zwingend erforderlich. Fehlte eine Komponente, war eine Polymerisation nicht
zu erwarten. Der Zusatz von weiteren Komponenten diente der graduellen
Veränderung der Eigenschaften der festen Polymerprodukte. Das Gericht
sprach aber auch nicht von einer abhängigen Verbesserung. Es musste sich
also um eine patentrechtliche Lücke gehandelt haben, die Kodak genutzt
hatte.

Es wurde nie geklärt, ob Eastman tatsächlich bis heute so arbeitet, wie
behauptet, sicher ist aber, dass kein Konkurrent, auch kein potenzieller Verletzer das Kodak-Verfahren übernommen hat, um auf diese Weise von Ziegler unabhängig zu werden.

War denn nun die Erkenntnis von Eastman etwas völlig Neues? Wenn
denn die Richter die Unabhängigkeit der Katalysatoren von Eastman Kodak
von Ziegler-Schutzrechten bescheinigten, so musste doch auch eine völlig
neue Chemie durch die Forscher von Eastman garantiert sein, eine Absurdität. Eastman konzedierte, dass ohne Aluminiumtriethyl oder Titanchlorid,
die typischen Komponenten der Ziegler-Katalysatoren, keine Polymerisation
möglich sei [110]. Alle weiteren, unglaublich vielfältigen und aufwendigen
Bemühungen beider Parteien, Eastman und Studiengesellschaft, haben im
Urteil des Beschwerdegerichts keine Berücksichtigung gefunden. Trotzdem
ist die ein oder andere Entwicklung und Aufklärung interessant, weil für
spätere Fälle von essenzieller Bedeutung (z. B. Dart, Seite 224).

5.4
Max Fischer, ohne Ende

Eine Verteidigung gegen den Vorwurf der Verletzung eines erteilten Patentes enthält meist den Angriff auf die Gültigkeit des geltend gemachten
Schutzrechtes.

Das Patent der BASF, Erfinder Max Fischer (Kap. I, [30]) Priorität 1943,
wurde von Gegnern der Ziegler-Schutzrechte von Anbeginn an als eine Vorpublikation der Erfindung von Ziegler und Mitarbeitern eingeschätzt. Von
den Einsprüchen der BASF in deutschen Patenterteilungsverfahren bis zur
Entscheidung zuletzt der Klage Ziegler gegen Phillips war aber von den mit
der Entscheidung befassten Gremien die Wirksamkeit der Argumentation
stets verneint worden.

Unter den Bedingungen des Fischer-Patentes konnte die Bildung von
Organoaluminiumverbindungen und damit das Entstehen eines Ziegler-

Katalysators nicht nachgewiesen werden, aber die Komponenten, die Fischer als Katalysatormischung benutzte – Aluminiumchlorid, Aluminium und Titantetrachlorid – kamen der Ziegler-Katalysatormischung deshalb nahe, weil eine „Aluminiumverbindung" und Titantetrachlorid gewählt waren und aus der Literatur bekannt war (Max Fischer kannte diese Literatur nicht), dass Hall und Nash [111] aus Aluminiumchlorid, Aluminium und Ethylen Organoaluminiumverbindungen hergestellt hatten. Nur, die Menge an Aluminiumpulver, die Max Fischer gewählt hatte, war vergleichsweise so klein, dass eine Organoaluminiumverbindung, wenn überhaupt, der von Ziegler beanspruchten Art nicht entstehen konnte. Die Tatsache, dass man mithilfe des Katalysators nach Max Fischer Propylen nicht zu festem Polypropylen umsetzen kann, hatte noch nicht einmal eine Rolle gespielt, obwohl schon dieser Sachverhalt als Indiz gewertet werden musste, dass Max Fischer keine Ziegler-Katalysatoren in Händen hatte.

Nun kann man, insbesondere in aufeinander folgenden gerichtlichen Auseinandersetzungen, das gleiche Argument einer Entgegenhaltung nicht beliebig oft wiederholen. Man muss schon neue Gesichtspunkte, Beweise und insbesondere Zeugen beibringen, um einen Richter zu zwingen, sich mit der Materie neu zu befassen.

Am 7. April 1975 hielt H. Hopff[31] einen Vortrag im Rahmen des Frühjahrstreffens der American Chemical Society in Philadelphia über:

> „Polymerization Of Ethylene With Catalyst Systems Of Anhydrous Aluminum Chloride, Aluminum And Titanium Tetrachloride".

Hopff berichtete, dass aus einem Reaktionsprodukt eines Experiments nach Max Fischer sowohl eine Mischung aus Diethylaluminiumchlorid und Ethylaluminiumdichlorid sowie reines Aluminiumtriethyl destillativ abgetrennt worden seien. Er schloss seinen Vortrag mit der Feststellung:

> „These experiments show that the so-called Ziegler catalysts were formed in Max Fischer's work 10 years prior to the sensational invention of Karl Ziegler"

Der Zynismus dieser Aussage war nicht zu überbieten. Experimentelle Details einschließlich Analysen wurden weder im Vortrag noch in den Publikationen [112] zum gleichen Thema erwähnt.

31) Professor Heinrich Hopff, Laboratorium für organisch technische Chemie an der Eidgenössischen Technischen Hochschule in Zürich (ETH), früher Leiter der Polymerforschung bei der BASF, (Max Fischer war Mitarbeiter), noch früher Mitarbeiter bei H.F. Mark (Gruppenleiter in der IG Farben AG).

Grundlage für die Ausführungen von Hopff und die beiden Publikationen dazu waren Experimentalarbeiten seines Doktoranden Nikolaus Balint aus dem Jahr 1970 [113]. Balint hatte im Rahmen seiner Doktorarbeit nach Aufforderung von H. Hopff 1969/1970 hierzu ca. 35 Experimente durchgeführt, wobei nur ein Versuch streng nach der Vorschrift von Max Fischer wiederholt wurde. Gemäß Balint waren hierbei Ethylaluminiumchloride und Aluminiumtriethyl destillativ abgetrennt worden.

Herman F. Mark war gebeten worden, die Diskussion nach dem Vortrag zu leiten. Er begann, indem er hervorhob, dass die vorgetragenen Resultate unerwartet und erstaunlich seien und auf extrem sorgfältiger Versuchsführung basieren müssten [114].[32] In der Diskussion meldete sich E. Tornqvist [115] (Exxon) und brachte seine Verwunderung zum Ausdruck, wie es möglich sei, dass Aluminiumtriethyl in Gegenwart von Aluminiumtrichlorid existieren könne. Es würde zerstört. Nach seiner Meinung sei es unmöglich, Aluminiumtriethyl zu erhalten. Nach seinen Erfahrungen und vielen Versuchen hätte er Ethylaluminiumdichlorid nur dann erhalten, wenn die Menge Aluminium und Aluminiumtrichlorid äquivalent gewählt worden wären, also wesentlich mehr Aluminium als im Fischer-Beispiel.

Waren die Resultate aber dennoch richtig, so war die Beweislage neu, unerwartet und voller Konsequenzen.[33]

Wie kam Hopff dazu, fast 30 Jahre nach Max Fischer und 15 Jahre nach Karl Zieglers Priorität sich mit dieser Materie zu befassen?

Ende 1967 gab es erste Kontakte [120] zwischen Kenneth Kaufman, technischer Direktor der Plastics-Abteilung in der Firma US Steel, und von

---

32) Im November 1976 wurde Herman Mark (jetzt Gutachter der Klägerin Studiengesellschaft gegen Eastman) zu dem Vortrag Hopff und den Ergebnissen des N. Balint durch Anwälte von Eastman im Kreuzverhör befragt. Bereits in der Klage gegen Phillips hatte Mark ausgesagt, dass aufgrund der geringen Menge an Aluminium im einzigen Beispiel des Max-Fischer-Patentes, wenn überhaupt, nur Ethylaluminiumdichlorid sich gebildet haben könne.

Bei Vergleich des Balint-Reports mit dem von Martin zu den Balint-Versuchen kam er zu dem Schluss, dass Balint keine gültige wissenschaftliche Arbeit geleistet hätte. Wenn aber Hopff darüber einen Vortrag halte, so müsse er, Mark, davon ausgehen, dass Hopff wisse worüber er rede [116].

Die Balint-Versuche enthielten keine Aluminiumanalysen, keine Angaben über die Destillationsapparatur, keine Wiederholung des entscheidenden Versuches, obwohl Hopff von zahlreichen Wiederholungen sprach. Mark hatte Zweifel, dass bei der Hydrolyse des angeblich gebildeten Aluminiumtriethyl reines Ethan in der behaupteten Menge gefunden werden könnte [117].

Der einzige in der Einschätzung von Balint positive Versuch, Test 3, wurde zwischen April und August 1970 durchgeführt.

Die Dichte des von Balint erhaltenen Polyethylens wurde mit 0,928 und der Erweichungspunkt des gleichen Materials mit 131 °C angegeben. Dieses Ergebnis widersprach der Erfahrung, wonach Ziegler- und Phillips-Polyethylen bei einem Schmelzpunkt von 130 °C eine Dichte von 0,95 haben. Das von Balint isolierte Polyethylen würde bei 112–115 °C schmelzen [118]. Martin fand an einem festen Polyethylen, das nach Max Fischer unter Erhöhung der Menge Aluminium hergestellt war, einen Erweichungspunkt von 120 °C [119].

33) Vergleiche die Bewertung des Beschwerdegerichtes, Paris, in der Klage Ziegler gegen Michelin 1981 (Kapitel IV, Seite 176, [112, 113]).

Kreisler, dem Anwalt Zieglers, mit dem Hintergrund des Erwerbs einer Lizenz für die Herstellung von Polyethylen unter Ziegler-Patenten durch US Steel. Innerhalb US Steel war man dann 1968 auf das Fischer-Patent der BASF aufmerksam geworden. Ende 1968 trafen Kaufman, Anspon und Pegan von US Steel mit Hopff zusammen, um dessen Einschätzung [121] zu Max Fischer zu erhalten.

Hopff stellte eine Rechnung für diese Beratung aus und schlug eine vertragliche Vereinbarung vor, gegen Zahlung von $ 10.000–20.000 ein Experimentalprogramm für US Steel durchzuführen.

In einem nächsten Treffen [122] mit von Kreisler in Köln Anfang 1970 wurde ein Lizenzvertrag zwischen US Steel und Ziegler paraphiert.[34] Die Gäste fuhren anschließend nach Zürich, um mit Hopff dessen vorgeschlagene Vereinbarung zu diskutieren, wonach die Aufgabe von Hopff darin bestand, die Existenz und die Menge von Aluminiumtriethyl sowie die Bildung von „Polyethylen hoher Dichte" bei der Verfahrensweise nach Fischer festzustellen [125]. In einem Brief [126] schrieb Hopff kurz danach an Anspon, US Steel,

> „First experiments of polymerization of ethylene with anhydrous aluminum chloride and titanium chloride according Max Fischer's patent were successful. AlEt$_3$ formed and can be isolated in a pure state, contrary to Hall".[35]

Anspon reiste eilig nach Zürich und bot Hopff 500 $ pro Monat bis zu einer oberen Grenze von 12.000 $, verlangte jedoch, dass jegliche Publikation die Genehmigung von US Steel erfordere [127]. Hopff lehnte ab, besuchte aber US Steel im November 1970. Dort wurde sein Bericht diskutiert, wobei Hopf u. a. erwähnte, dass er selbst nach einem Vortrag von Ziegler in Zürich 1955 oder 1956 das Beispiel aus dem Fischer-Patent nachgearbeitet, Aluminiumtriethyl aber nicht gefunden habe.

Ende 1972 möchte Hopff die Ergebnisse publizieren. Pegan [128] besuchte ihn daraufhin in Zürich, genehmigte die Veröffentlichung der balintschen Ergebnisse und unterschrieb einen Vertrag mit Hopff, wirksam zum 01.01.1973. Eine erste Zahlung erfolgte erst im Juli 1974. US Steel bestand aber darauf, dass ihre finanzielle Unterstützung unerwähnt blieb.

Es ließ sich sicher nachweisen, dass die experimentellen Resultate, die Balint in seinem abschließenden Report Ende 1970 zusammenstellte,

34) Der endgültige Abschluss eines Vertrages wurde verzögert durch die noch ausstehende Entscheidung, eine Ziegler-Lizenz direkt oder über Solvay abzuschließen, Vertragsabschluss November 1970 [123] (vgl. auch Kap. IV, Seite 171, Fall 7). Im Hinblick auf M. Fischer und die Ergebnisse von Hopff sollten 1976 besonders günstige Bedingungen seitens US Steel für eine Vertragsabfindung durchgesetzt werden. Die Studiengesellschaft lehnte ab, bot aber an, die Versuche von Balint in Gegenwart beider Parteien wiederholen zu lassen [124]. Hierzu zeigte US Steel keine Bereitschaft.

35) Hall and Nash vergleiche Lit. [111].

unrichtig und mit falschen Schlüssen behaftet waren.[36] Sie standen u. a.
im krassen Gegensatz zu früheren Publikationen anderer Autoren.[37]

36) Im Zusammenhang mit dem Report von
Balint Ende 1970 hatte in einer Zeugenvernehmung Balint folgende Erläuterungen gegeben
[129] (Hopff hatte sich erfolgreich einer Vernehmung entzogen):

1. Balint war zurzeit Angestellter bei Amoco
   Chemicals in Naperville Research Center
   seit Oktober 1971. Vorher von 1966 bis September 1971 Doktorarbeit bei H. Hopff in
   Zürich [130].

2. Während der Polymerisation von Ethylen
   nach Fischer wurde in der Einschätzung
   von Balint Aluminiumtrichlorid zusammen
   mit Aluminium (und Ethylen) in Aluminiumtriethyl umgewandelt, das mit Titanchlorid als Katalysator vom Ziegler-Typ wirkte
   [131].

3. Die Destillation des Produktes nach Max
   Fischer erfolgte über eine Vigreuxkolonne
   (50–60 cm, 42–45 Böden) im Vakuum bis
   160 °C [135].

4. Das aus einer „Fraktion 5" abgetrennte
   reine Aluminiumtriethyl (chlorfrei, keine
   Analyse des Gehaltes an Aluminium) wurde
   u. a. durch Hydrolyse einer Probe bei
   Raumtemperatur und Analyse der dabei
   gebildeten Gasprodukte identifiziert. Die
   Hydrolyseapparatur war aus Glas. Das auf-
   gefangene Gas war reines Ethan [136]. Das
   Volumen entsprach der berechneten
   Menge.

5. Balint kannte keine Literatur, aus der eine
   Beschreibung der Reaktion Aluminiumchlorid mit Aluminiumtriethyl hervorgeht
   [137].

6. Balint hat die Reaktion von Aluminiumtriethyl mit Aluminiumchlorid in Heptan niemals selbst durchgeführt.

37) Zu 2., 5. und 6.:
Das einzige Beispiel im Patent Max Fischer
sieht die Verwendung eines großen Über-
schusses, 30 g, an Aluminiumchlorid im Vergleich zur eingesetzten Menge Aluminium-
Pulver, 1 g, vor. Evtl. gebildetes Aluminiumtriethyl als auch Diethylaluminiumchlorid können
unter den angewandten Bedingungen neben
einem Überschuss von Aluminiumtrichlorid
nicht existieren [138]: exotherme Komproper-
tionierung.
Bei vollem Umsatz des Aluminiumpulvers
mit Aluminiumtrichlorid und Ethylen nach

Fischer hätte eine Mischung von Aluminiumtrichlorid und Ethylaluminiumdichlorid (mola-
res Verhältnis 4:3) sich bilden können unter
der Annahme, dass keine Reaktion mit dem in
der Fischer-Mischung enthaltenen Titantetrachlorid stattfindet. Unter den beschriebenen
Bedingungen reagiert aber ein evtl. gebildetes
Ethylaluminiumdichlorid sofort ab.

Zu 3.:
Aluminiumtriethyl kann destillativ nicht von
gebildeten C_{10}-C_{12}-Olefinen getrennt werden
[139, 140].
Die Dampfdruckkurven der von Balint angeblich abgetrennten reinen Alkylaluminiumverbindungen überschneiden sich mit denen von
C_{12}-Kohlenwasserstoffen in einer Weise, dass
das Abtrennen reiner Aluminiumverbindungen durch die beschriebene Destillation
unmöglich ist [142]. Die von Balint benutzte
Vigreux-Kolonne hat höchstens sechs Böden.
Eine Kolonne mit 42–45 Böden müsste über
10 Fuß hoch sein [143].
Die in Frage stehende Probe, Test Nr. 3, liefert
bei der Destillation eine Fraktion 4, aus der reines Ethylaluminiumsesquichlorid und aus
Fraktion 5 reines Aluminiumtriethyl angeblich
isoliert worden sind. Aus der nächst höher sie-
denden Fraktion 6 wurde als Hauptmenge
C_9-Kohlenwasserstoffe angeblich isoliert, diese
sieden aber im gesamten Druckbereich 40–
50 °C niedriger als Aluminiumtriethyl. Die von
Balint beschriebene Trennung wäre eine physikalische Absurdität [144].
Eine destillative Abtrennung von reinem Aluminiumtriethyl, vorher absichtlich dem Destil-
lationsprodukt der Fraktion 5 zugesetzt, ist
nicht möglich.

Zu 4.:
Von den isolierten Produkten, die Balint
beschreibt, existieren keine Aluminiumanaly-
sen und wurden auch nicht durchgeführt. Die
Schlüsse wurden aus CH-Analysen, ^{1}HNMR-
Spektrum und Trennungen in der Gaschroma-
tographie gezogen.
Hydrolyse bei Raumtemperatur würde unter
explosionsartiger Zersetzung verlaufen. Die
Bildung einer berechneten Menge an reinem
Ethan ist so unmöglich [145].

Die Beschreibung der Versuche hatte Balint nach seinen Aussagen in seinem Laborjournal vorgenommen [132] und das Journal im Institut in Zürich zurückgelassen. Bemühungen, es zu finden, waren nicht erfolgreich. Um Ostern 1976 fuhr Balint in Begleitung des Rechtsanwaltes Lawrence (der Anwaltskanzlei Pennie und Edmonds, New York) noch einmal nach Zürich, um seine Unterlagen zu den Max-Fischer-Versuchen zu lokalisieren [133]. Die noch vorhandenen Unterlagen wurden gesichtet und dann vernichtet [134].

Weder der District- noch der Appeal-Court in Kodak hatten die Resultate der Vernehmungen von Balint, Mark und Martin zu diesem Thema berücksichtigt.

Richter Fisher kommentierte diesen Teil als nicht befriedigend, weil die Vernehmungen außerhalb des Gerichtes, d. h. nicht in seiner Gegenwart abgehalten worden waren. Das Gericht sah sich außerstande, einen Beschluss zu fassen [141]. Das Beschwerdegericht erklärte die zur Entscheidung anstehenden Patente der Studiengesellschaft als gültig und befasste sich nicht mit diesem Teil der Zeugenvernehmung.

Damit war ein sehr großer Teil der Dokumentation und ein wesentlicher Teil der Zeugenvernehmung für die vorliegende Klage gegen Eastman Kodak wertlos geworden, nicht aber, wie angedeutet, für kommende Auseinandersetzungen. Ein Teil der Zeugenvernehmung war von den Anwälten der Firma Eastman Kodak zusammen mit Anwälten der Firma Dart durchgezogen worden, wobei natürlich die Anwälte der Studiengesellschaft, Arnold Sprung und Nat Kramer, jeweils zugegen sein mussten. Soweit es sich also um Vernehmungen handelte, die beide Beklagten betrafen, war zwingend, dass mindestens sechs Anwälte ihre Kosten ihrem jeweiligen Klienten in Rechnung stellten.

Besonders aufwendig war hierbei die Erfüllung der Forderung der Gegner, eine große Zahl von akademischen Angestellten des Max-Planck-Institutes für Kohlenforschung, wie den Direktor G. Wilke, R. Köster und H. Breil sowie insbesondere H. Martin, zu vernehmen. Dies konnte aus „Ersparnisgründen" nur in Deutschland geschehen. So reisten im Sommer 1976 die gegnerischen Anwälte mit Hilfspersonal, einem Stenographen und einer beachtlichen Zahl von Stahlschränken, gefüllt mit Tausenden von Dokumenten nach Deutschland und logierten im Schlosshotel Hugenpoet, Essen-Kettwig, im schönen Ruhrtal. Die mit Luftfracht transportierten Dokumente und Schränke füllten dabei ein leeres „Doppelzimmer" im Hotel. Ursprünglich war geplant, die Vernehmungen im nahe liegenden Max-Planck-Institut in Mülheim vorzunehmen. Die Studiengesellschaft setzte aber durch, ihre Zeugen ins neutrale Hotel zur Vernehmung zu transportieren. Während der Hundstage saß die gesamte Gesellschaft im roten Salon des Hotels, eine Klimaanlage gab es nicht, und quälte sich über Wochen von einem Kreuzverhör zum nächsten. Nur mit Mühe konnte verhindert werden, dass die gegnerischen Anwälte die Aktenschränke des Institutes auf brauchbare, d. h. selbstdienliche Dokumente durchsuchten.

Bis auf die Geschichte „Hopff/Balint" war wohl das Ergebnis recht mager. Immerhin gab es jedoch neue Grundlagen für kommende Auseinandersetzungen.

5.5
Amoco, Arco und Novamont greifen erneut an

Ende August 1976 fand ein Gespräch zwischen Ralph Medhurst, Patentabteilung der **Amoco** und Arnold Sprung statt, das letzterer inhaltlich in der Weise bestätigte [146], dass Amoco offensichtlich weitere Lizenzabgaben unter dem Lizenzvertrag von 1974 mit der Studiengesellschaft bis zur Entscheidung der laufende Klage Ziegler gegen Dart auf ein Sperrkonto zahlen möchte. Als Begründung wurde festgehalten, dass Amoco im Hinblick auf die Ergebnisse von Hopff – Gegenargumente seitens der Studiengesellschaft wurden schlicht nicht zur Kenntnis genommen – die Gültigkeit des '115-Patentes von Ziegler infrage stelle. Unter dem genannten Lizenzvertrag war das geplante Vorgehen von Amoco ohne Kündigung seitens der Studiengesellschaft als Folge aber nicht erlaubt.

Trotz des Angebotes seitens der Studiengesellschaft [147], bei der Klärung der Hopff-Resultate mithilfe einer wissenschaftlichen Auswertung zu kooperieren, reichte Amoco eine Feststellungsklage am 30. August 1976 beim District-Gericht in Wilmington, Delaware, ein [148]. Als Klagebegründung wurde zunächst auf den Artikel aus dem Lizenzvertrag hingewiesen, der, wie oben erwähnt, dem Lizenznehmer untersagt, die Gültigkeit des im Lizenzvertrag lizenzierten Patentes anzugreifen. Amoco möchte diese Regelung außer Kraft setzen. Da Amoco Polypropylen in einer Anlage in New Castle, Delaware, herstellte, erschien das Gericht zuständig. Amoco begründete dann weiter, dass aufgrund neuer Informationen das lizenzierte '115-Patent ungültig sei, und begehrte, alle Lizenzabgaben so lange auf ein Sperrkonto einzuzahlen, bis in der parallel laufenden Klage gegen Dart zur Gültigkeit des '115-Patentes eine Entscheidung herbeigeführt worden sei (s. o.). Zur Klärung der kontroversen Standpunkte erwarte Amoco ein Urteil.

In einer ersten Stellungnahme bot die Studiengesellschaft an, den Lizenzvertrag nicht zu kündigen, wenn Amoco weiter Lizenzabgaben an die Studiengesellschaft zahle und als weitere Gegenleistung die Studiengesellschaft eine Feststellungsklage zur Gültigkeit des '115-Patentes toleriere. Sprung bot weiter an, dass die Studiengesellschaft bzw. das Max-Planck-Institut für Kohlenforschung die volle experimentelle Kapazität zur Verfügung stellen würde, um die Ergebnisse von Hopff und Balint zu überprüfen [149].

Es gab keinen Zweifel, dass Amoco zu dieser Zeit der potenteste Lizenznehmer war. Die Studiengesellschaft erwartete unter dem '115-Patent bis zu dessen Ablauf im Dezember 1980 an Lizenzabgaben etwa acht Millionen Dollar aus Verkäufen von Polypropylen und vier Millionen aus Verkäufen von Polyethylen [150]. Bei diesen, Amoco natürlich bekannten Zahlen war ein Verlust von ein bis zwei Millionen Dollar an Klagekosten seitens Amoco zu rechtfertigen. Das Risiko eines Lizenzverlustes wollte Amoco allerdings nicht eingehen. Man kann aber nicht alles haben.

Im Hinblick auf die laufende hohe nicht rückzahlbare Lizenzabgabe an die Studiengesellschaft drängte Amoco das Gericht zu einer möglichst baldigen Entscheidung (Motion for Summary Judgment) [151] mit der weiteren Begründung, dass es sich um eine Entscheidung nach Rechtslage und nicht zu neuen Fakten handele. In einer Anhörung [152] vor dem Richter im November 1976 wiesen die Vertreter von Amoco dann auf die Publikationen von Hopff und Balint hin und begründeten damit das Risiko einer Lizenzzahlung. Der Richter drängte die Parteien zu einer Einigung.

Ende November kam es zu einem ersten Vergleichsvertrag [153], wonach Lizenzabgaben von Amoco an die Studiengesellschaft weiterhin gezahlt wurden, das Max-Planck-Institut durch seinen Direktor, G. Wilke, aber eine Garantieerklärung einer Rückzahlung für den Fall abgab, dass Amoco die Feststellungsklage erfolgreich beendete. Insofern war die erste Klage von Amoco durch Vergleich aus der Welt. Amoco behielt sich das Recht vor, eine erneute Klage gegen die Gültigkeit des '115-Patentes zu führen, und tat dies auch im Juni 1977 mit einer abgeänderten Klageschrift [154]. Alle bis dahin bekannt gewordenen Argumente um das deutsche Patent 874 215 von BASF (Max Fischer) als Vorpublikation wurden eingebracht.

Zum Ablauf der Klage vereinbarten die Parteien [155] sowohl untereinander als auch mit Dart, die beiden anhängigen Klagen mit der Studiengesellschaft für die Phase der Beweisführung zusammenzulegen. Zwei Monate später offenbarte Amoco die Zusammensetzung des von ihr benutzten Katalysators [156] zur Herstellung von Polypropylen: praktisch die gleichen Komponenten, wie von Phillips benutzt, Titantrichlorid und Diethylaluminiumchlorid. Danach lief die Auseinandersetzung mit Amoco „auf Sparflamme", der Verlauf der Klage gegen Dart sollte abgewartet werden. Erst Ende 1979/Anfang 1980, also praktisch ein Jahr vor Ablauf des '115-Patentes kam es zu Verhandlungen, an deren Ende ein Vergleichsvertrag [157] stand. Danach fand Amoco die Restdauer des Lizenzvertrages für Herstellung und Verkauf von Polypropylen durch Zahlung von $ 1,2 Millionen ab. Aber nicht nur das '115-Patent, sondern auch gleiche Rechte aus anderen US-Schutzrechten der Studiengesellschaft, wie im Lizenzvertrag aufgelistet, waren damit abgefunden. Dieser letzte Teil spielte in der weiteren Auseinandersetzung mit anderen Parteien noch eine Rolle (s. Seite 269, Abs. 5 ff.). Zunächst verzichtete Amoco im gleichen Vertrag auf Forderungen aus der oben beschriebenen Klage.

Alle die Herstellung von Polypropylen betreffenden Neuigkeiten und Produktionskapazitäten, Preise, Klagen und wissenschaftliche Ergebnisse wurden in der Branche eiligst ausgetauscht. 1977 hatte der Lizenznehmer Daimond Shamrock seine Produktionsanlagen zur Herstellung von Polypropylen einschließlich des Verkaufsgeschäftes an die Firma **Arco Polymers** [158] (Tochterfirma der Atlantic Richfield) veräußert. Arco blieb die Entwicklung bei den Konkurrenten Amoco und Dart nicht verborgen, auch nicht die gerichtlichen Auseinandersetzungen der Benutzer und Verletzer des '115-Patentes. Im August 1978, zwei Jahre nach Amoco, reichte Arco eine Feststellungsklage gegen die Studiengesellschaft beim District Court von Pennsylvania [159] ein. Begründung: Das '115-Patent werde von Arco nicht benutzt und sei darüber hinaus auch ungültig. Vertreten wurde Arco durch die Anwälte R.E. Hutz und Paul E. Crawford. Letzterer wird weitere Gegner der Studiengesellschaft begleiten.

Arco versuchte nach Übernahme des mit Diamond Shamrock bestehenden Lizenzvertrages, fällige Lizenzabgaben ebenfalls auf ein Sperrkonto zu zahlen, um der Gefahr zu entgehen, vertragsgemäß gezahlte Lizenzabgaben nicht wieder zurückzubekommen für den Fall, dass eine der angreifenden Parteien in den laufenden Klagen obsiegte.

Arco stellte noch 1978 die Zahlung von Lizenzabgaben ein, was die Kündigung [160] des Lizenzvertrages zur Folge hatte. Schließlich leistete Arco die ausstehenden Zahlungen, zahlte aber unter Protest [161]. 1981 wiederholte sich das Spiel, fehlende Lizenzzahlung und Kündigung [162]. Sprung reichte in der nachfolgenden Klage bei Gericht einen Antrag [163] ein, die Klage als „res judicata" abzuweisen, und führte als Begründung an, dass über die Klagebegründung der Klägerin Arco bereits in der früheren Klage Ziegler gegen Phillips Petroleum entschieden worden sei ('115-Patent ist gültig und verletzt durch die Produktion von Polypropylen in der „Monument Anlage", die jetzt von Arco betrieben wurde). In seinem Urteil [164] Ende 1982 folgte Richter J.B. Hannum dem Antrag der Studiengesellschaft. Arco beglich die ausstehende Forderung [165], ging aber in die Beschwerde gegen das Urteil [166] und verlor. Das Beschwerdegericht [167] bestätigte die Urteilsfindung der ersten Instanz, verfügte aber, dass für die weitere

Behandlung die Entscheidung der Klage Studiengesellschaft gegen Dart abzuwarten sei. Nach Entscheidung dieser Klage (s. Seite 231, Abs. 4–6) bestätigte das gleiche Gericht [168] im März 1984 die Entscheidung des District Court in Sachen Studiengesellschaft Kohle gegen Arco noch einmal.

Die Firma **Novamont**, die unter dem bestehenden Lizenzvertrag nur widerwillig Lizenzabgaben an die Studiengesellschaft leistete, suchte nach neuen Wegen, sich von der Last zu befreien. Sie schien fündig geworden zu sein, als sie 1977 die Zahlungen einstellte. Formell wurde seitens der Studiengesellschaft Klage [169] erhoben. In ihrer Klageerwiderung [170] wies Novamont auf die Meistbegünstigung, (Artikel IX) ihres Lizenzvertrag von 1967 hin, in dem festgehalten war, dass der Lizenzgeber – damals Ziegler – die Bedingungen der Lizenzabgaben aus Verträgen mit Dritten auf dem gleichen Sektor Novamont für den Fall bekannt gibt, dass sie günstiger sind und Novamont das Recht erhält, solche neueren günstigeren Bedingungen zu übernehmen. Sodann wies Novamont auf den Vertrag aus dem Jahr 1970 mit der Firma Diamond Shamrock[38] hin, zu dem mit Diamond Shamrock ein Nachtrag als Briefvertrag existiere, der wesentlich günstigere Bedingungen enthielt, Novamont aber nicht bekannt gegeben worden sei. Als Anlage war eine Kopie des „geheimen" Briefvertrages beigefügt. Weiter verlangte Novamont die Bedingungen des Hercules-Abfindungsvertrages (s. Fußnote Seite 205), extrapoliert auf ihre Produktionskapazität.

Im ersten Fall handelte es sich um die Regelung aus Verkäufen vor dem Datum des Diamond-Lizenzvertrages, also für die Zeit, in der Diamond Shamrock Ziegler-Schutzrechte verletzt hatte. Ziegler hatte damals erklärt, dass alle nachträglichen Zahlungen für diese Zeit als anrechenbarer Kredit der Vorauszahlung aus dem Lizenzvertrag zugefügt werden könnten. Diamond Shamrock hatte diese Form der Regelung für die Vergangenheit gewünscht, nicht zuletzt um ihr Verhältnis zu Phillips Petroleum nicht zu belasten.[39] Jetzt war Diamond Shamrock nach eingehenden Verhandlungen auf Basis der Verkäufe vor 1970 bereit, für die Vergangenheit eine Zahlung von $ 750.000 zu leisten.[40]

---

38) Verträge mit Diamond Shamrock sowie mit Hercules waren vertragsgemäß im Herbst 1970 Novamont bekannt gegeben worden. Novamont hatte aber in der gesetzten Frist keine Erklärung abgegeben, die Bedingungen beider Verträge zu übernehmen, offensichtlich waren sie insgesamt ungünstiger als die des eigenen Lizenzvertrages. (Im Fall Diamond, Vorteil: leicht niedrigere Lizenzabgabesätze, Nachteil: $ 200.000 Vorauszahlung, keine Abzüge für Zahlungen an Dritte. Im Fall Her-cules, nur Nachteile: Die Abfindungssumme Hercules, $ 1,6 Millionen, konnte von Novamont als zu hoch nicht akzeptiert werden.)

39) Siehe Seite 198, Absatz 2, und Seite 205, Absatz 2.

40) Zusammen hatte Diamond damit $ 950.000 als Eingangspreis für eine Lizenz gezahlt und konnte 50 % der per anno zu zahlenden Lizenzabgabe auf diese Eingangssumme anrechnen.

In seinem Urteil [171] kam Richter R.W. Sweet zu dem Schluss, dass im Wesentlichen gegen Novamont zu entscheiden sei, weil Meistbegünstigungsregeln nicht auf Forderungen aus Vergleichen für die Vergangenheit anwendbar seien, also auch nicht auf den Vergleich mit Diamond Shamrock für die Zeit vor 1970.[41] Die Studiengesellschaft sei auch nicht verpflichtet, den Briefvertrag Novamont bekannt zu geben. Sinn dieser Gesetzesregelung sei, Vergleiche zwischen streitenden Parteien zu erleichtern und sie nicht mit Vertragsregelungen Dritter zu belasten, z. B. einer Meistbegünstigung.

Das Beschwerdegericht [172] bestätigte, dass Novamont kein Anrecht auf Information über die so genannte Geheimabsprache mit Diamond Shamrock hatte. Die Meistbegünstigungsklausel sei auch nicht anwendbar auf Lizenzverträge mit Dritten vor und nach der Laufzeit des Novamont-Lizenzvertrages. Novamont habe auch kein Recht zu erfahren, wie die Abfindungssumme für Hercules errechnet worden war, und keinen Anspruch auf eine entsprechende Regelung. Im Übrigen bestätigte das Gericht das Urteil der ersten Instanz, des District Court.

Der Fall wurde an den District Court zurückverwiesen, und Richter R. Sweet erließ noch im gleichen Jahr ein endgültiges Urteil [174], in dem er die Schadenersatzsumme auf etwas mehr als $ 2 Millionen festsetzte. Inzwischen war bekannt geworden, dass US Steel Corp. 1982 die Firma Novamont übernommen hatte und diese als US Steel Polypropylene Division firmierte. Letztlich erging das Urteil also gegen US Steel [175].

Der Versuch Novamonts, das Urteil durch eine Revision vor dem Supreme Court [176] zu ändern, wurde zurückgewiesen.

Die Dauer der parallel laufenden Klagen gegen Amoco, Arco und Novamont lag zwischen vier und sechs Jahren, relativ kurz im Vergleich zu dem, was danach kam.

---

41) Bei einem früheren Besuch von Vertretern der Firma Novamont zusammen mit deren US-Anwalt Finnegan bei der Studiengesellschaft war das gleiche Problem der Anwendung der Meistbegünstigung auf Daimond Shamrock zwischen Ziegler, Martin und von Kreisler jun. diskutiert worden. Bereits damals hatte Herr Finnegan das US-Recht in der Weise erläutert, dass ein Vergleichsvertrag aus einer gerichtlichen Auseinandersetzung für die Verletzung in der Vergangenheit nicht unter die Meistbegünstigungsklausel des bestehenden Novamont-Vertrages falle [173]. Novamont kannte demnach die Rechtslage.

5.6
18 Jahre Fehde mit Dart[42]

5.6.1
Entscheidung zur Haftung (Liability)

Eigentlich hätte mit dem Urteil des Beschwerdegerichtes [26] in der Klage Ziegler gegen Phillips Petroleum Co. aus dem Jahr 1973 auch die Klage Ziegler/Studiengesellschaft gegen Dart Industrie Inc. von 1970 [39] erledigt sein sollen. Das Beschwerdegericht (5th Circuit) hatte dort – wie beschrieben – das US-Patent 3,113,115 von Ziegler ('115) 1973 für gültig, d. h. rechtsbeständig und von Phillips als verletzt beurteilt: Der von Phillips für die Polymerisation von Propen kommerziell benutzte Katalysator aus einer Mischung von Diethylaluminiumchlorid und Titantrichlorid sei vom '115-Patent abgedeckt. Der von Dart seit 1964 benutzte Katalysator [177] zur Herstellung von Polypropylen war praktisch identisch mit dem von Phillips. Seit Beginn des Streites mit Dart beobachteten ihre Anwälte, T.F. Reddy und S.T. Laurence verständlicherweise nicht nur den Verlauf der Phillips-Klage, vielmehr nahmen sie an Zeugenvernehmungen der folgenden Auseinandersetzung gegen Kodak teil und trugen Material aus den Klagen gegen Amoco und Arco zusammen, um mit Präzision jedes Dokument auf brauchbare Teile abzuklopfen.

Absichtlich oder unabsichtlich zogen sich die Vorbereitungen für die eigentliche Gerichtsverhandlung über zwölf Jahre hin [178]. Sechs Wochen, beginnend mit dem 06.01.1982 saßen die Parteien dann vor Richter Wright im District Court von Wilmington in Delaware. Die Teilnehmer mussten die Vernehmungen und Kreuzverhöre einer großen Zahl von Zeugen, einschließlich fünf Experten der Parteien, Spezialisten aus Chemie und Patentrecht über sich ergehen lassen. Während dieser Zeit fielen über 5000 Seiten an Stenogramm (record) an, und es wurden über 800 Beweisstücke, einige 1900 Seiten lang, zugelassen, gelesen und durch Zeugen erläutert [179]. Nach der Verhandlung fassten die Parteien ihre Auffassung in Form von Memoranden (Briefs) [180] zusammen. Nicht berücksichtigt sind dabei die Dokumente, die in den Akten der jeweiligen Gegner gefunden und inhaltlich extrahiert worden waren, auch nicht Briefe und Vernehmungsprotokolle früherer Verfahren oder Patentamtsunterlagen. Man konnte sich kaum vorstellen, dass ein Richter in der Lage sein würde, das Material zu sichten, zu ordnen und eine unangreifbare Entscheidung zu fällen.

Sieben Monate nach der Verhandlung und 12 Jahre nach Beginn der Verletzungsklage fällte Richter Wright in einem 106-seitigen Gutachten sein

---

42) Nachfolgegesellschaft von Rexall Drug and Chemical Co.

Urteil [181]. Es war ein Glücksfall, in Richter C. Wright eine Persönlichkeit gefunden zu haben, die sich nicht nur durch hohe Kompetenz im US-Recht auszeichnete, vielmehr einen beachtlichen Sachverstand bei der Beurteilung chemischer Zusammenhänge entwickelte. Es ging das Gerücht, dass sein Nachbar, ein Du Pont Chemiker, ihm am Wochenende Hilfe leistete, aber einerseits wäre dies nicht verboten und andererseits erwies sich die spürbare chemische Kompetenz in den täglichen Sitzungen als hilfreich und effizient. Solche Fachkompetenz seitens eines Richters ist keineswegs selbstverständlich.

Gleich zu Beginn seines Urteils schloss der Richter die Bewertung aller Argumente aus, die ohne Wirkung auf die Entscheidung des Falles waren und daher keine Bedeutung besäßen [182].

Zunächst musste der Dart-Anwalt Reddy begründen, welche Unterschiede bei der Beurteilung des '115-Patentes im Fall Phillips einerseits und im vorliegenden Fall Dart andererseits bestanden. Reddy behauptete, dass diese Unterschiede zahlreich und auch materiell signifikant seien [183].

Um was ging es eigentlich? Da war erneut der Angriff auf die Rechtsgültigkeit des '115-Patentes und damit die Behauptung, dass das frühere Fischer-Patent die Erfindung von Ziegler und Mitarbeitern vorwegnahm, und weiter, dass nach Arbeiten von Anderson und Mitarbeitern (Du Pont), Arbeiten von Natta, frühere Publikationen von Ipatjeff und van Peski und schließlich frühere Patente der Standard Oil of Indiana das '115-Patent eine nahe liegende Folge dieser Vorpublikationen und daher nicht mehr patentierbar war, so die Zusammenfassung der Dart-Argumentation zur Rechtsgültigkeit.

Der Richter ließ sich von diesen im großen Umfang nicht bewiesenen Behauptungen nur wenig beeindrucken. Bei seinem Vergleich [184] des früheren Fischer-Patentes mit dem Inhalt des '115-Patentes befand er, dass die Katalysatormischung bei Fischer aus Aluminiumpulver, Aluminiumtrichlorid und Titantetrachlorid bestand, mit der Ethylen polymerisiert wurde. Irgendeine Organoaluminiumverbindung werde nicht genannt. Sie ist aber ein wesentlicher Teil des '115-Patentes. Ein Chemiker konnte 1953 nicht verstehen und voraussehen, dass Organoaluminiumverbindungen bei Fischer entstehen sollten, wenn sie denn überhaupt entstanden. Das Aluminiumpulver war nicht als Teil des aktiven Katalysators erwähnt, sondern als Beigabe, um eventuell entstehenden Chlorwasserstoff zu binden. Der Richter zitierte Martin als Zeugen, der darauf hinwies, dass anstelle von Aluminium auch Eisen und Zink von Fischer als brauchbar angesehen wurden. Eisenorganische Verbindungen existieren aber nicht. Die Lehre von Fischer führe also weg von der Behauptung, dass organische Metallverbindungen sich gemäß Fischer bilden und für das Entstehen von Ziegler-Katalysatoren verantwortlich seien.

Anwalt Reddy hatte zwar im Vorfeld der Verhandlung vor dem Richter auf die Ergebnisse von Hopff und Balint [185] hingewiesen, die behauptet hatten, beim Nacharbeiten des einzigen Beispiels im Fischer-Patent gleich drei verschiedene Organoaluminiumverbindungen (Ethylaluminiumdichlorid, Diethylaluminiumchlorid und auch Aluminiumtriethyl) isoliert zu haben. Er verzichtete aber sowohl auf die Vernehmung des Zeugen Balint (Hopff war inzwischen verstorben) als auch auf die Resultate aus jenen Versuchen. Vielmehr hoffte er, mithilfe eines bedeutenden amerikanischen Experten, George A. Olah [186], von der „University of Southern California" (Nobelpreisträger Chemie 1994), Hopffs Ergebnisse zu bestätigen und die Aufmerksamkeit des Gerichtes zu sichern.

Es war ein Freitagvormittag, an dem Olah sich einer Vernehmung und auch einem Kreuzverhör im Gerichtssaal durch Anwalt Sprung, unterziehen musste. Seine wichtigste Aussage

> Frage (Sprung): „But you never did isolate or detect ethyl aluminum chloride using the Fischer proportions?
> Antwort (Olah): That's correct." [187]

Die Dart-Partei war entsetzt, beantragte die Unterbrechung der Verhandlung bis Montagmorgen und schickte Olah in einem bereitstehenden Privatjet über den Kontinent nach Kalifornien, um weitere Versuche durchzuführen. Nach Rückkehr präsentierte er im Zeugenstuhl Spektren[43], aus denen der Richter schloss: Olah hat niemals klar Organoaluminiumverbindungen beim Nacharbeiten des Fischer-Beispiels nachgewiesen. Das Spektrum wies Olah zufolge auf die Gegenwart einer sehr kleinen Menge an Ethylaluminiumverbindung hin. Er konnte aber weder die genaue Zusammensetzung feststellen, noch hatte er die Originalbedingungen [188] des Fischer-Beispiels eingehalten, noch konnte er im Kreuzverhör den von der Studiengesellschaft benannten Experten überzeugend dartun, dass dem präsentierten Spektrum wenigstens ein Hinweis auf eine Ethylaluminiumverbindung zu entnehmen sei. Der Richter [189] folgerte, dass auch dreißig Jahre nach der Erfindung der Ziegler-Katalysatoren selbst hochrangige Experten nicht in der Lage seien zu beweisen, dass bei Fischer Ethylaluminiumchloride gebildet würden. Für einen Chemiker sei es höchst unwahrscheinlich, dass er beim Lesen des Fischer-Patentes auf eine katalytisch wirksame Mischung aus Diethylaluminiumchlorid und Titantetrachlorid komme.

---

43) C^{13}- und Al^{27}-NMR-Spektren.

Auch die Kombination des Inhaltes des Fischer-Patentes mit dem der Publikation von Hall und Nash aus den dreißiger Jahren führe nicht weiter. Hall und Nash beschrieben die Bildung von Ethylaluminiumchloriden aus Aluminium, Aluminiumchlorid und Ethylen, befassten sich also nicht mit der Herstellung von Polyethylen, und Fischer erwähne metallorganische Verbindungen nicht. Die Bedingungen, unter denen Fischer und Hall und Nash ihre Untersuchungen durchführten, unterschieden sich wesentlich. Fischer wählte vergleichsweise nur ein Zehntel der Menge an Aluminium und zu einem völlig anderen Zweck. Weder Fischer noch Hall und Nash beschrieben die Polymerisation von Propen. Darüber hinaus war der Fischer-Katalysator völlig ungeeignet, festes Polypropylen aus Propen zu bilden. Auch die anderen zitierten älteren Literaturstellen enthielten solche Kombinationen nicht.

Damit war die jahrelange Diskussion um die Versuche von Hopff und Balint vom Tisch und auch die spekulativen Hinweise von Mark 1959, Hopff 1960, Tornqvist von 1959–1969, Kennedy 1974, Lenz 1975, Boor 1979 [190], letztere ohne jegliche experimentelle Belege. Keine der genannten Personen konnte Informationen aus eigener Erfahrung beitragen (Hearsay).

Die Aussage von Martin, dass die Schlüsse von Breil in seiner Doktorarbeit rein spekulativ gewesen seien, überzeugte [191]. Experimente hierzu gab es nicht (vgl. Seite 23).

Unberücksichtigt blieb, dass bei den von Fischer gewählten Bedingungen allenfalls etwas Ethylaluminiumdichlorid neben viel überschüssigem Aluminiumchlorid sich hätte bilden können, dies aber nur bei Abwesenheit von Titantetrachlorid, und weiterhin, dass Olah bessere Resultate in der Polymerisation von Ethylen nach Fischer erhalten hatte, wenn er die Menge an Aluminium erhöhte und bei vergleichsweise tieferer Temperatur, also in Richtung auf Bedingungen nach Ziegler arbeitete [186].

Nach sorgfältiger Bewertung aller Tatsachen war das Gericht der Ansicht, dass Dart die Vorwegnahme des '115-Patentes durch das Fischer-Patent nicht nachgewiesen habe. Der Richter bemerkte noch, dass sich Tornqvist (Esso) [190] in einer kürzlichen Publikation zum Thema Ziegler/Fischer dahin gehend geäußert habe, dass die Ansicht, die Erfindung von Ziegler und Mitarbeitern sei eine logische Konsequenz aus Fischers Offenbarung, völlig falsch sei. Ein brauchbarer Ziegler-Katalysator könne so nicht gebildet werden.[44]

---

44) In einer Publikation [196] aus dem Jahr 1985 berichteten H. Martin und Mitarbeiter über ihre Experimentalergebnisse zu Fischer. Ohne Zusatz von Titantetrachlorid entsteht unter sonst gleichen Bedingungen etwas Ethylaluminiumdichlorid, dass neben dem Überschuss an Aluminiumtrichlorid nachgewiesen wurde. Diethylaluminiumchlorid kann sich so nicht bilden. Als Zwischenprodukte dieser Reaktion entstehen bisher unbekannte Ethandiylbis-(dichloroaluminium)-Verbindungen.

Die Arbeiten Du Ponts, so Richter Wright, seien keine Vorpublikationen zum Ziegler-115-Patent, liefen vielmehr parallel zu denen von Ziegler. Der Richter wies die Argumente von Dart zurück, dass Du Pont unter Anwendung von unabhängigen Quellen ein Polymerisationssystem entwickelte, das ähnlich dem Ziegler-System funktioniere.[45]

Im August 1954 erhielt Du Pont, so der Richter, Informationen über das Ziegler-Verfahren und versuchte Bereiche zu finden, die durch Ziegler-Patente nicht beherrscht waren. Dabei lag der Schwerpunkt in der Verwendung von Aluminiumtrialkylverbindungen oder Lithiumaluminiumtetraalkylen bei der Herstellung von Katalysatoren zusammen mit Titanchloriden. Du Pont kümmerte sich nicht um den Einsatz von Ethylaluminiumchloriden als Komponenten im Katalysator, für den Richter ein weiterer Hinweis, dass das Ziegler-Verfahren nicht nahe liegend war. Immerhin handelte es sich bei Du Pont um „skilled and highly motivated scientists" [192].

Dart war die einzige Firma, von der bekannt war, dass sie eine Lizenz [193] (Lizenzvertrag vom 21.08.1962) an dem Du-Pont-'471-Patent [194] erwarb, weil sie der Ansicht war, dies sei das Basispatent für die Verwendung von Titantrichlorid als Katalysatorkomponente für die Herstellung von Polypropylen. Titantrichlorid lässt sich aber nicht mit Diethylaluminiumchlorid teilweise reduzieren [195], wie im Patentanspruch gefordert. Aufgrund dieser Information stellte Dart Zahlungen an Du Pont ein. Andererseits erwarben die Haupthersteller von Olefinpolymeren in den USA Lizenzen an dem '115-Ziegler-Patent, auch sogar an der Patentanmeldung vor Erteilung des Patentes.

Die Tatsache, dass das Problem der Polymerisation von Olefinen vorher aktiv und weltweit untersucht und schließlich von Ziegler und Mitarbeitern gelöst wurde und dann sofortiges weit verbreitetes Interesse der Industrie auslöste, belegt die Ansicht des Gerichtes, dass die Lösung nicht nahe liegend war [197].

Den Betrugsvorwurf seitens Dart, das diskutierte Fischer-Patent dem Prüfer des Patentamtes nicht genannt zu haben, sowie der weitere Vorwurf, vor den diversen Patentämtern nicht die richtigen Erfinder genannt zu haben, wies das Gericht zurück. Viele Entscheidungsgremien hätten darüber in früheren Verfahren bereits entschieden. Das Gericht war der Ansicht, dass

45) Siehe Kapitel 1, Seite 7–9. Aus der dort erwähnten US-Patentanmeldung 450,243 von Du Pont, angemeldet am 16.08.1954, jetzt US 2,905,645 [26], vgl. Kap. 1 [27], im Streit mit Kodak fälschlicherweise von den Gegnern als eine Anmeldung mit besserer Priorität als die von Ziegler bezeichnet, ging eine CIP-Anmeldung von Du Pont hervor, die im Jahr 1962 zum Patent [194] erteilt worden war. Die Ansprüche beider US-Du-Pont-Patente sind beschränkt auf eine Menge von metallorganischen Verbindungen im Katalysator, die ausreicht, das Titan, wenigstens zum Teil, unter die dreiwertige Stufe zu reduzieren.

jeder der genannten Erfinder eine Rolle im gesamten Programm gespielt habe [198].

Die Katalysatoren, die Ziegler und sein Team entwickelten, revolutionierten die Herstellung von hochmolekularen Polymeren aus einfachen Kohlenwasserstoffen. Vor Ziegler gab es Zweifel, ob Propen überhaupt zu festen Polymeren umgewandelt werden könne [199], so der Richter.

Diethylaluminiumchlorid als Aluminiumverbindung und Titantetrachlorid oder Titantrichlorid als Schwermetallverbindung sind Katalysatorkomponenten, die im '115-Patent beansprucht werden. Der Richter: Das gelte auch für unterschiedliche Titantrichloridpräparate und sei auch unabhängig davon, wie das Titantrichlorid aus Titantetrachlorid hergestellt worden sei, durch Reduktion mit Aluminiumpulver, mit Diethylaluminiumchlorid, mit Aluminiumtriethyl oder mit Wasserstoff, und auch unabhängig davon, ob es sich um α-, β-, γ- oder δ-Titantrichlorid handele [200]. Alle Titantrichloridpräparate seien aus Titantetrachlorid entstanden [201] und dann, mit Diethylaluminumchlorid vermischt, mit Propen in Berührung gekommen.[46]

Titantrichlorid sei in diesem Zusammenhang immer „preformed", auch das käuflich erworbene Titantrichlorid der Firma Stauffer sowie das Titantrichlorid, das im '115-Patent, wie beschrieben, aus Titantetrachlorid und Diethylaluminiumchlorid gebildet wurde. Es bestehe also eine funktionelle Ähnlichkeit. Das '115-Patent decke explizit alle Formen des Titantrichlorid ab.[47]

Richter Wright [202]:

> „Through application of Ziegler's discovery Natta at Montecatini, Martin at the MPI and subsequently many others were able to produce cristallin polypropylene ..."

[46] Dart negierte das Vorliegen von „vorgeformten" Titantrichlorid im '115-Patent und wollte dem Richter den Unterschied zwischen dem Titantetrachlorid nach Ziegler und dem vorgeformten Titantrichlorid nach Dart dadurch schmackhaft machen, dass ihre Chemiker erklärten, dass Titantetrachlorid eine klare, nicht kristalline Flüssigkeit, Titantrichlorid ein festes unlösliches kristallines Material sei. Der Richter ließ diese Fußangel unbeachtet.

[47] Im '115-Patent waren tatsächlich weder die Wörter „Titantrichlorid" (auch nicht als Formel $TiCl_3$) noch „Propen" zu lesen. Es war lediglich erwähnt, dass das Titantetrachlorid bei der Reaktion mit Ethylaluminiumverbindung reduziert wurde. Um dem Mangel an Erläuterungen abzuhelfen, reichte die Studiengesellschaft unter Nennung der gleichen Erfinder und der gleichen Prioritätsdaten eine Patentanmeldung in den USA noch im Jahr 1972 beim US-Patentamt nach: „Polymerization Catalysts", in der die bekannte, frühere Beispiele für die Polymerisation von Ethylen und Propen wiederholt, die Ansprüche aber auf einen Katalysator für die Polymerisation von Olefinen aus Titantrihalogeniden und einer Organoaluminiumverbindung abgestellt waren. Das Patent [204] wurde im Jahr 1975 erteilt, ein Zeichen, dass der Prüfer mit der Auslegung des '115-Patentes, wie beschrieben, einverstanden war. Das jetzt erteilte Patent hatte eine Laufzeit bis zum Ablauf des '115-Patentes. Bei der Prüfung hatte das Patentamt die zitierten Du Pont-Patente Anderson et al. 2,905,645 und 3,050,471 berücksichtigt.

Die Katalysatoren wurden dann Ziegler-Katalysatoren [203] genannt.[48]

Obwohl das '115-Patent, auf dem '332-Patent basierend, einige Monate später angemeldet worden war, war das Gericht der Ansicht, dass das '115-Patent ein Pionier-Patent sei, weil es selbst

„represents a significant step in the progress of the art" [206].

Die Erfindung und die Arbeit durch das Ziegler-Team sei kontinuierlich gewesen, das Team relativ klein. Die Entwicklung des Katalysatorsystems sei brillant, neu und von größter Bedeutung für die kommerzielle Welt der Polymeren [207].

Im Kreuzverhör von Martin erläuterte der Anwalt der Gegner, Reddy, den Unterschied zwischen Diethylaluminiumchlorid des '115 und Aluminiumtriethyl des '332, also den Ersatz einer Ethylgruppe durch Chlor. Der Nicht-Chemiker Reddy bagatellisierte die Bedeutung des Unterschiedes. Das Gericht folgte aber der Aussage von Martin, wonach z. B. die Reaktion mit Ethylen beider Verbindungen so ist, dass Diethylaluminiumchlorid praktisch gar nicht, Aluminiumtriethyl allein Ethylen polymerisiere[49] und zusammen mit Titanchloriden[50] nicht nur die Reaktionskapazität, vielmehr auch die Qualität der Polymerprodukte unterschiedlich sei, sodass die Herstellung von kristallinen Polypropylenen praktisch ausschließlich mit Diethylaluminiumchlorid/Titanchlorid-Katalysator ('115-Patent) praktiziert würde [208].

Dart hielt es für erforderlich, von Esso eine Lizenz auf die Tornqvist-Patente[51] zu erwerben. Die Patente lehrten das trockene Vermahlen von Titantrichlorid, um die Aktivität in der Polymerisation zu verbessern. Das '115-Patent lehre, so der Richter, generell das feuchte Vermahlen, sodass der nach Tornqvist behandelte Dart-Katalysator nicht außerhalb des Bereichs von '115 liegen könne. Tornqvists Ziel sei gewesen, die existierende Katalysatortechnologie zu verbessern, und zwar den Ziegler-Katalysator von 1953/54. Esso benutzte Titantrichlorid und besaß eine Lizenz von

---

48) Natta hatte dies bereits 1954 [205] getan.
49) Auch zu Hochpolymeren [209].
50) H. Breil hatte im November 1953 Aluminiumtrialkyle zusammen mit u. a. Titantetrachlorid auf ihre katalytische Wirkung untersucht (vgl. Kap. I, [84]) und Martin Mitte Dezember 1953 Ethylaluminiumchloride mit Titantetrachlorid auf Ethylen einwirken lassen (vgl. Kap. I, [89, 90, 91, 92, 93, 94]). Die Prioritätsanmeldung vom 03.08.1954, die eine Erweiterung auf die Polymerisation von Olefinen wie Propen, beinhaltete, offenbarte zwar beide Klassen an Aluminiumverbindungen, aber kein Beispiel zur

Polymerisation von reinem Propen zu Polypropylen unter Verwendung von Diethylaluminiumchlorid als Katalysatorkomponente. Martin übersetzte das entsprechende Beispiel [210] aus seinem Laborjournal auf Verlangen des Richters, um sicherzustellen, dass die Anwendung eines '115-Katalysators auf Propen ein gutes Resultat erbrachte. Im Gerichtssaal war höchste Spannung spürbar, ein Kreuzverhör hierzu fand nicht statt.
51) US PS 3,032,510; 3,814,743; 3,128,252 und 3,252,960, Kap. IV, [10].

Ziegler auf das '115-Patent. Dart war übrigens der einzige Lizenznehmer unter den Tornqvist-Patenten. Der Richter befand, dass die von Dart geltend gemachten quantitativen Unterschiede zwischen trocken vermahlenen Katalysatorkomponenten und nass vermahlenen '115-Komponenten nicht ausreichten, den Dart-Katalysator jenseits gültiger Ansprüche des '115 anzusiedeln. Der Katalysator von Dart hatte die gleiche Wirkung, in substanziell gleicher Weise mit dem wesentlich gleichen Resultat.

Zur Frage der Verjährung hielt der Richter fest, dass von 1962 bis 1966 Ziegler keine ausreichende Information über das Wesen der kommerziellen Produktion von Polypropylen durch Dart erhalten habe.[52] Das Gericht wies den Vorwurf von Dart auf Verjährung der Ansprüche Zieglers durch zu langes Warten zurück.

Nachdem das '115-Patent 1969 in die Klage gegen Phillips eingebracht war, bot Ziegler auch Dart eine Lizenz an [29]. Umgekehrt wusste Dart spätestens im August 1969, dass das '115-Patent von Ziegler gegen Phillips geltend gemacht war. D. h. von Anfang 1966 bis Mitte 1969 war Ziegler in Bezug auf Dart untätig, zu kurz um eine Verjährung zu rechtfertigen.

In der Zusammenfassung entschied der Richter, dass das '115-Patent der Studiengesellschaft gültig und verletzt sei und daher zwingend durchgesetzt werden könne.

Während die unterlegene Partei Dart in einem ausführlichen Beschwerdebrief die nächste Instanz anrief [211] und die wesentlichen Argumentationen, die von Richter Wright abgelehnt worden waren, wiederholte, erhob die Klägerin Studiengesellschaft formell ebenfalls Beschwerde.

Anfang 1984 erließ das Beschwerdegericht ein Urteil [213]. Die Richter bescheinigten dem US District Court, und damit Richter Wright, eine ungewöhnliche Sorgfalt, ein peinlich detailliertes Urteil sowie eine arbeitsaufwendige (painstakingly) und extensive Untersuchung. Das Gericht schloss, dass alle behandelten Punkte keine Fehler enthielten, bestätigte das vorinstanzliche Urteil und verwies den Fall zurück zwecks Feststellung des Schadenersatzes.

Nach vierzehn Jahren Klage und zwanzig Jahren Verletzung durch Dart war noch kein Cent an die Studiengesellschaft geflossen. Auch ein Vergleich zur Frage der Höhe des Schadenersatzes war nicht in Sicht.

Nach dreißig Jahren vom Zeitpunkt der Entdeckung der Ziegler-Katalysatoren war in den USA ein Urteil ergangen, dessen Inhalt allen Angreifern in den USA signalisierte, dass Katalysatoren auf Basis einer Mischung von Diethylaluminiumchlorid und Titanhalogeniden, alle bisher bekannten

---

52) Im Dezember 1965 war ein Dart-Patent [212] erschienen. In ihm werden technologische Verbesserungen in Polymerisationsverfahren geschützt. Es war nicht erkennbar, dass in diesem Patent, wie behauptet, der bevorzugte von Dart benutzte Katalysator offenbart war.

Titantrichloridpräparate einschließend, Ziegler-Katalysatoren mit einer Priorität vom 19.01.1954 waren. Bis auf Kodak nutzten alle Hersteller von Polypropylen, auch hochkristallinem Polypropylen, diesen Ziegler-Katalysator und waren daher lizenzabgabepflichtig. Alle bekannten Verletzer, die das '115-Patent angegriffen hatten, Phillips, Dart, Arco, Novamont und Amoco waren entweder zur Zahlung verurteilt worden oder hatten einen Vergleich mit der Studiengesellschaft geschlossen.

Das '115-Patent war am 03.12.1980 abgelaufen. Das jetzt ergangene Urteil ließ es nicht mehr zu, die Dart-Produktionsanlage mit der Drohung eines Produktionsverbotes (Injunction) zu belegen. Während der gesamten Patentlaufzeit hatte die Firma Dart das Patent verletzt. Das Urteil war im Einklang mit dem Urteil des 5th Circuit in Sachen Ziegler gegen Phillips. Titantrichlorid, wie von Kodak benutzt, fiel ebenfalls unter den bestehenden Schutz der Ziegler-Katalysator-Titankomponente, da die Definition der Titansalze[53)] im '115- und '792-Patent (Letzteres war das Klagepatent in Kodak) identisch war. Insoweit korrigierte Richter C. Wright das Urteil in der Klage Studiengesellschaft gegen Kodak ohne nachträgliche Konsequenzen.

Richter C. Wright hatte zwei Jahre früher, 1980, über den Streit um den Stoffschutz „Polypropylen" zwischen Standard Oil of Indiana, Phillips Petroleum, Du Pont und Montecatini zugunsten Phillips Petroleum entschieden. Bis zu diesem Urteil[54)] (ein Jahr später vom Beschwerdegericht 3rd Circuit bestätigt) hatte Montecatini versucht, ihr Stoffschutz-Patent bei Polypropylenproduzenten durchzusetzen, zumal das vorher abgeschlossene Interference-Verfahren [214] zu ihren Gunsten entschieden worden war. So hatte Montecatini Dart bereits 1965 nach ergebnislosen Verhandlungen verklagt und 1975 die Klage verglichen.

5.6.2
Entscheidung zur Höhe des Schadenersatzes (Damage)

Richter C. Wright war vom Beschwerdegericht aufgefordert, die Höhe des von Dart Industries für die Patentverletzung zu leistenden Schadenersatzes festzulegen. Zur Beschleunigung des Verfahrens schlug der überlastete Richter den Parteien vor, einen „Special Master" – auf Kosten der Parteien – zu beauftragen, eine Vorentscheidung in Form eines Berichtes (Final Report) nach Verhandlungen mit den Parteien zu finden. Der Special Master, ein renommierter Anwalt, Victor F. Battaglia, erhielt den Auftrag im März 1985 mit der Auflage, die Höhe des Schadenersatzes festzulegen und festzustellen, ob für die Zeit vor dem Urteil Zinsen zu zahlen seien und mit welcher Zinsrate und für welche Dauer. Ferner sollte er herauszufinden, ob Dart eine vorsätzliche Verletzung begangen habe und ob für

53) Siehe Seite 210 Fußnote „zu 5–7", und Seite 211 Fußnoten.   **54)** Siehe Kapitel 1, [3].

diesen Fall der Schadenersatz erhöht und schließlich der Studiengesellschaft die Anwaltskosten ersetzt werden sollten.

Erst im Januar 1986 waren die Parteien mit ihren Vorbereitungen so weit, vor dem Special Master zu verhandeln, ihre Argumente auszutauschen (28 Tage) und nach der Verhandlung ihre Positionen in jeweiligen Briefs [215] zu beschreiben. Zehn Monate später lieferte V. Battaglia den Final Report [216] beim Richter ab.

Zum Lizenzabgabesatz stritten die Parteien um eine Zahl zwischen 1,5 und 5,5 %. Battaglia stellte zunächst fest, dass es für die Zeit um 1964 keinen angemessenen Prozentsatz gab, den man aus parallel laufenden Lizenzverträgen von Ziegler hätte anwenden können. Die Staffel 4, 3, 2 % aus den fünfziger Jahren einerseits und 1,5 %, angewandt in den Verträgen nach 1970, andererseits waren Grenzen, die als Maß dienen konnten. Viel besser eignete sich die Zahl aus dem Vergleich mit Phillips in Höhe von 5 % der Verkaufssummen während der zurückliegenden Verletzung, denn Darts Katalysator war im Wesentlichen identisch mit dem von Phillips benutzten. Beide Produktionsanlagen – Dart und Phillips – waren von vergleichbarer Größe und die Verkäufe in den Jahren 1964/65 hatten einen etwa gleichen Umsatzwert von je etwas über $ 4 Millionen [217]. Hinzu kam als Faustformel, dass für ein Pionier-Patent der Patentinhaber ein Viertel des projektierten Gewinns (Dart hatte hierzu 35–36 % angegeben) also etwa 8 % Lizenzabgabe beanspruchen konnte [218].

Der „Special Master" versuchte eine angemessene Lizenzabgabe durch Vergleich vorhandener Lizenzbedingungen zu ermitteln:

1. Das Ziegler-Lizenzprogramm (siehe Seite 56–70) aus der Zeit der fünfziger Jahre – die Staffel von 4, 3, 2 %, abhängig von der produzierten Menge und der in den Lizenzverträgen festgelegten Vorauszahlung, mit teilweiser Kreditierung und Meistbegünstigungsklausel.

2. Die Pool-Lizenzbedingungen Ziegler/Montecatini in Höhe von 5,5 % Lizenzabgaben, von denen Ziegler 30 % beanspruchen konnte.

3. Die Standard-Bedingungen ab 1970, mit 1,5 % als maximale Lizenzabgabe.

4. Die Vergleichsregelung nach der gewonnenen Klage gegen Phillips, aus der für die vergangene Verletzung 5 % und für die zukünftige Lizenz 1,5 % zu entnehmen war. Eine effektive Durchschnittsrate von 2,15 % war danach zu errechnen.

Da keine der vorgeschlagenen und praktizierten Lizenzsätze direkt anwendbar waren, sah das Gesetz vor, hypothetische Verhandlungen anzustellen, um die Rate zwischen Patentinhaber und Verletzer aufzufinden.

Neben der bekannten 4,3,2-Staffel, die rechnerisch zu einem Durchschnittssatz von ca. 2,2 % führte, wies die Meistbegünstigung, die Bestandteil aller frühen Lizenzverträge von Ziegler war, darauf hin, dass Dart – als hypothetischer früher Lizenznehmer – neben den 2,2 % eine Vorauszahlung hätte entrichten müssen, die – umgerechnet in Lizenzabgaben p.a. auf die Zeit der Verletzung – 1,5 bis 1,8 % entsprach. Der Special Master hielt eine Lizenzabgabe von 4 % auf den Umsatz für angemessen.

Viel schwieriger war die Untersuchung, ob es sich bei Dart um eine vorsätzliche Verletzung der bestehenden Schutzrechte handelte. Wenn ja, dann erlaube das Gesetz, dass das Gericht den Schadenersatz bis zu einem Faktor drei der „normalen" Summe erhöhen könne. Gegen den Vorwurf des Vorsatzes zählt als Anscheinsbeweis die Einholung eines neutralen Gutachtens durch den Verletzer. Das hatte Valles, der Anwalt innerhalb von Dart, nicht getan. Dessen Memorandum zum '115-Patent war in der Beurteilung [219] des Special Masters nicht sorgfältig genug.

Darüber hinaus setzte Dart nach der Entscheidung in Phillips die Verletzung für weitere sieben Jahre fort, und dies ohne signifikante Beweise, dass sie das '115-Patent nicht verletze. Battaglia erkannte auf vorsätzliche Verletzung, Erhöhung Schadenersatzes um 50 % und billigte der Studiengesellschaft den Ersatz angemessener Anwaltskosten zu.

Während der genannten Dauer der Verletzung, Februar 1964 bis Dezember 1980, hatte Dart ca. $ 454 Millionen umgesetzt. Diese Zahl wurde aus den Buchhaltungen von Dart ermittelt, war lange Zeit umstritten und war das Resultat einer Einigung unter den Parteien. Darin enthalten war die Menge an Produkt, produziert, aber noch nicht bis 2. Dezember 1980 verkauft (Ablauf '115-Patent), Materialproben, interne Frachtkosten und selbst verarbeitetes Material etc.

Die Frage der Verzinsung war ebenso strittig. Dart wollte elf Jahre der Verletzung nicht in die Berechnung einbeziehen, da Ziegler während dieser Zeit keine Klage erhoben habe. Das Urteil von Richter Wright sah aber die volle Zeit für die Berechnung der Zinsen vor. Eine einfache Verzinsung von sechs Prozent, wie von Dart vorgeschlagen, hielt der Special Master für unfair. Vielmehr legte er fest, dass Zinsen in Höhe des Leitzinses (Primerate) auf die vierteljährlich zu zahlenden Lizenzabgaben einschließlich Zinseszinsen angemessen seien.

Der Special Master fasste zusammen, dass eine Lizenzabgabe von 4 % auf Basis der vereinbarten Verkaufssumme plus Wert des selbst verarbeiteten Materials, Polypropylenproben, Lagerbestände zum 02.12.1980 und interne Frachtkosten angewandt werden sollte. Aufgrund der vorsätzlichen Verletzung von Dart sollte die so errechnete Basissumme um 50 % erhöht werden und dann mit Zinsen gemäß dem Leitzins, beginnend mit jeder Quartalszahlung, einschließlich Zinseszinsen belegt werden. Schließlich sollten der Studiengesellschaft die Anwaltskosten ersetzt werden. Im Okto-

ber 1986 war die Firma Kraft Inc. neben Dart Industries Inc. als beklagte
Partei dem Verfahren beigetreten.[55)]

Richter Wright erließ im August 1987 ein endgültiges Urteil [220], wobei
er zunächst auf die Rechtsbasis seiner Entscheidung in Bezug auf den
Report des Special Masters einging: Der Report sei lediglich eine Empfehlung, das Gericht habe die Freiheit, die Festlegungen des Special Masters
zu ändern, ihm seien aber hierzu Grenzen gesetzt. Die vom Special Master
gefundenen Tatsachen müsse das Gericht übernehmen, es sei denn, sie
seien eindeutig fehlerhaft.

Zur Frage der angemessenen Lizenzabgaben für Dart befand der Richter,
dass eine Kombination des Schadenersatzes für die Vergangenheit mit der
laufenden Lizenzabgabe in der Zukunft ein für die Auseinandersetzung
mit Phillips logischer Lösungsversuch gewesen sei. Er berücksichtige aber
die Vergleichssumme Phillips für die Vergangenheit nicht mehr bei den
hypothetischen Verhandlungen.

Ferner entschied das Gericht, dass die Empfehlung des Special Master,
die von den frühen Lizenznehmern geleisteten Vorauszahlungen als
Lizenzabgaben zu kapitalisieren, eindeutig fehlerhaft sei, da die zugrunde
liegenden Lizenzverträge eine – zumindest teilweise – Anrechnung der Vorauszahlung gegen fällige Lizenzabgaben vorsah.

Dem Konzept der hypothetischen Verhandlungen folgend, erkannte das
Gericht auf eine angemessene Lizenzabgabe von 2,5 % auf den Umsatz,
aber auch auf eine Vorauszahlung[56)] von $ 1,18 Millionen, von der 50 % auf
tatsächlich geleistete Lizenzabgaben anrechenbar sein sollten.

Den Vorsatz der Verletzung, den der Special Master festgestellt hatte,
hielt das Gericht als fehlerhaft ermittelt: Das Fehlen eines neutralen Gutachtens (durch einen auswärtigen Anwalt) sei kein Beweis für einen Vorsatz. Der von Dart beauftragte Hausjurist, Valles, habe das Management
angemessen kompetent über die Patentlage informiert. Gemäß Gesetz sei
von Dart nur zu erwarten, im guten Glauben entschieden zu haben.

Der Master hatte nach Ansicht des Gerichts auch nicht berücksichtigt,
dass der Patentinhaber seine Patentrechte nicht sehr aktiv verfolgte. Das
Gericht kam zu dem Schluss, den fünfzigprozentigen Aufschlag wegen des

---

55) Dart Industries Inc., die Beklagte war eine
Tochterfirma der Dart & Kraft Inc. Da Kraft zu
dieser Zeit eine Reorganisation des Konzerns
betrieb, bestand die Gefahr, dass Dart Inc. sich
der Haftung aus einem Urteil durch Auflösung
der Firma zugunsten von Kraft entziehen
würde. Der Richter ordnete an, dass Dart &
Kraft Inc. als Beklagte dem Verfahren beitrat
[221].

56) Die frühere Lizenznehmerin, Union Carbide,
hatte während der Vertragsdauer keine Produktion in Gang gesetzt. Sie konnte demnach
keinen Teil der Vorauszahlung kreditieren und
damit den vertragsgemäßen Vorteil als Lizenznehmer nicht nutzen.

Vorsatzes der Verletzung abzulehnen. Demzufolge waren auch Anwaltskosten nicht zu ersetzen.

Das Gericht folgte jedoch dem Vorschlag des Special Master bezüglich der zu zahlenden Zinsen und Zinseszinsen. In Zahlen zusammengefasst hieß dies: $ 450 Millionen Umsatz mit einer Lizenzabgabe von 2,5 %, eine Vorauszahlung 1964 von $ 1,18 Millionen, anrechenbar zu 50 % der laufenden Jahreslizenzabgabe und Zins und Zinseszins ab vierteljährlicher Fälligkeit.

Dass das Ergebnis des Masters, das der Richter jetzt stark reduzierte, durchaus angemessen war, wurde aus der späteren Beschwerdeentscheidung ersichtlich, in der einer der drei Richter, Newman, für die Zahlen des Masters votierte. Das Festlegen von vier Prozent durch den Master sei kein eindeutiger Fehler. 4 % sei eine durchaus angemessene Lizenzabgabe. Das Gleiche fand Richter Newman auch in Bezug auf den 50%igen Zuschlag, wie vom Special Master vorgesehen. Er hielt die Empfehlung des Masters insgesamt für angemessen. Richter Newman wurde von den beiden anderen Richtern schließlich überstimmt.

Das Errechnen der Schadenersatzsumme überließ Richter Wright den Parteien, und nach Einigung erließ er Ende September 1987 einen Beschluss [222], wonach Dart und Kraft eine Summe von $ 43,7 Millionen zu zahlen hatten. Die Anordnung des Gerichtes, dass die Summe sofort an die Studiengesellschaft zu zahlen sei, traf bei El Paso, der Teilhaberin der El Paso/Dart-Produktionsanlage auf Widerstand, die wünschten, dass das Geld bei Gericht deponiert wurde, bis die Entscheidung in der Beschwerde vorlag. Richter Wright ordnete dann an [223], dass die Summe geteilt, eine Hälfte an die Studiengesellschaft, die andere Hälfte dem Gericht zur treuhänderischen Verwaltung gezahlt werden sollte.

Wie zu erwarten, gingen beide Parteien in die Beschwerde [224]. Fristgemäß reichten die Parteien ihre „Briefs" [225] zu Beginn des Jahres 1988 ein und im Mai in „Reply Briefs" [226] die Stellungnahmen zu den Ausführungen des Gegners. Ende 1988 erließ das Beschwerdegericht ein Urteil [227], in dem das Urteil von Richter Wright bestätigt wurde.

Anfang 1989 erhielt die Studiengesellschaft die Nachricht, dass Richter Wright auch die treuhänderisch verwaltete Hälfte zur Auszahlung freigegeben hatte [228].

Das war das Ende der 18-jährigen Klage gegen Dart (Dart/El Paso und Kraft Inc.), eine bemerkenswerte Reise des '115-Patentes.

5.7
Der Versuch einer Bilanz für das '115-Patent

Es waren Versuche innerhalb von fünfzehn Monaten der Jahre 1953 und 1954, die die Grundlage für das '115-Patent gelegt hatten. Es begann mit zwei Versuchen im Mai 1953 (Kap. I, [43, 44]), in denen Holzkamp die ersten Anzeichen der Bildung von hochmolekularem Polyethylen bei der katalytischen Einwirkung einer Mischung aus Aluminiumtriethyl und Chromacetylacetonat erhielt. Die Versuche führten durch Breil im Oktober und November 1953 zu dem eindeutigen Nachweis der Bildung von festem hochmolekularem Polyethylen aus Ethylen mithilfe einer katalytischen Mischung aus Aluminiumtriethyl und Zirkonacetylacetonat (Kap I, [62, 84]). Im weiteren Verlauf konnte Martin die Polymerisation von Ethylen bei Normaldruck mithilfe der hochaktiven katalytischen Mischung aus Diethyl-aluminiumchlorid und Titantetrachlorid im Dezember 1953 experimentell veranschaulichen (Kap I, [90, 91, 92]). Es folgte die Copolymerisation von Ethylen und Propen und der Nachweis der Brauchbarkeit von käuflichem Titantrichlorid zusammen mit Diethylaluminiumchlorid als Polymerisationskatalysator im März 1954 (Kap I, [114]). Es wurde ein Mechanismus gefunden, die Kettenlänge der Polymeren (Kap I, [174]) wunschgemäß festzulegen und schließlich die erfolgreiche Anwendung der Ziegler-Katalysatoren auf die Polymerisation von Propen und weiterer α-Olefinen im Juli 1954 (Kap I, [178–181]) belegt.

Parallel zu den Experimentalarbeiten folgte nach Bekanntwerden der Ergebnisse der Interessentenrausch, der es Ziegler erlaubte, sein Monopol zu steigenden Preisen (Vorauszahlungen) zu verwerten. Die Zahlung laufender Lizenzabgaben war zunächst schleppend, weil es ca. 10 Jahre dauerte, bis die Situation im Bereich der Schutzrechte geklärt und die industriellen Verwertung den richtigen Patentrahmen erhalten hatte. Konkurrenten, die sich in vermeintliche Schutzrechtslücken drängten und nach vorpublizierten Inhalten suchten, um Schutzrechte zu verhindern, waren erst dann weitgehend abgeschüttelt. Die europäischen und asiatischen Märkte entwickelten sich anfangs schneller als die amerikanischen Aktivitäten.

Es blieb eine lange Reihe von Interessenten, die eine Lizenz von Ziegler nicht erkaufen konnten, und eine steigende Zahl von Produzenten, die mit hohem Aufwand versuchten, sich von Ziegler frei zu klagen. Der Schutz durch die Zwangspartnerschaft mit Montecatini war in den USA relativ klein. Die Nachteile dieser Liaison konnten im Jahr 1969, also etwa fünfzehn Jahre nach den ersten Experimentalentwicklungen und sechs Jahre nach Erteilung eines US-Grundschutzrechtes dort durch Entscheidung des

US-Patentamtes zur Prioritätsfrage zwischen Ziegler und Natta beseitigt werden.[57]

Ziegler und die Studiengesellschaft standen unter Zwang, zum Schutz der Einnahmen eine Kette von Klagen zu führen, an deren vorläufigem Ende, dem Ende der Laufzeit des genannten Grundschutzrechtes, ca. 30 Jahre nach der Erfindung das unveränderte Ziel war, die Produktion zu beherrschen, und dies in den USA, dem Land mit den größten Produktionsstätten. Europa und Asien waren durch den Ablauf relevanter Schutzrechte frei.

Die Industrie nutzte weltweit für die Polymerisation von Propen weitgehend die im '115 geschützten Katalysatorkombinationen, in den außeramerikanischen Ländern die entsprechenden Patentanmeldungen und die daraus hervorgegangenen Patente. Da das Polypropylen mit zweistelligen jährlichen Produktions-Zuwachsraten sich auch als Massenkunststoff weltweit durchgesetzt hatte, waren das US-Patent '115 und seine internationalen korrespondierenden Schutzrechte mit Abstand das erfolgreichste Patent der Studiengesellschaft/Max-Planck-Institut für Kohlenforschung in Mülheim.

Es hat über die gesamte Zeitspanne der „Lebens- und Laufzeit" der in diesem Rahmen erreichten Schutzrechte bis zum Ende nicht an Versuchen gefehlt, die Schutzrechte zu beseitigen, ihre Bedeutung zu bagatellisieren[58], sie zu umgehen und sie „vorsätzlich" zu verletzen. Hier ist das hohe Können der von Ziegler und der Studiengesellschaft gewählten Anwälte von außerordentlicher Bedeutung gewesen. Sicherlich war es ein Glücksfall, dass die wissenschaftliche Weiterentwicklung der Ziegler-Katalysatoren über die gesamte Zeit nicht dazu geführt hatte, eine kommerziell und ökonomisch günstigere Kombination für die katalytische Wirksamkeit zu finden, die das System „Organoaluminiumverbindung/Titanhalogenide" hätte ersetzen können, aber es gehörte eben auch die profunde Kenntnis der jeweils nationalen Patentgesetzgebung dazu, durch präzise Formulierungen der späteren Patentanmeldungstexte evtl. Lücken zu schließen. Dies ist nicht in jedem Fall vollständig gelungen. Die gerichtlichen Auseinandersetzungen, beginnend in den Patentämtern, jeweils abschließend meist durch Urteile nationaler Patentgerichte, wurden auf der Seite der Studiengesellschaft durch Patentanwälte vom Format eines Arnold Sprung, um nur ein

---

57) Vergleiche Entscheidung des US-Patentamtes, (Interference 90 833) 1969: Anerkennung der Priorität für Ziegler-Katalysatoren als Polymerisationskatalysatoren und deren Anwendung für die Polymerisation von Propen. Nattas, zugegebenermaßen, frühere Daten für die Polymerisation von Propen waren nicht unabhängig von Ziegler.

58) Die Anwälte der Gegner: Zieglers Entdeckung sei allenfalls eine Laborkuriosität. Mit wenigen Versuchen werde versucht, die gesamte Polypropylen-Industrie zu beherrschen. Der Beitrag anderer Erfinder sei viel höher zu bewerten.

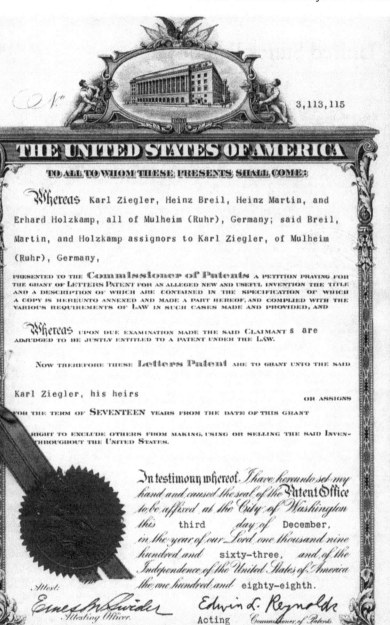

N°   3,113,115

THE UNITED STATES OF AMERICA

TO ALL TO WHOM THESE PRESENTS SHALL COME:

Whereas Karl Ziegler, Heinz Breil, Heinz Martin, and Erhard Holzkamp, all of Mulheim (Ruhr), Germany; said Breil, Martin, and Holzkamp assignors to Karl Ziegler, of Mulheim (Ruhr), Germany,

PRESENTED TO THE **Commissioner of Patents** A PETITION PRAYING FOR THE GRANT OF LETTERS PATENT FOR AN ALLEGED NEW AND USEFUL INVENTION THE TITLE AND A DESCRIPTION OF WHICH ARE CONTAINED IN THE SPECIFICATION OF WHICH A COPY IS HEREUNTO ANNEXED AND MADE A PART HEREOF, AND COMPLIED WITH THE VARIOUS REQUIREMENTS OF LAW IN SUCH CASES MADE AND PROVIDED, AND

Whereas UPON DUE EXAMINATION MADE THE SAID CLAIMANT S are ADJUDGED TO BE JUSTLY ENTITLED TO A PATENT UNDER THE LAW.

NOW THEREFORE THESE **Letters Patent** ARE TO GRANT UNTO THE SAID

Karl Ziegler, his heirs   OR ASSIGNS

FOR THE TERM OF SEVENTEEN YEARS FROM THE DATE OF THIS GRANT

RIGHT TO EXCLUDE OTHERS FROM MAKING, USING OR SELLING THE SAID INVEN-
THROUGHOUT THE UNITED STATES.

In testimony whereof, I have hereunto set my hand and caused the seal of the Patent Office to be affixed at the City of Washington this third *day of* December, *in the year of our Lord, one thousand nine hundred and* sixty-three, *and of the Independence of the United States of America the one hundred and* eighty-eighth.

Attest:

Ernest W. Swider
Attesting Officer.

Edwin L. Reynolds
Acting *Commissioner of Patents.*

FORM PO-377A
10-23-(63)

United States Patent Office

3,113,115

Patented Dec. 3, 1963

1

3,113,115
POLYMERIZATION CATALYST
Karl Ziegler, Heinz Breil, Heinz Martin, and Erhard Holzkamp, all of Mulheim (Ruhr), Germany; said Breil, Martin, and Holzkamp assignors to Karl Ziegler, Mulheim (Ruhr), Germany
Filed Oct. 29, 1958, Ser. No. 770,413
Claims priority, application Germany Jan. 19, 1954
18 Claims. (Cl. 252—429)

This invention relates to new and useful improvements in polymerization catalysts and is a continuation-in-part of copending applications Serial No. 482,412 filed January 17, 1955, and now abandoned, Serial No. 527,413 filed August 9, 1955 and Serial No. 514,068 filed June 8, 1955.

The polymerization of olefins for the production of polymers ranging from gaseous through solid polymers is well known. When producing solid polymers from olefins such as gaseous ethylenes, high pressures of, for example, 1,000 atmospheres and more were generally required, and oxygen or peroxides were generally used as the polymerization catalyst. The yields obtained by these conventional methods were generally low with, for example, about 15–20% of the ethylene being converted in a single operation into the polyethylene. The highest polyethylene polymer which could be effectively obtained by the prior known methods had a molecular weight of about 50,000.

Another type of polymerization catalyst which has been proposed to polymerize olefins such as ethylene consists of aluminum hydrides, aluminum trialkyls or aluminum triaryls. The polymerization reaction involved in that use, however, normally produces low molecular weight polymers not ranging substantially above the liquid range. By using extremely small, controlled amounts of the aluminum catalyst it is possible to obtain higher molecular products. With the use of such small quantities of the aluminum catalyst, however, the reaction becomes extremely sensitive to traces of impurity in the olefins such as ethylene and proceeds very slowly since the quantity of catalyst to the total reaction mixture is very small.

One object of this invention is a new catalyst useable inter alia for obtaining high molecular weight products which may be used as plastics.

A further object of this invention is a new catalyst useable inter alia for the polymerization of ethylenically unsaturated hydrocarbon products.

A still further object of the invention is a new polymerization catalyst for obtaining polymers having molecular weights higher than those heretofore obtainable.

Another object of the invention is a polymerization catalyst for lower olefins up to about C_3 and particularly ethylene.

These and still further objects will become apparent from the following description:

In accordance with one application of the invention at least one ethylenically unsaturated hydrocarbon of the general formula $CH_2=CHR$ is polymerized into high molecular products by contact with our novel catalyst composed of a mixture of a first and second component, said first component being at least one aluminum compound of the group consisting of aluminum hydrides and mono- and di-hydrocarbon aluminum compounds, having the general formula R'_2AlX in which R' is the same or a different member selected from the group consisting of hydrogen, alkyl radicals and aryl radicals, and X is a member selected from the group consisting of hydrogen, alkyl radicals, aryl radicals, halogen atoms, alkoxy radicals, aryloxy radicals, secondary amino radicals, second-

2

ary acid amide radicals, mercapto radicals, thiophenyl radicals,

$$-O-\overset{\overset{\text{O}}{\|}}{C}-R$$

radicals, and $-O-SO_2-R'$ radicals, said second component being a heavy metal compound selected from the group consisting of the non-ionized salts including organic salts, and the freshly precipitated oxides and hydroxides of metals of groups IV–B, V–B and VI–B of the periodic system including thorium and uranium. R in said formula may be hydrogen or a hydrocarbon radical.

The designation aryl or similar expression as used herein generically, in identification of an organic compound, is intended to include, as is well understood in the art, an organo compound having one or more aryl, aralkyl or alkylaryl substituents.

The term "non-ionized salt" as used herein is intended to designate the true salt as such and which under the conditions of the formation of the catalyst mixture and the contacting with the ethylenically unsaturated hydrocarbon is not reduced to free metal and is not ionized.

Except as otherwise limited herein, the term "salt" or "salts" designating a compound having a heavy metal of the IV–B, V–B and VI–B groups of the periodic system, including thorium and uranium, is employed in its broadest sense, i.e. to connote the reaction product between a base and an acid, including products of the type of acetylacetonates and further including salts in which said periodic system group member is present as a cation as well as those in which such member is present as an anion such as in products of the type of titanates, zirconates, chromates, molybdates or tungstates. The term "pure alcoholates" hereafter used in designation of the said "salts" is intended to connote "salts" having solely alcoholate radicals attached to said heavy metal. "Mixed alcoholates" of said heavy metals as hereafter referred to are such salts having at least one alcoholate radical and at least one nonalcoholate radical.

Particularly good results are produced with heavy metal compounds which are soluble in inert organic solvents such as hydrocarbons.

Using the catalyst in accordance with the invention for the polymerization of olefins such as gaseous ethylene, the same are polymerized into high molecular polymers by contact with the catalyst. The catalyst may be formed by mixing, for example, aluminum hydride, aluminum dialkyl- or aluminum diaryl-compounds with a compound of a metal of group IV–B, V–B, or VI–B of the periodic system of elements.

When the aluminum compounds comprise dialkyl or diaryl aluminum monohalides, a compound of a metal of the VIIIth group of the periodic system or of manganese may be used in place of the group IV–B, V–B, or VI–B metal compounds.

The term "high molecular" as used herein is intended to designate molecular weights of more than 2,000, and preferably more than 10,000.

The herein designated numerical values for molecular weights are based, in accordance with conventional practice, on the viscosity of the solutions of the polyethylene for which the molecular weight determination is to be made. This viscosity is expressed as "intrinsic viscosity" (η) which is to be calculated on the basis of an equation given by Schulz and Blaschke (Journal fuer Praktische Chemie, volume 158 (1941) pp. 130–135, Equation 5b p. 132) and corrected for the therein mentioned specific viscosity according to Fox, Fox and Flory (J. Am. Soc. 73 (1951) p. 1901). The average molecular weight, as for instance that of 50,000 above given, is calculated from such intrinsic viscosity by way of the modified equation of

Beispiel zu nennen, erfolgreich vertreten. Eine Person allein konnte das aber nicht leisten. Hierzu war die zu bearbeitende Dokumentation, wie gezeigt, zu umfangreich.

Gerade in den USA entwickelte sich ein Team aus einerseits Patentanwälten, wie A. Sprung und N. Kramer, und andererseits Martin als Zeuge, das sich von Fall zu Fall perfektionierte. Der Anwalt musste über den Zeugen jedes Beweismittel seiner Argumentation in das jeweilige Verfahren einführen. Der Zeuge hatte darüber hinaus die Aufgabe, die chemisch, technische Seite des Argumentenmosaiks zu analysieren und dem engagierten Anwalt Schwächen und Stärken in der eigenen, aber auch in der Position der Gegner zu vermitteln.[59] Er musste aber auch mit dem Inhalt der umfangreichen Dokumentation so umzugehen wissen, dass er sich einem Kreuzverhör stellen konnte, eine nicht immer leichte Aufgabe. Aussagen früherer Vernehmungen durften nicht im Widerspruch stehen.

Neben der patent- und vertragsrechtlichen Entwicklung stürzte sich, wie bereits mehrfach erwähnt, die Wissenschaft auf die neuen Katalysatoren und ihre weitere Entwicklung. In diesem Zusammenhang propagierte die Schule um Natta so genannte Ziegler-Natta-Katalysatoren. Es sollte damit markiert werden, dass man den kristallinen Anteil im Polypropylen durch geeignete Wahl an Titantrihalogeniden von etwa 50–70 Prozent der ersten Produkte nach Ziegler/Martin bis über 90 Prozent erhöhen konnte und damit eine neue, unabhängige Klasse von Katalysatoren erfunden worden sei. Eine solche Kennzeichnung würde im Widerspruch zu definierten Ziegler-Katalysatoren gemäß 115-Patent stehen. Eine Verbesserung der Verfahrensweise ist unzweifelhaft gegeben, wie ebenso die Verbesserungsvorschläge von Tornqvist oder Vandenberg, aber eben abhängige Verbesserungen. Die Erkenntnis der Stereoregularität von Polypropylenen als Ursache für die Kristallinität ist das unangefochtene Verdienst Nattas. Die Anwendung verschiedener Titantrichloridmodifikationen zum Erreichen hoher Kristallinitätsgehalte fallen, wie vom höchsten US-Patentgericht festgestellt, unter den Schutz der Ziegler-Rechte, wie z. B. '115-Patent.

---

59) In einer Anhörung [229] vor Richter Wright, anwesend waren nur Anwälte beider Parteien, diskutierten der Richter und der Anwalt der Gegner, T. Reddy, über die Notwendigkeit von Dart, neben der Lizenz auch Know-how zu erwerben. In einem Gesprächsfetzen, der auch protokolliert wurde, erschien ein Kompliment über Ziegler und Martin, das die Glaubwürdigkeit der Partei Ziegler/Studiengesellschaft unterstrich:

„The Court (Der Richter): What did Ziegler know about the processes anyhow? He never built a plant in his life.
Mr. Reddy: Well, he made the invention. And he had Dr. Martin. Dr. Martin is just as good in the laboratory as he is on the stand (Zeugenstand).
The Court: I know he is good in the laboratory. But we are talking about building plant."

Arnold Sprung und Heinz Martin

IN THE UNITED STATES DISTRICT COURT

FOR THE DISTRICT OF DELAWARE

STUDIENGESELLSCHAFT KOHLE mbH,)
                    Plaintiff,   )
)
     v.   )   Civil Action No. 3952
)
DART INDUSTRIES, INC.,   )
)
                 Defendant.   )

IV.   CONCLUSION

        Based on its review of all the evidence and for the reasons stated above, the Court finds United States Patent No. 3,113,115 to be valid, infringed and enforceable. The Court orders the parties to file proposed orders in accordance with this Opinion by October 18, 1982.

106.

Wilmington, Delaware
October 5, 1982

Die abschließenden Entscheidungen zum '115-Patent hatten nicht nur Auswirkungen auf die Vergangenheit, die Zeit der Verletzungen, vielmehr auch auf die Zukunft.

Interessant ist in diesem Zusammenhang, dass die Diethylaluminium-Spezies – anstelle von Aluminiumtriethyl – als Komponente bei der Präparation der Katalysatoren sich beim Polypropylen, aber auch beim Polybutadien, wie aufgezeigt, durchgesetzt hatte, weil sie die Herstellung von Produkten mit hohem Gehalt an stereoeinheitlichen Polymeren gestattete.

In den achtziger Jahren erhielt die mit höchstem technischen Effekt wirksame Diethylaluminium-Spezies eine neue Variante. Man hatte gefunden, dass es wünschenswert war, das Chlor im Diethylaluminiumchlorid durch Alkoxy-Gruppen zu ersetzen. (Diethylaluminiumalkoxyl). Die Brauchbarkeit solcher Verbindungen hatten Breil (Druckversuch) und Martin (Normaldruckversuch) zuerst im Januar 1954 experimentell bestätigt (Kap I, [110, 111]). Ihre Anwendung in Kombination jetzt wieder mit Titantetrachlorid anstelle von Titantrichlorid, eine Renaissance, eröffnete die Verbesserung der Polymerausbeuten in einem Maße, dass man Katalysatorreste im Produkt belassen konnte.[60] Ob es nur diese Verbesserung war oder auch der Versuch, an Schutzrechten der Studiengesellschaft vorbeizukommen, wurde Gegenstand zukünftiger Auseinandersetzungen (s. Seite 258 ff.).

Zunächst zurück zur Schutzrechtslage.

5.8
Lex Ziegler

Bei der Prüfung einer der ersten Patentanmeldungen Zieglers im US-Patentamt hatte der Prüfer u. a. die Teilung der Anmeldung verfügt. Bei dieser Anmeldung [230] handelte es sich um den Schutz von Katalysatoren aus Diakylaluminium-Spezies gemischt mit Titanhalogeniden und die Verwendung dieser Katalysatoren zur Polymerisation. Der Prüfer war damals der Ansicht, dass in der Anmeldung zwei Erfindungen beschrieben seien, einmal die Herstellung der Katalysatoren und zum anderen die Verwendung dieser Katalysatoren. Er beharrte auf seiner Teilungsverfügung (vgl. Seite 127, Abs. 1). Beide Teile wurden unabhängig voneinander verfolgt. Der Katalysatorteil erschien als US-Patent 3,113,115 ('115) 1963, der zweite

60) Die Polymerisationskatalysatoren unter Verwendung von festem, unlöslichen Titantrichlorid wirkten über die Oberfläche der Titantrichloridteilchen (vgl. Kap. I, [119]). Bei dieser Verfahrensweise waren die inneren Teile der Partikel für die Katalyse nicht verwertbar, also teurer Ballast. Man kam mit vergleichsweise erheblich weniger Titanchlorid aus, wenn man die lösliche Titantetrachlorid-Verbindung auf einem inerten Träger (Magnesiumchlorid) aufzog und direkt oder zusammen mit der löslichen Aluminiumverbindung (Diethylaluminium-Spezies) dem Polymerisationstopf zuführte.

Teil erst im Jahr 1978 als US-Patent 4,125,698 ('698). Dass der zweite Teil erst 24 Jahre nach der deutschen Priorität zur Patenterteilung kam, lag daran, dass die Anmeldung in mehreren Interference-Verfahren im Patentamt angefochten wurde und infolge langjähriger Unterbrechungen der Prüfung im US-Patentamt bis zu seiner Erteilung einfach schlummerte. Zwei Jahre vor dem Ablauf des '115-Patentes erschien dieses Verfahrenspatent mit einer Laufzeit von weiteren 17 Jahren.

Das neue Patent der Studiengesellschaft fand zunächst keine Beachtung, noch lebte das '115-Patent. Im Laufe der Bemühungen der Studiengesellschaft, einen Lizenzvertrag mit einem neuen Produzenten von Polypropylen, Northern Petrochemical Corporation (NPC), Morris, Illinois, abzuschließen, wurde erstmals auch über die Gültigkeit des neuen Patentes verhandelt [231].

Vom Zeitpunkt der Eröffnung der Polypropylen-Anlage Mitte 1978 (Kapazität 200 Millionen pounds p. a.) durch NPC zogen sich die Gespräche [232] bis Ende 1980 hin, ohne dass es zu einer vertraglichen Vereinbarung kam. Wegen der Kürze der verbliebenen Laufzeit des '115-Patentes bis Ende 1980 zielten die Verhandlungen auf die Zahlung einer Abfindungssumme sowohl für das '115- als auch für das '698-Patent. Die von NPC für eine Abfindung angebotenen Summen fanden bei der Studiengesellschaft kein Interesse, bei Nichtannahme erklärte NPC ihr Desinteresse an einer Lizenz. Die Studiengesellschaft erhob Klage daher noch 1980 gegen NPC [233].

NPC beantragte die Aussetzung des Verfahrens bis zur Entscheidung in Sachen Dart [234]. Der Richter lehnte ab [235]. Parallel bot Sprung im Auftrag der Studiengesellschaft unter Hinweis auf das frühere Angebot von 1980 an, über einen Abfindungsvertrag erneut zu verhandeln [236]. Im Mai 1982 erklärte die Studiengesellschaft Bereitschaft zu einem Teilvergleich, wonach NPC sofort $ 450.000 und weitere $ 400.000 zahlen solle, wenn die Klage gegen Dart für die Studiengesellschaft erfolgreich entschieden sei. Die Ansprüche aus dem '115-Patent sollten damit abgegolten sein. Für das neue '698-Patent wurde innerhalb einer Optionsfrist von 30 Tagen nach der Entscheidung gegen Dart eine Freilizenz für die Produktion von 200 Millionen pounds pro Jahr gegen Zahlung von $ 1 Million garantiert und die vorliegende Klage gegen NPC sollte bis dahin ausgesetzt bleiben [237]. Insofern war damit die Klage bezüglich der Verletzung des '115-Patentes durch NPC erledigt. NPC zahlte die vereinbarte zweite Rate [238] nachdem der Supreme Court in der Klage gegen Dart die Annahme einer weiteren Beschwerde abgelehnt hatte, die Entscheidung dort endgültig war. Das Ergebnis des Streites mit Dart zog eine Reihe positiver Resultate nach sich. Eines davon war dieser Teil der Klage gegen NPC.

Richter McMillen verfügte bezüglich des Teils der Klage um das '698-Patent einen Zeitplan für die weitere Behandlung des Falles [239]. Daraufhin vereinbarten die Parteien, dass die Optionsfrist für eine Abfindungslizenz des '698-Patentes mit der Beschwerdeentscheidung im Fall Dart zu laufen begann [240]. Die Parteien einigten sich weiter dahingehend, dass auch das '698-Patent von NPC als verletzt anerkannt würde, wenn im parallelen Fall gegen Dart dort das Beschwerdegericht zu dem Schluss kommt, dass das '115-Patent von Dart verletzt war. Von dieser Einigung war der Streitpunkt der Doppelpatentierung [241] ausgenommen und war Gegenstand der Auseinandersetzung mit NPC.

Dies bedarf einer Erläuterung. Beide Klageschutzrechte hatten praktisch die gleiche Beschreibung, das '115-Patent war aber auf den Stoff „Polymerisationskatalysator" gerichtet, das '698-Patent auf die „Verwendung des Katalysators" für die Polymerisation von α-Olefinen. Die Benutzer des '115-Patentes sahen in dem '698-Patent lediglich den Versuch, die gleiche Erfindung noch einmal schützen zu lassen, was natürlich verboten wäre. Die eigentliche Kontroverse bestand also darin, die Entscheidung des Patentamtes, in beiden Patenten zwei unterschiedliche Erfindungen erteilt zu haben, durch Gerichte zu bestätigen oder als Doppelpatentierung das '698-Patent für null und nichtig zu erklären. Würde das '698-Patent für gültig erklärt, so bestätigte NPC die Patentverletzung. Die Klage sollte sich lediglich auf die Frage der Doppelpatentierung – ja oder nein – beschränken.

Nach der Beschwerdeentscheidung in Sachen Dart gab NPC ein Angebot [242] für die Abfindung der Benutzung des '698-Patentes in Höhe von $ 75.000 ab, zu niedrig um ernsthaft in Erwägung gezogen zu werden.

Im Juni 1984 reichten beide Parteien ihre abschließenden Stellungnahmen und Argumentationen dem Gericht ein [243]. Hierbei wurde zunächst wiederholt, dass die beiden Parteien einig seien, dass NPC das '698-Patent durch den Betrieb der Polypropylenanlage in Morris, Illinois, verletze und dass das '698-Patent gültig in Bezug auf Neuheit und Erfindungshöhe sei. NPC bestätigte weiter, dass im Jahr 1983 allein in den USA zehn Milliarden pounds (4,45 Millionen Tonnen) verkauft worden seien und dass das Polypropylen damit ein sehr brauchbares Material sei, um zum Beispiel Behälter, Fäden und Teppichunterlagen herzustellen. Als Katalysator wurde seit Beginn der Produktion eine Mischung aus Diethylaluminiumchlorid und Titantrichlorid benutzt.

NPC behauptete nun, dass für die Katalysatoren gemäß '115-Patent keine Anwendung außer der Polymerisation von α-Olefinen bekannt oder beschrieben sei. Dieser Ansicht widersprach zunächst die des Prüfers im US-Patentamt, wonach eine Trennung bei der Anmeldung – Polymerisationskatalysator einerseits und Polymerisationsverfahren andererseits –

gefordert worden war. Es konnte kein Zweifel bestehen, dass der Anspruch auf einen Katalysator breiter sei als der Anspruch gerichtet auf die Polymerisation von α-Olefinen mithilfe des geschützten Katalysators, so das Argument des Prüfers vor fast dreißig Jahren. Man konnte einen Katalysator verkaufen, der Verkauf würde unter den Katalysatoranspruch fallen, nicht aber unter den Verfahrensanspruch des '698-Patentes. Es gab eine Reihe von weiteren Beispielen, in denen die Polymerisation zwar unter den Katalysatoranspruch, aber nicht unter den Verfahrensanspruch von '698 fallen würden, z. B. die Polymerisation von Isopren, 1,3-Butadien, Acetylen, Trimerisation von Butadien etc [244]. Das '115-Patent offenbare solche Beispiele nicht, aber nach Ansicht der Klägerin sei dies auch nicht erforderlich.

Ein halbes Jahr später, Ende 1984, fällte Richter T. McMillen sein Urteil [245]: Zunächst verwarf der Richter die Behauptung des Gegners, NPC, die Studiengesellschaft habe den Prüfungsgang des '698-Patentes vorsätzlich in die Länge gezogen, um das Monopol aus dem '115-Patent wesentlich zu verlängern. Der Richter wies darauf hin, dass es zu dieser Behauptung keinerlei Beweise gäbe. Alle vom US-Patentamt gestellten Fristen habe die Klägerin regelgemäß erfüllt. Die Verzögerung der Erteilung bis ins Jahr 1978 sei durch das Interference-Verfahren mit Natta (90 833, vgl. Seite 180) verursacht worden. Das Patentamt habe zwar dort die Prioritätsfrage zugunsten von Ziegler entschieden, die Partei Natta aber dann gegen diese Entscheidung eine so genannte „§ 146 Civil Action" vor dem District Court of Columbia angestrengt, die 1983 zwischen den Nachfolgeparteien, Montedison/Studiengesellschaft, verglichen worden war. Formell habe das Patentamt bis zum Ende 1984 dieses Interference-Verfahren nicht beendet. Eine Verjährung der Ansprüche der Studiengesellschaft habe NPC daher nicht nachgewiesen.

Der Richter war aber nunmehr der Ansicht, dass das '698-Patent wegen Doppelpatentierung ungültig sei. Bei komplizierten technischen Zusammenhängen müsse das Gericht die Meinung der Experten zugrunde legen, wohl wissend, dass jeder Parteigutachter die Argumentation seiner Partei unterlegen werde. Das Gericht war der Ansicht, dass die Aussage des NPC-Gutachters von höherem Gewicht war, insbesondere deshalb, weil alle Beispiele des '115-Patentes ausschließlich die Polymerisation von α-Olefinen enthielte, d. h. keine andere Polymerisation erwähnt sei.

Bei der Beurteilung der „Doppelpatentierung" spielt die gesetzliche Regelung des 35 US C § 121 [246] eine entscheidende Rolle. Teile dieses Paragraphen besagen, dass für den Fall, dass in einer Anmeldung zwei oder mehrere unabhängige und voneinander unterscheidbare Erfindungen beansprucht würden, der Prüfer eine Teilung verlangen könne. Wird auf einen Teil ein Patent erteilt, so darf dieser Teil nicht dem anderen Teil entgegengehalten werden. Richter McMillen lehnte aber die Anwendung des § 121 ab, weil es sich nach seiner Ansicht bei den beiden Patenten nicht um zwei unabhängige Erfindungen handele.

Im Beschwerdeverfahren [247] trugen beide Parteien vor dem „US Court of Appeals for the Federal Circuit" in Washington noch einmal die relevanten Argumente vor. Wenn das '698-Patent als gültig erklärt würde, so hätte die gesamte Polypropylen-Industrie Lizenzgebühren über 32 Jahre zu zahlen. Der ökonomische Umfang des Patentsystems würde somit zu Gunsten der Studiengesellschaft geändert, so die Anwälte von NPC. Sprung und Kramer verwiesen wiederholt darauf hin, dass die Erfindungen des '115-Patentes und des '698-Patentes nicht identisch seien, und dass das '698-Patent damit Anspruch auf den Schutz des § 121, 35 USC hätte.

Die Entscheidung [248] des Beschwerdegerichts vom 10.02.1986 war von außerordentlicher Bedeutung.

Zunächst stimmte das Gericht der Auffassung der Studiengesellschaft zu, dass beide Patente, '115 und '698, unterschiedlichen Erfindungsklassen zuzuordnen seien, Stoffschutz bzw. Verfahrensschutz, und schon deshalb nicht eine identische Erfindung beinhalteten; dies sei ausreichend, um eine Doppelpatentierung wegen „gleicher Erfindung" auszuschließen. Die beanspruchte Erfindung gemäß '115-Patent könne ohne Verletzung des zweiten Patentes praktiziert werden. Das Beschwerdegericht war der Ansicht, dass der District Court irrte. Deshalb sei es nicht erforderlich, sich weiter mit dem Paragraphen 121 zu befassen. Aber speziell im Hinblick auf diesen Paragraphen wäre auch eine Doppelpatentierung auf Basis des Naheliegens beider Patente nicht gegeben, weil die gesetzliche Regelung gerade ausschließe, dass ein Patent gegen das andere als Vorpublikation zitiert werden könne.

Bei der Reform der Patentgesetze 1952 hatte der US-Kongress eine Behandlung des Ablaufs von Patenten nach einer Teilungsverfügung des US-Patentamtes abgelehnt, obwohl die Frage anstand. Der Kongress beabsichtigte, insbesondere nicht die Laufzeit des späteren, verglichen mit der Laufzeit des ersten Patentes, zu limitieren. Im vorliegenden Fall war der zeitliche Unterschied der Erteilung beider Patente besonders groß. Die Schuld daran trüge aber nicht die Studiengesellschaft, wie Richter McMillen bereits festgestellt hatte, vielmehr die Interference-Praxis im US-Patentamt:

> „If the law as it has been written by Congress creates anomalous situations, then it is for Congress to decide whether to change the law".

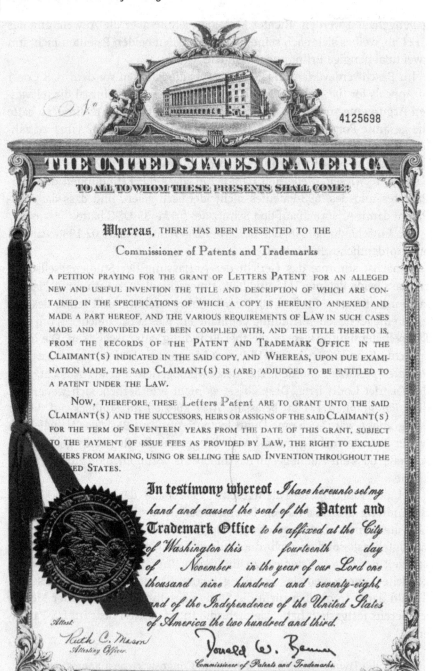

4125698

THE UNITED STATES OF AMERICA

TO ALL TO WHOM THESE PRESENTS SHALL COME:

Whereas, THERE HAS BEEN PRESENTED TO THE

Commissioner of Patents and Trademarks

A PETITION PRAYING FOR THE GRANT OF LETTERS PATENT FOR AN ALLEGED NEW AND USEFUL INVENTION THE TITLE AND DESCRIPTION OF WHICH ARE CONTAINED IN THE SPECIFICATIONS OF WHICH A COPY IS HEREUNTO ANNEXED AND MADE A PART HEREOF, AND THE VARIOUS REQUIREMENTS OF LAW IN SUCH CASES MADE AND PROVIDED HAVE BEEN COMPLIED WITH, AND THE TITLE THERETO IS, FROM THE RECORDS OF THE PATENT AND TRADEMARK OFFICE IN THE CLAIMANT(S) INDICATED IN THE SAID COPY, AND WHEREAS, UPON DUE EXAMINATION MADE, THE SAID CLAIMANT(S) IS (ARE) ADJUDGED TO BE ENTITLED TO A PATENT UNDER THE LAW.

NOW, THEREFORE, THESE Letters Patent ARE TO GRANT UNTO THE SAID CLAIMANT(S) AND THE SUCCESSORS, HEIRS OR ASSIGNS OF THE SAID CLAIMANT(S) FOR THE TERM OF SEVENTEEN YEARS FROM THE DATE OF THIS GRANT, SUBJECT TO THE PAYMENT OF ISSUE FEES AS PROVIDED BY LAW, THE RIGHT TO EXCLUDE ̶HERS FROM MAKING, USING OR SELLING THE SAID INVENTION THROUGHOUT THE ̶ED STATES.

In testimony whereof I have hereunto set my hand and caused the seal of the **Patent and Trademark Office** *to be affixed at the City of Washington this fourteenth day of November in the year of our Lord one thousand nine hundred and seventy-eight and of the Independence of the United States of America the two hundred and third.*

Attest:

Ruth C. Mason
Attesting Officer

Donald W. Banner
Commissioner of Patents and Trademarks.

FORM PTO 377A

$\xi_{\times 3,4} \bar{z}$
$5 \bar{N_i}$

| **United States Patent** [19] | [11] | 4,125,698 |
| Ziegler et al. | [45] | Nov. 14, 1978 |

[54] POLYMERIZATION OF ETHYLENICALLY UNSATURATED HYDROCARBONS

[75] Inventors: Karl Ziegler; Heinz Breil; Heinz Martin; Erhard Holzkamp, all of Mulheim an der Ruhr, Germany

[73] Assignee: Studiengesellschaft Kohle M.b.h., Mulehim, an der Ruhr, Germany

[21] Appl. No.: 770,484

[22] Filed: Oct. 29, 1958

Related U.S. Application Data

[63] Continuation of Ser. No. 482,412, Jan. 17, 1955, abandoned, and Ser. No. 527,413, Aug. 9, 1955, abandoned, and Ser. No. 514,068, Jun. 8, 1955.

[30] Foreign Application Priority Data

Nov. 17, 1953	[DE]	Fed. Rep. of Germany	Z 3799
Dec. 15, 1953	[DE]	Fed. Rep. of Germany	Z 3862
Dec. 23, 1953	[DE]	Fed. Rep. of Germany	Z 3882
Jan. 19, 1954	[DE]	Fed. Rep. of Germany	Z 3941
Aug. 3, 1954	[DE]	Fed. Rep. of Germany	Z 4348
Aug. 16, 1954	[DE]	Fed. Rep. of Germany	Z 4375
Dec. 11, 1954	[DE]	Fed. Rep. of Germany	Z 4603
Dec. 13, 1954	[DE]	Fed. Rep. of Germany	Z 4604

[51] Int. Cl.² C08F 4/66; C08F 10/00

[52] U.S. Cl. 526/159; 526/95; 526/103; 526/105; 526/107; 526/164; 526/169.1; 526/169.2; 526/352; 526/906

[58] Field of Search 260/94.9, 93.7; 526/159, 169, 103, 95, 105, 107, 169.1, 169.2, 164

[56] References Cited

U.S. PATENT DOCUMENTS

| 3,058,963 | 10/1962 | Vandenberg | 526/159 |
| 3,114,743 | 12/1963 | Horne | 526/159 |

Primary Examiner—Edward J. Smith
Attorney, Agent, or Firm—Burgess, Dinklage & Sprung

[57] ABSTRACT

Method for the polymerization of alpha-olefins, e.g., ethylene and its higher homologs, to produce high molecular weight polymers by contacting the alpha-olefin or an alpha-olefin mixture to be polymerized with a catalyst formed from a mixture of a first and second component, the first component essentially consisting of a dialkyl, diaryl organoaluminum compound, or aluminum hydride, and preferably a dialkyl aluminum halide, e.g., diethyl aluminum chloride, and the second component essentially consisting of a salt, freshly precipitated oxide or hydroxide of a Group IVB, VB, VIB or VIII of the Periodic System, and most preferably a salt, such as titanium chloride.

15 Claims, 5 Drawing Figures

Die Entscheidung des District Court bezüglich der Ungültigkeit des '698-Patentes wurde aufgehoben.

Richterin Newman erläuterte als Anhang zum Urteil die Basis und historische Entwicklung des § 121, 35 USC. Die Teilung der ursprünglichen Anmeldung von 1954 durch die Teilungsverfügung des Amtes hat die Anwendung des § 121 zur Folge. Die Statuten hierzu sind vom Kongress beschlossen. Danach ist eine Situation der Zeit vor 1952, wonach der Prüfer die Teilungsverfügung erlassen und dann die zweite Anmeldung mithilfe des Inhalts der ersten zurückweisen konnte, korrigiert. Selbst bei Erteilung von zwei verwandten Patenten haben Gerichte damals ein Patent wegen Doppelpatentierung für ungültig erklärt. Aus diesem Grund ist der § 121 eingeführt worden. Der Vorschlag, dass beide Patente zum gleichen Datum ablaufen, wurde ausdrücklich nicht angenommen. Nach 1952 gab es nur sehr wenige Fälle, in denen der § 121 zu Fragen der Doppelpatentierung angewandt wurde. Es gibt keinen Fall, und die Parteien haben auch keinen Fall zitiert, dass ein Gericht ein Patent wegen Doppelpatentierung für ungültig erklärt hatte, in dem das Patent als Folge einer Teilungsverfügung gemäß § 121 angemeldet worden war. Der § 121 schützt aber auch den Anmelder davor, die Richtigkeit der Teilungsverfügung prüfen zu müssen. Der Prüfer hat auch nicht die Teilungsverfügung zurückgenommen.

Die Entscheidung enthielt keinen Kommentar dazu, dass beide Patente in Teilen sich überlappen. Eine Erfindung konnte danach von beiden Patenten abgedeckt sein, soweit der überlappende Teil betroffen war.

Die Konsequenz aus dem Urteil war, dass die Polymerisation von Propen mithilfe des von NPC benutzten Katalysators von beiden Patenten abgedeckt war und die Studiengesellschaft einen Patentschutz über 32 Jahre, 1963–1995, anstelle der gesetzlich vorgesehenen 17 Jahre in Anspruch nehmen konnte. Der Autor hat sich erlaubt, die Entscheidung wegen ihrer Einmaligkeit als „Lex-Ziegler" zu bezeichnen. Die ungewöhnlich lange Schutzdauer hing also letztlich damit zusammen, dass das Patentamt die Teilungsverfügung nicht zurückgenommen und sich bei der Erteilung beider Schutzrechte unterschiedlich lange Zeit genommen hatte.

Es folgten formelle Schritte wie Zurückverweisung des Falles an das District Court [249]. Das Gericht lehnte durch Richterin Newman sowohl eine Verlängerung des Verfahrens bis zur Entscheidung des Supreme Court [250] als auch eine nochmalige Anhörung ab [251].

Am 16.06.1986 erließ Richter W. Hart ein gerichtliches Verbot [252] für den Produktionsbetrieb von NPC, wirksam zum 27.06.1986, 17 Uhr. Der gerichtliche Druck zeigte Wirkung. Sechs Tage vor Ablauf der gesetzten Frist einigten sich Martin/Sprung einerseits mit R.D. Kinder, Executive Vice President der Enron Corporation (Nachfolgegesellschaft von NPC) in Houston, Texas, andererseits über die „Heads of Agreement" [253] bezüglich des Schadenersatzes, und einen Tag vor Ablauf der Frist zahlte Enron Chemical direkt an die Studiengesellschaft [254]. Die Einigung führte zu einem Lizenzvertrag [255], der den Schadenersatz für die Vergangenheit, Vorauszahlung und laufende Lizenzabgabe für die Produktion nach dem 30.06.1986 festlegte.

Das Urteil hatte weit reichende Konsequenzen bezüglich anderer Produzenten, die die Schutzwirkung des '698-Patentes ignoriert hatten. Zunächst sei festgestellt, dass die höchstrichterliche Entscheidung gegen NPC einen weiteren positiven Schub des Lizenzgeschäftes [256] brachte. So schlossen **Phillips Petroleum Co** [257] und **El Paso Products Co** [258] (hatte die Produktion von Dart ganz übernommen) noch im selben Jahr Lizenzverträge, in denen für die vergangene Produktion seit 1980 und für die Zukunft die Lizenzabgabe geregelt waren. NPC, Phillips Petroleum und El Paso entrichteten laufende Lizenzabgaben praktisch bis zum Ablauf des '698-Patentes.

Arco Polymers (Tochterfirma der Atlantic Richfield Co.) hatte sich bezüglich des '115-Patentes an die Entscheidung in Sachen Dart gebunden und nach der Entscheidung Schadenersatz gezahlt. Arco war der Auffassung, dass damit ihre Verpflichtung erledigt sei, als die Studiengesellschaft wegen des '698-Patentes nochmals Klage [259] erhob. Es war für Arco umso überraschender, als sie beabsichtigte, aus dem Polyolefingeschäft auszusteigen. Der Käufer scheute den Abschluss, weil er eine jahrelange Auseinandersetzung mit der Studiengesellschaft fürchtete [260]. Arco suchte eine Lösung mit der Studiengesellschaft, und im Juni 1984 unterzeichneten beide Parteien einen Vertrag [261], wonach gegen Zahlung von $ 1 Million durch Arco eine Abfindung für das '698-Patent bis zu einer Kapazitätsgrenze von 500 Millionen pounds Polypropylen p. a. verbrieft wurde. Eine Produktion darüber hinaus sollte mit 0,5 % Lizenzabgabe belegt werden.

Die **Shell Oil Co.** in Houston, Texas, hatte eine Produktionslizenz [262] für Polypropylen seit 1964, seit 1972 mit reduzierten Lizenzabgaben [263] (siehe Seite 203/204) und seit 1974 mit den dann gültigen Standard-Lizenzabgabesätzen [264]. Der letzte Vertrag enthielt auch die Benutzung der US-Patentanmeldung zum später erteilten US-Patent '698. Wie andere Polypropylen-Produzenten in den USA äußerte auch Shell gegenüber der Studiengesellschaft Bedenken zu der Rechtsbeständigkeit des '115-Patentes und stellte schließlich die Zahlung von Lizenzabgaben ein. Wie früher schon versucht, drängte Shell Oil Co. auf die Abfindung des Vertrages mit einer möglichst günstigen Abfindungssumme. Ende 1979 zahlte sie dann $ 1,8 Millionen und erhielt eine Freilizenz [265] bis zu 450 Millionen pounds p. a. Sie verpflichtete sich weiter, für eine Produktion darüber bis zum Ablauf des '115-Patentes Ende 1980 eine laufende Abgabe von 1 % des Verkaufs abzuführen, und für die Zeit nach 1980 eine noch zu verhandelnde Lizenzabgabe für die Überkapazität. Hierbei war geregelt, dass für die Lizenzabgabe nach 1980 der Lizenzsatz nicht größer sein sollte als der anderer zahlender Lizenznehmer. Zu erwähnen bleibt, dass die Studiengesellschaft tolerierte, dass die von Shell praktizierte und, wie von ihr repräsentiert, kleine Produktion an Polybuten „nicht durch die Patente der Studiengesellschaft abgedeckt ist".

Die Entscheidung gegen NPC veranlasste die Studiengesellschaft, alle Lizenzverträge (Shell) mit der Begründung zu kündigen, dass Shell Oil über Verkäufe nicht berichtet und keine Lizenzabgaben gezahlt habe [266]. Shell wehrte sich mit der Erklärung, dass gemäß Vertrag von 1979 die Höhe der Lizenzabgaben nicht verabredet war. Am Tag der Kündigung hatte dann Shell noch schnell einen Bericht über die Polypropylenproduktion [267] an die Studiengesellschaft geschickt. Dabei tauchte, erstmals für das Jahr 1986, die Kennzeichnung einer Produktion ohne die Verwendung von Alkylaluminiumhalogenid als Katalysatorkomponente auf, die offensichtlich von Shell als außerhalb des Lizenzvertrages angesehen wurde.

Schließlich erhob Shell Feststellungsklage [268]. Neben der nur langsam in Gang kommenden Fortsetzung der Klagebehandlung interessierte sich Shell für eine außergerichtliche Regelung. Ende April 1987 bot Shell erstmalig detaillierte Bedingungen [269] hierzu an. In der Diskussion mit Shell wurde eine Lösung gefunden und Anfang Juli 1987 ein Lizenzvertrag [270] abgeschlossen.

Die mit der Klage verbundene Kündigung der Verträge von 1974 und 1979 durch die Studiengesellschaft wurde zurückgenommen und Shell Oil verpflichtete sich zu einer Lizenzabgabe unter dem '698-Patent von 1,5 % aus Verkäufen über 450 Millionen pounds Polypropylen pro Jahr. Außerdem entschädigte sie Verkäufe aus der Vergangenheit durch Zahlung einer einmaligen Summe von $ 2 Millionen.

Von weiterer großer Bedeutung war der Teil des Vertrages, in dem sich Shell verpflichtete, die Menge an produziertem Polypropylen zu spezifizieren, die nach Ansicht von Shell nicht unter die Schutzrechte der Studiengesellschaft fielen, versehen mit ausreichender Information, um es der Studiengesellschaft zu ermöglichen, selbst zu bewerten, ob diese Produktion tatsächlich außerhalb der lizenzierten Schutzrechte lag, also unabhängig von dem '698-Patent war. Hier bahnte sich ein neuer Konflikt an.

Ehe weitere Ausführungen angeschlossen werden, sollte zu diesem Zeitpunkt auf ein Kapitel eingegangen werden, dessen geschichtliche Entwicklung sich in einer entscheidenden Phase befand.

5.9
Der Patentschutz des Stoffes „Polypropylen"

Aus der vorliegenden historischen Betrachtung über das neue Polypropylen (Kap. I, Seite 1–10) waren zahlreiche Hinweise auf die gerichtliche Auseinandersetzung um den Stoffschutz für Polypropylen [271] zu entnehmen. Eine Entscheidung zwischen den beteiligten Parteien, Standard Oil of Indiana, Phillips Petroleum, Du Pont, Montecatini, fiel im Jahr 1981 zugunsten von Phillips Petroleum. Der Ursprung der Auseinandersetzung ging auf das Jahr 1958 zurück, in dem das Amerikanische Patentamt aufgrund von Patentanmeldungen der beteiligten Parteien ein „Interference-Verfahren" in Gang setzte (vgl. Kap I, [1]). Ziegler war an diesem Verfahren, wie erwähnt, nicht beteiligt (vgl. Seite 2, Abs. 1). Es war die Zeit der Auseinandersetzung über die Folgen der Pool-Verträge mit Montecatini. Man hatte sich geeinigt, das gemeinsam interessierende Entwicklungsfeld patentrechtlich in der Weise aufzuteilen, dass Ziegler seine Katalysatoren und Montecatini das „isotaktische Polypropylen" in den USA verfolgen sollten. Die Polymerisationskatalysatoren von Ziegler und Mitarbeitern erhielten einen Patentschutz u. a. im '115-Patent, die isotaktischen Polypropylene in den '300- (US P 3,112,300) und '301- (US P 3,112,301) Patenten von Montecatini. Die Anwendung der Ziegler-Katalysatoren auf die Polymerisation von u. a. Propen war dann in dem folgenden '698-Patent geschützt. Die ursprüngliche US-Patentanmeldung zur Polymerisation von u. a. Propen enthielt aber noch von Ziegler und Mitarbeitern aufgestellte Stoffschutzansprüche für das neue Polypropylen. Über die Erteilung dieser Ansprüche [272], die im US-Patentamt vorlagen, hatte keine Instanz bisher ein Votum abgegeben. Zunächst bestand aus der Interessenlage auch kein Anlass, eine Entscheidung herbeizuführen, da ausreichender Schutz in Form der beiden Grundpatente bestand ('115 und '698).

Durch die höchstrichterliche Bestätigung der Rechtsbeständigkeit des zweiten Ziegler/Studiengesellschaft-Patentes, '698, ermutigt, forcierte die Studiengesellschaft die Prüfung der Stoffschutzansprüche „Polypropylen" im US-Patentamt. Man kann sich die Haltung des Prüfers [273] vorstellen, der sich nach so langer Zeit und der schon vorliegenden Entscheidung aus den Jahren 1980/81 in der Situation sah, eine weitere Entscheidung treffen zu müssen. Er wies das Begehren durch massive Einwände zurück. Auch nach der Beseitigung einer Reihe von formellen Einwänden ließ sich der Prüfer auf nichts ein. Er wies diese Ansprüche endgültig zurück. Vor der Beschwerdeinstanz des US-Patentamtes [274] blieben nur zwei Literaturstellen als sog. „ältere Rechte" gegen die Erteilung der Ansprüche der Studiengesellschaft übrig – einmal das früher erteilte Patent von Field, Standard Oil of Indiana (2,691,647 aus dem Jahr 1952), und Hogan, Phillips Petroleum (4,376,851 mit Priorität 27.01.1953) –, beide Schutzrechte sind früher behandelt worden (vgl. Kap. 1, [4, 14]).

Es sei an dieser Stelle noch einmal vermerkt, dass die nach den beiden genannten Patenten hergestellten Polypropylene nicht mit Ziegler-Katalysatoren hergestellt waren. Zu beiden hatte das Gericht in der oben angeführten Zivilklage 4319 bezüglich des Stoffschutzes für Polypropylen eine Entscheidung getroffen: Im '647 Field-Patent[61] gab es keine Beschreibung über ein plastisches Polypropylen, das zu Folien und Platten verarbeitet werden konnte. Es fehlte jede Charakterisierung des Polypropylens. Das '851-Hogan-Patent[61] enthielt – soweit die Priorität von 1953 betroffen war – keine Beschreibung zu einem plastisch verarbeitbaren festen Polypropylen. Es war lediglich die Rede davon, dass feste, teilkristalline Polymere gewonnen werden konnten.

---

61) Civil Action 4319, US District Court for the District of Delaware, in Folge des Interference 89 634 (494 F. Supp. P. 370–461, 206 U.S.P.Q. p. 676, 1980) Urteil bestätigt durch 3rd Cir. 1981.

Die Beschwerdekammer des US-Patentamtes [275] urteilte Anfang 1987 zugunsten der Auffassung des Prüfers und lehnte einen Stoffschutz für die Studiengesellschaft im Hinblick auf die beiden Entgegenhaltungen, Field und Hogan, ab. Als Begründung wurde zu Hogan erläutert, dass dort ein festes Polypropylen, bestehend aus sich wiederholenden Propyleneinheiten mit einem kristallinen Anteil beschrieben sei. In Bezug auf Field wurde darauf verwiesen, dass das Patent die Herstellung von festem Polypropylen offenbare und allgemein davon gesprochen werde, dass die Polymeren zu Filmen verarbeitet werden könnten.[62] Dass in der Entscheidung der Civil Action das Prioritätsdatum von Field nicht anerkannt, vielmehr auf den 15.10.1954 nachverlegt wurde, fand jetzt keine Würdigung. Es sei auch nicht erkennbar, so das Gericht, dass das Polypropylenprodukt nach Hogan eine andere Struktur habe als die von der Studiengesellschaft beanspruchte. Das Gleiche treffe im Zusammenhang mit Field zu. Wenn aber beide Produkte, nach Hogan und Field, strukturgleich waren, so war nicht zu verstehen, warum Field (Standard Oil of Indiana), da älteren Datums, nicht die Priorität zuerkannt worden war.

Es wurde nunmehr der „US Court of Appeals for the Federal Circuit", die letzte Beschwerdeinstanz, angerufen [276]. Aber auch hier [277] scheiterte die Studiengesellschaft. Die Richter bestätigten [278] die bisher ergangenen Entscheidungen. Sie fügten aber hinzu, dass der Anmelder Studiengesellschaft Gelegenheit gehabt habe, mithilfe von vergleichenden Versuchen über Affidavits ihre Argumentation zu belegen.

Dem Hinweis des Gerichtes folgend, wurde die im Verfahren eingeführte Anmeldung durch eine neue Anmeldung gleichen Inhalts ersetzt, wobei Martin nun die Ergebnisse seiner Versuchsreihen zu Field und Hogan in Form von beeideten „Declarations" vorlegte. Beim Nacharbeiten der Angaben von Field [279] waren keine festen, allenfalls ölige Produkte erhalten worden. Bei Wiederholung der Versuche nach Hogan [280] wurden zwar feste, auch teilkristalline Produkte hergestellt, aber alle festen Fraktionen, die über Extraktion mit Lösungsmitteln nach Vorschrift erhalten wurden, waren entweder Wachse oder spröde, nicht flexible Produkte, alle löslich in siedendem Heptan (Hochkristallines, thermoplastisches Polypropylen ist in siedendem Heptan unlöslich).

Anfang 1989 wies der Prüfer [281], E. Smith, die neue Anmeldung ebenfalls zurück. Er ging wiederum nicht darauf ein, dass die Ansprüche der Studiengesellschaft fordern, dass das Produkt plastisch bzw. flexibel sei. Nun zitierte aber der Prüfer einen Versuch von Baxter, Du Pont [282], vom Mai 1954, also vor dem Prioritätsdatum August 1954 von Ziegler/Martin

---

62) 494 Federal Supplement, Civil Action No.
   4319, Seite 397–410.

(s. Seite 9, Abs. 2 – Seite 10, Abs. 1). Das Gericht in der Civil Action 4319 von 1980/81 hatte bereits entschieden, dass dieses Produkt[63] die gesetzlichen Forderungen für die Anerkennung einer Priorität nicht erfülle, eine Verwendung war nicht beschrieben. Du Pont war die Priorität vom 19.08.1954, also nach der Ziegler-Priorität, zuerkannt worden. Dem Gericht war offensichtlich nicht bekannt, so aber jetzt der Prüfer, dass das Produkt von Baxter wenige Tage vor der Priorität von Ziegler et al. als kristallin und seine Verwendung zumindest in der gleichen Form wie in der Ziegler-Anmeldung beschrieben war. Wenn bei Du Pont eine ausreichende Beschreibung der Verwendung fehle, so treffe dies auch für die deutsche Prioritätsanmeldung von Ziegler zu.[64]

Zunächst wurden zwei weitere Declarations [283, 284] dem Prüfer vorgelegt, in der die älteren Rechte von Field im Zusammenhang mit der Entscheidung in der besprochenen Civil Action No. 4319 diskutiert waren. Die Richter befassten sich damals nicht mit den beiden Field-Publikationen. Vielmehr definierten sie die notwendigen Charakteristika für das infrage stehende Polypropylen, die von Field bzw. Standard Oil of Indiana erst mit 15.10.1954 erfüllt waren. Natta hatte 1956 das Beispiel 21 aus Field '647 nachgearbeitet, kein festes Polypropylen gefunden, lediglich Kohlenwasserstofföl (s. Seite 130, Abs. 1, und Kap. I, Lit. [16]). In einer letzten Declaration [285] zu Hogan hatte Martin sieben Versuche beschrieben, in denen Polypropylen, mit Ziegler-Katalysatoren hergestellt, Schmelzpunkte über 140 °C aufwiesen, um zu belegen, dass Ziegler-Polypropylen sich von dem der Hogan-und-Banks-Produkte unterschied. In der Zivilklage 4319 befand das Gericht zu Hogan, Phillips Petroleum, dass bei Phillips die Verwendung des Produktes als festes plastisches Material nicht offenbart sei, wohl aber als „wax modifier" (Fed. Suppl., Seite 418, re. Spalte 12–15 und 16–18).[65]

Der Prüfer ignorierte die Forderung, dass ein Polypropylen gemäß Anspruch der Studiengesellschaft plastisch und flexibel sein muss. Er flüchtete sich in die Behauptung, dass der Anspruch der Studiengesellschaft die

---

63) 494 Fed. Supplement, Seite 370-461, 1981:Civil Action No. 4319, District Court of Delaware – Entscheidung 11.01.1980, Seite 390, li. Spalte, letzte Zeile – re. Spalte, Zeile 1:
„Du Pont's scientists did not recognize what they had nor did they sufficiently prove the utility of their product".
Seite 395, li. Spalte, Zeile 29–33:
„Therefore, the Board's determination that Du Pont did not recognize utility is affirmed".
Seite 397, li. Spalte, Zeile 24–27:
„This Court therefore affirms the Board's Opinion awarding Du Pont a priority day of August 19, 1954".

64) Das Patentamt hatte in der Entscheidung zum Interference 90 833 – 3-Parteien-Interference, Ziegler, Du Pont (Baxter), Montecatini (Natta), zugunsten von Ziegler 1969 entschieden – die Beschreibung der Verwendung des festen Polypropylens in der Prioritätsanmeldung Zieglers als ausreichend anerkannt. Die gleiche Aussage wurde in der Klage Studiengesellschaft v. Eastman Kodak vom Gericht [286] gemacht.

65) In einer Klage Phillips Petroleum/US Steel entschied Richter Langobardi, dass das Polypropylen der Phillips Anmeldung aus 1953 ein sprödes Polymer von niederem Molekulargewicht und kommerziell nie produziert worden sei (Seite 1125, 6 USPQ 2d 1065).

Produkte von Hogan und Field nicht ausschließe [287]. Die gleiche Prozedur wie einige Jahre vorher war angesagt: Die Studiengesellschaft erhob erneut Beschwerde Ende 1989 [288] gegen den endgültigen Bescheid des Prüfers. In seiner Antwort [289] auf die Beschwerde wurde die Argumentation des Prüfers immer skurriler. So meinte er, dass ein Polypropylen nach Hogan, das von Martin als bei 140 °C flüssig beschrieben wurde, bei dieser Temperatur durchaus verarbeitet werden könnte, indem man es in geeignete Formen gieße. Ansonsten wiederholte er, dass die Prioritätsanmeldung von Ziegler und Mitarbeitern eine ausreichende Beschreibung der Verwendung von z. B. Polypropylen nicht erbracht hätte, speziell die festen Produkte bei Temperaturen über etwa 140 °C zu verarbeiten. Aus der Anmeldung könne man allenfalls erkennen, dass Folien bei 140 °C durch Verpressen des Produktes erzeugt würden. Weder sei ein Beleg für „ca." noch für „über ca. 140 °C", wie in den Ansprüchen gefordert, zu finden. Wenn also das Gericht in der Zivilklage 4319 der Ansicht war, dass Du Pont vor dem August 1954 eine ausreichende Verwertung nicht beschrieben habe, so gelte das auch für die deutsche Prioritätsanmeldung von Ziegler.

In ihrer Entscheidung [290] akzeptierte die Beschwerdekammer den Inhalt der fünf Martin-Declarations, wonach das jetzt beanspruchte Polypropylen nicht identisch sei mit dem Produkt, wie bei Hogan und Field beschrieben, ein Teilerfolg. Die Erfindung zum Polypropylen-Stoffschutz sei aber von Baxter in den USA zuerst beschrieben. Hierzu sei erforderlich festzustellen, dass die Verwendung einer Erfindung von der Erfindung per se zu unterscheiden sei. Wenn die Beschreibung der Verwendung, so wie von der Studiengesellschaft beansprucht, in der Beschreibung nicht wieder zu finden sei, so sei die Verwendungspriorität nicht erfüllt, und das Datum der Baxter-Anmeldung komme zum Zuge.

Spätestens hier war für die Studiengesellschaft nicht zu übersehen, dass die Entscheidungsgremien im US-Patentamt und den zuständigen Patentgerichten nicht gewillt waren, der Studiengesellschaft ein weiteres Patent mit 17-jähriger Laufzeit zu gewähren und damit die Polypropylen-Produktion in den USA patentrechtlich zu beherrschen. Sie setzten sich über frühere Entscheidungen hinweg.

Trotzdem wurde der geltende Anspruch durch Streichung des Wortes „about" (etwa, ca.). 140 °C entsprechend den Einwänden des Prüfers und der Kammer abgeändert [291]. Das wurde vom Patentamt aber nicht akzeptiert [292].

Die Studiengesellschaft rief die oberste Beschwerdeinstanz an. Der „US Court of Appeals for the Federal Circuit" [293] entschied 1993, dass, wenn es zuträfe, wie die Vorinstanzen entschieden hätten, dass Ziegler das deutsche Prioritätsdatum nicht geltend machen könne, dass dann Du Pont (Baxter) '680 [282] vom 19. August 1954 die Erfindung vorwegnähme. Der einzige Punkt zur Entscheidung sei, ob der Prüfer und die Beschwerdekammer korrekt entschieden hätten, dass die deutsche Ziegler-Anmeldung eine praktische Verwendung nicht beschreibe. Bei kritischer Prüfung der Offenbarung kam das Gericht zu dem Schluss, dass Ziegler keine praktische Verwendung für das Polypropylen oder Polypropylenfilm offenbart hätte.

Dies war der Kern der Aussage, die dazu führte, dass das deutsche Anmeldedatum als Prioritätsdatum für einen Stoffschutz nicht anerkannt wurde. Kein Zweifel, dass diese Aussage entgegen allen früheren Entscheidungen den gewünschten Effekt hatte: kein weiteres Patent für diese Erfindung. Die Aussage, dass ein Film aus Polypropylen keine ausreichende Anwendung belege, war ungewöhnlich. Für diese Aussage hatten Amt und Gerichte acht Jahre benötigt. Die jetzt ergangene Entscheidung stand im krassen Gegensatz zu mehreren früheren Entscheidungen, u. a. des Patentamtes und einiger Gerichte (Fußnoten 63–65 Seite 255).

Die Konsequenz, keine weitere Erteilung eines Patentes zu erhalten, war nicht die einzige aus der zähen Prozedur. Zu diesem Zeitpunkt kümmerte sich keiner mehr um den Schutz des Polypropylens. Als weiteres Teilergebnis sollte aber festgehalten werden, dass es keine ältere Publikation oder wirksames älteres Recht gegen das von Ziegler beanspruchte Polypropylen gegeben hatte. Das von Hogan, Phillips, beschriebene Polypropylen war ein zwar teilkristallines, aber sprödes Material, allenfalls als Zusatz bei der Kerzenproduktion verwendbar. Field, Standard Oil of Indiana, hatte ein Polypropylenmaterial beschrieben, das als mehr ölig als fest charakterisiert werden konnte. Obwohl älter als der Hogan-Befund, konnte die Beschreibung noch nicht einmal gegen Hogan geltend gemacht werden. In Bezug auf Natta galt gegenüber Ziegler lediglich das amerikanische Anmeldungsdatum, das deutlich nach dem deutschen Prioritätsdatum von Ziegler/Martin lag. Darüber hinaus wurden die Natta-Versuche zum Polypropylen, die zwar früher als die Versuche von Martin durchgeführt waren, als nicht unabhängige Erfindungen eingeschätzt.

Als weiterer Beleg für die Richtigkeit des Inhaltes der im Vorabsatz beschriebenen Situation galt außer der Dokumentation der Umfang des Lizenzgeschäftes mit den US-Polypropylenproduzenten.

5.10
„High Speed-" oder „High Mileage-" oder „Ziegler-Katalysatoren der zweiten oder dritten Generation"

In der ersten Hälfte der siebziger Jahre führten Untersuchungen in unterschiedlichen, vornehmlich industriellen Forschungskreisen zur Verbesserung der Polypropylenausbeuten an Ziegler-Katalysatoren und zu ersten Schutzrechten hierzu. Ziel der Untersuchungen war, die Aktivität der Katalysatoren so zu erhöhen, dass eine Entfernung der Katalysatorreste aus dem Polymer überflüssig wurde und als Nebenprodukt ataktisches, klebriges Polypropylen nur noch untergeordnet entstand [294]. Es waren insbesondere Entwicklungen bei Montedison, Italien, die die Anwendung von so genannten speziellen Titan-Trägerkokatalysatoren als Katalysatorkomponenten betrafen [295]. Der inerte Träger war fein vermahlenes Magnesiumchlorid. Als Titankomponente erwies sich überraschenderweise wieder das flüssige oder gelöste Titantetrachlorid als bevorzugter Ausgangsstoff, der auf den Träger in sehr dünner Schicht aufgezogen wurde. Erstmals wurden aber jetzt bei der Katalysatorherstellung so genannte Donatoren, Lewis-Basen, zugesetzt, die man im Allgemeinen als „Komplexbildner" bezeichnete. Eine Komplexbildung sollte danach sowohl mit der Titanverbindung als auch mit der zweiten Katalysatorkomponente, der Aluminiumverbindung, stattfinden. Die Menge an notwendiger Titankomponente ließ sich jetzt drastisch herabsetzen [296]. In Japan liefen Paralleluntersuchungen bei der Mitsui Petrochemical [297]. Beide Firmen, Montedison und Mitsui Petrochemical, meldeten dann einzeln und auch gemeinsam Schutzrechte an [298]. Untersuchungen über die optimierte Verfahrensweise waren in zahlreichen Publikationen beschrieben. Nur wenige enthielten jedoch Versuchsergebnisse über die Produkte bei der chemischen Reaktion der beteiligen Aluminiumverbindung mit den zugesetzten Donatoren, wie bevorzugt zunächst aromatische Ester vom Typ Alkyl-benzoat.

Die Benutzer dieser „High-Speed"-Katalysatoren nahmen für sich in Anspruch, von Ziegler- bzw. Studiengesellschaft-Schutzrechten völlig unabhängig zu sein. Sie verwiesen darauf, dass es keine Gerichtsentscheidung gäbe, die sich mit dem System Magnesiumchlorid-Trägerkatalysatoren unter Zusatz von Aluminiumtriethyl befasst hätte [294].

Bei der späteren kommerziellen Anwendung der beschriebenen Katalysatorsysteme dieser verbesserten Art wurde die Aluminiumverbindung, z. B. Aluminiumtriethyl, zunächst mit dem Donator vermischt und erst anschließend die Titankomponente zugegeben.

Bereits in einer älteren Publikation von Karl Ziegler und Mitarbeitern [299] konnte man nachlesen, in welcher Weise Carbonsäureester (Zimtsäureester, Benzoesäure) mit Aluminiumtrialkylen sich reduzieren ließen. Das bevorzugte (Molekular-)Verhältnis war in den hier behandelten Fällen zwei Aluminiumtrialkyl pro Ester und mehr. Es entstanden dabei, wie Karl Ziegler und Mitarbeiter beschrieben, ein Dialkylaluminiumalkoxyl und ein Dialkylaluminiumarylalkoxyl im Fall der Reduktion aromatischer Alkylester. 1983 erschien eine Publikation [300] von B.L. Goodall zu Forschungsergebnissen aus dem Shell-Laboratorium in Amsterdam. Zur Zeit der Publikation gehörte er bereits der Shell Development Co. in Houston, Texas, an. Die Erwähnung dieser Tatsache ist notwendig, weil Goodall in der Publikation feststellte, „dass Ester mit Aluminiumtriethyl unter Polymerisationsbedingungen irreversible chemische Reaktionen eingehen", die Firma Shell Oil in den USA dies für eine ihrer eigenen Produktionsstätten in einer späteren Auseinandersetzung vehement bestritt. Goodall gab ein Reaktionsschema über den Ablauf. Die Produkte glichen denen, die Ziegler und Mitarbeiter bereits beschrieben hatten.

Zum gleichen Ergebnis kamen Forscher aus dem Gulf Forschungscenter [301] in Pittsburgh. Die Autoren schlugen vor, dass in den Katalysatoren der neuen Art die gebildeten Diethylaluminiumalkoxide die tatsächlichen Modifizierer in der Olefinpolymerisation waren, verantwortlich für den Anteil an kristallinen Polymeren bei vergleichsweise höherer Polymerausbeute.

Aromatische Ester wurden dann auch bei der Einführung dieses Katalysatorsystems in die Technik eingesetzt. Die Großproduktionen von Polypropylen basierten Anfang der achtziger Jahre auf zwei parallel laufenden Katalysatorsystemen, einmal die bis dahin konventionell eingesetzten Titantrichlorid/Diethylaluminiumchlorid-Katalysatoren und zum anderen die jetzt bevorzugten Katalysatoren aus Titantetrachlorid/Magnesiumdichlorid/Aluminiumtriethyl und Ethylbenzoat.

Beginnend in der Mitte der siebziger Jahre [302], aber intensiv in den ersten achtziger Jahren suchte man nach Donatoren, die den aromatischen Ester (Ethylbenzoat) aus unterschiedlichen Gründen mit gleicher oder besserer Wirkung ersetzen konnten. Man stieß auf die Silylether, wie z. B. Phenylsiliziumtrimethoxyl oder auch Diphenylsiliziumdimethoxyl. Bereits 1987 erschienen parallel zu Arbeiten von Martin [303] im Max-Planck-Institut in Mülheim Publikationen [304], aus denen gleiche Ergebnisse insofern festgehalten waren, als die Alkoxygruppen der Siliziumether mit Aluminiumtriethyl unter Austausch von Alkoxy am Silizium mit einer Ethylgruppe am Aluminium reagierten und es demnach wiederum zur Bildung von

u. a. Diethylaluminiumethoxyl-Verbindungen kam (vgl. auch Seite 112, Absatz 3).

Für die Studiengesellschaft Kohle, Mülheim, hatten diese Befunde patentrechtliche Konsequenzen: Die zwingende Anwesenheit von Diethylaluminiumalkoxyl-Verbindungen fiel unter den Schutzrechtsanspruch des Ziegler-Katalysator-US-Patentes 3,113,115 ('115) als auch unter das Ziegler/Studiengesellschaft-Verfahrens-US-Patent 4,125,698[66] ('698). Anstelle der Aluminiumkomponente, Diethylaluminiumchlorid, in den bisher benutzten Katalysatoren war demnach jetzt die Diethylaluminiumethoxyl-Verbindung ein essenzieller Teil des Katalysators. Dieser Sachverhalt war Montecatini bekannt [305]. Unter größter Geheimhaltung optimierte Montecatini die Rezeptur zur Herstellung der Titankomponente und verkaufte vor allem in den USA dieses Produkt an Polypropylenproduzenten, die dann den Katalysator durch Kombination mit Aluminiumalkylen, einschließlich Donator, herstellten und nutzten.

Zu Beginn 1985 sah sich die Studiengesellschaft bezüglich des Lizenzgeschäftes in den USA, insbesondere was ihr Verhältnis zur Firma Novamont, jetzt US Steel, anging, in einer schwierigen Entscheidungsphase. Unter dem abgelaufenen '115-Patent hatte US Steel aufgrund der Beschwerdeentscheidung [172, 174, 175] gegen US Steel den ihr auferlegten Schadenersatz gezahlt, eine Zahlungsverpflichtung unter dem zweiten Patent '698 aber ignoriert. Zu diesem Patent lief zu jener Zeit das Beschwerdeverfahren [247] gegen die negative Entscheidung [245] für die Studiengesellschaft (wegen verbotener Doppelpatentierung) in der Klage gegen die Firma Northern Petrochemicals (NPC) (vgl. Seiten 246/247).

Die sechsjährige gesetzliche Verjährungsfrist im Zusammenhang mit einer Verletzung des Ziegler/Studiengesellschaft-Patentes '698 durch die US-Steel-Produktion in beiden Anlagen, Neal in West Virginia und La Porte in Texas, zwang zu einer sofortigen Entscheidung [306], ob **US Steel/Novamont** verklagt werden sollte. Im Hinblick auf Konsequenzen in Bezug auf die Produktion anderer Verletzer erhob die Studiengesellschaft Klage [307]. Die Produktion in Neal, West Virginia, wurde weiter mit einem Katalysator aus Titantrichlorid/Diethylaluminiumchlorid betrieben. Hier war abzuwarten, ob das '698-Patent als gültig und rechtsbeständig erklärt würde. Über die Natur des Katalysators der La Porte-Anlage erhielt die Studiengesellschaft lediglich die Information, dass es sich um eine Titan enthaltende „Hi Yield"-Komponente handele, deren Zusammensetzung nicht bekannt sei, die aber mit Aluminiumtriethyl und einem Donator versetzt, den Katalysator bilden würde [308]. Im Übrigen fiele weitere Information unter das

---

66) US PS 3,113,115, Laufzeit bis 03.12.1980.
   US PS 4,125,698, Laufzeit bis 14.11.1995.

„Geschäftsgeheimnis" des Lieferanten.[67] Aufgrund dieser Information mussten seitens der Studiengesellschaft die Patente '332 und '792[68], die den Schutz der Anwendung von Titanverbindungen und Aluminiumtrialkylen als Katalysatormischung beanspruchten, in die Klage eingebracht werden.

Richter Langobardi ordnete an [309], dass die Parteien ihre Beweisaufnahme nach Ablauf von neun Monaten nach der Beschwerdeentscheidung in '698 (Studiengesellschaft/NPC, s. Seite 247, Abs. 2 ff.) abzuschließen hätten. In der Beweisaufnahme (u. a. „Discovery") stellte sich heraus, dass US Steel neben Polypropylen auch Copolymere aus Ethylen und Propen produzierte und dass die Anlage in La Porte im Jahr 1979 in Produktion gegangen war. US Steel vertrat die Ansicht [310], dass kein gültiges Patent die Produktion von Polypropylen abdecke. Sie besaß inzwischen ein Verfahrenspatent [311], in dem nach ihrer Aussage das praktizierte Verfahren beschrieben war.

Zwischen September 1986 und Februar 1987 änderte US Steel ihren Namen in „US X Corporation" und ihre Beteiligungsgesellschaft „Aristech Chemical Corporation" trat als Beklagte in das Verfahren ein [312].

Zum chemischen Teil der Argumentation stellte sich heraus, dass entgegen der Behauptung von US Steel bei der Katalysatorpräparation Aluminiumtriethyl tatsächlich zunächst mit dem Donator vermischt und die Mischung dem Polymerisationstopf, in dem die Titankomponente in Propen suspendiert war, zugefügt wurde [313]. Beim Zusammengeben von Aluminiumtriethyl und Silylether kann man aber unter milden Bedingungen Diethylaluminiumethoxyl destillativ abtrennen.

Zur gleichen Zeit hatte USX sechzehn Verteidigungsargumente in Form von Antworten auf Fragen der Studiengesellschaft zusammengefasst. Dabei war interessant zu lesen, dass für die Anlage in La Porte ein Lizenzvertrag zu dem von Montedison neu entwickelten Katalysatorsystem zwischen Montedison und Novamont seit März 1981 existierte [314]. Richtig war die Behauptung, dass nach Ablauf der Ziegler-US-Patente '332 und '792 im Juni 1983 keine Verletzung unter diesen Patenten stattgefunden haben konnte. Das Gleiche traf für das '115-Patent nach dessen Ablauf im Dezember 1980 zu. Es blieb also für die Zeit nach 1983 lediglich zu entscheiden, ob das '698-Patent gültig und verletzt war. Der Offenbarung dieses Patentes war zu entnehmen, dass die

67) In der Vergleichsvereinbarung zwischen der Studiengesellschaft und Montecatini aus dem Jahr 1983 (vgl. Kap. IV, [136], Artikel 3. e) sicherte sich Montedison vor Klagen der Studiengesellschaft gegen Hersteller, Verkäufe und Export von Katalysatorkomponenten, also ihrer geheim gehaltenen Titankomponente.

Die Studiengesellschaft behielt sich aber vor, gegen unlizenzierte Benutzer solcher Komponenten, z. B. in der Katalysatorherstellung für die Polymerisation von Olefinen vorzugehen.

68) US PS 3,257,332, Laufzeit bis 21.06.1983. US PS 3,826,792, Laufzeit bis 21.06.1983.

beiden Katalysatorkomponenten vor dem Kontakt mit dem zu polymerisierenden Olefin gemischt worden waren, um die Titanverbindung zu reduzieren. USX behauptete jetzt – ohne Beweise –, dass solch eine Reduktion weder notwendig sei noch praktiziert würde und dass das Mischen der beiden Komponenten in Gegenwart von Propen geschähe.

Aus einer Vernehmung eines Beraters (Consultant) der US Steel Chemical, A. Amato, im Mai 1987 ging hervor, dass in der Polypropylenproduktion zwischen 1979 und 1987 unterschiedliche und welche Donatoren [315] bei der Katalysatorpräparation eingesetzt worden waren.[69]

Mitte 1988 kamen erste Vergleichsgespräche in Gang. Die Entscheidung zur Rechtsbeständigkeit des '698-Patentes zu Gunsten der Studiengesellschaft lag inzwischen vor [248], alle verfügbaren Zeugen waren während der Beweisaufnahme vernommen und alle Argumente ausgetauscht. Insbesondere im Hinblick auf die genannte Entscheidung in Sachen '698 bot USX 0,5 bis 1 Million Dollar für die Beendigung der Klage und Abfindung unter allen Patenten der Studiengesellschaft zur Herstellung von Polypropylen [316]. Kramer und Martin tauschten Analysendaten über die Kapazitäten der beiden Produktionsanlagen und der daraus abzuleitenden Lizenzabgaben aus. Es wurde ein Gegenangebot in Höhe von $ acht Millionen [317] abgegeben.

USX/Aristech Chemical änderten nun ihre Taktik. P.E. Crawford, Anwalt für USX, versuchte eine günstige Teilentscheidung (Summary Judgment Motion[70]) zu Argumenten, die nichts mit dem chemischen Teil zu tun hatten, vielmehr vertragsrechtlichen Inhalts waren, zu erzwingen. Zu Beginn 1989 fällte Richter Langobardi hierzu eine Entscheidung [318]. Der Richter: Der Lizenzvertrag mit der Firma Novamont aus dem Jahr 1974 (Novamont wurde von USX übernommen) war erloschen, da Novamont der Studiengesellschaft Lizenzabgaben schuldete und bis 1981 nicht gezahlt hatte. (Kündigung im Juli 1981). Der dann von USX vorgebrachte Vorwurf, die Studiengesellschaft habe wegen Missachtung der „Meistbegünstigungsklausel"[71] den Vertrag verletzt, war daher hinfällig. Nach der Rechtswirksamkeit

69) Donatoren: Methylparatoluat, Phenyltriethoxisilan oder Diphenyldimethoxisilan.
70) „Summary Judgment" ist dann gestattet (Fed. A. Civ. P. 56 (c)), wenn die „pleadings, depositions, answers to interrogatories and admissions on file, together with the affidavits, if any, show that there is no genuine issue as to any material fact" und das damit die Antrag stellende Partei berechtigt ist, ein Urteil nach Gesetzeslage zu erhalten. Die nicht Antrag stellende Partei kann diese Teilentscheidung verhindern durch den Nachweis, dass ein echter Disput über materielle Tatsachen wirklich existiert, und dies nicht nur in Form von Behauptungen in Schriftsätzen.

71) In vielen Lizenzverträgen räumte der Lizenzgeber dem Lizenznehmer eine „Meistbegünstigung" ein, die bedeutete, dass der Lizenznehmer eine Option hatte, die Bedingungen eines vom Lizenzgeber später abgeschlossenen Lizenzvertrages mit einem Dritten innerhalb einer gesetzten Frist zu übernehmen. Ob der Lizenzgeber jeden von ihm später abgeschlossenen Vertrag vorzulegen hatte oder nur, wenn nach seiner Einschätzung die Vertragsbedingungen des Dritten günstiger waren als die des vorhergehenden Lizenznehmers, war strittig.

der Kündigung konnte die Studiengesellschaft Ansprüche wegen Verletzung geltend machen. Geschuldete Lizenzabgaben vor dem Kündigungsdatum fielen nicht unter eine Verletzung. Hierüber war aber bereits zugunsten der Studiengesellschaft entschieden worden (res iudicata [171]).

Das Urteil zeigte Wirkung. In einem Brief vom März 1989 [319] erhöhte Crawford im Auftrag von USX auf eine Abfindungszahlung von $ 2,5 Millionen oder alternativ eine Zahlung von 0,5 Millionen $ für La Porte, wobei die Klage aber begrenzt auf '698 (Doppelpatentierung) fortgesetzt werden sollte, also eine Wiederholung der Klage Studiengesellschaft gegen Northern Petrochemicals. Mit anderen Worten: Die $ 2,5 Millionen-Abfindung sollte schmackhaft gemacht werden. Immerhin enthielt der Vorschlag auch eine Abfindungszahlung für die Produktionsanlage, die den so genannten High-Speed-Katalysator nutzte. Inzwischen war die Kapazität der Polypropylenproduktion auf 650 Millionen pounds p. a. angewachsen. Seit Mai 1988 war die gesamte Produktion auf den Einsatz des neuen Katalysators umgestellt.

In einer Anhörung vor dem Gericht entschied der Richter, dass die inzwischen abgelaufene Frist zur Beweisaufnahme um weitere sechs Monate verlängert werden sollte, die endgültige Gerichtsverhandlung [320] auf den 28.10.1991 festgelegt war. Danach übergab Sprung [321] an Crawford Teile eines Martin-Memorandums einschließlich der Beschreibung der von ihm ausgeführten Experimente. Aristech versicherte sich des Beistandes von Montecatini. In einer tabellarischen Zusammenstellung übergab Crawford an Sprung Experimentalergebnisse von A. Zambelli [322] (Montedison), wonach belegt werden sollte, dass die von Martin in Versuchen isolierten Diethylaluminiumalkoxyl-Verbindungen mit Titanverbindungen keine wirksamen Polymerisationskatalysatoren seien. Martin widersprach (s. Kap. I, Seite 20, Abs. 2) und schickte als Beleg [323] die Beschreibung relevanter Versuche, aus denen hervorging, dass kristallines Polypropylen sehr wohl mit diesen Katalysatormischungen herstellbar war.

Trotz mehrfachen Anmahnens hatte Aristech es verstanden, über sechs Jahre zu verhindern, dass die Studiengesellschaft Proben der von Aristech benutzten Titankomponenten erhielt. Erst im Oktober 1991 [324] wurden der Studiengesellschaft nach gerichtlicher Anordnung Titanträger-Komponenten zugesandt. Unter den Bedingungen der Polymerisationstechnik nach Aristech konnten danach Versuche durchführt werden. Die Ergebnisse [325] unterschieden sich aber nicht von den früher gemachten Erfahrungen.

Der Richter hatte die Verhandlung nunmehr auf die zweite Hälfte Januar 1992 terminiert. Die verbliebene Zeit wurde von beiden Parteien genutzt, um den Gegner unter Druck zu setzen. Aristech/Crawford forderte dringend die weiteren Versuchsergebnisse von Martin und dessen Vernehmung vor Beginn der Gerichtsverhandlung. Die Studiengesellschaft drängte auf weitere Information zur Herstellung der Titanträgerkomponente [326].

Die Ergebnisse aus dem Versuchsprogramm der Studiengesellschaft blieben nicht ohne Wirkung. Mitte Januar 1992 bot Aristec als Vergleichssumme [327], gültig für drei Tage, $ 5,25 Millionen. Vor Ablauf der gesetzten Frist unterzeichnete Sprung im Auftrag der Studiengesellschaft einen Vergleichsvertrag [328], in dem das Angebot Aristech angenommen und die Klage damit als erledigt angesehen wurde. Die Höhe der Vergleichssumme reflektierte nicht die Forderung seitens der Studiengesellschaft, eine weitere Verzögerung eines Vergleichsergebnisses und eine aufwendige Auseinandersetzung auf dem Klageweg waren im Hinblick auf die inzwischen laufenden Klagen zum gleichen Thema gegen die Firmen Hercules/ Himont und Shell Oil nicht mehr interessant.

Zu diesem Zeitpunkt richtete die Studiengesellschaft ein Schreiben [329] über Arnold Sprung an **Shell Oil Co.**, in dem diese aufgefordert wurde, unter dem bestehenden Lizenzvertrag von 1987 für Polypropylenproduktionen, die nach Ansicht von Shell nicht unter das '698-Patent der Studiengesellschaft fielen, Angaben bezüglich der Mengen und der Verfahrensmerkmale zur Herstellung dieser Polypropylenmengen zu machen. In ihrer Antwort [330] erklärt Shell, dass die Produktion in „Seadrift" in der Abrechnung für 1991 nicht eingeschlossen sei, weil der in Seadrift benutzte Katalysator kein Diethylaluminiumchlorid enthielte. Die Erklärung widersprach dem bestehenden Lizenzvertrag (§ 4 (d)), wonach Shell verpflichtet war, der Studiengesellschaft vertrauliche, ausreichende Information zu liefern, um die Studiengesellschaft in die Lage zu versetzen, unabhängig zu bewerten, ob besagte Produktion außerhalb der erteilten Lizenz liege. Zunächst gab Shell pflichtgemäß die Produktionszahlen für die Jahre 1987 bis 1991 bekannt, und diesmal unter Einschluss der Produktion in „Seadrift", wobei wiederholt versichert wurde, dass kein Diethylaluminiummonochlorid dort benutzt werde. Nach Abzug der abgefundenen Produktionskapazität von 450 bzw. 300 Millionen pounds[72] blieben nur für die Jahre 1987 und 1990 abzurechnende Überschüsse. Als weitere Information [331] erklärte Shell, dass sie in der Seadrift-Anlage das „fluidized gas phase UNIPOL PP"-Verfahren unter Verwendung eines „Shell's SHAC"-Katalysators benutze. Der Kern dieser geheimnisvollen Umschreibung war, ähnlich wie im Aristec-Fall, der Einsatz eines Trägerkatalysators aus Titantetrachlorid auf Magnesiumchlorid, wobei jetzt dem Aluminiumtriethyl, also der Aluminiumkom-

---

72) Shell hatte 1988 ihre Anlage (150 Millionen
 pounds Kapazität) in Woodbury, New Jersey, an
 die Firma Huntsman Chemical Co. verkauft.

ponente eine dort als Donator, hier als „selectivity control agent" bezeichnete Substanz zugesetzt wurde. Richtig war also, dass Diethylaluminiumchlorid nicht verwandt wurde, nicht richtig war, wie Herr Vance versicherte, dass der Donator getrennt von allen weiteren Komponenten des Katalysators in den Polymerisationsreaktor injiziert worden war. Auf diesen Sachverhalt hatte Martin Sprung hingewiesen und hinzugefügt, dass B.L. Goodall, Direktor der Shell Development Company, publiziert hatte, dass beim Mischen von Aluminiumtriethyl mit der Donatorkomponente (z. B. Ethylanisat) Diethylaluminumethoxyl entstehe [332]. In einem Brief wies Sprung Vance auf diesen Sachverhalt hin. Es muss hier nicht ausdrücklich auf die brisante Situation hingewiesen werden. Fast 900 Millionen pounds Polypropylen, produziert in den Jahren 1987 bis 1992, wurden von Shell in dem Glauben nicht abgerechnet, dass ihr technisch optimiertes, so genanntes Gasphasenverfahren unabhängig sei [331, 333], wobei die Studiengesellschaft die Auffassung vertrat, dass unter Verwendung eines Ziegler-Katalysators, wie im '698-Patent beansprucht, polymerisiert wurde.

Die Studiengesellschaft drängte darauf, die von Shell benutzten Titankomponenten (SHAC) zu bekommen, um eigene Experimente durchzuführen. Der Wunsch stieß auf Ablehnung bei Shell und sollte durch Versuche ersetzt werden, die von Shell-Experten vorgeführt werden sollten. Man wollte sich nicht in die „Karten" schauen lassen. So sollte Martin eigene Experimente nur in Gegenwart eines Shell-Forschers durchführen [334], natürlich unter größter Geheimhaltung.

Im März 1993 kündigte die Studiengesellschaft alle Lizenzverträge wegen Vertragsbruch und erhob Klage in New York, da Shell weder ausreichend über Produktionen jenseits der Freigrenze berichtet noch dafür Lizenzabgaben geleistet hatte [335].

Die erste und letzte Amtshandlung des Richters war die Verlegung des Falles zum US District Court in Texas [336] mit der Begründung, dass die Überzahl der Zeugen in Texas wohnten und die Produktionsanlagen der Shell Oil in Texas lagen. Nach sechs Monaten war der formelle Transfer abgeschlossen. Die Klage wurde nunmehr von Richterin V.D. Gilmore in Texas behandelt [337].

In der Diskussion um die Verfahrensdetails, die in der Shell-Anlage praktiziert wurden, beharrte Shell darauf, dass eine Bildung von Diethylaluminiumalkoxid bei der Präparation des Katalysators nicht „erwünscht" sei. Alle Fließschemata wiesen aber darauf hin, dass der Donator mit Aluminiumtriethyl vor dem eigentlichen Polymerisationsreaktor vermischt wurde. Eine Reaktion der beiden Stoffe, so jetzt Shell, werde unter Hinweis auf die Kürze der Mischungsdauer vor Eintritt in den Polymerisationsreaktor ausgeschlossen [338]. Im Übrigen sei ein Diethylaluminiumalkoxid zusammen mit der Titanträgerkomponente in Gegenwart von Donatoren völlig unwirksam. Dieser letzte Vergleich war nicht brauchbar, da in den von Shell vorgelegten Versuchsergebnissen die Bedingungen anders gewählt waren als in der technischen Durchführung.

Spektroskopische Untersuchungen (NMR) am Max-Planck-Institut für Kohlenforschung unter Verwendung einer eigens für diesen Zweck konstruierten Versuchseinrichtung mit dem Ziel, auch im Sekundenbereich die Natur der Reaktionsprodukte aus Aluminiumtriethyl und Donatoren festzustellen, belegten, dass der Umsatz der beiden Stoffe unmittelbar zur Bildung von Diethylaluminiumalkoxid führte [339]. Dass die Bildung von Diethylaluminiumalkoxid nach 1–7 Minuten stattfand, war vorher schon sichergestellt worden. Die Menge an Diethylaluminiumalkoxid war jeweils größer als die im Anschluss zugegebene Menge an Titankomponente (Molekularverhältnisse). Es konnte weiterhin festgestellt werden, dass das gebildete Diethylaluminiumalkoxid für den Anteil der Bildung von kristallinen Polymeren verantwortlich war. Inzwischen hatte Shell der Studiengesellschaft Proben ihrer Titankomponenten zur Verfügung gestellt.

In einem Memorandum [340] fasste Martin Mitte 1998 noch einmal die Resultate des Experimentalprogrammes zusammen. Inzwischen waren einige Versuchsergebnisse von Shells eigenen Experten Kilty, Mc Grath und Goodall, bekannt geworden, die – wohl mehr unabsichtlich – die Experimentalergebnisse von Martin insofern bestätigten, als beim Zusammengeben von Diethylaluminiumalkoxid mit unterschiedlichen Titankomponenten (Shell) sehr wohl gute Ausbeuten bei der Polymerisation von Propen zu erhalten waren (vgl. Seite 263, Abs. 3).[73)]

Soweit der chemische Teil der Argumentation der Studiengesellschaft betroffen war, konnte schlüssig bewiesen werden, dass in der Polymerisation, wie von Shell beschrieben, auch in der Anlage von Seadrift Katalysatorkomponenten, wie sie im '698-Patent beansprucht waren, die wesentlichen, wirksamen Spezies waren: Diethylaluminiumalkoxid und Titanhalogenid.

An dieser Stelle ist es sinnvoll, in das Jahr 1986 zurückzugehen, weil dort eine Klage gegen **Hercules Inc.** seitens der Studiengesellschaft angestrengt wurde, die inhaltlich mit der Klage gegen Shell zusammenhing.

73) Es war bekannt, dass Diethylaluminiumalkoxid als Dimeres, aber auch Trimeres vorliegen kann. Je höher der durchschnittliche Assoziationsgrad der Aluminiumverbindung war, umso träger reagierte die Aluminiumverbindung. Es gab Hinweise, dass unterschiedliche Effektivität von Katalysatoren unter Verwendung von Diethylaluminiumalkoxid mit dem Assoziationsgrad des Letzteren zusammenhing. Unter den Bedingungen der Polymerisation in den Shell-Anlagen war garantiert, dass die Aluminiumverbindung höchstens zum Dimeren assoziiert war, möglicherweise auch das Monomere in der Mischung abreagierte.

Als Konsequenz des gewonnenen Streites um die Rechtsbeständigkeit des '698-Patenes gegen NPC wurde die Klage [341] gegen Hercules im Jahr 1986 angestrengt und auch auf die Firma **Himont** erweitert, weil sie Ende 1983 die gesamte Polypropylenproduktion von Hercules übernommen hatte. Zu dieser Zeit wurden Polypropylen und Propen-Ethylen-Copolymere in den Produktionsstätten Bayport, Texas, und Lake Charles, Louisiana, mit einem konventionellen Ziegler-Katalysator, Titantrichlorid und Diethylaluminiumchlorid, hergestellt [342]. Es war dann bekannt geworden, dass Hercules seit 1979 auch Copolymere herstellte, deren Verkäufe aber nicht mit der Studiengesellschaft abgerechnet waren [343]. Hercules argumentierte, dass diese Copolymeren mit einem Gehalt von 90 % und weniger Propen nicht unter die bestehenden Verträge fielen. Die Studiengesellschaft widersprach und erklärte, dass der Vertrag von 1954 die Produktion auch dieser Polymeren abdecke. Hercules und die Studiengesellschaft waren dann 1983 übereingekommen, den Lauf einer Verjährungsfrist zu unterbrechen, bis beide Parteien ausreichend Gelegenheit hatten, die Fakten zu prüfen.

Himont erweiterte die übernommenen Produktionsstätten [344] in den Jahren 1984–1986, wobei jetzt Trägerkatalysatoren, Titantetrachlorid auf Magnesiumchlorid als Träger, zusammen mit Triethylaluminium und einem Elektronendonator als Katalysatormischung[74] angewandt wurden. Wie in den vorbeschriebenen Fällen musste nachgewiesen werden, dass der Zusatz von Donatoren zur Bildung einer ausreichenden Menge Diethylaluminiumalkoxid führte.

Neben der bekannten Verteidigung in anderen Fällen – Verjährung der Ansprüche, Ungültigkeit wegen Doppelpatentierung des '698-Patentes – wurde nunmehr zum ersten Mal seitens Hercules der Vorwurf erhoben, dass die Studiengesellschaft bestehende Verträge wegen Nichtbeachtung der Meistbegünstigungsklausel (s. Seite 262 Fußnote 71) verletzt habe, insbesondere den Anspruch von Hercules auf günstigere Lizenzbedingungen Dritter [345].

Die Studiengesellschaft bot über Arnold Sprung Ende 1986 Hercules eine Lizenz unter dem '698-Patent an, Himont und Hercules verlangten aber rückwirkend eine Lizenz zum 01. Mai 1980 zu Bedingungen, wie sie damals Amoco Chemicals Co. im Vergleichsvertrag gewährt worden waren [346]. Die Studiengesellschaft lehnte ab. Eine Meistbegünstigung für Hercules konnte es für zurückliegende Verletzungen nicht geben und für die Zeit nach Ablauf des '115-Patentes (03.12.1980) war in dem 1972-Ziegler/Hercules-Vertrag festgelegt, dass Ziegler auf Anfrage bereit war, eine Lizenz unter nicht schlechteren Bedingungen als den der anderen „zahlenden"

---

74) Ziegler/Studiengesellschaft, US PS 3,826,792, US PS 3,257,332, Katalysatoren aus Titanhalogeniden und Aluminiumtrialkylen waren am 21.06.1983 abgelaufen.

Lizenznehmer zu gewähren. Bis 1986, der Bestätigung der Gültigkeit des '698-Patentes gab es aber keinen zahlenden Lizenznehmer. Sinn der Meistbegünstigung war, Polypropylenverkäufe verschiedener Produzenten mit gleicher Lizenzabgabe zu belasten [347].

Auf dieser Basis schien ein Vergleich kaum erreichbar. Dennoch versuchte Martin über einen direkten Kontakt mit S.M. Turk, Vicepresident und General Counsel, einen Austausch von Angebot und Gegenangebot zu erreichen. Die Zahlen [348], 1 Million $ Gebot von Hercules gegen 6,6 Millionen $ Forderung der Studiengesellschaft, lagen weit auseinander.

Die Parteien praktizierten nunmehr eine neue Taktik. Aus der Fülle der Argumente und Gegenargumente suchte sich jede Partei die für sie viel versprechende Rechtslage aus und versuchte scheibchenweise, durch Teilentscheidungen ihre Position zu stärken oder sogar eine Endentscheidung zu erzwingen.

1990 strebte Hercules an, zur Frage der Verjährung der Ansprüche der Studiengesellschaft eine Entscheidung zu erreichen. Hierzu stellte sie einen Antrag, „Motion for Partial Summary Judgment"[75]. Die Studiengesellschaft antwortete mit einer eigenen „Motion for Partial Summary Judgment" mit dem Inhalt, dass Hercules Produktion und Verkauf von Ethylen-Propen-Copolymeren nicht abgerechnet habe (siehe Seite 267, Absatz 1).

Zunächst sei erinnert, dass es vier Lizenzverträge mit Hercules gab, in denen die Lizenzabgabe für Produktion und Verkauf von Polyolefinen geregelt war. Der erste Vertrag von 1954 blieb bestehen, soweit die folgenden Verträge keine Änderungen vorsahen. Der 1962-Vertrag verbriefte die Abfindung für Polyethylen. Der 1964-Vertrag regelte die Abgaben für die Produktion von Polypropylen und Copolymeren (Mischpolymeren), die mehr als 90 Molprozent Propen enthielten. Schließlich regelte der 1972-Vertrag die Abfindung für Polypropylen bis zu einem Jahresverkaufslimit von 600 Millionen pounds. Copolymere mit weniger als 90 % Propen fielen unverändert in den 1954-Vertrag.

Die Verjährungsfrist für Ansprüche aus Verletzungen betrug im Staate Delaware drei Jahre. In ihrer Antwort zu dem Antrag von Hercules wies die Studiengesellschaft darauf hin, dass sie erst 1983 davon erfuhr, dass Hercules Copolymere nicht abgerechnet hatte. Vor Ablauf von drei Jahren und kurz nach Bestätigung der Rechtsbeständigkeit des '698-Patentes im Rechtsstreit Studiengesellschaft gegen NPC im Jahr 1986 reichte die Studiengesellschaft diese Klage ein.

Richter J.J. Farnan entschied Ende 1990 [349], dass für die Jahre 1972 bis 1979 die Ansprüche der Studiengesellschaft verjährt waren, nicht aber für

---

75) Siehe Fußnote 70 auf Seite 262.

das Jahr 1980. Die Verjährungsfrist begann im Moment als ein hinreichender Grund für eine Klage bestand, auch in Unkenntnis der Fakten.[76]

1992/93 versuchten beide Parteien erneut, eine Teilentscheidung zu erreichen. Während Hercules/Himont glaubten, neue Argumente [350] in Bezug auf eine nicht statthafte Doppelpatentierung und die Ungültigkeit einer Reihe von Ansprüchen des '698-Patentes gefunden zu haben, verwies die Studiengesellschaft auf die Beschwerdeentscheidung [248, 249] gegen NPC (Northern Petrochemical Co.), in der entgegen der Behauptung der Gegner das Gericht den Vorwurf der Doppelpatentierung im Sinne der Studiengesellschaft entschieden hatte.[77]

Im Urteil [350] wies Richter Farnan den Antrag von Hercules zurück, und dies mit der Begründung der inhaltlich sehr unterschiedlichen Auffassungen der Experten. In diesem Fall war es dem Gericht nicht erlaubt, eine Teilentscheidung zugunsten des Antragstellers, Hercules, zu fällen. Eine entsprechende Gerichtsverfügung erschien Ende 1993, zu einem Zeitpunkt als Hercules einen dritten Anlauf gemacht hatte, um der Studiengesellschaft eine Vertragsverletzung nachzuweisen.

Parallel zu dem geschilderten Ablauf führte Martin ein Experimentalprogramm unter Verwendung verschiedener Original-Titankomponenten, wie von Himont benutzt, durch. Hierzu ist festzuhalten, dass Himont wie Shell erst durch gerichtliche Verfügung gezwungen wurde, Proben der Präparate der Studiengesellschaft zur Verfügung zu stellen [351]. Unter den Bedingungen, wie von Hercules geschildert, verliefen die Versuche mit gleichem Ergebnis wie im Martin-Memorandum [321, 352] bereits geschildert.

Im Mai 1980 hatte die Studiengesellschaft mit der Firma Amoco Streitigkeiten aus der Vergangenheit und Regelungen für die Zukunft durch einen Vergleichsvertrag beendet [157] (vgl. Seite 220, letzter Abs.). Das '698-Patent war zu diesem Zeitpunkt bereits erteilt und im Vergleichsvertrag enthalten.

Hercules warf nunmehr der Studiengesellschaft vor unter der Meistbegünstigungs-Regelung ihrer Verträge mit der Studiengesellschaft den Vergleichsvertrag mit Amoco Hercules nicht angeboten zu haben. In voluminösen Schriftsätzen und längeren Verhandlungsrunden vor dem Richter

---

76) Die Studiengesellschaft konnte einen Verdacht auf Verletzung nicht begründen. Es war nicht die Pflicht der Beklagten, Hercules, zu versichern, dass alle Rechte der Studiengesellschaft durch die Art und Weise der Abrechnung geschützt waren. Das Gericht schloss, dass die Studiengesellschaft nicht unwissend gewesen sei. Die Nachfrage der Studiengesellschaft im Jahr 1983 und die dann getroffene Vereinbarung, wonach Hercules die Verjährungsfrist aufgab, führte zu einem berechtigten Anspruch für die Studiengesellschaft 1980.

77) 1. Schutz des '698-Patentes im Hinblick auf 35 U.S.C. § 121.
2. Anwendung des Tests zur Prüfung einer Doppelpatentierung als „identisch" und/ oder „nahe liegend" durch das Beschwerdegericht.
3. Vom Gericht anerkannte Zeugenaussage von Martin, wonach man Katalysatoren gemäß '115-Patent anders anwenden konnte, als im '698 beschrieben, d. h. nach '115-Patent anwenden ohne '698 zu verletzen.

(November 1994) legten beide Parteien ihre Auffassungen dar. Hercules war schließlich erfolgreich. In einem Urteil [353] Mitte 1995 bestätigte Richter Farnan, dass die Studiengesellschaft die im Vertrag 1954 vorgesehene Verpflichtung der Bekanntgabe des Vertrages mit Amoco nicht beachtet habe und Hercules berechtigt sei, die Bedingungen in Bezug auf das '698-Patent zu übernehmen. Das Beschwerdegericht folgte anderthalb Jahre später dieser Entscheidung.

Interessant in diesem Zusammenhang war, dass die Richter befanden, dass die Studiengesellschaft nicht das Recht habe zu befinden, ob die Bedingungen eines Lizenzvertrages an Dritte günstiger oder ungünstiger waren. Die Studiengesellschaft musste also in jedem Fall den Amoco-Vertrag Hercules vorlegen, so der 1954-Vertrag mit Hercules. Letztere hatte auch ein zugesichertes Optionsrecht aus dem Abfindungsvertrag von 1972. Zu diesem Zeitpunkt war das '698-Patent (bzw. die entsprechende Patentanmeldung) Hercules lizenziert, aber nur bis Dezember 1980, dem Ablauf des '115-Patentes.

Nun hatte die Studiengesellschaft im Jahr 1979, vor dem Vergleichsvertrag mit Amoco 1980, den maßgebenden 1954-Vertrag mit Hercules wegen Nichtzahlung von Lizenzabgaben gekündigt. Hercules hatte dann zur Aufhebung der Kündigung innerhalb einer vertragsgemäßen Frist eine Zahlung geleistet, die – wie sich später herausstellte – wesentlich zu niedrig war [354]. Das Argument der Studiengesellschaft, dass die Kündigung deshalb nicht rechtswirksam aufgehoben war und Hercules keinen Anspruch auf die Bedingungen des Amoco-Vergleichsvertrages hatte, wiesen die Gerichte jetzt zurück: Man habe damals, 1979, die Zahlung akzeptiert und die Richtigkeit der Höhe dieser Zahlung durch berechtigte Buchprüfung nicht überprüft. Die Unwissenheit über die Richtigkeit der Zahlungshöhe gehe zu Lasten der Studiengesellschaft. Die Aufhebung der Kündigung durch eine Zahlung sei daher rechtens und die Meistbegünstigungsregelung von 1954 anzuwenden.

Auch die Änderung der Meistbegünstigungsregel im 1972-Hercules-Abfindungsvertrag, wonach nach Ablauf des '115-Patentes eine Option auf eine Lizenz unter dem '698-Patent zu Bedingungen nicht schlechter als die anderer zahlender Lizenznehmer gewährt würde, Amoco aber kein zahlender Lizenznehmer gewesen sei, wiesen die Richter zurück. Die von Amoco geleistete Zahlung unter dem Vergleichsvertrag von 1980 fiele in diese Kategorie. Die Abfindungszahlung sei die eines „zahlenden" Lizenznehmers.

Weder das Gericht noch die Parteien konnten mit Sicherheit wissen, ob im Jahr 1980 Hercules den Amoco-Vertrag übernommen hätte. Die Studiengesellschaft hätte dies damals herausfinden können. Das Vertrauen in die faire und korrekte Abrechnung eines Lizenznehmers, mit dem man über dreißig Jahre ein loyales Geschäftsverhältnis gepflegt hatte, wurde hart gebeutelt, weil die Studiengesellschaft eine rechtzeitige Buchprüfung nicht hatte durchführen lassen.

Hercules übernahm die Bedingungen des Amoco-Vertrages und zahlte als Abfindung für das '698-Patent $ 1,2 Millionen.

Zurück zu **Shell.** Das Urteil von Richter Farnan in der Auseinandersetzung Studiengesellschaft gegen Hercules war bekannt geworden. In einem Brief an Martin wies D.F. Vance (Shell Oil) auf das Urteil hin [355] und verlangte für Shell retroaktiv die Bedingungen des Amoco-Vertrages aus dem Jahr 1980.

Vor dieser Zeit hatte Richterin V.D. Gilmore im Fall Shell Urteile [356] zu früheren Anträgen von Shell und der Studiengesellschaft (Summary Judgment) gefällt. Ehe zu den neuen Vorwürfen berichtet wird, sollen die beiden Urteile kommentiert werden. Im ersten Fall ging es um patentrechtlichen, im zweiten Fall um vertragsrechtlichen Hintergrund. Beide Entscheidungen wurden von den Parteien angefochten und durch das Beschwerdegericht [357] in letzter Instanz entschieden.

Die Urteile sind sehr interessant, weil in der amerikanischen Rechtsgeschichte zum gleichen Thema je nach Fall in unterschiedlicher Weise entschieden worden war.

Der erste Fall. Dem '698-Patent lag eine Anmeldung („Continuation in Part"-Anmeldung, CIP) aus dem Jahr 1958 zugrunde, die sich durch Kombination aus drei ursprünglichen Patentanmeldungen aus dem Jahr 1954 zusammensetzte. Zwischen beiden Anmeldungszeiträumen, 1954 und 1958, erschien das belgische Patent 538 782[78] 1955, also mehr als ein Jahr[79] vor dem Datum der '698-Anmeldung. Die Studiengesellschaft verwies auf das Patentgesetz, wonach es Ausnahmen gab, wenn Inhalte und Ansprüche früherer Anmeldungen, den so genannten Stammanmeldungen, inhaltlich weitergetragen waren auf die CIP-Anmeldungen. Hier kamen die unterschiedlichen Auslegungen zum Zuge. Die Richterin verwies auf die gesetzliche Regelung (35 US C, § 112), wonach die Erfindung, wie aus den Ansprüchen des '698-Patentes zu ersehen, in einer der Stammanmeldungen aus dem Jahr 1954 beschrieben sein musste. Während die Studiengesellschaft forderte, dass das Gericht jeden Patentanspruch des '698-Patentes mit den ursprünglichen Anmeldungen zusammengenommen vergleichen solle, war die Richterin der Ansicht, dass diese Forderung durch das Gesetz nicht gedeckt sei, vielmehr dass der Vergleich mit jeder einzelnen Stamm-

---

78) Inhaltlich eine Kombination der ersten Patentanmeldungen „Polypropylen" von Natta/Montecatini und der ersten Patentanmeldung Ziegler/Martin.

79) Auch nach amerikanischem Gesetz, 35 Section 102b, US-Code, erhält eine Person ein Patent, es sei denn, dass die Erfindung mehr als ein Jahr vor dem Datum der Anmeldung in den USA veröffentlicht worden ist.

anmeldung getrennt stattzufinden habe. Eine solche Forderung hatte das Patentamt bei der Erteilung des '698-Patentes nie erhoben. Nach Ansicht der Richterin enthielt die erste Stammanmeldung einerseits lediglich die Beschreibung der Polymerisation von Ethylen, nicht allgemein von α-Olefinen und andererseits die Verwendung von Übergangsmetallverbindungen von Metallen der achten Gruppe (des Periodensystems der Elemente) nur in der Kombination mit Dialkylaluminiumhalogeniden, das '698-Patent, viel breiter, die Polymerisation von α-Olefinen und die Verwendung der Übergangsmetallverbindungen von Metallen der achten Gruppe mit allgemein Organoaluminiumverbindungen. Die dritte Stammanmeldung erwähne nicht die Polymerisation von Olefinen allgemein und auch nicht die Metalle der achten Gruppe. Wenn also das '698-Patent die geforderten Voraussetzungen nicht erfülle, so käme die prioritätsschädigende Wirkung des publizierten belgischen Patentes zum Zuge. Die Richterin erklärte einen wesentlichen Teil der Ansprüche des '698-Patentes für ungültig, 17 Jahre nach Erteilung, eine Entscheidung eigentlich gegen das US-Patentamt.

Der zweite Fall. Ungültige Ansprüche kann man nicht verletzen. Shell hatte aber einen Lizenzvertrag unter dem '698-Patent geschlossen, die Gültigkeit des Patentes erst 1993 bestritten. Es musste also geklärt werden, ob Shell verpflichtet war, in Anerkenntnis des '698-Patentes und des geschlossenen Lizenzvertrages Lizenzabgaben bis zum Beginn der Klage zu leisten. Die Richterin war nicht bereit, hierzu eine Entscheidung zu treffen, da der Disput beider Parteien sich auf Tatsachen bezog, die ein Urteil zu diesem Zeitpunkt ausschlossen. Sie ordnete an, dass die Parteien zu der letzten Frage das Beschwerdegericht sofort anzurufen hätten, und 10 Tage nach Entscheidung dort sie den Fall weiter behandeln wolle.

Erst im Mai 1997 entschied das Beschwerdegericht [357] teilweise für Shell, teilweise für die Studiengesellschaft und andere Teile verwies es zurück an das District Court. Shell war erfolgreich: Ein wesentlicher Teil der '698-Ansprüche war ungültig. Die Offenbarung zweier früher eingereichten Anmeldungen, 1954 (s. o.), konnten nicht in einer späteren Anmeldung kombiniert werden, um ein früheres Anmeldungs- bzw. Prioritätsdatum für eine wesentlich breitere Anmeldung zu erhalten. Die einzelnen Stammanmeldungen enthielten nicht die Erfindung wie sie im '698-Patent beansprucht worden sei, infolgedessen seien einige wesentliche Patentansprüche des '698-Patentes im Hinblick auf die früher publizierte belgische Patentanmeldung ungültig.

Die Studiengesellschaft war erfolgreich in ihrer Forderung nach Zahlung von Lizenzabgaben für die Zeit vom Abschluss des letzten Lizenzvertrages bis zum Beginn der Klage 1993. Das Beschwerdegericht: Shell hatte die Vorzüge, Polypropylen frei von unlizenzierter Konkurrenz, frei von Verletzungen und bis zur Klage frei von Lizenzabgaben zu produzieren. Zu diesen Vorzügen wolle Shell nun den bestehenden Lizenzvertrag auch noch abschaffen. Hinzu käme, dass unter dem Vertrag Shell die Pflicht vernachlässigte, den Lizenzgeber über die volle Produktion zu informieren. Das Gericht verwies den Fall mit der Auflage zurück an das untere Gericht, die Folgen des Lizenzvertrages zu bestimmen.

Schließlich stellte das Beschwerdegericht die Frage, ob denn die restlichen Ansprüche des '698-Patentes verletzt seien. Hierzu hatte das District Court nicht entschieden, genauso wenig – das Beschwerdegericht mahnte auch dies an – eine von der Studiengesellschaft vorgetragene Forderung nach Lizenzzahlung für eine beachtliche Produktion an Polybuten. Auch hier hatte Richterin Gilmore keine Entscheidung getroffen. Letzteres Problem war erst im Laufe der Klagebehandlung offenbar geworden. Shell hatte nach der Kündigung der Verträge keine Lizenz[80], unter dem '698-Patent Polybuten herzustellen und zu verkaufen. Das '698-Patent lief im November 1995 aus. Eine Entscheidung auf Nachzahlung von Lizenzabgaben bis 1993 wäre ein gutes und ausreichendes Ergebnis gewesen. Es kam anders.

Zurück in das Jahr 1995, die Zeit des Urteils in der Sache Studiengesellschaft gegen Hercules (vgl. Seite 270, Absatz 2). Auf das Verlangen von Shell Oil, die Bedingungen des Amoco-Vertrages aus dem Jahr 1980 unter der Meistbegünstigung ihrer Verträge mit der Studiengesellschaft zu erhalten, wies N. Kramer für die Studiengesellschaft [359] auf die vergleichsweise unterschiedliche Formulierung der Meistbegünstigungsparagraphen hin und lehnte die Forderung ab. Gleichzeitig wies er darauf hin, dass der Amoco-Vertrag keine Lizenz zur Herstellung von Polybuten enthielte, Shell also keine Produktionsrechte dann besitzen würde.

Shell erhob Klage [360] und bediente sich der Argumentation von Hercules. Noch im gleichen Jahr beantragten beide Parteien – Shell und die Stu-

80) In der 1979-Vereinbarung war die Herstellung von Polybuten in einen Abfindungspreis eingeschlossen. Shell hatte die Kapazität damals als „sehr klein" bezeichnet und das Herstellungsverfahren in von lizenzierten Patenten der Studiengesellschaft nicht abgedeckt beschrieben. Schon damals wusste Shell, dass diese Aussage nicht zutraf. Inzwischen war die Produktion stark gestiegen (Verkäufe 1987 bis 1995 $ 470 Millionen), ohne dass Shell hierzu Angaben gemacht hatte. Wie sich später herausstellte, wurde die Produktion von Polybuten mithilfe eines Katalysators, hergestellt aus Titanhalogenid und Dialkylaluminiumhalogenid, betrieben, also nach Ansprüchen des '698-Patentes.

Shell hatte 1980 einen Lizenzvertrag mit Montecatini zur Herstellung von Polybuten abgeschlossen. Die lizenzierten Patente (US P 3,197,452 und 3,435,017) beschrieben die Herstellung von „isotaktischem" Polybuten durch Extraktion von Polybuten, das mithilfe von Ziegler-Katalysatoren hergestellt war [358]. Die Verletzung des letzten Lizenzvertrages Studiengesellschaft/Shell Oil durch Shell wegen fehlender Angaben der Produktionszahlen und entsprechender Lizenzabgaben für Polypropylen hatte die Studiengesellschaft veranlasst, den Vertrag zu kündigen. Damit verlor Shell auch das Recht, Polybuten herzustellen.

diengesellschaft –, die Behandlung der neuen Klage zu unterbrechen, bis die erste (s. Seite 265, Abs. 3) entschieden war [361]. Die Beschwerdeentscheidung [357] dort war 1997 ergangen und die weitere Behandlung an den District Court zurückverwiesen worden. Einige Monate später übertrug Richter Hughes die von Shell angestrengte Klage in die Zuständigkeit der Richterin Gilmore, die die Klage Studiengesellschaft/Shell bereits wieder behandelte [362]. Beide Parteien waren mit der bisherigen Vorgehensweise der Richterin Gilmore nicht zufrieden. Schließlich sollte sie die Entscheidung des Beschwerdegerichts umsetzen. Die Parteien einigten sich darauf, den Antrag zu stellen, den Fall einem „US Magistrate"-Richter[81] zu übertragen. In Mary Milloy wurde eine geeignete Person gefunden. Sie nahm das Mandat an.

Richterin Milloy kümmerte sich aber auch nicht um die Umsetzung der Beschwerdeurteile, selektierte vielmehr aus den von beiden Parteien vorgetragenen Argumenten solche zur Frage der bisher nicht entschiedenen Vertragsverletzung durch die Studiengesellschaft zur Meistbegünstigungsklausel des Vertrages Studiengesellschaft/Shell von 1974. Aus dem Spektrum der Argumentation beider Seiten selektierte die Richterin diesen letzteren Antrag, weil die Sachlage ihr leicht verständlich schien im Vergleich zu den vorgetragenen Argumenten zu den Themen Doppelpatentierung, Ungültigkeit von Ansprüchen des '698-Patentes und zur chemischen Argumentation bezüglich der Verletzung des Lizenzvertrages von 1987 durch Shell. Richterin Milloy fällte am 30. September 1998 ein Urteil [363]. Darin folgte sie der Argumentation von Shell und befand, dass die Studiengesellschaft im Mai 1980 die verbriefte Pflicht, Shell den mit Amoco vereinbarten Lizenzvertrag bekannt zu machen, nicht erfüllt habe. Die Entscheidungsgründe waren interessant und sollten festgehalten werden.

Die Formulierungen der relevanten Bestimmungen der Lizenzverträge einerseits zwischen der Studiengesellschaft und Hercules und andererseits zwischen der Studiengesellschaft und Shell zur Meistbegünstigung waren durchaus unterschiedlich, sodass eine reine Übertragung der Entscheidungsgründe im Urteil gegen die Studiengesellschaft (Klage Studiengesellschaft gegen Hercules [353], siehe Seite 269, letzter Abs.) nicht gegeben war. Im Fall Hercules hatte die Studiengesellschaft vertragsgemäß die Pflicht, jeden Vertrag mit Dritten Hercules vorzulegen, gleichgültig ob nach Ansicht der Studiengesellschaft die Lizenzbedingungen des Dritten als besser oder schlechter eingeschätzt wurden, im Fall Shell nur dann, wenn die Bedingungen des Dritten vergleichsweise günstiger waren.

81) Friedensrichter, eine im US-Rechtssystem vorgesehene Einrichtung. Ein mit Richterfunktion ausgerüsteter Jurist übernimmt die Entscheidungsfindung in ausgesuchten, begrenzten Fällen.

Shell hatte vorgetragen, dass Amoco im Mai 1980 eine Lizenz mit dem Recht, unlimitiert Polypropylen zu produzieren, für eine Preis von § 1,2 Million erhalten habe, Shell dagegen für eine limitierte Jahresproduktion von 450 Millionen pounds einen Preis von $ 1,8 Million gezahlt habe, wobei für die Produktion darüber eine Lizenzabgabe von einem Prozent zu zahlen war. Unter den Shell-Verträgen von 1974 und 1979, die bis Ende 1980 liefen, waren diese Tatsachen nicht zu widerlegen. Die Richterin folgte dann nicht dem Anspruch der Studiengesellschaft, wonach beide Verträge, Amoco und Shell, in ihrer Gesamtheit zu vergleichen seien. Die Studiengesellschaft wies darauf hin, dass die Amoco-Lizenz auf Polypropylen beschränkt sei, Shell dagegen die Produktion von Polybuten aufgrund der Vereinbarung von 1979 ohne weitere Zahlungen zusätzlich in Lizenz erhalten hatte (vgl. Fußnote auf Seite 273). Shell ignoriere also den Wert der Polybutenlizenz.

Die Richterin lehnte es ab, die abgabefreie Produktion von Polybuten bei dem Vergleich zu berücksichtigen. Weder der Vertrag von 1974 noch der von 1979 enthielte einen Hinweis, aus dem man eine Verbindung zwischen der Shell-Produktion von Polybuten mit der Zahlung Dritter (Amoco) für Polypropylen verbinden könne. Die Polybutenproduktion sei irrelevant in Bezug auf die Bedingungen von Polypropylenlizenzen Dritter. Die Meistbegünstigungsbestimmung des Vertrages von 1974 bezöge sich ausschließlich auf die Polypropylenlizenz. Nur dieser Teil sei daher zu vergleichen. Die Bedingungen des Amoco-Vertrages seien daher günstiger als die der Verträge mit Shell. Damit war die Pflicht der Information an Shell über die Amoco-Lizenz zu erfüllen. Das Recht der Produktion von Polybuten sei lediglich an die richtige Anwendung der Lizenzabgaben für die Polypropylenproduktion gebunden.

Wenn vergleichsweise niedrigere Lizenzabgabesätze in Verträgen mit Dritten vorgesehen seien, so muss eine Information unter der Meistbegünstigungsklausel erfolgen. Das Risiko, bei Unterlassung die Meistbegünstigungsbestimmung zu verletzen, war gegeben.

Die Richterin wies auch zurück, dass Shell bei Übernahme der Amoco-Bedingungen weitere $ 1,2 Millionen neben den im Jahr 1979 bereits geleisteten $ 1,8 Millionen zu zahlen habe. Nach Ansicht der Studiengesellschaft wären damit die Bedingungen des Amoco-Vertrages eben nicht günstiger. Beide Verträge – 1974/1979 – enthielten aber, so die Richterin, keinen Hinweis, der dieses Argument bestätigen würde. Die Studiengesellschaft habe keinen Fall zitiert, in dem eine Auslegung, wie vorgetragen, belegt sei.

Wie im Fall Studiengesellschaft gegen Hercules lehnte es die Richterin hier ab, einen Unterschied zwischen laufenden Lizenzabgaben einerseits und Abfindungszahlungen für begrenzte und unbegrenzte Produktionen andererseits zu machen. In beiden Fällen handele es sich um die Kompensation für die Nutzung eines Patentes.

Die Studiengesellschaft konnte nicht den Nachweis führen, dass Shell von der Existenz des Amoco-Vertrages weit vor 1992 gewusst habe. Wäre dies gelungen, so wäre die Frage der Verjährung des Shell-Anspruches jetzt von Bedeutung.

Die Entscheidung des Gerichtes zugunsten von Shell bezüglich der Frage der Verletzung der vertraglich festgelegten Meistbegünstigungsbestimmung bedeutete nicht, dass die gesamte Klage damit beendet war. Alle weiteren Punkte der Klage waren nach Ansicht der Richterin aber nur noch akademisch. Eine Gesamtlösung musste jetzt im Licht dieser Verletzung gesehen werden.

Die Richterin war der Ansicht, dass der Fall geeignet sei, in einer außergerichtlichen Verhandlungsphase gelöst zu werden. Sie ordnete an, dass die Parteien ihr innerhalb einer gesetzten Frist einen geschulten Schlichter nennen sollten. Gleichzeitig ordnete sie an, dass beide Parteien in schriftlicher Form ihre Schadenersatzansprüche – Shell in Richtung Amoco-Vertrag und die Studiengesellschaft in Bezug auf ihr zugestandene Lizenzabgaben aus der Zeit von 1987 bis 1993 – vorlegten.

Zwei Monate später einigten sich die streitenden Parteien [364] in Gegenwart einer Schlichterin, Mrs. S. Soussan, einer früheren Richterin, dahingehend, dass Schadenersatzansprüche und gegenseitige Forderungen sich aufheben und daher keine Partei der anderen Zahlungen zu leisten habe. Diese Regelung schloss ein, dass die Studiengesellschaft keine Ansprüche aus der Produktion der Anlage in Seadrift erheben werde. Das Gleiche sollte auch gegen Huntsman Chemical Corporation gelten, die einen Teil der Polypropylenanlagen erworben hatte. Die Regelung schloss auch einen Verzicht der Studiengesellschaft auf Ansprüche ein, die im Zusammenhang mit der Polybuten-Produktion entstanden waren.

Das Urteil der Richterin Milloy stieß auf heftige Kritik, insbesondere bei den Anwälten der Studiengesellschaft [365], Arnold Sprung und Nat Kramer. Sie befanden, dass die Entscheidung aus zahlreichen Gründen falsch sei, dass der Kernpunkt der Fehlentscheidung sei, Shell Meistbegünstigungsrechte für die Zeit nach 1980 zugebilligt zu haben. Zu einem Versuch, die Beschwerdeinstanz anzurufen, kam es nicht mehr, weil die Richterin, wie beschrieben, eine Vergleichsverhandlung anordnete.

Zu diesem Zeitpunkt, Ende 1998, war das '698-Patent bereits abgelaufen. Die Bilanz dieses Patentes war dennoch so positiv, dass es mit Abstand den zweiten Rang nach dem '115-Patent einnahm, gemessen an dem Lizenzerfolg für die Zeit 1980 bis 1995 [366]. 1980, nach Ablauf des '115-Patentes erschien der Wert des '698-Patentes so gering, dass kein Produzent des Polypropylens in den USA das '698-Patent respektierte. Es gehörte schon Mut dazu, die Klage gegen Northern Petrochemical anzustrengen, um den Wert des '698-Patentes zu erhöhen und den Versuch zu unternehmen, den Markt erneut zu kontrollieren.

Während der Nachweis der Nutzung von Ziegler-Katalysatoren gemäß '698-Patent durch die Produzenten gelang und auch der Vorwurf der Doppelpatentierung aus dem Weg geräumt war, fanden die Gegner das „Lindenblatt" bei der Einschätzung vertragsrechtlicher Schwächen in den Lizenzverträgen: die Meistbegünstigung. Dennoch muss festgehalten werden, dass die Urteilsfindung nicht überzeugte, sowohl Hercules/Himont als auch Shell Oil benutzten Ziegler-Katalysatoren.

5.11
Nippons Automobilexport in die USA

Mitte der achtziger Jahre und kurze Zeit nach der Bestätigung der Rechtsbeständigkeit des '698-Patentes durch das Beschwerdegericht in Washington änderte die US-Regierung das Handelsgesetz [367] (Section 337, 19 US C 1337, Omnibus Trade Reform Bill). Danach verletzt der Verkauf von in die USA importierten Produkten ein gültiges US-Patent, wenn die Produkte im Ausland nach dem Verfahren – wie im US-Patent beschrieben – hergestellt waren. Jedes in die USA importierte Automobil, produziert in Japan, enthielt zwischen zehn und dreißig Kilogramm Polypropylen in Form verarbeiteter Artikel wie Stoßstangen, Treibstofftanks, Armaturen, Ausstattung, Teppichen etc.

Die Studiengesellschaft beauftragte Sprung, die japanischen Automobilhersteller anzuschreiben, auf die Situation aufmerksam zu machen und ein Lizenzangebot abzugeben. In ihrer Antwort wiesen die Automobilhersteller daraufhin, dass sie die eingebauten Teile aus Polypropylen käuflich erwerben würden und selbst Polypropylen nicht herstellten. Sie nannten die Reihe der Polypropylen-Hersteller, von denen sie beliefert wurden.

Die Polypropylen-Hersteller wehrten sich mehrheitlich und verwiesen auf ihre jeweiligen Lizenzverträge, wonach sie die Zusicherung erhalten hatten, frei auch in Länder, in denen Ziegler-Schutzrechte existierten, zu exportieren. Dieses Recht war aber begrenzt auf die Laufzeit der entsprechenden japanischen Patente. Die waren längst abgelaufen. Andere Verträge enthielten diese Klausel zum Export nicht. Eine dritte Gruppe von Lizenznehmern durfte exportieren, ohne Beschränkung auf die Laufzeit der japanischen Patente [368]. Zunächst war die Reaktion der Polypropylen-

Hersteller und Lieferanten sehr unterschiedlich, von „mehr Zeit erforderlich" über „Ablehnung unter Hinweis auf vergangene Verträge", über „Bitte um Lizenzangebot" bis zur „völligen Ablehnung", da '698-Patent nicht benutzt [369]. Bei dieser Reaktion erschien es schwierig, mit allen Produzenten gleich lautende Lizenzverträge abzuschließen. Hinzu kam festzustellen, welcher Polypropylen-Produzent welche Menge welchem Automobilhersteller geliefert hatte.

Nun kannte man die Anzahl an exportierten Automobilen und deren Hersteller, die wiederum die Menge Polypropylen pro Automobil kannten [370]. Die einfachste Lösung einer Lizenzabgabe wäre demnach ein Preis pro Automobil. Dabei blieb aber die Frage der Zuordnung des verarbeiteten Polypropylens auf die Polypropylen-Hersteller [371] offen.

Nach Besuchen japanischer Partner in Mülheim und Martin/Sprung in Tokio kam es zum ersten Austausch von Entwürfen vertraglicher Vereinbarungen zwischen der Studiengesellschaft und ernsthaften Interessenten zu diesem Thema. Die Firmen Sumitomo Chemical Co, Mitsubishi Petrochemicals und Mitsui Toatsu Chemicals ließen ein Gutachten erstellen, in dem die Menge an Polypropylen für jedes Automobilmodell exportierender japanischer Automobilhersteller ermittelt wurde [372]. Danach waren in Personenkraftwagen im Jahr 1989 12,8 und in Lastkraftwagen 10,3 Kilogramm Polypropylen durchschnittlich verarbeitet worden. Mithilfe der Zahl der exportierten Automobile konnte man die Tonnage Polypropylen, die exportiert worden war, leicht ermitteln.

Die Parteien benötigten dann noch zwei bis vier Jahre, um das Problem der Höhe und Verteilung der Lizenzabgabe auf die einzelnen Polypropylen-Hersteller zu klären sowie die Zustimmung der Produzenten zu gleich lautenden Verträgen für alle zu erhalten. Dazu gehörte auch die Regelung im Falle von Preissenkungen und -schwankungen der exportierten Mengen an Polypropylen.

Man einigte sich zu den vorgenannten Problemen dahingehend, dass alle Polypropylen-Hersteller pro Jahr eine feste Lizenzabgabe an die Studiengesellschaft leisteten. Der Lizenzabgabe lag die Zahl der exportierten Fahrzeuge und der daraus errechenbaren Menge an Polypropylen zugrunde, wobei der Anteil jedes einzelnen Polypropylen-Herstellers in Bruchteilen, bezogen auf die Gesamtmenge, ermittelt wurde. Entgegenkommender Weise war der überwiegende Teil der Polypropylen-Hersteller bereit, den Anteil untereinander festzulegen. Die Zahlung begann 1988 und endete 1995, im Ablaufjahr des '698-Patentes.

Es gab einige wenige Firmen, die für sich in Anspruch nahmen, das '698-Patent nicht zu benutzen, wie z. B. Mitsui Petrochemical. Sie waren bereit, die Auseinandersetzung in den USA abzuwarten, um je nach Ausgang der Kontroverse um die so genannten „High-Speed"-Katalysatoren mit der Studiengesellschaft eine Einigung zu erreichen.

Das vorliegende Ergebnis war nicht zuletzt deshalb zu erreichen, weil die Drohung seitens der Studiengesellschaft die Verhandlungen begleiteten, wonach ein Verbot des Imports von Kraftfahrzeugen möglich erschien.

1991 bis 1994 wurde mit der überwiegenden Anzahl der Hersteller von Polypropylen ein Export-Lizenzvertrag abgeschlossen, indem eine nicht-ausschließliche Lizenz gegen Zahlung einer Lizenzabgabe, beginnend mit dem 1. Juni 1986, für die Benutzung des US '698-Patentes der Studiengesellschaft vergeben wurde. Die Höhe der Lizenzabgabe war eine feste Dollarsumme pro Jahr, die aus der Durchschnittstonnage an Polypropylen, die in Automobilen in die USA exportiert worden war, errechnet wurde. Von den japanischen Vertragspartnern wurde Wert darauf gelegt, dass möglichst alle Produzenten in diese Regelung einbezogen wurden. Die Abwicklung bzw. das Umsetzen der Verträge war bis zum Ablauf des '698-Patentes problemlos.

5.12
„Das letzte Kapitel"

Die Familie Y.C. Wang hatte in Taiwan einen Industriebesitz aufgebaut: „Formosa Plastics Group" [373], Taiwans größter Hersteller und Vertreiber petrochemischer Produkte. Ende der siebziger Jahre expandierte die Firma in die USA (Formosa Plastics Corp.) und gründete in Texas eine hundertprozentige Tochterfirma „Formosa Plastics Corp. Texas", mit Sitz in Comfort Point, Texas. Etwa zehn Jahre später verhandelte die Firma aus Taiwan mit einem deutschen Lizenznehmer von Ziegler über einen Vertrag, Polypropylen nach einer von ihm entwickelten Verfahrensvariante herzustellen. Die Übergabe des „Know-how" sollte gegen eine angemessene Zahlung vergütet werden.

Die erwähnte Verfahrensvariante war schon einmal in den USA in Lizenz vergeben: Nothern Petrochemical Company (NPC). Gegen diese Firma hatte die Studiengesellschaft eine Verletzungsklage erfolgreich beendet (vgl. Seite 245, Abs. 4). NPC hatte konzediert, das '698-Patent der Studiengesellschaft zu verletzen.

1993 erfuhr die Studiengesellschaft über eine Zeitungsnotiz, dass die Firma Formosa Plastics, USA, als neuer Produzent für Polypropylen auf dem US-Markt auftreten wolle. Brieflich angesprochen, reagierte die Firma Formosa dahingehend, dass der deutsche Know-how-Lieferant die Interessen der Firma Formosa vertrete.

Von dort war zu hören, dass Formosa empfohlen worden war, der Studiengesellschaft eine Abfindung [374] für die Nutzung des '698-Patentes bis zum Ende der Laufzeit anzubieten.

Zu dieser Zeit war bekannt, dass die Studiengesellschaft das 4,125, 698 ('698) Patent in den USA durchgesetzt hatte. Formosa Plastics Corp., USA, wollte aber keinen direkten Verhandlungskontakt [375] mit der Studiengesellschaft aufnehmen. Außer der Studiengesellschaft (Katalysatorschutz) besaß bekanntlich Phillips Petroleum zu dieser Zeit einen Schutz für Polypropylen (Stoffschutz).

Parallel zu Bemühungen, eine Regelung mit der Studiengesellschaft zu erreichen, liefen Verhandlungen zwischen Formosa und Phillips Petroleum, ohne Ergebnis. 1993 erhob Phillips dann Klage gegen Formosa, die im März 1994 durch Zahlung einer beachtlichen Lizenzabgabe beendet wurde [376]. Die Lizenz bezog sich auf Herstellung und Verkauf von „kristallinem" Polypropylen.

In der Diskussion zwischen dem deutschen Ziegler-Lizenznehmer und der Studiengesellschaft über den von Formosa benutzten Katalysator wurde seitens der Studiengesellschaft festgestellt, dass es sich bei der Verfahrensweise von Formosa um die Verwendung eines klassischen Ziegler-Katalysators – Titantrichlorid und Diethylaluminiumchlorid – handelte, wobei jetzt sowohl dem Titanchlorid als auch der Aluminiumkomponente je eine dritte bzw. vierte Komponente im Unterschuss zugegeben wurde, um die Produktivität zu erhöhen [377]. Durch Weglassen der Titan- oder Aluminiumkomponente fand auch hier keine Polymerisation statt, wohl aber wenn die Zusatzkomponenten drei und vier nicht benutzt wurden [378].

Frühere Gerichtsentscheidungen, z. B. Studiengesellschaft gegen Phillips Petroleum oder Studiengesellschaft gegen Dart, enthielten den Hinweis, dass die Anspruchsformulierung ('698) nicht so auszulegen sei, dass „essentially" gleich „exclusive" sei, sodass die Komplexierung von z. B. Aluminiumchlorid mit Titantrichlorid eine Verletzung nicht verhindern konnte. Alle Formen des Titantrichlorid waren abgedeckt [379].

Auch der Gesichtspunkt, dass die Katalysatorkomponenten vor dem Kontakt mit dem zu polymerisierenden Propen gemischt würden, hatte in den gleichen Urteilen zu einer Entscheidung im Sinne der Schutzrechte der Studiengesellschaft geführt.. Die Gegenwart von Propen als Transport- bzw. Suspensionsmittel z. B. der einzelnen Katalysatorkomponenten war dort nicht ausgeschlossen.

Der Austausch von Argumenten zum Katalysator führte nicht zu einer Einigung [380]. Die Parteien beharrten auf ihren Positionen. Bei der Suche nach einer Lösung mussten relevante Produktionszahlen erfragt werden. Es handelte sich für das Jahr 1994 um etwa 78.000 und für 1995 um geschätzte 150.000 Tonnen Polypropylen. Ein Gespräch im Januar 1995 auf „höherer Ebene" der Parteien führte nicht zu einem Ausgleich. Es wurden zwar Zahlen angeboten, aber ein Abschluss hing von dem Einverständnis der Leitung der Firma Formosa ab. Dort wurde Ablehnung signalisiert, und im Februar 1995 durch ein erstes Angebot von $ 900.000 ersetzt [381]. Aus den Verkaufszahlen konnte man unschwer eine Forderung der Studiengesellschaft von $ 2,7–2,8 Millionen errechnen [382].

Mitte März 1995 erhob die Studiengesellschaft Klage gegen Formosa Plastics Co., USA und Texas [383]. Aus den Zeugenvernehmungen im Mai 1996 ging hervor, dass Formosa Plastics, USA, bis zum Ende November 1995, dem Ablaufzeitpunkt des '698-Patentes Verkäufe in Höhe von 175 Millionen $ erzielt hatte. Eine Forderung an Lizenzabgaben zu den bekannten Konditionen ließ sich daraus errechnen: $ 2,64 Millionen. Der Vertreter der Firma Formosa, Rechtsanwalt Norris (Anwalt auch von Shell Oil in der Klage Studiengesellschaft gegen Shell) vertrat die Ansicht, dass das '698-Patent ungültig erklärt worden sei, was nicht zutraf [384]. Ein Teil der Ansprüche – genau die, die gegen Formosa zum Zuge kommen sollten – war durchaus gültig und in der Shell-Klage von den Gerichten gar nicht behandelt worden [385]. Als Nebenergebnis der Vernehmung von Zeugen von Formosa stellte sich heraus, dass Formosa auch Polyethylen produzierte.[82]

Bis Mitte 1998 lief die Beweisaufnahme. Richter Farnan erließ Ende Juli 1998 eine Gerichtsverfügung über den weiteren Ablauf der Klage, wobei er zum einen den Verhandlungstermin auf Mai 1999 festlegte, zum andern die Entscheidung in der Klage Studiengesellschaft gegen Shell Oil abwarten wollte [386].

Im Februar 1999 einigten sich die Parteien [387] auf eine Zahlung durch Formosa in Höhe von $ 1,65 Millionen.

Zum Zeitpunkt der Einigung war das '698-Patent etwas mehr als drei Jahre abgelaufen. Durch Angriffe zahlreicher Gegner war eine Schwächung des Patentes unübersehbar. Weitere Angriffe gegen unlizenzierte Polypropylen-Produzenten erschienen nicht ratsam. Im Jahr 1994, ein Jahr vor Ablauf des '698-Patentes gab es in den USA ca. fünf Millionen Tonnen Polypropylen-Produktionskapazität. Ca. 15 Prozent dieser Kapazität fielen weder unter vertragliche Vereinbarungen mit der Studiengesellschaft, noch war durch gerichtliche Entscheidung eine Zahlungspflicht festgelegt.

82) Katalysator: Titantetrachlorid auf inertem Träger und Aluminiumtriethyl sowie Aluminiumtriethoxyl als Aluminiumkomponenten (siehe Lit. [381]). Zur Reaktion von Aluminiumtriethyl mit Aluminiumtriethoxyl zu Ethylalumini- umethoxyl-Verbindungen, siehe Methoden der organischen Chemie, Houben-Weyl, Vol. XIII/ 4, Seite 80, 1970, Georg Thieme Verlag, Stuttgart.

5.13
Epilog

Die vorliegende historische Betrachtung um die Entdeckung und weltweite Entwicklung des Polypropylens wurde initiiert durch den Wunsch des Autors nach Übersicht und Ordnung. Vorurteile und mangelnde Information hatten zu verzerrten Versionen der Einschätzungen zum Geschehen geführt, aus der heraus eine Unsicherheit beim Umgang mit den Tatsachen entstand. Schließlich lagen zum jetzigen Zeitpunkt die Voraussetzungen vor – nicht zuletzt sind wesentliche Schutzrechte abgelaufen –, sodass ein abgerundetes Bild der Ereignisse im Zusammenhang beschrieben werden konnte.

Der Exkurs soll nicht nur ein Beitrag zur Klärung sein, sondern er soll dem interessierten Leser, wenn er will, auch die Möglichkeit geben, selbst mit der Geschichte des Polypropylens umzugehen. Darüber hinaus war und sind die involvierte Ziegler-Chemie und die mit ihr verbundenen patentrechtlichen Aspekte sicherlich von Interesse.

Urteile, vor allem der US-Gerichte, führten einerseits nach fast dreißig Jahren vom Zeitpunkt der Entdeckung der Ziegler-Katalysatoren zu einer rückwirkenden Klärung der Rechtsansprüche bei der Verwendung der Katalysatoren und andererseits zu dem Eindruck einer politischen Einflussnahme. Die engagierten Richter konnten sich mit dem chemischen Sachverhalt nicht immer auseinander setzen. Im Laufe der Zeit setzten sie sich über frühere Teil-Urteile zur gleichen Sache hinweg. Da neutrale Gutachter in der Prozessordnung nicht vorgesehen waren, blieb es Sache der Parteianwälte, dem Richter den Sachverhalt in der Argumentation verständlich zu machen. Gegen Ende der Patentlaufzeiten konnte man feststellen, dass die Gerichte peinlich darauf achteten, den Umfang des Rechtschutzes allenfalls aufrechtzuerhalten, eher zu schmälern. Bei der großen Zahl der behandelten Argumente musste man in Anbetracht der langen Zeit damit rechnen.

Das immense kommerzielle Interesse an den Ziegler-Katalysatoren hat dazu geführt, dass jeder auch nur halbwegs Erfolg versprechende Weg beschritten wurde, um Ziegler, seinen Mitarbeitern und seinem Institut eine angemessene Teilhabe an den Früchten der Entdeckung zu verwehren oder wenigstens zu beschneiden, mit juristischen ebenso wie mit wissenschaftlichen Argumenten oder auch durch schlichte Verletzung bestehender Schutzrechte.

Immerhin konnte die Studiengesellschaft über mehr als eine Generation eine Anerkennung der ursprünglichen Erfindung und die Abhängigkeiten der Verbesserungen sichern. Karl Ziegler hätte sich nicht träumen lassen, über ein halbes Jahrhundert so viel Unruhe ausgelöst zu haben.

Bei dem vorliegenden Ergebnis stellen sich dennoch Fragen. Es gibt Wissenschaftler, die eine Erfindung grundsätzlich nicht unter Schutz stellen wollen und damit eine Verwertung zum Nutzen ihrer eigenen Forschungseinrichtung ablehnen. Soll eine Institution, wie ein Max-Planck-Institut, sich einer Prozedur unterziehen, über einen Zeitraum von dreißig bis vierzig Jahren langwierige Auseinandersetzungen einzugehen? Sicherlich hängt die Antwort vom Verhältnis Gewinn zu Aufwand ab, aber nicht nur. Für Juristen, insbesondere Patentjuristen, gab es in Patenterteilungsverfahren sowie Urteilsbegründungen unterer und höchster Patentgerichte neue Gesichtspunkte. Aber auch die chemische Forschung ist durch den Verlauf der gerichtlichen und patentamtlichen Auseinandersetzungen und nicht zuletzt durch die Patente selbst befruchtet worden.

Über vierzig Jahre hatte sich das Max-Planck-Institut für Kohlenforschung in Mülheim aus Einnahmen der Verwertung der Schutzrechte von 1953/54 selbst finanziert. Der weltweite Umsatz aus Verkäufen von Polypropylen betrug zuletzt jährlich mehr als 20 Milliarden Euro.

Literatur

1 Hercules an von Kreisler vom 18.06.1959

2 von Kreisler an Hercules vom 18.10.1959 und Hercules an Ziegler vom 25.01.1960

3 Hercules an Ziegler 08.12.1961

4 Kalkulation 06.12.1962, Ziegler/Martin

5 Brown an Ziegler vom 12.12.1962

6 Hercules an Ziegler vom 14.02.1964

7 Ziegler an Brown vom 13.04.1964 und Supplement No. 2 Hercules/Ziegler vom 25.05.1964

8 Hercules an Ziegler vom 29.05.1967 und 27.02.1968

9 Ziegler ./. Phillips Petroleum, Civil Action 3343, District Court of Delaware siehe hierzu Gerichtsprotokoll Mai 1971, Seite 211–212 und Seite 403 (Esso produzierte Polypropylen seit 1960.)

10 Montecatini Societa Generale per La Industria Mineraria e Chimica, US PS 3,112,300, G. Natta, P. Pino und G. Mazzanti, Priorität 8. Juni 1954; erteilt 26.11.1963 (vergl. Kap. IV, [13]) und 3,112,301 (vergl. Kap. IV, [14])

11 Ziegler et al, US PS 3,113,115 (siehe Kap. III Lit 53 und Kap. IV, [12]); Esso: $TiCl_3$ AA (Stauffer) + Et_2AlCl;

12 von Kreisler an Dinklage vom 17.05.1966

13 von Kreisler an Phillips vom 14.07.1966

14 Besprechung Ziegler, Dinklage, von Kreisler vom 31.03.1967

15 A. Young an von Kreisler vom 26.05.1967

16 Ziegler ./. Phillips Petroleum Civil Action 3-2225 vom 27.11.1967

17 United States District Court for the Northern District of Texas, Dallas Devision, Civil Action No. 3-2225-B, Karl Ziegler ./. Phillips Petroleum Urteil vom 22.06.1971

18 N. G. Gaylord und H. F. Mark „Linear And Stereoregular Addition Polymers" 1959, Interscience Publishers Inc. New York, Seite 162

19 Karl Ziegler ./. Phillips Petroleum, District Court Dallas, Texas, Civil Action No. 3-2225-B, Zeugenaussage H. F. Mark vom 24.05.1971, Seiten 1565–1571

20 Shell Development Co., US PS 2,304,290, A. J. van Peski, angemeldet 02.01.1940, erteilt 08.12.1942

21 Universal Oil Products Co., US PS 2,057,432, V. Ipatieff und A. V. Grosse, angemeldet 26.10.1932, erteilt 13.10.1936

22 Karl Ziegler ./. Phillips Petroleum, District Court Dallas, Texas, Civil Action No. 3-2225-B, Zeugenaussage H. F. Mark vom 24.05.1971,Seiten 1538–1560

23 Karl Ziegler ./. Phillips Petroleum, District Court Dallas, Texas, Civil Action No. 3-2225-B, Zeugenaussagen H. Martin, H. F. Mark, Dallas Texas, Mai 1971, Seiten 240–241, 245, 262, 598, 600, 603, 605, 614–615, 617, 622, 632–634, 637, 640, 642, 649

24 Diamond Shamrock/Ziegler, Vertrag vom 09.07.1970

25 Ziegler ./. Phillips Petroleum Co., United States District Court for the Northern District of Texas Dallas Division, Civil Action No. 3-2225, Notice of Appeal vom 26.07.1971 mit Anschreiben Sprung vom 30.07.1971

26 Ziegler ./. Phillips Petroleum, United States Court of Appeals for the 5th Circuit No 71-2650 – Richter: Bell, Roney und Brewster, Urteil vom 13.04.1973

27 Studiengesellschaft Kohle mbH v. Eastman Kodak Co., Civil Action No. B-84-392-C Zeugenvernehmung H. Martin, Oktober 1975, New York, Seiten 204–211

28 Giacco an Ziegler vom 23.05.1969

29 von Kreisler an Ziegler, Hercules (Giacco), Dinklage vom 01.09.1969, an Ziegler vom 02.10.1969; an Dinklage vom 22.09.1969 und Rechtsanwälte an Laurence und Th. Reddy vom 20.09.1969, und an Diamond Shamrock sowie Dart vom 24. bzw. 20.09.1969.

30 R. M. Knight, Dart Industries, an von Kreisler vom 30.09.1969

31 von Kreisler an Dart vom 22.10.1969

32 Giacco an von Kreisler vom 31.10.1969

33 von Kreisler an Hercules vom 26.01.1970 und Hercules an von Kreisler vom 06.02.1970

34 Hercules an von Kreisler vom 01.06.1970

35 Kernforschung, Dr. H. Vogg, an Ziegler vom 06.08.1970 und Martin an Sprung 25.09.1970

36 Ziegler an Giacco Ende 1970

37 Diamond Shamrock, USA, Lizenzvertrag vom 09.07.1970; s. Kap. IV, Lit. [1]

38 Dart ./. Ziegler, US District Court California, Civil Action No. 70-1662 vom 28.07.1970.

39 Ziegler ./. Dart, District Court or the District of Delaware, Civil Action No 3952 vom 29.07.1970, Memorandum Opinion vom 17.11.1970

40 Th. F. Reddy für Dart am 16.08.1971 und A. Sprung für Ziegler am 18.08.1971 an Richter Wright.

41 Sprung an Martin vom 16.06.1971

42 Novamont an Ziegler vom 09.07.1971

43 Ziegler an Novamont vom 30.07.1971

44 Sprung an Novamont vom 24.03.1972

45 Sprung an Hercules vom 11.08.1971, an Martin und von Kreisler 11.08.1971

46 Martin an Ziegler vom 18.08.1971

47 Brown an von Kreisler vom 02.11.1971

48 Martin an Sprung vom 01.12.1971 und Sprung an Martin vom 11.01.1972

49 Sprung an Martin vom 02.02.1972

50 Martin an Ziegler Telegramm vom 16.02.1972, Ziegler an Martin 18.02.1972, Martin an Sprung 21.02.1972

51 Ziegler an Martin vom 22.03.1972

52 Hercules/Ziegler, Briefvertrag vom 26.04.1972

53 Sprung an Martin vom 04.10.1971

54 Brief Sprung an Shell vom 24.03.1972

55 Telegramm R. C. Clement für Shell an Ziegler vom 12.04.1972

56 Sprung an Martin vom 21.04.1972

57 Shell/Ziegler, Briefvertrag vom 14.06.1972

58 Shell an Sprung vom 04.08.1972

59 Martin an Sprung vom 17.08.1972

60 Sprung an Martin vom 28.06,1971

61 Telex Sprung an Martin Ende Juni 1971

62 Sprung an Diamond Shamrock 20.07.1971

63 Sprung an Martin vom 21.09.1971

64 Sprung an Martin vom 26.04.1973, Ziegler an Martin vom 25.05.1973

65 Sprung an Diamond Shamrock vom
06.03.1974

66 Martin an Diamond Shamrock vom
28.03.1974;
Sprung an Martin vom 06.05.1974

67 Martin an Diamond Shamrock vom
06.05.1974

68 Sprung an Novamont vom 23.05.1973

69 Novamont an Martin vom 23.01.1974

70 Martin an Novamont und an Montedison
vom 30.01.1974

71 Sprung an Novamont vom 17.06 1974

72 Studiengesellschaft Kohle mbH/Nova-
mont Corp. „Agreement" und „Polypropylene License Agreement" vom
01.07.1974

73 Bericht Martin über Besuch bei Esso am
15.03.1973, Brief Sprung an Chasan,
Esso, vom 16.03.1973 und Bericht Martin
vom 13.06.1973

74 Sprung an Martin und Sprung an Esso
Research vom 06.08.1973 und Martin an
Sprung vom 25.09.1973

75 Sprung an Esso vom 26.09.1973

76 Sprung an Martin vom 26.09.1973

77 Esso/Studiengesellschaft Kohle mbH,
Vertrag vom 22.02.1974

78 Europa-Chemie 1975/5

79 Studiengesellschaft Kohle mbH /Esso
Civil Action No. 75 Civ 3588 CSH, Richter Haight, Urteil vom 15.02.1977

80 Srung an Martin vom 11.05.1977

81 von Kreisler jun. an Martin vom
03.05.1972

82 Bergwerksverband, Essen (für Max-
Planck-Institut für Kohlenforschung/
Ziegler) und Standard Oil of Indiana Ver-
trag, vom 11.07./03.08.1972

83 Sprung an Martin vom 20.07.1972

84 Ziegler/Amoco Chemicals Corp., Opti-
ons- und Lizenzvertrag vom 16.04.1973,
von Ziegler nicht unterschrieben.

85 Amoco an Sprung vom 09. und
17.04.1973

86 Martin an Sprung vom 16.05.1973,
Sprung an Amoco (H. G. Krane) vom
23.05.1973

87 Standard Oil of Indiana an Sprung vom
11.06.1973

88 Sprung an Exxon vom 21.10.1977
Sprung an Martin vom selben Datum

89 Studiengesellschaft Kohle mbH/ Exxon-
Research and Engineering Co. Vertrag
vom 28.04.1979

90 G. Gilkes an Ziegler vom 19.09.1973 und
Martin an Gilkes vom 27.09.1973

91 Sprung an R. C. Medhurst vom
15.03.1974

92 Medhurst an Sprung vom 09.07.1974
Studiengesellschaft Kohle mbH ./.
Amoco Chemicals Corp., Vertrag Poly-
propylen vom 15./20.07.1974
Vertrag Polyethylen Studiengesellschaft
Kohle mbH ./. Amoco Chemicals Corp.,
vom 15./20.07.1974
Studiengesellschaft Kohle mbH an
Amoco Chemicals Corp. vom 17.07.1974

93 Studiengesellschaft Kohle mbH ./. Eastman Kodak Co., US District Court for
the Eastern District of Texas Civil Action
No. TY-74-68-CA vom 20.03.1974,

94 Eastman Kodak ./. Studiengesellschaft
Kohle mbH, District Court for the District of Delaware, Civil Action No. 74-87
vom 02.05.1974, Klage abgewiesen
24.04.1975, da Studiengesellschaft vorher
Klage in Texas erhoben hatte.

95 Telex Sprung an Martin vom 02.05.1974

96 Studiengesellschaft Kohle mbH ./. Eastman Kodak, District Court for the District of Texas, Civil Action No. 74-68,
abgeänderte Klage vom 10.05.1974

97 Studiengesellschaft Kohle ./. Eastman
Kodak Co, District Court for the District
of Texas, Civil Action No. B-74-392, Plain-
tiff's SGK Post-Trial Brief, Seite 5, letzter
Absatz, und Appendix C, Seite 2, vergl.
Eastman Kodak Co., US PS 3,679,775,
Hugh J. Hagemeyer, Jr.; Vernon K. Park
vom 25.07.1972, Priorität 03.04.1968 (S.
N. 718,337) und US PS 3,412,078, Hugh
J. Hagemeyer, Jr.; Marvin B. Edwards
vom 19.11.1968, Priorität 16.02.1966 (S.
N. 527,851)

98 Studiengesellschaft Kohle ./. Eastman Kodak Co., US Court of Appeals (5th Circuit), Civil Action 77-3230 Brief for Plaintiff Appellant, Seite 2, Hagemeyer Deposition 323, 1977

99 Studiengesellschaft Kohle ./. Eastman Kodak Co, Civil Action No. B-74-392, Defendant's Post-Trial Brief, Seite 7/8

100 Studiengesellschaft Kohle ./. Eastman Kodak Co, Civil Action No. B-74-392, Plaintiff's SGK Post-Trial Brief, Seite 9, Absatz 1

101 Studiengesellschaft Kohle mbH ./. Eastman Kodak Co., US District Court for the Eastern District of Texas, Civil Action No. B-74-392-CA, Richter Joe J. Fisher, Urteil vom 21.09.1977

102 Eastman Kodak, US District Court for the Eastern District of Texas, Civil Action No. B-74-392-CA, Defendant's Post Trial Brief

103 Studiengesellschaft Kohle ./. Eastman Kodak Co, US Court of Appeals 5th Cir., No. 77-3230, Richter Coleman, F. M. Johnson und Politz, Urteil vom 15.05.1980; 616 F.2d 1315 (1980), (West Publishing Co. 1980, 5686-5718)

104 Martin, Versuche 1530 und 1531, MAR 92 vom 18./25.11.1974, IR-Spektren vom 27.11.1974

105 Martin an Sprung vom 25.06.1974

106 Studiengesellschaft Kohle ./. Eastman Kodak Co, Civil Action No. B-74-392, Plaintiff's SGK Post-Trial Brief, Seite 11 und Appendix C, Seite 6.

107 Studiengesellschaft Kohle ./. Eastman Kodak Co, Civil Action No. B-74-392, Plaintiff's SGK Post-Trial Brief, Seite 10 und Appendix C, Seite 4.

108 Ziegler ./. Phillips Petroleum, United States Court of Appeals for the 5th Circuit, No 71-2650 – Richter: Bell, Roney und Brewster, Seite 42, Zeile 15–24
Ziegler ./. Eastman Kodak Co., United States Court of Appeals for the 5th Circuit No 77-3230 – Brief for Plaintiff-Appellant, Seite 26, 2. Absatz.

109 Montecatini Edison S.p.A., US PS, 3,582,987, G. Natta, P. Pino und G. Mazzanti, Priorität 27. Juni 1954; angemeldet 08.06.1955, erteilt 26.11.1971

110 Studiengesellschaft Kohle ./. Eastman Kodak Co, Civil Action No. B-74-392, Defendant's Post-Trial Brief, Seiten 35/37

111 C. Hall, A.W. Nash, J. Inst. Petrol, Technol. 23, 679 (1937) und 24, 471 (1938), (vgl. Kapitel I, Seite 23 und Kapitel III, Lit [7, 8])

112 H. Hopff and N. Balint, Polymer Preprints, Vol. 16, 324-326, April 1975
H. Hopff and N. Balint, Applied Polymer Symposium No. 26, 19–20 (1975) (vergl. Kap. IV, Lit [114])

113 „The Polymerization of Ethylene according to DRP 874 215, 1943, Max Fischer", Nikolaus Balint, Oktober 1970

114 Studiengesellschaft ./. Eastman Kodak, Civil Action B-74-392-CA, Vernehmung H. F. Mark, 23.11.1976, New York, Seite 6–9

115 Studiengesellschaft Kohle ./. Eastman Kodak Co, Civil Action No. B-74-392, Plaintiff's SGK Post-Trial Reply Brief, Seite 93/94

116 Studiengesellschaft ./. Eastman Kodak, Civil Action B-74-392-CA, Vernehmung H. F. Mark, 23.11.1976, New York, Seite 11–12

117 Studiengesellschaft v. Eastman Kodak, Civil Action B-74-392-CA, Vernehmung H. F. Mark, 23.11.1976, New York, Seiten 26–28
Vernehmung N. Balint, 28.10.1976, New York, Seiten 381–393

118 Studiengesellschaft ./. Eastman Kodak, Civil Action B-74-392-CA, Vernehmung H. F. Mark, 23.11.1976, New York, Seite 28

119 Studiengesellschaft ./. Eastman Kodak, Civil Action B-74-392-CA, Vernehmung H. F. Mark, 23.11.1976, New York, Seiten 30/31

120 Treffen in Mülheim am 23.10.1967. Kaufman, Avery und Barrington (US Steel)
mit Ziegler, Martin und von Kreisler

121 Extrakt aus US Steel Dokumenten 1967
– 1975, Notiz vom 23.11.1968

122 Extrakt aus US Steel Dokumenten 1967
– 1975, Notiz vom 09.03.1970

123 Ziegler/US Steel, Lizenzvertrag über die
Herstellung von Polyethylen vom
05.11.1970

124 H. Martin, Aktenotiz vom 27.07.1976
über Ergebnis der Besprechung mit US
Steel in Mülheim am 26.07.1976

125 Treffen Hopff mit Pegan, Shearer,
Anspon (US Steel) am 14.03.1970
Studiengesellschaft Kohle v. Eastman
Kodak Co, Civil Action No. B-74-392,
Plaintiff's SGK Post-Trial Reply Brief,
Seite 86 und Appendix E, Seite 32. und
Zeugenvernehmung N. Balint, Seiten
277–281 und 283

126 Extrakt aus US Steel Dokumenten 1967
– 1975, Brief H. Hopff an Anspon, US
Steel, vom 08.06.1970

127 Extrakt aus US Steel Dokumenten 1967
– 1975, Notiz vom 24.06.1970
Studiengesellschaft Kohle ./. Eastman
Kodak Co, Civil Action No. B-74-392,
Plaintiff's SGK Post-Trial Reply Brief,
Seite 86

128 Extrakt aus US Steel Dokumenten 1967
– 1975, Notiz vom 29.10.1972

129 Studiengesellschaft ./. Eastman Kodak,
Civil Action B-74-392-CA, Vernehmung
N. Balint, 26.10.1976, New York, Büro
RA Reddy, Anwalt für Dart,

130 Studiengesellschaft v. Eastman Kodak,
Civil Action B-74-392-CA, Vernehmung
N. Balint, 26.10.1976, New York, Büro
RA Reddy, Anwalt für Dart, Seiten 7–8

131 Studiengesellschaft ./. Eastman Kodak,
Civil Action B-74-392-CA, Vernehmung
N. Balint, 26.10.1976, New York, Büro
RA Reddy, Anwalt für Dart, Seiten 39/40

132 Studiengesellschaft ./. Eastman Kodak,
Civil Action B-74-392-CA, Vernehmung
N. Balint, 26.10.1976, New York, Büro
RA Reddy, Anwalt für Dart, Seiten 121–
122, 165, 675, 694–695

133 Studiengesellschaft ./. Eastman Kodak,
Civil Action B-74-392-CA, Vernehmung
N. Balint, 26.10.1976, New York, Büro
RA Reddy, Anwalt für Dart, Seite 124

134 Studiengesellschaft ./. Eastman Kodak,
Civil Action B-74-392-CA, Vernehmung
N. Balint, 26.10.1976, New York, Büro
RA Reddy, Anwalt für Dart, Seite 126

135 Studiengesellschaft ./. Eastman Kodak,
Civil Action B-74-392-CA, Vernehmung
N. Balint, 26.10.1976, New York, Büro
RA Reddy, Anwalt für Dart,
Seiten 189–193

136 Studiengesellschaft ./. Eastman Kodak,
Civil Action B-74-392-CA, Vernehmung
N. Balint, 26.10.1976, New York, Büro
RA Reddy, Anwalt für Dart, Seiten 225–
232, 276, 414–418, 428–429, 441–447,
452, 454

137 Studiengesellschaft ./. Eastman Kodak,
Civil Action B-74-392-CA, Vernehmung
N. Balint, 26.10.1976, New York, Büro
RA Reddy, Anwalt für Dart, Seite 724

138 A. v. Grosse and J. M. Mavety, J. Org.
Chem. 5, 106–121 (1940) (4)

139 K. Ziegler et al, Liebigs .Ann. .Chem.
629, 172–198 (1960).

140 Studiengesellschaft ./. Eastman Kodak,
Civil Action B-74-392-CA, Plaintiff's Post
Trial Reply Brief, Appendix D, Seite 3–5,
Zeugenvernehmung Othmer, Fußnoten
252, 253, 258 und 259

141 Studiengesellschaft Kohle mbH v. Eastman Kodak Co., US District Court for
the Eastern District of Texas Civil Action
No. B-74-392-CA, Richter Joe J. Fisher,
Urteil vom 21.09.1977, Seite 17

142 J. N. Hay, P. G. Hooper and J. CC. Robb,
Trans. Faraday Soc. 65, 1365–1371 (1969);
Technical Data Sheets, Ethyl Corporation;
T. E. Jordan, Vapor Pressure of Organic
Compounds, Interscience Publishers
Inc., New York, 1954 und Studiengesell-
schaft Kohle v. Eastman Kodak, Civil
Action B-74-392-CA, Plaintiff's Post Trial
Reply Brief, Appendix D, Seiten 3–5,
Fußnoten 252, 253, 258 und 259 Zeugen-
vernehmung Othmer

143 Studiengesellschaft Kohle v. Eastman Kodak, Civil Action B-74-392-CA, Plaintiff's Post Trial Reply Brief, Appendix D, Seite 3, Fußnoten 252 und 253, Zeugenvernehmung Othmer und Martin

144 Studiengesellschaft Kohle v. Eastman Kodak, Civil Action B-74-392-CA, Plaintiff's Post Trial Reply Brief, Appendix D, Seite 5, Fußnoten 259 – 260, Zeugenvernehmung Othmer und Martin

145 Studiengesellschaft Kohle ./. Eastman Kodak, Civil Action B-74-392-CA, Plaintiff's Post Trial Reply Brief, Appendix D, Seite 9–10, Fußnote 276–278, Zeugenvernehmung Martin

146 A. G. Gilkes, Amoco an Sprung vom 24.08.1976 und Sprung an Gilkes und Martin vom 26.08.1976

147 Sprung an Martin vom 10.08.1976 undMartin an Sprung vom 30.08.1976

148 Amoco Chemicals Corp. ./. Studiengesellschaft Kohle mbH, US District Court for the District of Delaware, Civil Action No. 76-284, Klageschrift vom 30.08.1976 mit Anschreiben und Telex Sprung an Martin vom 01.09.1976

149 Sprung an Gilkes und an Martin vom 02.09.1976 und Antwort Gilkes vom 07.09.1976

150 H. Martin, Aktennotiz vom 25.10.1976

151 Amoco Chemicals Corp. ./. Studiengesellschaft Kohle mbH, US District Court for the District of Delaware, Civil Action No. 76-284, „Motion for Summary Jugdment" vom 20.10.1976

152 Amoco Chemicals Corp. ./. Studiengesellschaft Kohle mbH, US District Court for the District of Delaware, Civil Action 76-284, Protokoll über die Anhörung der Parteien vor dem Richter C. M. Wright in Wilminton, Delaware, am 18.11.1976

153 Amoco Chemicals Corp. ./. Studiengesellschaft Kohle mbH, US District Court for the District of Delaware, Civil Action No. 76-284, Vertrag Amoco/Studiengesellschaft vom 24.11.1976 und Garantieerklärung G. Wilke für das Max-Planck-Institut für Kohlenforschung

vom 30.11.1976 und Brief Martin an Sprung vom 01.12.1976

154 Amoco Chemicals Corp. ./. Studiengesellschaft Kohle mbH, US District Court for the District of Delaware, Civil Action No. 76-451, Amended Complaint vom 06.06.1977

155 Amoco Chemicals Corp. ./. Studiengesellschaft Kohle mbH, US District Court for the District of Delaware, Civil Action No. 76-451, Stipulation and Order Mai 1977

156 Amoco Chemicals Corp. ./. Studiengesellschaft Kohle mbH, US District Court for the District of Delaware, Civil Action No. 76-451, Th. V. Heyman an Kramer vom 02.08.1977

157 Amoco Chemicals Corp. ./. Studiengesellschaft Kohle mbH, US District Court for the District of Delaware, Civil Action No. 76-451, Vergleichsvertrag Amoco/Studiengesellschaft Kohle mbH, vom 29.04/08.05.1980

158 Sprung an Martin vom 28.04.1977 mit Vertrag Studiengesellschaft Kohle mbH / Arco Polymers Inc. vom 25.04.1977

159 Arco ./. Studiengesellschaft Kohle mbH, US District Court for the Eastern District of Pennsylvania, Civil Action No. 78-2917, Klage vom 30.08.1978

160 Telex Sprung an Martin vom 01.12.1978, Telex Martin an Sprung 05.12.1978, Kündigungsschreiben Sprung an Arco vom 05.12.1978

161 Arco an Studiengesellschaft vom 08.12.1978

162 Telexe Martin an Sprung vom 13.05. und 05.06.1981

163 Arco ./. Studiengesellschaft Kohle mbH, US District Court for the Eastern District of Pennsylvania, Civil Action No. 78-2917, „Motion for Summary Judgment" vom 13.07.1981

164 Arco ./. Studiengesellschaft Kohle mbH, US District Court for the Eastern District of Pennsylvania, Civil Action No. 78-2917, Richter J. Hannum Urteil vom 23.11.1982

165 Arco an Martin, Kopie des Schecks zum Brief vom 14.12.1982

166 Arco ./. Studiengesellschaft Kohle mbH, US Court for Appeals for the Federal Circuit, No 83-642, November 1982
Arco ./. Studiengesellschaft Kohle mbH, US Court for Appeals for the Federal Circuit, No 83-642, „Brief for Defendants Appellees" (Studiengesellschaft Kohle)

167 Arco ./. Studiengesellschaft Kohle mbH, US Court for Appeals for the Federal Circuit, No 83-642, Richter D. M. Friedman, Rich, Baldwin, Kashiwa und Bennett, Urteil vom 15.06.1983

168 Arco ./. Studiengesellschaft Kohle mbH, US Court for Appeals for the Federal Circuit, No 83-642, Richter Friedman, Rich, Baldwin, Kashiwa und Bennett, Urteil vom 01.03.1984

169 Studiengesellschaft Kohle mbH ./. Novamont, US District Court for the Southern District of New York, Civil Action No. 77-4722, Klageschrift vom 27.09.1977,

170 Studiengesellschaft Kohle mbH ./. Novamont, US District Court for the Southern District of New York, Civil Action No. 77-4722, Klageerwiderung vom 24.10.1977

171 Studiengesellschaft Kohle mbH ./. Novamont, US District Court for the Southern District of New York, Civil Action No. 77-4722, Richter Robert W. Sweet, Urteil vom 30.06.1981, (518 F. Supp. 557)

172 Studiengesellschaft Kohle mbH ./. Novamont, US Court of Appeals for the Second Circuit Action No. 82-7143, Richter: Meskill, Peirce und Fairshild, Urteil vom 28.03.1983; siehe hierzu auch:
Brief of Appellant-Cross-Appellee, Novamont
Brief of Plaintiff-Appellee-Cross-Appellant, Studiengesellschaft Kohle
Reply Brief of Appellant-Cross-Appellee, Novamont
Reply Brief of Plaintiff-Appellee-Cross-Appellant, Studiengesellschaft Kohle

173 Studiengesellschaft Kohle mbH ./. Novamont, US District Court for the Southern District of New York, Civil Action No. 77-4722, Zeugenvernehmung Martin,

29.11.–03.12.1979, Seiten 258, 259, 261, 265–267, Memo Treffen Novamont/SGK am 02.03.1971, Seite 23 und 36

174 Studiengesellschaft Kohle mbH ./. Novamont, US District Court for the Southern District of New York, Civil Action No. 77-4722, Richter R. Sweet, abschließendes Urteil (Final Judgment) Ende 1983

175 Studiengesellschaft Kohle mbH ./. Novamont, US District Court for the Southern District of New York, Civil Action No. 77-4722, Antrag der Klägerin (Motion): Firma US Steel Corp. anstelle Novamont einzusetzen.

176 N. Kramer an Richter Sweet vom 03.11.1983
US Steel ./. Studiengesellschaft Kohle mbH, Supreme Court of the USA, No. 83-443, „Brief in Opposition To Petition For A Writ Of Certiorari"; No. 83-443, „Peply Brief To Brief in Opposition To Petition For A Writ Of Certiorari"

177 Studiengesellschaft Kohle mbH ./. Dart, US District Court for the District of Delaware, Civil Action No. 3952, Plaintiff's Post Trial Brief, Seiten 6 und 7, Juni 1982

178 Studiengesellschaft Kohle mbH ./. Dart, US District Court for the District of Delaware, Civil Action 3952, Plaintiff's Post Trial Brief, Seiten 1–2, Juni 1982. – Dart betrieb die Produktionsanlage zusammen mit El Paso als „Joint Venture". 1979 übernahm El Paso den Anteil Dart, erklärte sich an das Urteil gegen Dart gebunden.

179 Studiengesellschaft Kohle mbH ./. Dart, US Court of Appeals for the Federal Circuit, Appeal No 83-591, Main Brief of Appellee, Studiengesellschaft Kohle, Seite 2, August 1983

180 Studiengesellschaft Kohle mbH ./. Dart, US District Court for the District of Delaware, Civil Action No. 3952, Juni 1982, Plaintiff's Post Trial Brief, und Defendants Post Trial Brief, August 1982; Plaintiff's Post Trial Reply Brief, Defendant's Post Trial Reply Brief, August 1982, 45 Seiten

181 Studiengesellschaft Kohle mbH ./. Dart, US District Court for the District of Delaware, Civil Action No. 3952, Richter C. Wright, Senior Judge, Urteil vom 05.10.1982

182 181, Seite 2, vergl. auch Reddy an Sprung vom 10.09.1975

183 181, Seite 2

184 181, Seiten 4–14

185 177, Seite 25

186 Prof. G. A. Olah, Technical Report, 1977 und 1980, Reinvestigation of the Max Fischer Polymerization of Ethylene vergl. insbesondere Versuche 14 und 16, 150 °C, Ausbeute festes Polyethylen mit Versuchen 12 und 13, 65 °C, wesentlich höhere Anteile an festem Polyethylen: Bei höherer Temperatur sollten größere Mengen an Organoaluminiumverbindungen entstehen und daher höhere katalytische Aktivität.

187 177, Seiten 26 und 27

188 181, Seite 12

189 181, Seite 14

190 181, Seite 30

191 181, Seite 31

192 181, Seiten 38/39

193 181, Seite 40

194 US PS 3,050,471, Du Pont, A. W. Anderson, J. M. Bruce, N. G. Merckling und W. L. Truett, angemeldet 21.07.1959, Erteilt 21.08.1962, Priorität 16.08.1954

195 H. Martin und J. Stedefeder, Liebigs Ann. Chem. 618, S. 17–23, 1958; C. Beermann, H. Bestian, Angew. Chemie 71, 618 (1959); H. Bestian, K. Clauss, H. Jensen, E. Prinz, Angew. Chemie 74, 955 (1962)

196 H. Martin et al, Angew. Chem. 97 (1985) Nr. 4

197 181, Seiten 41/42

198 181, Seiten 45/46

199 181, Seite 51

200 181, Seite 51

201 181, Seite 65 und 66

202 181, Seite 52

203 181, Seite 52, Hawley condensed chemical dictionary 10th ed. 1981

204 US PS 3, 903,017; Studiengesellschaft Kohle mbH, K. Ziegler, H. Breil, E. Holzkamp, H. Martin, angemeldet 20.04.1972, erteilt 02.09.1975, Priorität 17.11.1953–17.12.1954

205 Italienische Patentanmeldung 24.227/54, G. Natta, Montecatini, angemeldet 08.06.1954, erteilt unter der Nr. 535712 am 17.11.1955 (vergl. Kap. I, Lit 165)

206 181, Seite 55

207 181, Seite 55

208 181, Seite 57 und 58

209 H. Martin und H. Bretinger, Makromol. Chem. 1993, 1283–1288 (1992)

210 Laborjournal H. Martin, Versuch Nr. 101 vom 30./31.07.1954 (vergl. Kap. I, Lit. [179])

211 Studiengesellschaft Kohle mbH ./. Dart, US Court of Appeals for the Federal Circuit, Appeal No. 83-591, Main Brief of Appellant Dart Industries und Reply of Appellant Dart Industries, August 1983, (vergl. Lit 179)

212 US PS 3,225,021, Dart, früher Rexall Drug and Chemical Co., M. Erchak, Jr., N. J. Ridgewood, angemeldet 03.08.2962, erteilt 21.12.1965

213 Studiengesellschaft Kohle mbH ./. Dart, US Court of Appeals for the Federal Circuit, Appeal No. 83-591, Richter: Markey, Rich und Davis, Urteil 19.01.1984

214 Standard Oil of Indiana, Phillips Petroleum Co., Du Pont, Montecatini und Hercules Powder Co., Five-Party-Polypropylen-Interference No. 89 634, vom 09.09.1958, entschieden am 28./29.10.1970

215 Studiengesellschaft Kohle mbH ./. Dart, US District Court for the District of Delaware, Civil Action No. 39 52, Defendant's Post Trial Brief of Dart, Juni 1986, 163 Seiten, Thomas F. Reddy, Et. T. Lawrence Plaintiff's Post Trial Brief on Damages, Juni 1986, 156 Seiten, A. Sprung, N. Kramer

Post Trial Reply Brief of Dart, Th. F. Reddy und St. T. Lawrence, August 1986, 149 Seiten

Plaintiff's Post Trial Reply Brief on Damages, A. Sprung, N. Kramer, August 1986, 85 Seiten

216 Studiengesellschaft Kohle mbH ./. Dart, US District Court for the District of Delaware, Civil Action No. 39 52, Final Report of Special Master V. F. Battaglia, 25.11.1986, 61 Seiten

217 Studiengesellschaft ./. Dart, Civil Action No. 3952, Mitte 1986 Plaintiff's Post Trial Brief, Seite 19, 53 (vergl. [215])

218 Studiengesellschaft gegen Dart, Civil Action No. 3952, Mitte 1986 Plaintiff's Post Trial Brief, Seite 46 (vergl. [215])

219 216, Seiten 36–41

220 Studiengesellschaft Kohle mbH ./. Dart, US District Court for the District of Delaware, Civil Action 3952, Richter C. Wright, Urteil zum Schadenersatz vom 13.08.1987, 59 Seiten

221 Studiengesellschaft Kohle mbH ./. Dart, US District Court for the District of Delaware, Civil Action 3952, Richters C. M. Wright, „Stipulated Order", vom 19.10. 1986

222 Studiengesellschaft Kohle mbH ./. Dart und Kraft, US District Court for the District of Delaware, Civil Action 3952, Anordnung (Order) des Richters C. M. Wright vom 30.09.1987 Telefax H. Handelman an Arnold Sprung vom 09.10.1987, weitergeleitet an H. Martin.

223 Studiengesellschaft Kohle mbH ./. Dart und Kraft, US States District Court for the District of Delaware, Civil Action No. 3952, „Order for Deposit of Funds", 09.10.1987

224 Studiengesellschaft Kohle mbH ./. Dart und Kraft, US Court of Appeals for the Federal Circuit, Appeal No. 88-1052, „Notice of Appeal" Studiengesellschaft 29.10.1987, „Notice of Cross Appeal" Kraft Inc. 12.11.1987 und Dart 10.11.1987

225 Studiengesellschaft Kohle mbH ./. Dart und Kraft, United States Court of Appeals for the Federal Circuit, Appeals No. 88-1052, 88-1087, 88-1088 Main Brief of Cross-Appellant Dart Industrie, Inc., 25.02.1988 Main Brief of Appellant Studiengesellschaft Kohle mbH, 05.01.1988 Brief for Appellee, Kraft, Inc., 25.02.1988

226 Studiengesellschaft Kohle mbH ./. Dart und Kraft, United States Court of Appeals for the Federal Circuit, Appeals No. 88-1052, 88-1087, 88-1088 Reply Brief of Appellant Studiengesellschaft Kohle mbH, Mai 1988 Reply Brief of Cross-Appellant Dart Industries, Inc., Mai 1988 Reply Brief for Appellee and Cross-Appellant Kraft, Inc., Mai 1988

227 Studiengesellschaft Kohle mbH ./. Dart und Kraft, United States Court of Appeals for the Federal Circuit, Appeals No. 88-1052, 88-1087, 88-1088, Studiengesellschaft Kohle mbH gegen Dart Ind. und Kaft Inc., Richter Markey, Rich und Newman, Urteil vom 14.12.1988, 40 Seiten Richter Newman, 14.12.1988, 7 Seiten (nur teilweise zustimmend, teilweise abweichende Meinung)

228 N. Kramer an H. Martin vom 11.01.1989

229 Studiengesellschaft Kohle mbH ./. Dart und Kraft, US District Court for the District of Delaware, Civil Action No. 3952, Anhörung vor Richter Wright am 02.07.1987.

230 Vergl. Kap. III, Seite 125, Abs. 5, und S. 132, Abs. 3, [54] US PS 4,125,698

231 Donald F. Haas, Anwalt von NPC an Sprung 20.10.1977 Sprung an Haas 05.07.1978, (Chemical Engineering 03.07.1978) Haas an Sprung 28.11.1978 und 17.04.1979, Sprung an Martin 01.05.1979, Haas an Sprung 19.02.1080, Sprung an Haas 27.02.1980, E. P. Sease, Anwalt von NPC an Sprung vom 23.10.1980

232 Haas an Sprung 21.11.1980

233 Studiengesellschaft ./. Northern Petrochemical, US District Court for the Northern District of Illinois, Civil Action
80C6435, Richter Mc Millen., Klagepatente 3,113,115 ('115) und 4,125,698
('698)

234 Studiengesellschaft ./. Northern Petrochemical, US District Court for the Northern District of Illinois, Civil Action 80
C 6435, Antrag auf Ausetzung vom
21.01.1981

235 Studiengesellschaft ./. Northern Petrochemical, US District Court for the Northern District of Illinois, Civil Action 80
C 6435, Entscheidung des Richters vom
17.06.1981

236 Sprung an E. Sease vom 24.09.1981

237 Telex Martin an Sprung vom 13.05.1982
Studiengesellschaft ./. Northern Petrochemical, US District Court for the Northern District of Illinois, Civil Action 80
C 6435, Teilvergleichsvertrag vom 18.05.,
24.05. und 04.06.1982

238 Telex Sprung an Martin 08.05.1984

239 Studiengesellschaft ./. Northern Petrochemical, Final Pretrial Order vom
14.02.1983

240 Studiengesellschaft ./. Northern Petrochemical, US District Court for the Northern District of Illinois, Civil Action 80
C 6435, Vertrag 23.03., 04.04., 19.04. und
05.05.1983

241 Studiengesellschaft ./. Northern Petrochemical, US District Court for the Northern District of Illinois, Civil Action 80
C 6435, „Stipulation on Infringement"
(Vereinbarung über Verletzung) vom
31.10. und 07.11.1983

242 Schreiben Northern an Sprung
27.02.1984, Sprung an Northern vom
05.03. 1985

243 Studiengesellschaft ./. Northern Petrochemical, US District Court for the Northern District of Illinois, Civil Action 80
C 6435, „Defendant's proposed conlusi-
ons of law und Defendant's proposed findings of fact" vom 13.06.1984

„Plaintiff's comments", „Defendant's
objections", „Plaintiff's objections" sowie
„Plaintiff's proposed finding of fact and
conclusions of law" (13.06.1984)

244 Martin an Kramer vom 23.05.1983

245 Studiengesellschaft ./. Northern Petrochemical, US District Court for the Northern District of Illinois, Civil Action 80
C 6435, Richter Th. Mc Millen, Urteil
vom 06.12.1984

246 Patentability – Grant of Patents Ch. 11,
page 288, § 121

247 Studiengesellschaft ./. Northern Petrochemical, US District Court for the Northern District of Illinois, Civil Action 80
C 6435, „Notice of Appeal", Studiengesellschaft Kohle mbH vom 04.01.1985;
„Notice of Cross Appeal", NPC vom
14.01.1985; Studiengesellschaft ./. Northern Petrochemical, US Court of
Appeals for the Federal Circuit, Appeal
No. 85-1054, „Brief of Appellant", Studiengesellschaft Kohle mbH vom
13.03.1985, „Brief of Appellee", Northern
Petrochemical Company vom
19.04.1985, „Reply Brief of Appellant",
Studiengesellschaft Kohle mbH vom
21.05.1985

248 Studiengesellschaft ./. Northern Petro-
chemical, US Court of Appeals for the
Federal Circuit, Appeal No. 85-1054,
Richter Newman, Cowen, und Bissell,
Urteil vom 10.02.1986, 14 Seiten, und
ein Zusatzkommentar, 10 Seiten von
Richterin Newman.
GRUR International 4/1987, Seite 267
bis 270

249 Studiengesellschaft ./. Northern Petrochemical, US Court of Appeals for the
Federal Circuit, Appeal No. 85-1054, for-
melles Urteil 10.02.1986

250 Studiengesellschaft ./. Northern Petro-
chemical, US Court of Appeals for the
Federal Circuit, Appeal No. 85-1054,
Gerichtsverfügung vom 21.04.1986

251 US Court of Appeals for the Federal Circuit, Appeal No. 85-1054, Gerichtsverfügung vom 01.04.1986

252 Studiengesellschaft ./. Northern, US District Court for the Northern District of Illinois, Civil Action 80 C 6435 Order vom 16.06.1986

253 Studiengesellschaft Kohle mbH ./. Petrochemical, vertreten durch Enron Chemical Co., „Heads of Agreement" 21.06.1986

254 Telex Martin an Sprung vom 26.06.1986

255 Studiengesellschaft Kohle mbH ./. Enron Chemical Co., Lizenzvertrag vom 30.06./01.07.1986 bzw. Vertag vom 30.06./01.07.1986

256 „Royalty Income for Polypropylene after 1980 under '698"-Patent

257 Studiengesellschaft Kohle mbH ./. Phillips Petroleum Co., Lizenzvertrag vom 01.09.1986

258 Studiengesellschaft Kohle mbH ./. El Paso Products Co. Lizenzvertrag vom 31.12.1986

259 Studiengesellschaft Kohle mbH ./. Arco Polymer Inc., District Court of the Southern District of New York, Civil Action 84-1666, Klage vom 08.03.1984

260 C & EN vom 02.04.1984

261 Studiengesellschaft Kohle mbH ./. Atlantic Richfield Company, Vertrag vom 20./29.06.1984

262 Ziegler/Shell Oil, Lizenzvertrag vom 26.12.1964

263 Ziegler/Shell Lizenzvertrag vom 07.08.1972

264 Studiengesellschaft Kohle mbH/Shell, Lizenzvertrag vom 07.03.1974, wirksam vom 07.03.1973 an, mit Ergänzung vom gleichen Tag.

265 Studiengesellschaft Kohle mbH/Shell, Lizenzvertrag vom 30.09.1979

266 Sprung an Shell vom 07.11.1986

267 H. W. Haworth, Shell, an Studiengesellschaft vom 19.11.1986

268 Shell Oil Co ./. Studiengesellschaft Kohle mbH, US District Court for the Southern District of Texas, Civil Action No. H-86-4290, Klage vom 20.11.1986

269 Sprung an Martin vom 01.05.1987 und D. Baldwin, Shell, an Kramer vom 29.04.1987

270 Studiengesellschaft Kohle mbH /Shell Oil, Lizenzvertrag vom 06.07.1987

271 494 Fed. Supplement, S. 370–461, 1981: Civil Action No. 4319, District Court of Delaware – Entscheidung Jan. 11, 1980 im Verfahren Standard Oil of Indiana, Phillips Petroleum Co., E.I. Du Pont de Nemour & Co. gegen Montecatini S.p.A. et al, bestätigt durch das Beschwerdegericht, 3rd Circuit, 1981.
Kap. I, Lit 3, 5–7, 10, 11

272 US Patentanmeldung SN 514 068 vom 08.06.1955, deutsche Priorität 03.08.1954, Ansprüche 27–36, Erfinder K. Ziegler und H. Martin, geändert 01.03.1958 (Affidavit) K. Ziegler, H. Martin, H. Breil und E. Holzkamp (siehe auch Kapitel III, Lit [54])

273 Amtsbescheid vom 22.05.1985, Sprung an Martin vom 19.06.1985, Antwort Sprung an das Amt 02.07.1985

274 Brief on Appeal, US Patent and Trademark Office, 21.05.1986
Examiners Answer,14.08.1986 (Antwort des Prüfers)
Reply Brief Studiengesellschaft Kohle mbH vom 08.09.1986
Examiners Answer vom 16.12.1986 (zweite Antwort des Prüfers)
Reply Brief Studiengesellschaft Kohle mbH vom 12.01.1987

275 US Patentamt „Board of Patent Appeals and Interferences", Urteil vom 20.03.1987, Appeal No. 86-3600

276 U S Court of Appeals for the Federal Circuit, Notice of and Reasons for Appeal vom 30.04.1987

277 U S Court of Appeals, Appeal No. 87-1409, Brief for Appellants (SGK), K. Ziegler, H. Martin, H. Breil und E. Holzkamp, 27.07.1987, Brief for the Commissioner of Patents and Trademarks, 20.08.1987; Reply Brief for Appellants 04.09.1987

278 US Court of Appeal for the Federal Circuit, Appeal 87-1409, Richter Rich, Davis und Archer, Entscheidung vom 29.10.1987

279 Declaration H. Martin vom 19.11.1987, zu Field und Feller (US Patent '647)

280 Declaration H. Martin vom 25.02.1988, zu Hogan und Banks (US Patent '851)

281 US Patentamt, Anmeldung SN 108 524, Bescheid vom Prüfer E. Smith vom 23.01.1989

282 E.I. Du Pont, de Nemours and Co, USA, US PS 4,371,680 (SN 451 064), W.N. Baxter, N.G. Merckling, I.M. Robinson, G.S. Stamatoff, (Priorität SN 108, 524 19.08.1954) erteilt 01.02.1983 (vergl. Kap I Lit. [29]), siehe auch Kap. I, Seite 11, Lit. [37])

283 Declaration Martin vom 01.03.1989, zu Field und Feller (US Patent 2,691,647 und 2,731,453)

284 Declaration Martin 22. Dezember 1988 Field und Feller US PS 2,731,453, Beispiel 7 (Spalte 13, Zeilen 71–75, – Spalte 14, Zeilen 1–7): (vergl. Kap. I, Lit. [16])

285 US Patentamt, Declaration H. Martin vom 29.05.1989

286 Studiengesellschaft Kohle mbH ./. Eastman Kodak Co., 616 F. 2d, 1315, 1339 (5th Cir. 1980): „Disclosure of an transparent or opaque flexible film at 140 °C is a statement of sufficient utility to satisfy the patent statute".
Siehe auch US Court of Appeals for the Federal Circuit, Appeal No. 91-1430, Petition for Rehearing vom 03.05.1993, Seite 11/12

287 US Patentamt, Amtsbescheid E. Smith vom 09.08.1989

288 Brief on Appeal, US Patent and Trademark Office, 15.09.1989

289 US Patent and Trademarks Office, Examiners Answer vom 11.01.1990
Brief Sprung an Martin vom 19.01.1990
Supplemental Examiner's Answer vom 18.05.1990
Brief Sprung an Martin vom 11.05.1990
Supplemental Reply Brief, Studiengesellschaft, vom 11.05.1990

290 US Patentamt, Board of Patent Appeals and Interferences, Entscheidung vom 10.06.1991
Sprung an Martin vom 12.06.1991

291 US Patent and Trademarks Office, Amendment vom 14.06.1991

292 US Patent and Trademarks Office, Decision of the Board of Appeals vom 15.07.1991
Brief Sprung an Martin vom 19.07.1991

293 US Court of Appeals for the Federal Circuit, Appeal No.-1430, Urteil vom 21.04.1993, Richter Nies, Archer und Cohn, (992 F. 2d, 1197)
Sprung an Martin vom 23.04.1993, „Petition for Rehearing ... of Appelants", Karl Ziegler and Heinz Martin vom 03.09.1993
Antwort des Commissioners zum Antrag für „Rehearing ..." vom 04.06.1993, US Court of Appeals for the Federal Circuit, Verfügung vom 29.06.1993, Antrag auf „Rehearing" wird abgelehnt.

294 Liste der Publikationen zu diesem Thema
K. Weissermel und H. Cherdron, Angew. Chem. 95, 1983, 763
Vance an Sprung vom 21.05.1992

295 Montedison, DOS 21 37 872 (Priorität 31.07.1970 Italien, AZ 28131-70) U. Giainnini, P. Longi, D. De Luca und A. Pricca, publiziert 03.02.1972, DOS 21 25 107 (Priorität 22.05.1975), publiziert 02.12.1971, DOS 20 33 468 (Priorität 08.07.1969), publiziert 21.01.1971, DOS 20 30 753 (Priorität 24.06.1969), publiziert 11.02.1971, DOS 19 58 046 (Priorität 21.11.1968), publiziert 25.06.1970, DOS 19 58 488 (Priorität 25.11.1968), publiziert 27.05.1970, DOS 20 29 992 (Priorität 20.06.1969), publiziert 23.12.1970

296 Montedison, DOS 23 47 577 (Priorität Italien 26.09.1972), U. Giainnini, P., A. Cassata, Longi, publiziert 02.05.1974

297 Mitsui Petrochemical JP PS 76-28-189 und 75-216-590
J. of Polymer Science, Polymer Chemistry Edition, Vol 20, 2019–2032, siehe References

298 Montedison und Mitsui Petrochemical Ind., DOS 26 43 143 (Priorität IT 21.11.1975) L. Luciani, N. Kashiwa, P. C. Barbe, A. Toyota, publiziert 02.06.1977

299 Karl Ziegler, Kurt Schneider und Josef Schneider, Liebigs Ann. 623, (1959) Seite 9, 13–16

300 Part A, Quirk R. P., 1983, Shell Research B. V. „Super High Activity Supported Catalysts for the Stereospecific Polymerization of α-Olefins: History, Develoment, Mechanistic Acpects and Charakterization" und B. L. Goodall, J. of. Chem. Education, Vol 63, Seite 191 (1986)

301 Y. V. Kissin und A. J. Sivak, J. of Polymer Science, Polymer Chemistry Edison, Vol. 22, 3747 (1984)

302 Mitsui Petrochemical DOS 25 04 036 (Priorität 01.02.1974 JP) A. Toyota, N. Kashiwa, Y. Iwakuni, S. Minami, publiziert 07.08.1975

303 H.Martin: Memorandum zu „High Speed-Catalysts" 1987/88, unveröffentlicht

304 E. Vähäsarja, T. T. Pakkanen, T. A. Pakkanen, Deparment of Chemistry, University of Joensuu, Finland, and E. Iiskola. P. Sormunen, NESTE Ltd., Finland, J. of Polymer Science: Part A: Polymer Chemistry, Vol 25, 3241–3253 (1987)

305 Montedison, Instituto Donegani Novara, 14.05.1976: „Reaction between Aluminum Trialkyls and EPT" (EPT = Ethylparatoluat) 27 Seiten, Montedison, August 1979: „Know-How-Package" (Handbook for the Laboratory and Industrial-Scale Preparation of HY-HS FT-1 Catalyst)

306 Kramer an Martin vom 14.03.1985

307 Martin an Kramer 16.04.1985 Studiengesellschaft/US Steel, Civil Action 85-236, Klageschrift vom 10.05.1985

308 Studiengesellschaft/US Steel, Civil Action 85-236, Information von US Steel (Antwort auf Fragen vom 01.10.1985)

309 Studiengesellschaft/US Steel, Civil Action 85-236, Verfügung vom 28.10.1985

310 Studiengesellschaft/US Steel, Civil Action 85-236, weitere informative Antworten auf Fragen der Studiengesellschaft, September 1986

311 US Steel, US PS 4,514,534 vom 30.04.1985

312 Studiengesellschaft/US Steel, Civil Action 85236, US Steel an US District Court vom 02.09.1986 und „Stipulation" vom 27.02.1987

313 Telexe Martin an Sprung und Sprung an Martin vom 08.05.1987 sowie Martin an Sprung 22.05.1987, siehe hierzu Ergebnisse Versuchsprogramm Martin Lit. [303]

314 Studiengesellschaft ./. USX und Aristech, Civil Action 85-236, geänderte Antworten der Beklagten USX zu Fragen der Klägerin Studiengesellschaft, hier insbes. Seite 5, Fußnote, 07.05.1987

315 Studiengesellschaft ./. USX und Aristech, Civil Action 85-236, Vernehmungsprotokoll einer Zeugenvernehmung Dr. A. Amato am 13.05.1987, Seiten 63–72, 91–98, 75–78, 82, 83, 84–86. Kramer an Martin vom 21.07.1987

316 Kramer an Martin vom 21.07.1988

317 Martin an Kramer vom 27.07.1988

318 Studiengesellschaft gegen USX und Aristech, Civil Action 85-236, Richter J. J. Langobardi, Urteil vom 07.03.1989 Defendant US Steel's Motion for Summary Jugdment vom 15.11.1985 Plaintiff's Brief in Opposition to Summary Jugdment Motion Affidavit of Arnold Sprung vom 02.02.1988 Defendant's Reply Brief in Support of their Motion for Summary Judgment vom 07.03.1988 Plaintiff's Rebuttal Brief in Opposition to Defendant's Summary Jugdment Motion Defendant's Memorandum in Support of their Summary Jugdment Motion and in response to Plaintiff's Rebuttal Brief in Opposition to that Motion

319 Crawford an Sprung vom 27.03.1989
Kramer an Martin vom 03.04.1989
320 Kramer an Martin vom 05.09.1990
321 Sprung an Martin vom 18.12.1990, Martin an Kramer vom 20.12.1990
322 Crawford an Sprung vom 10.07.1991
323 Martin an Sprung vom 12.06.1991,
Crawford an Sprung vom 14.06.1991,
Sprung an Martin vom 20.06.1991,
Martin an Sprung vom 26.07.1991
324 Frachtbriefe und Informationsmaterial
zur Lieferung der Titankatalysator-Komponenten, Akzo Chemicals Inc, Chicago,
an Max-Planck-Institut für Kohlenforschung bzw. Studiengesellschaft Kohle
mbH vom 08.10.1991
Kramer an Martin 01.10.1991, Sprung an Martin 04.10.1991
325 Martin an Sprung 10.12. und 19.12.1991
326 Kramer an Martin 30.12.1991, Martin an Kramer 07.01.1992
327 Sprung an Martin und Aristech an Sprung, beide vom 16.01.1992
328 Studiengesellschaft Kohle mbH/Aristech Chemical Corp./USX Corp., Vertrag vom 19.01.1992
329 Sprung an Shell Oil vom 24.01.1992
330 G. S. Rosser an Martin vom 11.02.1992,
D. F. Vance an Sprung vom 14.02.1992 und Sprung an Vance vom 02.03.1992
331 D. F. Vance, Shell, an Sprung vom 20.03.1992
332 Martin an Sprung vom 11.03.1992 (siehe Lit.300) und Sprung an Vance 10.04.1992, Sprung an Vance 22.07.1992 Union Carbide, Chemicals and Plastics Co. Inc., US Patent 4,956,426 (SN 889,799) vom 11.09.1990, G. G. Ardell, R. W. Geck, J. M. Jenkins, W. G. Sheard (Priorität 24.06.1986)
333 Kramer an Martin vom 22.04.1992 und Martin an Kramer vom 13.05.1992
334 Sprung an Vance vom 30.12.1992, Martin an Vance vom 21.01.1993, Vance an Martin 17.02.1993

335 Studiengesellschaft Kohle mbH ./. Shell Oil Co., US District Court for the Southern District Of New York, 93 Civ. 1868, 23.03.1993
Sprung an Shell Oil vom 23.03.1993, Vance an Sprung vom 30.03.1993
336 Studiengesellschaft Kohle mbH ./. Shell Oil Co., US District Court for the Southern District Of New York, 93 Civ. 1868, Verfügung vom 07.10.1993
337 Studiengesellschaft Kohle mbH ./. Shell Oil Co., US District Court for the Southern District of Texas, Civil Action 93-3267, Vanessa D. Richterin Gilmore, „Notice of Transfer"
338 siehe Lit [332]
Vance an Sprung vom 31.08.1992, 30.10.1992 und 17.11.1994, vertrauliche Information über die Verfahrensbedingungen. Studiengesellschaft Kohle mbH ./. Shell Oil Co., US District Court for the Southern District of Texas, Civil Action 93-3267, Berichte von R. H. Grubs (Shell), insb. Seite 5, vom 04.01.1995; J. F. Witherspoon, (Shell) vom 06.01.1995 und B. L. Goodall, (Shell) vom 05.01.1995, insb. Seiten 5 ff.
339 Martin an Sprung vom 26.03.1998, Bericht über die Reaktion von Aluminiumtriethyl mit Silan oder Bonzoat H. Martin und H. Bretinger unveröffentlicht,
R. Mynott, NMR-Untersuchungen, unveröffentlicht.
Martin an Kramer 23.02.1995
Studiengesellschaft Kohle mbH ./. Shell Oil Co., US District Court for the Southern District of Texas, Civil Action 93-3267, Declarationen Martin vom 13.04.1995 und 08.04.1998 H. Martin: Report vom 06.07.1995; Expert-Report H. Martin 22.04.1998, Rebuttal Expert-Report H. Martin 28.05.1998
Martin an Kramer vom 12.01.1995

340 Studiengesellschaft Kohle mbH ./. Shell Oil Co., US District Court for the Southern District of Texas, Civil Action 93-3267, H. Martin: „Memorandum to the Status" vom 24.07.1998, insb. Seite 9 und 10, zu:
1".Report of Peter A. Kilty, run L-2563 (bates 1174), vom 07.07.1995
2.Rebuttal Expert Report of Brian L. Goodall, runs F-3689 (bates 4630), H-3337 (bates 4631), A-4471 (bates 4638), B-4440 (bates 4639), M-2526 (bates 4640) vom 11.02.1998
H. Martin, Ergänzung 30.07.1998 zum Memorandum vom 24.07.1998

341 Studiengesellschaft ./. Hercules, Inc., Himont USA, Inc., Himont, Inc., US District Court for the District of Delaware, Civil Action Nr. 86-566, Klageschrift vom 03.12.1986

342 Studiengesellschaft ./. Hercules, Inc., Himont USA, Inc., Himont, Inc., US District Court for the District of Delaware, Civil Action Nr. 86-566, Antworten Hercules auf die ersten schriftlichen Fragen (Interrogatories), 1987

343 Hercules an Sprung vom 30.09.1983
Sprung an Hercules vom 04.10. und 18.10.1983,
Sprung: Memorandum vom 19.10.1983
Hercules an Sprung vom 01.12.1983
Sprung an Martin vom 02.12.1983

344 Studiengesellschaft ./. Hercules, Inc., Himont USA, Inc., Himont, Inc., US District Court for the District of Delaware, Civil Action Nr. 86-566, Antworten Himont USA Inc. auf Fragen (Interrogatories) der Studiengesellschaft, März 1987, Dezember 1989 und 28.02.1994 (aufgrund gerichtlicher Verfügung vom 17.02.1994) sowie März 1994

345 Studiengesellschaft ./. Hercules, Inc., Himont USA, Inc., Himont, Inc., US District Court for the District of Delaware, Civil Action Nr. 86-566, Antwort der Beklagen Hercules auf die Klageschrift vom 10.04.1987

346 Sprung an Hercules vom 24.10.1986, Himont/Hercules an Martin vom 16.03.1987

347 Sprung an Hercules vom 25.06.1986 und Sprung an Himont/Hercules vom 17.03.1987

348 Turk, Hercules,/Martin Telefonat vom 29.01.1988
S. M. Turk an Martin, Mai 1988 und 13.05.1988
Kramer an Martin vom 22.07.1988 und Memo Kramer vom 03.02.1988

349 Studiengesellschaft ./. Hercules, Inc., Himont USA, Inc., Himont, Inc., US District Court for the District of Delaware, Civil Action Nr. 86-566, Richter J. J. Farnan, Entscheidung vom 22.10.1990
Hercules' „Motion for Partial Summary Judgment", 20.04.1990
Plaintiff's (SGK) Memoranum in Opposition to ..".
Defendant's (Hercules) „Reply Memorandum in Support of ....", 22.06.1990
Plaintiff's (SGK) Rebuttal Memoranum in Opposition to....", 1990

350 Studiengesellschaft ./. Hercules, Inc., Himont USA, Inc., Himont, Inc., US District Court for the District of Delaware, Civil Action Nr. 86-566, Richter J. J. Farnan, Urteil vom 22.03.1993
Defendant's (Hercules) Memorandum in Support of their Motion", 11.06.1992 und „Plaintiff's (SGK) Answering Brief on ...." vom 01.09.1992
„Defendant's (Hercules) Reply Memorandum ...", 13.10.1992
Studiengesellschaft ./. Hercules, Inc., Himont USA, Inc., Himont, Inc., US District Court for the District of Delaware, Civil Action Nr. 86-566, Richter J. J. Farnan,: „Order" (Verfügung) vom 29.12.1993

351 Studiengesellschaft ./. Hercules, Inc., Himont USA, Inc., Himont, Inc., US District Court for the District of Delaware, Civil Action Nr. 86-566, Richter J. J. Farnan, Verfügung vom 17.02.1994
1. Verfügung vom 23.08.1994
2. Verfügung vom 23.08.1994

352 Martin an Kramer vom 23.09.1994, 26.10.1994 und 02.11.1994

353 Studiengesellschaft ./. Hercules, Inc., Himont USA, Inc., Himont, Inc., US District Court for the District of Delaware, Civil Action Nr. 86-566, Richter J. J. Farnan, Urteil vom 30.06.1995
„Defendant's (Hercules) Opening Memorandum in Support of their Motion", 16.04.1993
Plaintiff's Memorandum in Support of its Motion ...
Defendant's (Hercules) Answering Memorandum in Opposition to Plaintiff's Motion for Partial Summary Judgment vom 16.04.1993
Plaintiff's Reply Memorandum in Support of its Motion ...
„Defendant's (Hercules) Reply Memorandum in Support of their Motion", 28.05.1993
Zusammenfassung der historischen Entwicklung für Martin vom 28.10.1994
„Pretrial Order", Plaintiff's und Defendant's Statement vom 23.02.1994
Plaintiff's Post Trial Brief vom 22.12.1994
Defendant's Post Trial Brief vom 22.12.1994
Plaintiff's Post Trial Answering Brief vom 23.01.1995
Studiengesellschaft ./. Hercules, Inc., Himont USA, Inc., Himont, Inc., US Court of Appeals for the Federal Circuit, Appel Nor. 95-1465, Richter: Mayer, Cowen und Rader, Urteil vom 24.01.1997 (siehe auch 41 USPQ2d)
Studiengesellschaft ./. Hercules, Inc., Himont USA, Inc., Himont, Inc., US District Court for the District of Delaware, Civil Action Nr. 86-566, Richter J. J. Farnan, Verfügung vom 15.12.1999

354 Studiengesellschaft ./. Hercules, Inc., Himont USA, Inc., Himont, Inc., US District Court for the District of Delaware, Civil Action Nr. 86-566, Plaintiff's Memorandum in Support of its Motion ...
April 1993, Seite 3, letzter Absatz, bis Seite 4, Absatz 2
Defendant's (Hercules) Answering Memorandum in Opposition to Plaintiff's Motion for Partial Summary Judgment vom 16.04.1993, Seite 11, Absatz 2
Plaintiff's Reply Memorandum in Support of its Motion ..., Seite 3, Zeile 6, bis Seite 8

355 Vance an Martin vom 07.07.1995

356 Studiengesellschaft ./. Shell Oil, US District Court for the Southern Districht of Texas, Civil Action H-93-3267, V. D. Richterin Gilmore, Urteil vom 31.08.1995
Urteil vom 28.09.1995
Memorandum zur Frage der Gültigkeit der Ansprüche 1–6 und 14 des '698-Patentes, Arnold Sprung vom 26.06.1995
„Joint Pre-Trial Order" vom 23.06.1995

357 Studiengesellschaft ./. Shell Oil, US Court of Appeals for the Federal Circuit, Appeal No. 96-1079, Richter Rader, Schall und Bryson, Urteil vom 05.05.1997, „Brief for Appellant" Studiengesellschaft Kohle vom 13.03.1996
„Brief for Cross-Appellant" Shell Oil Co
Kramer an Martin vom 06.05.1997 und 08.05.1997
Gerichtsverfügung vom 17.06.1997 (Ablehnung Rehearing)
„Petition for Rehearing" der Studiengesellschaft
Martin an Sprung und Kramer vom 07.07.1997

358 Montedison/Shell Oil, „Buten-1 Polymers Patent Agreement" vom 31.12.1980
Montedison, US PS 3,197,452, (SN No. 550,164 und 753 625, Priorität 30.11.1955) G. Natta, P. Pino und G. Mazzanti, erteilt 27.07.1965

„Method for preparing prevailingly to substantially isotactic crude polymerizates of buten-1" (TiCl₃ AA + Dialkylaluminiumhalogenid als Katalysatormischung, Extraktion des Primärpolymer mit Aceton und Ether) US P 3,435,017, (Sn No. 514 099 und 741 715, Priorität Italien 27.07.1954) G. Natta, P. Pino und G. Mazzanti, erteilt 25.03.1969 – „Isotactic polymers of buten-1" (Extraktion mit siedendem Aceton und Ethylether)
Kramer an Martin vom 17.10.1997
Studiengesellschaft ./. Shell Oil, US District Court for the Southern Districht of Texas, Civil Action H-93-3267, V. D. Richterin Gilmore, Zeugenvernehmung D. Wilpers, 19./20.11.1997

359 Kramer an Vance vom 17.07.1995

360 Shell Oil Co. ./. Studiengesellschaft Kohle mbH, US District Court Southern District of Texas, Civil Action H-95-4187, Klageschrift Shell Oil Co. vom 22.08.1995 A. Sprung: Antwort Studiengesellschaft und Gegenanspruch vom 28.05.1997

361 Shell Oil Co. ./. Studiengesellschaft Kohle mbH, US District Court Southern District of Texas, Civil Action H-95-4187, „Joint Motion to stay Litigation" vom 15.12.1995 (Anlagen), Richter J. L. N. Hughes, Aussetzung der Klagebehandlung bis zur Entscheidung der Beschwerde zu Civil Action H-93-3267 vom 20.12.1995
Gerichtsverfügung vom 20.12.1995: Klageunterbrechung

362 Fax Kramer an Martin vom 09.10.1997

363 Studiengesellschaft Kohle mbH ./. Shell Oil Co US District Court Southern District of Texas, Civil Action No. H-93-3267, Richterin Mary Milloy, Urteil vom 30.09.1998
„Order Granting Shell's Motion ..." vom 30.09.1998
Order on Plaintiff's Motion vom 30.09.1998
Memorandum H. Martin vom 06.11.1997

Plaintiff's Answering Brief on Defendant's Motion for Partial Summary Judgment on the Ground on Double Patenting vom 17.04.1998
SGK's Opposition to Shell's Motion for Summary Judgment of Invalidity of Claims 7 and 10–13

364 Studiengesellschaft Kohle mbH ./. Shell Oil Co und Shell Oil Co ./. Studiengesellschaft Kohle mbH, US District Court Southern District of Texas, Civil Action H-93-3267 und H-95-4187, „Settlement and Release Agreement" vom 23.11.1998
Plaintiff SGK's Confidential Mediation Memorandum" vom 16.10.1998

365 Kramer an Martin vom 06.10.1998

366 Lizenzeinnahmen für Polypropylen nach 1980 durch Lizenzen unter dem '698-Patent

367 Patent, Trademark and Copyright Journal, Cong. Rec 20.04.1988, Seite H 2005 und S. H 1895, publiziert am 28.04.1988 Kramer an Martin 29.08.1988 und 28.09.1988, Analyse des neuen US-Handelsgesetzes

368 Arnold Sprung: „Memorandum to the File" vom 21.05.1987
Heinz Martin: „Memorandum" vom 27.05.1987

369 Kramer an Martin vom 20.04.1987
Fax Kramer an Martin vom 28.04.1987, Anlage Sumitomo an Sprung vom 22.04.1987

370 Martin an Sprung vom 19.02.1988

371 Mitsui Toatsu Chemicals, Inc. (S. Watanaba), Mitsubishi Petrochemical Co. (T. Tsuboi) und Sumitomo Chemical Co. (K. Nakayama) an Martin vom 19.05.1988

372 Fuji Keizai Co. LtD: „Study on polypropylene usage for Export – cars to the U. S." vom 30.05.1990
K. Nakayama an Martin vom 11.06.1990

373 Alice Hu Nightingale, Direktorin der Rechtsabteilung der Formosa Plastics Corp., USA, Vernehmung als Zeugin am 12.11.1996, Seite 24

374 Alice Hu Nightingale, Direktorin der Rechtsabteilung der Formosa Plastics Corp., USA, Vernehmung als Zeugin am 12.11.1996, Seite 117

375 Alice Hu Nightingale, Direktorin der Rechtsabteilung der Formosa Plastics Corp., USA, Vernehmung als Zeugin am 12.11.1996, Seite 99.

376 Alice Hu Nightingale, Direktorin der Rechtsabteilung der Formosa Plastics Corp., USA, Vernehmung als Zeugin am 12.11.1996, Seite 130.
Lizenzvertrag Phillips Petroleum Co./ Formosa Plastics Corp., USA, vom 31.03.1994; Phillips Petroleum, US PS 4,376,851 „Crystalline Polypropylene"

377 Studiengesellschaft Kohle mbH ./. Formosa Plastics Co., USA und Texas, Civil Action No. 95-175, Antworten Formosa auf Fragen von Studiengesellschaft vom 22.04.1996, Seite 4

378 Kramer an Martin vom 05.05.1994
H. Martin, „Experimentalbericht" Civil Action 95-175 vom 04.08.1997

379 Martin an Kramer vom 25.11.1993 und 08.12.1993
Kramer an Martin vom 10.12.1993;

380 Martin, Aktennotiz vom 06.07.1994

381 Kramer an Martin vom 13.02.1995, Nightingale an Kramer vom 01.03.1995; Martin an Nightingale vom 09.03.1995 und Nightingale an Martin vom 15.03.1995

382 Kramer an Martin vom 06.06.1996

383 Studiengesellschaft Kohle mbH ./. Formosa Plastics Co., USA und Texas, Civil Action No. 95-179, Klageschrift vom 17.03.1995

384 Studiengesellschaft Kohle mbH ./. Formosa Plastics Co., USA und Texas, Civil Action No. 95-179, J. D. Norris, Beklagte Formosa „Motion for Summary Judgment that claims 1–14 of US Patent No. 4,125,698 are invalid" vom 26.12.1996

385 Kramer an Martin vom 17.05.1996, 22.05.1996 und 10.03.1997

386 Studiengesellschaft Kohle mbH ./. Formosa Plastics Co., USA und Texas, Civil Action No. 95-179, Gerichtsverfügung, Richter J.J. Farnan, „Second Amended Scheduling Order" vom 29.06.1998

387 Studiengesellschaft Kohle mbH ./. Formosa Plastics Co., USA und Texas, Civil Action No. 95-179, Vergleichsvertrag vom 08./10.02.1999

Register